新工科建设·电子信息类系列教材

嵌入式系统设计与开发

——基于 ARM Cortex-A9 和 Linux

刘敬猛　吴星明　张　静　刘方良　编著

U0281033

电子工业出版社

Publishing House of Electronics Industry

北京·BEIJING

内 容 简 介

本书编写的出发点是希望融合经典教材的微机原理、接口技术和嵌入式 Linux，讲述 CPU、中断、最小系统、汇编语言程序设计、接口电路、中断、多线程、设备驱动以及 Linux 应用层编程技术。目的是培养学生嵌入式系统的概念，即从硬件到软件以及从底层到顶层的设计思想。

全书分 11 章，内容包括嵌入式系统概述、嵌入式处理器及 ARM 微处理器体系结构、ARM 微处理器指令系统和程序设计、ARM 微处理器存储系统、中断及中断处理、最小系统外围电路设计、GPIO 口与串行总线、嵌入式 Linux 操作系统、设备驱动、ARM-Linux 软件开发基础和 Qt 编程及嵌入式 Qt 开发。

本书可作为普通高等学校自动化、电气工程、电子科学与技术、光电工程等专业高年级本科生和研究生的教学用书，也可供有关工程技术人员参考。

图书在版编目（CIP）数据

嵌入式系统设计与开发 ：基于 ARM Cortex-A9 和
Linux / 刘敬猛等编著. -- 北京 ：电子工业出版社，
2024. 9. -- ISBN 978-7-121-48824-5

Ⅰ．TP332.021

中国国家版本馆 CIP 数据核字第 2024P3S354 号

责任编辑：赵玉山　　特约编辑：竺南直
印　　刷：大厂回族自治县聚鑫印刷有限责任公司
装　　订：大厂回族自治县聚鑫印刷有限责任公司
出版发行：电子工业出版社
　　　　　北京市海淀区万寿路 173 信箱　　邮编：100036
开　　本：787×1092　1/16　印张：22.75　字数：612 千字
版　　次：2024 年 9 月第 1 版
印　　次：2024 年 9 月第 1 次印刷
定　　价：69.90 元

凡所购买电子工业出版社图书有缺损问题，请向购买书店调换。若书店售缺，请与本社发行部联系，联系及邮购电话：（010）88254888，88258888。

质量投诉请发邮件至 zlts@phei.com.cn，盗版侵权举报请发邮件至 dbqq@phei.com.cn。

本书咨询联系方式：（010）88254556，zhaoys@phei.com.cn。

序

随着移动互联网、云计算、物联网和大数据等新兴产业的爆发式增长，电子信息产业的发展呈现出新的特点。嵌入式系统教材在突出"新"的同时，还要兼顾"系统"和"基础"。本书有以下特点。

1．系统性强

本书包括嵌入式系统的硬件、软件和操作系统。硬件包括 CPU、存储器、中断、最小系统、接口电路；软件包括汇编语言、混合编程；操作系统包括 Linux 操作系统架构、多线程编程、驱动程序开发和应用程序设计。作者期望用有限的篇幅讲述嵌入式系统是如何构建和实现的。本书强调系统是电子信息产业发展的需要。无论是做硬件开发还是软件开发，也不管是桌面设备还是便携式设备，对系统的理解和把握是必备基础。况且，软硬件协同设计是嵌入式系统设计的必然趋势。和 x86 系统相比，嵌入式系统有平台依赖性，这是编著嵌入式系统书籍绕不过的一道坎。本书在处理这个问题时采用分层处理。任务调度、多线程编程、文件系统、Qt 编程都是与平台无关的，但是，驱动程序是与平台相关的，总要找一个平台作为范本去讲解有关的原理和实现。

2．处理器新

本书处理器的选型定位在 Cortex-A9 的 i.MX 6Solo/6Dual。这是一款 32 位的主流 ARM 芯片，是业界普遍使用的微控制器，不仅具有丰富的片上外设，而且拥有 MMU，既可移植 Linux 操作系统，还能方便搭建应用系统。从微机原理角度看，CPU 和存储器总线结构具有代表性。从接口技术角度讲，片上的以太网、GPIO、定时器、CAN 总线、A/D 转换器、I^2C、SPI、UART、USB 等外设，和传统的微机原理与接口技术有相似性。这是一款传统和现代相融合，突出系统移植和网络技术的同时，又兼顾经典电路的新处理器。

3．注重基础

书中使用较大的篇幅在讲模型计算机、流水线、存储器、最小系统。嵌入式系统从硬件角度看是复杂的时序电路，是数字电路的延续和发展。作者从内到外、从小到大把 CPU 扩充到整个嵌入式系统。模型计算机让读者在较短时间内建立计算机工作原理的概念，流水线是提高计算机运行效率的一种机制，存储器中的 cache 是为了提高访问速度。而最小系统是为了帮助读者建立最小计算机系统的概念，包括中断、定时器、GPIO，这些都是嵌入式系统的基础。

4．理论联系实际

计算机作为人造机器，具有鲜明的工程特征，适量的实验必不可少。本书设计了较为丰富的实验。实验依托的平台的制造商在业内享有盛誉，方便使用者配套实验。当然，本书的使用者也可以开发自己的 i.MX 6Solo/6Dual 平台完成本书相关实验。

国内第一本《微型计算机原理与应用》诞生于 20 世纪 80 年代初，它是嵌入式系统的雏形。40 年来，嵌入式系统不断发展变化，高校相应的教改和教材出版也一直没有停止。

近 5 年来这本书的书稿一直作为我校研究生公共选修课"嵌入式系统实验"的教材在试用。由于本书内容较新，一定会有很多不足，还有很大的改进空间。

本书作者大多是"嵌入式系统实验"教学团队成员，也是"微机原理与接口技术"这门课的核心骨干教师，他们对以微处理器为核心的计算机系统的理论课及实验课的教学有丰富的经验。我相信，本书的出版一定会对嵌入式系统的推广和应用发挥重要的促进作用。

是为序。

于守谦

前　　言

2008 年，我在北京航空航天大学开设了一门研究生公共选修实验课，课程名称是"ARM9 嵌入式系统实验"，2016 年，随着实验箱的升级，我们将课程名称改为"嵌入式 Linux 实验"。10 余年来，选课的研究生来自北京航空航天大学工科的许多专业，选课总人数超过 1000 人。"写本书吧"，这是很多熟悉人的建议，但是，我迟迟没有下定决心。

2018 年 9 月，北京航空航天大学自动化学院开始招收机器人专业的本科生，我们电工电子中心主任徐东老师找到我，希望我能够接下本科生"嵌入式系统"这门 48 学时的理论课。这门课的教学需要解决三个问题：第一，基本系统以微处理器为核心，这个微处理器是 ARM 而不是 x86，不能过于陈旧，同时在市面上已经开始流行；第二，要依靠微型计算机接口构成机器人的控制器；第三，使用 Linux 操作系统。我的目的是，通过这门课让学生掌握常见控制系统特别是机器人控制器的构建。然后，我就开始到处找上课需要的教材。遗憾的是，我没有找到符合要求的教材。"自己写吧"，有人这样提醒我。

首先是微处理器的选择，当今市面流行的 CPU 是 ARM，另一个原因是 ARM 是国产 CPU 突破和跟紧的方向。ARM 目前先进、稳定的架构是 v7，而 v7 常用的系列是 Cortex，在 Cortex 三个系列中选 A 系列，CPU 选 NXP 的 i.MX 6Solo/6Dual。原因是多核、支持 Linux，支持多操作系统，支持超过 4GB 的 DDRIII SDRAM，支持超过 4GB 的电子盘，主频超过 1GHz。

其次是教材配套使用的实验平台。"嵌入式系统"是门理论和实验都比较强的课程，北京博创智联科技有限公司的 i.MX 6Solo/6Dual 嵌入式实验箱及其实验指导书的使用已有 8 年时间了，在业内有广泛的影响。

最后，突出系统、强调联系。面对系统设计工程师，希望从一本书而不是一堆书里寻找一体化的解决方案。

本书是为自动化、电子工程、电气工程、信息工程等非计算机专业的读者编写的嵌入式系统入门教材，无须太多计算机专业的课程作为前期必修课。读者先修过"数字电子技术"和"C 语言程序设计"即可使用本书。本书的特点是新而全，不涉及过多的嵌入式系统的理论，从电路设计、操作系统、基于操作系统的软件开发及系统调试方法出发，讲解嵌入式系统的设计与开发的方方面面。内容包括 ARM 基础知识、存储器、最小系统、接口电路、汇编语言程序设计、中断系统、Linux 操作系统、Qt 编程、软件开发方法等。本书理论课建议课时为 48 学时或者 64 学时，配套实验建议课时为 32 学时。

教材编写分工为：吴星明同志编写第 3、4 章，张静同志编写第 5、6 章，刘方良同志编写第 7、8 章，其余各章由刘敬猛同志编写，由刘敬猛同志统稿。

感谢电子工业出版社给我这个机会，让我能在这么高端的出版平台上出版该书，我也感到特别荣幸。从步入自动化这个行业开始，我一直是电子工业出版社忠实的读者。

感谢电子工业出版社的竺南直老师，从内容的选材，到逐字逐句校稿，这本书的出版倾注了竺老师大量的心血。每当我写作陷入僵局或者倦怠的时候，总能得到竺老师无私的帮助和鼓励，在本书成稿之际，向竺老师表示我深深的敬意。

电子工业出版社的赵玉山老师在竺老帅退休后的这段日子里，对本书付出了大量的心血，逐字逐句帮我修改书稿，向赵老师表示我诚挚的感谢。

本书参考的文献已在书末列出。我从参考文献中汲取了很多知识，在此向各位作者表示诚挚的感谢。

感谢北京博创智联科技有限公司的陆海军总经理；感谢技术部的常建非工程师和邵佳南工程师，本书实验部分的撰写，得到他们的大力帮助。

感谢我的妻子苗玉兰女士，多年来承担了所有的家务，使我能够安心工作，她帮助我在伯克利、斯坦福以及 MIT 的官网上收集资料，并告诉我本书的撰写要注重应用、多举例子。感谢我已过世的父母，他们不仅哺育了我成长、培养我成才，还教会了我老实做人和踏踏实实的工作态度。

限于作者的水平，书中一定有缺点和错误，恳请读者批评指正。

刘敬猛

目　　录

第1章 嵌入式系统概述

本章内容包括嵌入式系统的定义、体系结构和组成、嵌入式系统的技术特点和应用背景以及嵌入式系统的发展趋势。

1.1 什么是嵌入式系统

嵌入式系统（Embedded System）是广泛使用的计算与控制平台，它广泛地出现在人们日常生活和工作环境之中，如航天飞机、宇宙飞船、高铁、工业机器人、数控机床、机器人、手机、PAD 和各种消费电子产品等。

根据 IEEE（国际电气和电子工程师协会）的定义，嵌入式系统是"用于控制、监视或者辅助操作机械或设备的装置"（devices used to control，monitor，or assist the operation of equipment，machinery or plants）。可以看出，此定义是从应用角度考虑的，嵌入式系统是硬件和软件的综合体。

而国内被普遍接受的一个定义是：嵌入式系统是以应用为中心、以计算机技术为基础，软件硬件可裁剪，功能、可靠性、体积、成本、功耗严格要求的专用计算机系统。

1.2 嵌入式系统体系结构与组成

从计算系统本身来看，嵌入式系统是具备特定接口与功能的计算软、硬件综合体。早期的嵌入式系统硬件及功能均较为简单，嵌入式软件直接运行在嵌入式硬件之上。该类嵌入式系统不使用嵌入式操作系统，其体系结构与如图 1.1 所示的典型结构一致，较为简单。其中，嵌入式软件除要实现应用功能外，还要实现如中断管理、接口驱动等系统软件的功能，因此软件的设计通常都较为复杂。之后，随着软硬件技术的发展，尤其是嵌入式操作系统出现之后，嵌入式系统的体系结构日益复杂和多元，呈现"基于嵌入式操作系统"和"无嵌入式操作系统"两种软件架构并存的局面。

图 1.2 表示了"基于嵌入式操作系统"的典型三层嵌入式系统体系结构，即嵌入式硬件、嵌入式操作系统，以及嵌入式应用软件。

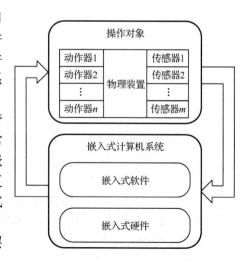

图 1.1 嵌入式系统典型结构

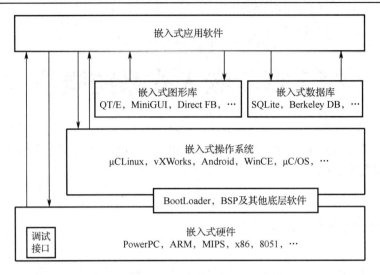

图 1.2 "基于嵌入式操作系统"的嵌入式系统体系结构

其中，嵌入式硬件是整个系统的载体，其以嵌入式处理器为核心，由多种内部总线和电路连接存储部件、IO 接口以及专用组件所构成。嵌入式系统具有突出的领域定制（或称裁剪）特色，即根据嵌入式应用的功能、性能、成本等需求来进行硬件、接口的选型与设计。同时，这也意味着一个嵌入式硬件设计必将只能适用于某类应用或某个产品的特定阶段。近年来，嵌入式硬件接口与功能日益丰富、性能日益提升，这为更多元的嵌入式应用设计以及复杂嵌入式软件运行提供了良好支持。以移动电话为例，其硬件组件包括嵌入式处理器、存储器、通信模块、LCD、语音 DAC 模块、振动电机及键盘等，主要支持语音/短消息通信、个人事务辅助等功能。现在，在智能移动电话的嵌入式硬件中，除广泛采用高效能嵌入式多核处理器、大容量存储器件、3G/4G/5G 通信模块、高分辨率 LCD 等外，还使用了越来越多的新型硬件组件，如 CCD 摄像头、多点触摸屏、Wi-Fi 通信模块，以及陀螺仪/电子罗盘等传感器等。这进一步支撑了可扩展的、复杂的应用功能，使智能电话日益成为网络交互、多媒体处理、游戏娱乐、远程控制等的个性化服务终端。

与通用操作系统一样，嵌入式操作系统是管理嵌入式硬件资源并进行服务能力扩展的系统级软件，同时面向嵌入式系统的特性提供了良好的可定制能力和性能保证。首先，其与传统操作系统相似，向下通过板级支持包（Board Support Package，BSP）等底层软件驱动和管理硬件资源；同时，为上层应用屏蔽硬件细节，并在操作系统内核中实现丰富的虚拟软件服务和接口，支撑复杂嵌入式应用软件的设计与开发。其次，基于微内核设计的嵌入式操作系统，其服务组件通常都采用良好的细页表可定制思想设计，允许面向应用的"量身定制"。嵌入式应用软件则是面向特定应用所开发的软件系统。区别于通用软件——尤其是算法型软件的是，嵌入式应用软件通常都要与感知、动作控制等专用硬件或对象进行交互操作。

可以说，上述的嵌入式软硬件特性进一步解释和阐述了"嵌入式计算系统是大系统中用以操作外部对象的一个组成部分"的内涵。近年来，随着嵌入式系统不断朝着领域化、网络化、智能化的方向发展，还进一步衍生出了被称为嵌入式中间件的嵌入式服务软件。通过在嵌入式操作系统与嵌入式应用软件之间部署该类嵌入式软件，可以优化、提升整个嵌入式应用的计算效能，如屏蔽异构嵌入式系统资源差异、实现多类设备的互操作协同、依据动态的计算热点来动态构造资源形态等。该类软件常常被认为是面向领域的系统级服务软件。

1.3　嵌入式系统应用及技术特点

1.3.1　无所不在的嵌入式应用

作为信息技术的重要组成，嵌入式系统技术现已被广泛应用于科技、教育、生产等人类社会的方方面面，呈现出日新月异的、"计算无所不在"的应用趋势。军事国防、航空/航天/航海、数据通信业控制等是较早应用领域，嵌入式系统的诞生和初期发展与这些领域有着密不可分的关系。近年来，嵌入式系统、网络通信、传感器及微机电技术不断发展，这些领域的应用进一步深化并开始呈现出网络化、智能化等新的特征。当然，嵌入式系统技术的不断进步与深度应用也推动了诸如移动互联网、物联网、云计算以及智能交通、智能机器、精细农业、3D 打印、健康辅助、可穿戴装置等诸多新技术和新应用领域的不断兴起与蓬勃发展。

据不完全统计，目前中国嵌入式应用的主要领域是消费电子、通信设备和工业控制，其所占比例分别为 23%、17% 和 13%，总量占现在嵌入式应用的一半以上。另据 Gartner 预测，无所不在的计算、物联网、大数据感知与处理、智能机器、云计算、3D 打印将成为嵌入式应用的几个重要发展方向。

1.3.2　嵌入式系统的技术特点

如上所述，如今的嵌入式应用已经呈现出丰富多样、百花齐放的局面。但不论是航空/航天系统还是较为简单的消费电子设备，这些不同的嵌入式系统之间还是存在着一些技术特征，简要总结如下。

1. 专用性强

嵌入式系统具有明显的领域应用特征。首先，嵌入式系统的硬件、接口与软件必然只能符合一类应用的特征，具有较强的专用性。例如，数字电视和数控机床的嵌入式系统之间就没有通用性，不可能进行互相替代。但就具体领域而言，同类嵌入式设备在功能、接口等方面又在一定程度上具有共同特征，那么，面向应用推出的嵌入式计算系统就会具有一定的通用性，典型的如工控机、单板计算机等。嵌入式操作系统等系统软件一般都更为通用，但也常常倾向于某些特定领域。例如 μC/OS 一般用于控制类的嵌入式系统，Android 用于手持终端等。嵌入式应用软件是面向具体应用、具体硬件平台设计的，专用性最为突出。

2. 资源定制化

"去除冗余、量身定做"是嵌入式系统设计的基本要求，意味着嵌入式软硬件资源配置应该尽可能地匹配嵌入式应用的需求。资源配置不足会导致嵌入式系统无法满足应用要求或限制应用功能与性能；而配置过高、过多则会超出嵌入式系统的功能、性能需要，不仅没有实际意义，还会造成资源浪费以及功耗、成本的增加。定制化的具体内涵，在硬件资源方面主要体现在依照应用需求的设计，在系统软件资源方面主要体现在根据硬件配置、功能需求对服务组件的"量体裁衣"、扩展和优化。

3. 多元的非功能属性约束

除了实现诸如数据处理、通信、控制等应用功能，嵌入式系统通常还必须满足一些非功能属性约束，如体积、功耗、实时性、可靠性和安全性等。当然，不同应用在非功能属性约束方面的要求不尽相同。以航天应用为例，由齐奥尔科夫斯基火箭方程可知，每吨飞船质量所需的发射燃料是其质量的 e 次幂倍。以第二宇宙速度（11.2km/s）发射飞船且排气速度不超过 4.5km/s，所需发射燃料与飞船自重比例约为 20。也就是说，要使 1t 飞船克服地球引力，需要至少 20t 以上的燃料。显然，要提高发射效能、降低成本，就必须尽量对飞船的重量、体积进行约束。另外，作为系统故障可能造成灾难及巨大损失的安全攸关系统（Safety-Critical System，SCS），其对嵌入式计算系统的实时性、可靠性及安全性也有非常严格的约束，如航空、高铁等安全攸关的应用。

对于手机、数字电视、智能眼镜等电子设备，非功能属性则主要从良好的可用性及优秀的用户体验角度出发，对体积、重量、功耗等有一定限制，但并不一定需要对实时性、可靠性等做出严格约束。

4. 资源相对受限

如前所述，嵌入式系统设计中的资源配置通常采用"够用原则"。也就是说，系统的资源配置要适合应用需求并满足体积、重量、功耗、稳定性、成本等综合约束，并非资源越多越好、性能越高越好。例如，在数控装备中，一般会选择主频在几十或几百兆赫（MHz）的 ARM 微处理器，而不是 1GHz 以上的 PowerPC 处理器；一般会配置几十 MB 的存储器而不是几 GB、几 TB 级的存储器；一般会选择微型的嵌入式操作系统而不是功能齐备、规模达几 GB 的通用操作系统。因此，虽然嵌入式系统技术在不断发展，软硬件的功能、性能在不断提升，但任何嵌入式系统的资源配置都只是体现了够用原则，在一定程度上仍然是相对受限的。

由于资源仍然受限，嵌入式系统通常并不具备支持目标嵌入式软件设计、开发的能力。因此，在嵌入式软件设计、开发中，通常会采用"宿主机（指安装了开发环境的 PC）+目标机（嵌入式系统平台）"的开发、调试模式，以及交叉编译、远程调试等技术。本书的后续章节将对这些内容进行讨论。

5. 一体化硬件设计

由于应用的确定性，嵌入式系统的硬件、接口一般都不再要求有更多的可扩展能力，大多数系统的硬件常常采用了封闭式的"一体化"设计。所谓一体化设计，是指所有系统硬件组件（如处理器、存储器等）全部以焊接的方式集成在电路板上，或者采用特殊的加固接口进行连接。在这种设计模式中，系统只允许通过少量接口进行组件扩展，如 USB、SDIO 等。一体化硬件设计的优点是可以减小硬件的体积，同时也可以增强可靠性。

6. 技术途径丰富

嵌入式技术领域的另一个重要特征是实现嵌入式系统的途径非常丰富。在系统设计中，现有几十个系列、成百上千种的嵌入式处理器以及数十种之多的嵌入式操作系统可供开发者灵活选择。开发者也可以根据不同的软硬件方案采用不同的开发模式，技术路线和实施策略非常灵活。同时，丰富的技术途径也有效地避免了类似于 WINTEL（Windows+Intel）体系架构垄断通用计算机领域的局面出现。

7．知识与技术密集

嵌入式系统是先进的计算、网络、传感器、控制技术等与具体应用相结合的计算机系统，该类系统必然是知识密集、技术密集、资金密集的。伴随着相关技术的进步，嵌入式系统技术与应用也必然具有不断创新、持续演化的发展特征。这既要求嵌入式系统设计人员具有较为全面的、不断更新的知识体系，同时也意味着任何人都必须在一定程度上"专攻术业"且进行团队合作，才可以高质量完成复杂系统的设计与开发。

1.4　发展趋势

伴随着技术的不断创新以及应用形态的日益多元，嵌入式系统技术的发展开始呈现出新的趋势。结合不同嵌入式系统的共性及技术发展的热点，本书对其趋势进行了如下总结。

1．深度网络化

近 10 年来，面向嵌入式应用的轻量级网络协议不断涌现，Wi-Fi、蓝牙、ZigBee、VANET 车载网络、3G/4G/5G 电信网络等诸多网络技术在新型嵌入式系统设计中得到了广泛应用，标志着嵌入式系统的发展已经进入网络化时代。而且，随着在越来越多的物理对象中应用网络化的计算装置，以及异构网络的无缝集成，嵌入式系统的网络接入及服务能力大幅度增强。在传感器网络、物联网发展的基础上，支持社会化计算的泛在网络等将成为嵌入式技术的一个重要发展方向。

2．计算无所不在

如摩尔定律预测的一样，50 多年来集成电路的性能日益提高，且体积日趋减小。这使得嵌入式计算装置可以嵌入越来越多的各类应用对象中。与此同时，与传感器、MEMS 等技术结合，其应用可以从微米尺寸的血管机器人到信息家电再到庞大的高铁控制系统，也可以从集成嵌入式系统的智慧家具等新型物理对象到诸如机器白鼠等具有"生命的"生物机器人。未来，嵌入式系统必将有形/无形地存在于物理世界和人类社会，并与大数据、云计算等新兴计算模式不断融合。

3．异构高性能处理

对于日益复杂的应用而言，嵌入式系统硬件需要提供支持复杂算法软件的高精度实时处理能力。单颗单核/多核处理器已逐渐无法满足计算需求，新型的异构高性能计算架构诞生并开始被广泛采用。典型地，采用多颗嵌入式处理器的多嵌入式处理器架构可以实现并行协同计算；"嵌入式处理器+DSP/GPU/FPGA"架构，通过专用协处理器可以实现高效的数据计算或实时并行控制。另外，在美国国防部高级研究计划局（DARPA）的多态计算体系（Polymorphous Computing Architectures，PCA）研究及欧盟第 7 框架计划（FP7）中，广泛展开了对片内动态可重构处理单元与可重构嵌入式系统的研究。这些研究的目标在于，为航空、航天等环境自适应的智能应用提供计算资源与形态可变的高性能计算技术。

4. 应用智能化

计算机技术的出现，本质上就是由超越人类能力并实现计算自动化的需求所驱动的，其发展脉络中一开始便蕴含了"智能"的基因。嵌入式系统的智能化是其继网络化发展之后的一个重要趋势。以具有综合传感器与作动器的高性能硬件为基础，嵌入式系统可以在线实现复杂的数据感知融合、模式识别、智能控制等智能计算，最终体现出自动化、自适应等应用智能特征。其中，软件是嵌入式系统智能化的灵魂。

以无人驾驶汽车为例，车载软件基于综合传感器感知交通环境数据并进行状态判断，进而在做出诸如是否超车、变道等行为决策的基础上，自主地完成行车控制。又如，智能手机的人脸识别解锁、北斗/GPS 定位与导航服务、支付等功能，也都体现出一定的智能化特征。

5. 物理世界、社会融合

不断丰富的感知与作动能力以及更高的集成度，使得嵌入式系统可以深度嵌入越来越多的物理对象中，也促进了信息系统与物理世界的日益融合。在此基础上，基于网络互联的各类智能化嵌入式系统，可以协同实现人、机、物、环境以及社会深度融合的计算，最终从提供自主计算向智能化服务发展。例如，MIT 研究的分布式机器人花园就是一个典型的信息物理融合应用。多个机器人在感知花园温度、光照、土壤湿度与酸碱度等数据的基础上，根据不同植物当前生长阶段的特性，自主移动并完成对不同植物对象的浇灌与管理。在智能交通系统中，无人驾驶车辆日益成为信息物理融合的智能体，其可根据用户需求在公共交通、紧急救援、物流配送等领域自主地提供交通服务等。

6. 软件设计模型化

嵌入式软件的功能、规模与复杂度不断增加，而且提出了复杂的实时、可靠等非功能属性约束，传统的软件设计思想和方法在设计、测试、验证复杂系统时都受到了巨大的挑战。模型驱动的软件设计方法（Model-Driven Software Design）作为一种高级的抽象开发方法，以软件模型的建立、验证、优化、测试及代码的自动生成为主要流程，在设计前期就可以刻画出软件的逻辑和运行时特性，大幅度提高软件的开发效率和质量。

以 AirBus 为例，在整个开发框架中，由于逐渐采用"基于模型，正确构造"（Driven Development，Correct-by-Construction）的方法学，软件质量大大提高。在空中客车 A340 飞机软件中，每 100KB 源代码的错误率在 10 行以内，其自动生成的代码占整个代码量的 70%。由此可以看出，这些新型软件设计方法的巨大优势。

7. 行业标准化

鉴于领域嵌入式系统实现途径的多样化，嵌入式系统的发展还呈现出标准化的迫切需要。标准化的目的在于，为领域应用提供统一、优化、规范的体系，解决异构嵌入式产品的兼容性与互操作问题。近年来，智能交通、数字家庭等领域已经广泛开展了标准化工作。例如，德国、法国面向汽车电子提出的 OSEK/VDX 标准，定义了实时的操作系统（OSEK OS）、通信子系统（OSEK-COM）和网络管理系统（OSEK-NM）三个组件。优如，Intel、微软等倡导的"数字生活网络联盟"（DLNA）制定了数字家庭网络标准 DLNA2.0，致力于推动家庭不同网络设备之间的通信与互操作。在国内，工业和信息化部已成立"信息设备资源共享协同服务标准化工作组"来研究自主的信息设备资源共享协同服务标准（IGRS）等。

1.5　嵌入式系统知识体系小结

嵌入式系统是完成复杂功能的、专用的、满足特定性能的计算机系统，是微电子技术、计算机软件技术、领域知识等相结合的产物。因此，嵌入式系统技术的体系既涉及嵌入式计算技术，同时又具有突出的领域特征，对理论、技术有着非常广泛的内容涵盖，具有系统化、综合化程度高、实践性强等特点。随着嵌入式系统朝着网络化、智能化等方向的发展，以及新兴应用的出现，嵌入式系统技术的知识体系将更为丰富。当然，嵌入式系统的内涵并非现有计算技术的简单堆积和重复，其知识体系的构建必将体现出可定制、多样化及领域结合的嵌入式计算特征。图 1.3 表示了嵌入式系统技术及应用领域的基本知识体系。由图可知，学习嵌入式系统技术，首先要掌握计算机专业的基础知识。

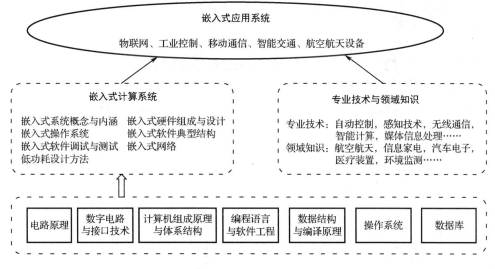

图 1.3　嵌入式系统的基本知识体系

本书以嵌入式系统的共性技术体系为主线来安排内容，同时在不同知识中突出"嵌入式"典型技术并将整个体系贯穿起来。通过阅读本书，读者可以掌握嵌入式系统的理论体系、共性特征、设计思想及主流开发方法等知识。在此基础上，读者可以有针对性地学习和掌握领域知识与行业技术，进一步掌握领域嵌入式应用的设计与开发方法。这是一个需要将理论和实践相结合，并且不断积累和总结的过程。

第2章 嵌入式处理器及 ARM 微处理器体系结构

本章主要介绍 ARM 微处理器及其构成的嵌入式系统,给出微处理器的评价指标,并以 i.MX 6Solo/6Dual 为例组成应用系统,它们是本书硬件部分的总论和起点。首先用较多的篇幅讲解 ARM 微处理器的结构,并用模型计算机和流水线讲解微处理器是如何工作的。然后给出微处理器指标的基本概念。最后介绍 i.MX 6Solo/6Dual 构成的嵌入式教学科研平台,目的是帮助读者理解嵌入式系统硬件构成,完成从微处理器到嵌入式系统的设计过程。

2.1 以处理器为核心的嵌入式系统硬件架构

处理器是嵌入式系统板最主要的功能模块,主要负责处理指令和数据。一台电子设备至少包含一个主处理器,主处理器作为中心控制部件可以有很多附加的从处理器,从处理器受控于主处理器,并与主处理器协同工作。这些从处理器可以用于拓展主处理器的指令集,也可以用于管理内存、总线以及 IO 接口设备。图 2.1 是 Ampro 公司的 Encore400 系统板,其中 STPC Atlas 是主处理器,Super IO 控制器和以太网控制器为从处理器。

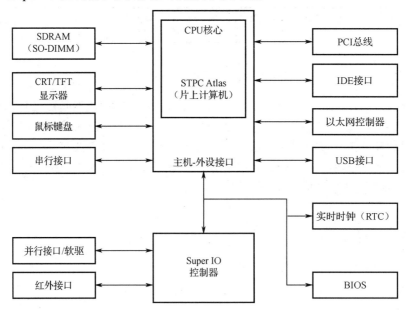

图 2.1 Ampro公司的Encore400 系统板

嵌入式系统板是以主处理器为中心进行设计的。通常,主处理器的复杂程度决定了它是一个微处理器还是一个微控制器。一般来说,微处理器仅包含很少的集成存储器和 IO 接口,而微控制器则将大部分的系统存储器和 IO 接口集成在一块芯片上。需要注意的是，这些传统意义上的定义已经不能严格地适用于现代处理器的设计了，因为微处理器越来越集成化了。

不论是从硬件工程师还是从程序员的角度来看，处理器的设计都是至关重要的。因为支持复杂嵌入式系统设计的能力和设计开发的进度，在可用功能、芯片花费以及最重要的处理器性能上，都会受到指令集体系结构（ISA）的影响。具有了解处理器性能以及根据通过软件来实现的需求而了解处理器设计中的相关内容的能力，是成功把嵌入式系统产品化的关键。这就意味着理解处理器性能本质上包含以下内容：

- 可用性：处理器在正常模式下无故障持续运行时间。
- 可恢复性：平均恢复时间（MTTR），即处理器从故障中恢复所用的平均时间。
- 可靠性：故障间隔的平均时间（MTBF）。
- 响应度：处理器的响应延迟时间，即处理器响应事件之前的等待时间。
- 吞吐率：处理器的平均执行速率，即在给定时间内处理器完成的工作量。例如，CPU 的吞吐率（字节/秒或兆字节/秒）=1/（CPU 执行时间），其中：
  - CPU 执行时间（秒/字节总数）=指令总数×CPI×时钟周期
    $$=（指令数量×CPI）/时钟频率；$$
  - CPI=周期数/指令；
  - 时钟周期=时钟频率的倒数；
  - 时钟频率：用来表示 CPU 的运算速度，单位是 MHz。

处理器性能的总体提升可以由内部处理器设计的功能来实现，例如处理器 ALU 单元内部的流水线或者处理器是基于指令集并行的 ISA 模式的。这些种类的功能决定了时钟频率的上升或者 CPI 的下降等相关的处理器性能。

2.2　ARM 体系结构的技术特征及发展

ARM（Advanced RISC Machine）是一个公司的名称，也是一类微处理器的通称，还是一种技术的名称。

2.2.1　ARM 公司简介

1991 年 ARM 公司（Advanced RISC Machine Limited）成立于英国剑桥，最早由 Acorn、Apple 和 VLSI 合资成立，主要出售芯片设计技术。1985 年 4 月，第一个 ARM 原型在英国剑桥的 Acorn 计算机有限公司诞生（在美国 VLSI 公司制造）。目前，ARM 架构处理器已在高性能、低功耗、低成本的嵌入式应用领域中占据了领先地位。

ARM 公司最初只有 1 个人，经过多年的发展，ARM 公司现已拥有近千名员工，在许多国家都设立了分公司，包括在中国上海的分公司。目前，采用 ARM 技术知识产权（IP）的微处理器，即我们通常所说的 ARM 微处理器，已遍及工业控制、消费类电子产品、通信系统、网络系统、无线系统等各类产品市场，基于 ARM 技术的微处理器应用约占据了 32 位 RISC 微处理器 80%以上的市场份额，其中，手机市场，ARM 占有绝对的垄断地位。可以说，ARM 技术正在逐步渗入人们生活中的各个方面，而且随着 32 位 CPU 价格的不断下降和开发环境的不断成熟，ARM 技术会应用得越来越广泛。

ARM 公司是专门从事基于 RISC 技术芯片设计开发的公司，作为嵌入式 RISC 处理器的知识产权（IP）供应商，公司本身并不直接从事芯片生产，而是靠转让设计许可由合作公司生产各具特色的芯片，世界各大半导体生产商从 ARM 公司购买其设计的 ARM 微处理器核，根据各自不同的应用领域，加入适当的外围电路，从而形成自己的 ARM 微处理器芯片进入市场。利用这种合伙关系，ARM 很快成为许多全球性 RISC 标准的缔造者。目前，全世界有几十家大的半导体公司使用 ARM 公司的授权，其中包括 Intel、IBM、Samsung、LG 半导体、NEC、Sony、Philips 等公司，这也使得 ARM 技术获得更多的第三方工具、制造厂商、软件的支持，又使整个系统成本降低，使产品更容易进入市场并被消费者所接受，更具有竞争力。

2.2.2　ARM 技术特征

ARM 的成功，一方面，得益于它独特的公司运作模式；另一方面，当然来自 ARM 微处理器自身的优良性能。作为一种先进的 RISC 处理器，ARM 微处理器有如下特点。

- 体积小、功耗低、成本低、性能高。
- 支持 Thumb（16 位）/ARM（32 位）双指令集，能很好地兼容 8 位/16 位器件。
- 大量使用寄存器，指令执行速度更快。
- 大多数数据操作都在寄存器中完成。
- 寻址方式灵活简单，执行效率高。
- 指令长度固定。

此处有必要讲解一下 RISC 微处理器的概念及其与 CISC 微处理器的区别。

1. 嵌入式 RISC 微处理器

RISC（Reduced Instruction Set Computer）是精简指令集计算机，RISC 把着眼点放在如何使计算机的结构更加简单和如何使计算机的处理速度更加快速上。RISC 选取了使用频率最高的简单指令，抛弃复杂指令，固定指令长度，减少指令格式和寻址方式，不用或少用微码控制。这些特点使得 RISC 非常适合嵌入式处理器。

2. 嵌入式 CISC 微处理器

传统的复杂指令集计算机（CISC）则更侧重于硬件执行指令的功能性，使 CISC 指令及处理器的硬件结构变得更复杂。这些会导致成本、芯片体积的增加，影响其在嵌入式产品中的应用。表 2.1 描述了 R1SC 和 CISC 之间的主要区别。

表 2.1　RISC 和 CISC 之间的主要区别

指　　标	RISC	CISC
指令集	一个周期执行一条指令，通过简单指令的组合实现复杂操作，指令长度固定	指令长度不固定，执行需要多个周期
流水线	流水线每周期前进一步	指令的执行需要调用微码的一个微程序
寄存器	更多通用寄存器	用于特定目的的专用寄存器
Load/Store 结构	独立的 Load 和 Store 指令完成数据在寄存器和外部存储器之间的传输	处理器能够直接处理寄存器中的数据

2.2.3　ARM 体系架构的发展

在讨论 ARM 体系架构前，先解释一下体系架构的定义。

体系架构定义了指令集（ISA）和基于这一体系架构下处理器的编程模型。基于同种体系架构可以有多种处理器，每种处理器性能不同，所面向的应用不同，每种处理器的实现都要遵循这一体系结构。ARM 体系架构为嵌入式系统发展提供了很高的系统性能，同时保持优异的低功耗和高效率。

ARM 体系架构为满足 ARM 合作者及设计领域的一般需求正稳步发展。目前，ARM 体系架构共定义了 9 个版本，从版本 1 到版本 9，ARM 体系的指令集功能不断扩大，不同系列的 ARM 微处理器，性能差别很大，应用范围和对象也不尽相同。但是，如果是相同的 ARM 体系架构，那么基于它们的应用软件是兼容的。

1．v1 架构

v1 版本的 ARM 微处理器并没有实现商品化，采用的地址空间是 26 位，寻址空间是 64MB，在目前的版本中已不再使用这种架构。

2．v2 架构

与 v1 架构的 ARM 微处理器相比，v2 架构的 ARM 微处理器的指令结构有所完善，比如增加了乘法指令并且支持协处理器指令，该版本的处理器仍然采用 26 位的地址空间。

3．v3 架构

从 v3 架构开始，ARM 微处理器的体系架构有了很大的改变，实现了 32 位的地址空间，指令结构相对前面的两种也有所完善。

4．v4 架构

v4 架构的 ARM 微处理器增加了半字指令的读取和写入操作，增加了处理器系统模式，并且有了 T 变种——v4T，在 Thumb 状态下支持的是 16 位的 Thumb 指令集。属于 v4T（支持 Thumb 指令）体系架构的处理器（核）有 ARM7TDMI、ARM7TDMI-S（ARM7TDMI 综合版本）、ARM710T（ARM7TDMI 核的处理器）、ARM72DT（ARM7TDMI 核的处理器）、ARM740T（AR&7TDMI 核的处理器）、ARM9TDMI、ARM910T（ARM9TDMI 核的处理器）、ARM920T（ARM9TDMI 核的处理器）、ARM940T（ARM9TDMI 核的处理器）和 StrongARM（Intel 公司的产品）。

5．v5 架构

v5 架构的 ARM 微处理器提升了 ARM 和 Thumb 两种指令的交互工作能力，同时有了 DSP 指令（v5E 架构）、Java 指令（v5J 架构）的支持。属于 v5T（支持 Thumb 指令）体系架构的处理器（核）有 ARM10TDMI 和 ARM1020T（ARM10TTDM1 核处理器）。

属于 v5TE（支持 Thumb、DSP 指令）体系架构的处理器（核）有 ARM9E、ARM9E-S（ARM9E 可综合版本）、ARM946（ARM9E 核的处理器）、ARM966（ARM9E 核的处理器）、ARM10E、

ARM1020E（ARM10E 核处理器）、ARM1022E（ARM10E 核的处理器）和 Xscale（Intel 公司产品）。

属于 v5TEJ（支持 Thumb、DSP 指令、Java）体系架构的处理器（核）有 ARM9EJ、ARM9EJ-S（ARM9EJ 可综合版本）、RAM926EJ（ARM9EJ 核的处理器）和 ARM10EJ。

6. v6 架构

v6 架构是在 2001 年发布的，在该版本中增加了媒体（Media）指令。属于 v6 体系架构的处理器核有 ARM11（2002 年发布）。v6 体系架构包含 ARM 体系架构中所有的 4 种特殊指令集：Thumb 指令（T）、DSP 指令（E）、Java 指令（J）和 Media 指令。

7. v7 架构

v7 架构是在 v6 架构的基础上诞生的。该架构采用了 Thumb-2 技术，它是在 ARM 的 Thumb 代码压缩技术的基础上发展起来的，并且保持了对现存 ARM 解决方案的完整的代码兼容性。Thumb-2 技术比纯 32 位代码少使用 31%的内存，减小了系统开销，同时能够提供比已有的基于 Thumb 技术的解决方案高出 38%的性能。v7 架构还采用了 NEON 技术，将 DSP 和媒体处理能力提高了近 4 倍。并支持改良的浮点运算，满足下一代 3D 图形、游戏及传统嵌入式控制应用的需求。

8. v8 架构

v8 架构是在 32 位 ARM 架构上进行开发的，将被首先用于对扩展虚拟地址和 64 位数据处理技术有更高要求的产品领域，如企业应用、高档消费电子产品。v8 架构包含两个执行状态：AArch64 和 AArch32。AArch64 执行状态针对 64 位处理技术，引入了一个全新指令集 A64，可以存取大虚拟地址空间；而 AArch32 执行状态将支持现有的 ARM 指令集。目前的 v7 架构的主要特性都将在 v8 架构中得以保留或进一步拓展，如 TrustZone 技术、虚拟化技术及 NEON advanced SIMD 技术等。

9. v9 架构

2021 年 3 月，ARM 发布了新一代 v9 架构。这是这十年来最新的 ARM 架构。v9 顺应 AI、物联网和 5G 在全球范围内的强劲发展，加速每个产业应用从通用计算转向专用计算。v9 架构基于 v8 架构，并增添了针对矢量处理的 DSP、机器学习、安全三个技术特性。此外，v9 一个很重要的特点就是可伸缩矢量扩展（SVE2），SVE2 增强了对在 CPU 上本地运行的 5G 系统、虚拟和增强现实以及工作负载的处理能力。据介绍，在未来几年，ARM 将进一步扩展其技术的 AI 能力，除在其 Mali GPU 和 Ethos NPU 中持续进行 AI 创新外，还将大幅增强 CPU 内的矩阵乘法。基于新一代架构 v9，预计未来两代移动和基础设施 CPU 的性能提升将超过 30%。这个数据是根据业界标准评测工具来衡量的，而且这 30%的算力提升完全是凭借于本身的架构、而不是借助于制程工艺来实现的。将通过最大化地提升频率、带宽、缓存大小、并减少内存延迟，以最大化 CPU 性能。在服务器领域，越来越多的云计算厂商正在使用 ARM 架构；在汽车领域如无人驾驶、车内智能等应用也用到了 ARM 架构；其他领域如物联网，ARM 架构的使用也在逐渐被推广。搭载 ARM v9 架构的芯片在 2021 年年底面世。

2.3　ARM 微处理器

2.3.1　ARM 微处理器简介

ARM 微处理器的产品系列非常广，包括 ARM7、ARM9、ARM9E、ARM10E、ARM11 和 SecurCore、Cortex 等。每个系列提供一套特定的性能来满足设计者对功耗、性能、体积的要求。SecurCore 是单独一个系列产品，是专门为安全设备而设计的。表 2.2 总结了 ARM 各系列处理器所包含的不同类型。本节简要介绍 ARM 各系列处理器的特点。

表 2.2　ARM 各系列处理器所包含的不同类型

ARM 系列	包 含 类 型
ARM9/9E 系列	ARM920T、ARM922T、ARM926EJ-S、ARM940T、ARM946E-S、ARM966E-S、ARM968E-S
矢量浮点运算（Vector Floating Point）系列	VFP9-S、VFP10
ARM10E 系列	ARM1020E、ARM1022E、ARM1020EJ-S
ARM11 系列	ARM1136J-S、ARM1136JF-S、ARM1156T2（F）-S、ARM1176JZ（F）-S、ARM11 MPCore
Cortex 系列	Cortex-A、Cortex-R、Cortex-M
SecurCore 系列	SC100、SC110、SC200、SC210
其他合作伙伴产品	StrongARM、XScale、MBX

1．ARM9 系列

ARM9 系列于 1997 年问世。由于采用了 5 级指令流水线，ARM9 系列处理器能够运行在比 ARM7 更高的时钟频率上，改善了处理器的整体性能；存储器系统根据哈佛体系结构（程序和数据空间独立的体系结构）重新设计，区分了数据总线和指令总线。

ARM9 系列的第一个处理器是 ARM920T，它包含独立的数据指令 Cache 和 MMU（Memory Management Unit，存储器管理单元）。此处理器能够用在要求有虚拟存储器支持的操作系统上。该系列中的 ARM922T 是 ARM920T 的变种，只有后者一半大小的数据指令 Cache。

ARM940T 包含一个更小的数据指令 Cache 和一个 MPU（Micro Processor Unit，微处理器），它是针对不要求运行操作系统的应用而设计的。ARM920T、ARM940T 都执行 v4T 架构指令。

2．ARM9E 系列

ARM9 系列的下一代处理器基于 ARM9E-S 内核，这个内核是 ARM9 核带有 E 扩展的一个可综合版本，包括 ARM946E-S 和 ARM966E-S 两个变种。两者都执行 v5TE 架构指令。它们也支持可选的嵌入式跟踪宏单元，支持开发者实时跟踪处理器指令和数据的执行。当调试对时间敏感的程序段时，这种方法非常重要。

ARM946E-S 包括 TCM（Tightly Coupled Memory，紧耦合存储器）、Cache 和一个 MPU，TCM 和 Cache 的大小可配置。该处理器是针对要求有确定的实时响应的嵌入式控制而设计的。ARM966E-S 有可配置的 TCM，但没有 MPU 和 Cache 扩展。

ARM9 系列的 ARM926EJ-S 内核为可综合的处理器内核，发布于 2000 年。它是针对小型便携式 Java 设备，如 3G 手机和 PDA 应用而设计的。ARM926EJ-S 是第一个包含 Jazelle 技术，可加速 Java 字节码执行的 ARM 微处理器内核。它还有一个 MMU、可配置的 TCM 及具有零或非零等待存储器的数据/指令 Cache。

3．ARM11 系列

ARM1136J-S 发布于 2003 年，是针对高性能和高能效率而设计的。ARM1136J-S 是第一个执行 v6 架构指令的处理器。它集成了一条具有独立的 Load/Store 和算术流水线的 8 级流水线。v6 架构指令包含了针对媒体处理的单指令流多数据流扩展，采用特殊的设计改善视频处理能力。

4．SecurCore 系列

SecurCore 系列处理器提供了基于高性能的 32 位 RISC 技术的安全解决方案。SecurCore 系列处理器除具有体积小、功耗低、代码密度高等特点外，还具有它自己的特别优势，即提供了安全解决方案支持。下面总结了 SecurCore 的主要特点。
- 支持 ARM 指令集和 Thumb 指令集，以提高代码密度和系统性能；
- 采用软内核技术以提供最大限度的灵活性，可以防止外部对其进行扫描探测；
- 提供了安全特性，可以抵制攻击；
- 提供面向智能卡和低成本的存储保护单元 MPU；
- 可以集成用户的安全特性和其他的协处理器。

SecurCore 系列包括 SC100、SC110、SC200 和 SC210 四个类型。

SecurCore 系列处理器主要应用于一些安全产品和应用系统，包括电子商务、电子银行业务、网络移动媒体和认证系统等。

5．StrongARM 和 Xscale 系列

StrongARM 系列处理器是 ARM 公司和 Digital Semiconductor 公司合作开发的，现在由 Intel 公司单独许可，在低功耗、高性能的产品中应用很广泛。它采用哈佛架构，具有独立的数据和指令 Cache，有 MMU。StrongARM 是第一个包含 5 级流水线的高性能 ARM 微处理器，但它不支持 Thumb 指令集。

Intel 公司的 Xscale 是 StrongARM 的后续产品，在性能上有显著改善。它执行 v5TE 架构指令，也采用哈佛架构，类似于 StrongARM，包含一个 MMU。Xscale 已经被 Intel 卖给了 Marvell 公司。

6．MPCore 系列

MPCore 是在 ARM11 核心的基础上构建的，架构上仍属于 v6 指令体系。根据不同的需求，MPCore 可以被配置为 1～4 个处理器的组合方式，最高性能达到 2600 Dhrystone MIPS，运算能力几乎与 Pentium3、1GHz 处于同一水准（Pentium3、1GHz 的指令执行性能约为 2700 Dhrystone MIPS）。多核心设计的优点是在频率不变的情况下让处理器的性能获得明显提升，在多任务应用中表现尤其出色，这一点很适合未来家庭消费电子产品的需要。例如，机顶盒在录制多个频道电视节目的同时，还可通过互联网收看数字视频点播节目；车内导航系统在提供导航功能的同时，可以向后座乘客提供各类视频娱乐信息等。在这类应用环境下，多核心结构的嵌入式处理器将表现出极强的性能优势。

7．Cortex 系列

1）ARM Cortex 处理器技术特点

ARM Cortex 包括 ARM Cortex-M 系列、ARM Cortex-R 系列和 ARM Cortex-A 系列。ARM Cortex-M 系列支持 Thumb-2 指令集（Thumb 指令集的扩展集），可以执行所有已存的为早期处理器编写的代码。通过一个前向的转换方式，为 ARM Cortex-M 系列处理器所写的用户代码可以与 ARM Cortex-M 系列处理器完全兼容。ARM Cortex-M 系列系统代码（如实时操作系统）可以很容易地移植到基于 ARM Cortex-R 系列的系统上。ARM Cortex-M 和 ARM Cortex-R 系列处理器还支持 32 位指令集，向后完全兼容早期的 ARM 微处理器，包括 1995 年发布的 ARM7TDMI 处理器，2002 年发布的 ARM11 处理器系列。由于应用领域的不同，基于 v7 架构的 Cortex 处理器系列所采用的技术也不相同。在命名方式上，基于 ARMv7 架构的 ARM 微处理器已经不再沿用过去的数字命名方式，而是冠以 Cortex 的代号。基于 v7A 的称为"Cortex-A 系列"；基于 v7R 的称为"Cortex-R 系列"；基于 v7M 的称为"Cortex-M3 系列"。

2）ARM Cortex-M3 处理器技术特点

ARM Cortex-M3 处理器是为存储器和处理器的尺寸对产品成本影响极大的各种应用专门开发设计的。它整合了多种技术，减少了内存使用，并在极小的 RISC 内核上提供低功耗和高性能，可实现由以往的 16 位微控制器代码向 32 位微控制器的快速移植。ARM Cortex-M3 处理器是使用最少门数的 ARM CPU，相对于过去的设计大大减小了芯片面积，可减小装置的体积，采用更低成本的工艺进行生产，仅 33000 门的内核性能可达 1.2DMIPS/MHz。此外，基本系统外设还具备高度集成化特点，集成了许多紧耦合系统外设，合理利用了芯片空间，使系统满足下一代产品的控制需求。

ARM Cortex-M3 处理器结合了执行 Thnmb-2 指令的 32 位哈佛微体系架构和系统外设，包括 Nested Vectored Interrupt Controller 和 Arbiter 总线。该技术方案在测试和实测应用中表现出较高的性能；在台积电 180nm 工艺下，芯片性能达到 1.2 DMIPS/MHz（Dhrystone Million Instructions executed Per Second/MHz），时钟频率高达 100MHz。ARM Cortex-M3 处理器还实现了 Tail-Chaining 中断技术。该技术是一项完全基于硬件的中断处理技术，最多可减少 12 个时钟周期数，在实际应用中可减少 70%的中断；推出了新的单线调试技术，避免使用多引脚进行 JTAG 调试，并全面支持 RealView 编译器和 RealView 调试产品。RealView 技术面向设计者提供模拟、创建虚拟模型、编译软件、调试、验证和测试基于 ARMv7 架构的系统等功能。为微控制器应用开发的 ARM Cortex-M3 拥有以下性能。

- 实现单周期 Flash 应用最优化；
- 准确快速的中断处理，永不超过 12 个周期，仅 6 个周期 tail-chaining（末尾连锁）；
- 有低功耗时钟门控（Clock Gating）的 3 种睡眠模式；
- 单周期乘法和乘法累加指令；
- ARM Thumb-2 混合的 16 位/32 位固有指令集，无模式转换；
- 包括数据观察点和 Flash 补丁在内的高级调试功能；
- 原子位操作，在一个单一指令中读取/修改/编写；
- 1.25 DMIPS/MHz（与 0.9DMIPS/MHz 的 ARM7 和 1.1 DMIPS/MHz 的 ARM9 相比）。

3）ARMCortex-R4 处理器技术特点

ARMCortex-R4 处理器支持手机、硬盘、打印机及汽车电子设计，能协助新一代嵌入式产品快速执行各种复杂的控制算法与实时工作的运算；可通过内存保护单元（Memory Protection

Unit，MPU）高速缓存及紧密耦合内存（Tightly Coupled Memory，TCM）让处理器针对各种不同的嵌入式应用进行最佳化调整，且不影响基本的 ARM 指令集兼容性。这种设计能够在沿用原有程序代码的情况下，降低系统的成本与复杂度，同时其紧密耦合内存功能也能提供更小的规格及更高效率的整合，并带来更短的响应时间。

Cortex-R4 处理器采用 v7 体系架构，让它能与现有的程序维持完全的回溯兼容性，能支持现今在全球各地的数十亿个系统，并已针对 Thumb-2 指令进行最佳化设计。此项特性带来很多的好处，其中包括：更低的时钟速度所带来的省电效益；更高的性能将各种多功能特色带入移动电话与汽车产品的设计；更复杂的算法支持更高性能的数码影像与内建硬盘的系统。运用 Thumb-2 指令集，加上 RealView 开发套件，使芯片内部存储器的容量最多降低 30%，大幅降低了系统成本，其速度比在 ARM966E-S 处理器所使用的 Thumb 指令集高出 40%。由于存储器在芯片中占用的空间愈来愈多，因此这项设计将大幅节省芯片容量，让芯片制造商运用这款处理器开发各种 SoC（System on a Chip）器件。

相比前几代的处理器，Cortex-R4 处理器高效率的设计方案，使其能以更低的时钟速率达到更高的性能；经过最佳化设计的 Artisan Mctro 内存，可进一步降低嵌入式系统的体积与成本。处理器搭载一个先进的微架构，具备双指令发送功能，采用 90nm 工艺并搭配 Artisan Advantage 程序库的组件，底面积不到 $1mm^2$，耗电可低于 0.27mW/MHz，并能提供超过 600DMIPS 的性能。

Cortex-R4 处理器在各种安全应用上加入容错功能和内存保护机制，支持最新版 OSEK 实时操作系统；支持 RealView Develop 系列软件开发工具、RealView Create 系列 ESL 工具与模块，以及 CoreSight 除错与追踪技术，协助设计者迅速开发各种嵌入式系统。

4）ARM Cortex-A9 处理器的技术特点

ARM Cortex-A9 处理器是一款适用于复杂操作系统及用户应用的处理器，支持智能能源管理（Intelligent Energy Manger，IEM）技术的 ARM Artisan 库及先进的泄露控制技术，使得 Cortex-A9 处理器实现了非凡的速度和功耗效率。在 32nm 工艺下，ARM Conex-A9 处理器的功耗大大降低，能够提供高性能和低功耗。它第一次为低费用、高容量的产品带来了台式机级别的性能。

Cortex-A9 处理器是第一款基于 v7 多核架构的应用处理器，使用了能够带来更高性能、更低功耗和更高代码密度的 Thumb-2 技术。它首次采用了强大的 NEON 信号处理扩展集，为 H.264 和 MP3 等媒体编解码提供加速。Cortex-A9 的解决方案还包括 Jazelle RCT 的 Java 加速技术，对实时（JTT）和动态调整编译（DAC）提供最优化，同时减少内存占用空间高达 2/3。该处理器配置了先进的超标量体系结构流水线，能够同时执行多条指令。处理器集成了一个可调尺寸的二级高速缓冲存储器，能够同高速的 16KB 或 32KB 一级高速缓冲存储器一起工作，从而达到最快的读取速度和最大的吞吐量。新处理器还配置了用于安全交易和数字版权管理的 TrustZone 技术，以及实现低功耗管理的 IEM 功能。

Cortex-A9 处理器使用了先进的分支预测技术，并且具有专用的 NEON 整型和浮点型流水线进行媒体和信号处理。

在 Cortex-A9 时代，三星一共发布了两代产品，第一代是 Galaxy SII 和 MX 采用的 Exynos4210；第二代有两款，一款是双核的 Exynos4212，另一款是四核的 Exynos4412。第一代产品采用 45nm 工艺制造，由于三星的 45nm 工艺在业内是比较落后的，故其虽然通过种种手段将 Exynos4210 的频率提升到了 1.4GHz，但这么做的代价也是非常明显的——功耗激增（这点在 MX 上我们也看到了）。总体而言，Exynos4212/4412 在架构上与 Exynos4210 并没有区别，大体上的硬件配置也是一样的，最大的区别就在于 Exynos4212/4412 采用了三星最新的 32nm HKMG 工艺。

2.3.2 ARM 微处理器现状、趋势与架构

1. ARM 微处理器现状与趋势

（1）从之前的 ARM 单核逐步向双核演变

作为对比，下面依次将近年来最尖端的芯片应用方案列举出来。

- NVIDIA（英伟达）的 Tegra2 双核处理器及 Tegra3 四核处理器，已经应用在摩托罗拉双核智能手机 ME860 及 LG Optimum2X 手机上。
- 三星 Exynos4412，基于 Cortex-A9 的双核处理器，应用在三星公司推出的 GALAXY SII 智能手机上。
- TI 的 OMAP4430 及 QMAP4460 双核 ARM 处理芯片，已应用在 LG Optimus3D 手机上。
- 高通 MSM8260、MSMB660（1.5GHz）、MSM8960（1.7GHz）双核处理器及 APQ8060（2.5GHz）四核处理器。目前应用的代表有 HTC 的金字塔（Pyramid）双核智能手机，还有国内的小米手机。
- 苹果 A8 64 位处理器，典型代表是 iPhone6。

（2）内嵌的图形显示芯片越来越强劲

- Mali 系列由 ARM 出品，Mali-400、Mali-T658 于 2011 年 11 月推出，支持 OpenGL ES2.0 和 DirectX 接口，可从单核扩展到四核，可提供卓越的二维和三维加速性能。
- PowerVR SGX 系列由 Imagination Technologies 公司出品，包括 PowerVR SGX530/535/540/54MP，支持 DireetX9、SM3.0 和 OpenGL2.0。
- SGX535 被苹果公司的 iPhone4 和 iPad 采用，而 SGX540 性能更加强劲，在三星 Galaxy Tab 与魅族 M9 上采用。SGX543MP 作为新一代最强新品，目前已成为苹果 iPad2（SGX543MP2/双核）和索尼 NGP（SGX543MP4/四核）的图形内核。
- Adreno 系列由高通公司出品，主要配合 Snapdragon CPU 使用。旗下典型方案有 Adrenp200/205/220/300。
- 在图形处理单元上，Tegra3 从之前的 Regra2 的 8 核心图形单元升级到 12 核心图形单元，NV5DIA 官方宣布将有 3 倍的图形性能提升。这 12 个处理核心的 GeForce GPU 专门为下一代移动游戏而打造（完全兼容现有 Tegra2 游戏），支持更好的动态光影、物理效果和高分辨率环境。典型处理器方案有 NVIDIA Tegra2 和 NVIDIA Tegra3。

（3）支持大 RAM，支持大数据量的存储介质

现在诸多处理器已支持 DDR2、DDR3、LPDDR（mDDR）等类型的内存。这些类型的内存速度高、精度高，并且容量也很大，已属于高速硬件之一。

（4）提升显示控制器性能

最高 2048×1536 分辨率液晶屏显示，如 Tegra3 处理器。

（5）提升 Camera 性能

最高支持 3200 万像素摄像头。

2. ARM 微处理器体系架构

ARM 内核采用 RISC 体系架构。ARM 体系架构的主要特征如下：

- 采用大量的寄存器，它们可以用于多种用途；
- 采用 Load/Store 体系架构；
- 每条指令都条件执行；
- 采用多寄存器的 Load/Store 指令；
- 能够在单时钟周期执行的单条指令内完成一项普通的移位操作和一项普通的 ALU 操作；
- 通过协处理器指令集来扩展 ARM 指令集，包括在编程模式中增加新的寄存器和数据类型；
- 如果把 Thumb 指令集也当作 ARM 体系架构的一部分，那么在 Thumb 体系架构中还可以高密度 16 位压缩形式表示指令集。

2.3.3　ARM 微处理器的应用选型

随着嵌入式应用的发展，ARM 微处理器（芯片）必然会获得广泛的重视和应用。但是由于 ARM 芯片有多达十几种的芯核结构、70 多个芯片生产厂家及千变万化的内部功能配置组合，开发人员在选择方案时会有一定的困难，因此对 ARM 芯片做对比研究是十分必要的。

1．ARM 芯片选择的一般原则

（1）功能。考虑处理器本身能够支持的功能，如 USB、网络、串口、液晶显示功能等。

（2）性能。从处理器的功耗、速度、稳定可靠性等方面考虑。

（3）价格。通常产品总是希望在完成功能要求的基础上，成本越低越好。处理器价格，以及由处理器衍生出的开发价格，如开发板价格、处理器自身价格、外围芯片、开发工具、制版价格等。

（4）熟悉程度及开发资源。通常公司对产品的开发周期都有严格的要求，选择一款熟悉的处理器可以大大降低开发风险。在自己熟悉的处理器都无法满足功能的情况下，可以尽量选择开发资源丰富的处理器。

（5）操作系统支持。在选择嵌入式处理器时，如果最终的程序需要运行在操作系统上，那么还应该考虑处理器对操作系统的支持。

（6）升级。很多产品在开发完成后都会面临升级的问题，正所谓人无远虑必有近忧。所以在选择处理器时必须考虑升级的问题。如尽量选择具有相同封装的不同性能等级的处理器；考虑产品未来可能增加的功能。

（7）供货稳定。供货稳定也是选择处理器时的一个重要参考因素，尽量选择大厂家，比较通用的芯片。

2．选择一款适合 ARM 教学的 CPU

在 ARM 教学中，在选择 CPU 作为学习目标时，主要从芯片功能、开发平台价格、开发资源等方面考虑。

（1）ARM 芯核。如果希望学习使用 WindowsCE 或 Linux 等操作系统，就需要选择 ARM920T 及以上带有 MMU（Memory Management Unit）功能的 ARM 芯片，例如 ARM920T、StrongARM、Cortex-A 系列处理器。而 ARM7TDMI 没有 MMU，不支持 WindowsCE 和大部分的 Linux。目前，μCLinux 及 Linux2.6 内核等 Linux 系统不需要 MMU 的支持。

（2）系统时钟速度。系统时钟决定 ARM 芯片的处理速度。ARM7 的处理速度为

0.97MIPS/MHz，常见的 ARM7 芯片系统主时钟频率为 20～133MHz；ARM9 的处理速度为 1.1MIPS/MHz，常见的 ARM9 的系统主时钟频率为 100～233MHz。Cortex-A 系列的主时钟频率也越来越快，如 Cortex-A9 的主时钟频率可以达到 1.6GHz 以上，如果希望学习可以支持较为复杂的操作系统的芯片，则可以选择 ARM9 及 ARM9 以上的芯片。

（3）支持内存访问的类型。支持内存访问类型如表 2.3 所示。

表 2.3　支持内存访问类型

芯 片 型 号	是否有 SRDRAM	是否有 DDR2	是否有 mDDR	是否有 DDR3
S3C2410	是	否	否	否
S3C2440	是	否	否	否
S5PV210	否	是	否	否
S5PV310	否	否	否	是
EXYNOS4412	否	否	否	是

（4）USB 接口。USB 接口产品的使用越来越广泛，许多 ARM 芯片内置 USB 控制器，有些芯片甚至同时有 USB Host 和 USB Slave 控制器。表 2.4 显示了内置 USB 控制器的部分 ARM 芯片。

表 2.4　内置 USB 控制器的部分 ARM 芯片

芯 片 型 号	ARM 内核	供应商	USB（otg）	USB Host
S3C2410	ARM920T	三星	1	2
S3C2440	ARM920T	三星	1	2
EXYNOS4412	Cortex-A8	三星	1	1
S5PV310	Cortex-A9	三星	1	1
EJCYNOS4412	Cortex-A9	三星	1	2

（5）GPIO 数量。在某些芯片供应商提供的说明书中，往往声明的是最大可能的 GPIO 数量，但是有许多引脚是和地址线、数据线、串口线等引脚复用的。这样在系统设计时需要计算实际可以使用的 GPIO 数量。

（6）中断控制器。ARM 内核只提供快速中断（FIQ）和标准中断（IRQ）两个中断向量。但各个半导体厂家在设计芯片时加入了自己定义的中断控制器，以便支持诸如串行口、外部中断、时钟中断等硬件中断。外部中断控制是选择芯片时必须考虑的重要因素，合理的外部中断设计可以很大程度地减少任务调度工作量。例如 Philips 公司的 SAA7V50，所有 GPIO 都可以设置成 FIQ 或 IRQ，并且可以选择上升沿、下降沿、高电平和低电平 4 种中断方式。这使得红外线遥控接收、光码盘和键盘等任务都可以作为背景程序运行。而 Cirrus Logic 公司的 EP7312 芯片只有 4 个外部中断源，并且每个中断源都只能是低电平或高电平中断，这样接收红外线信号的场合必须采用查询方式，浪费了大量 CPU 时间。

（7）IIS（Integrate Interface of Sound）接口。IIS 接口即集成音频接口。如果设计音频应用产品，则 IIS 接口是必需的。

（8）nWAIT 信号。这是一个外部总线速度控制信号。不是每个 ARM 芯片都提供这个信号引脚，利用这个信号与廉价的 GAL 芯片就可以实现符合 PCMCIA 标准的 WLAN 卡和 BlueTooth 卡的接口，而不需要外加高成本的 PCMCIA 专用控制芯片。另外，当需要扩展外部 DSP 处理器时，此信号也是必需的。

（9）RTC（Real Time Clock）。很多 ARM 芯片都提供 RTC（实时时钟）功能，但方式不同。如 Cirrus Logic 公司的 EP7312 的 RTC 只是一个 32 位计数器，需要通过软件计算出年月日时分秒；而 SAA7750 和 S3C2410 等芯片的 RTC 直接提供年月日时分秒格式。

（10）LCD 控制器。有些 ARM 芯片内置 LCD 控制器，有的甚至内置 64KB 彩色 TFT LCD 控制器。在设计 PDA 和手持式显示记录设备时，选用内置 LCD 控制器的 ARM 芯片较为适宜。

（11）PWM 输出。有些 ARM 芯片有 2～8 路 PWM 输出，可以用于电机控制、语音输出或者连续模拟信号输出等场合。

（12）ADC 和 DAC。有些 ARM 芯片内置 2～8 通道 8～12 位通用 ADC，可以用于电池检测、触摸屏和温度监测等。例如，Philips 的 SAA7750 更是内置了一个 16 位立体声音频 ADC 和 DAC，并且带有耳机驱动。

（13）扩展总线。大部分 ARM 芯片具有外部 SDRAM 和 SRAM 扩展接口，不同的 ARM 芯片可以扩展的芯片数量即片选线数量不同，外部数据总线有 8 位、16 位或 32 位。为某些特殊应用设计的 ARM 芯片（如德国 Micronas 的 PUC3030A）没有外部扩展功能。

（14）UART 和 IrDA。几乎所有的 ARM 芯片都具有 1～2 个 UART 接口，可以用于和 PC 通信或用 Angel 进行调试。一般的 ARM 芯片通信波特率为 115200 波特，少数专为蓝牙技术应用设计的 ARM 芯片的 UART 通信波特率可以达到 920 千波特，如 Linkup 公司的 L7205。

（15）时钟计数器和看门狗。一般 ARM 芯片都具有 2～4 个 16 位或 32 位时钟计数器和一个看门狗计数器。

（16）电源管理功能。ARM 芯片的耗电量与工作频率成正比，一般 ARM 芯片都有低功耗模式、睡眠模式和关闭模式。

（17）DMA 控制器。有些 ARM 芯片内部集成 DMA（Direct Memory Access）接口，可以与硬盘等外部设备高速交换数据，同时减少数据交换时对 CPU 资源的占用。另外，可以选择的内部功能部件还有 HDLC、SDLC、CD-ROM Decoder、Ethernet MAC、VGA controller 和 DC-DC；可以选择的内置接口有 HC、SPDIF、CAN、SPI、PCI 和 PCMCIA。

（18）封装类型。ARM 芯片现在主要的封装有 QFP、TQFP、PQFP、LQFP、BGA、LBGA 等形式，BGA 封装具有芯片面积小的特点，可以减少 PCB 面积，但是需要专用的焊接设备，无法手工焊接。另外，一般 BGA 封装的 ARM 芯片无法用双面板完成 PCB 布线，需要多层 PCB 板布线。

最后，根据院校的实际情况结合当前及未来一段时间的市场人才需求，经过综合考虑，本书教学选取的是 NXP 公司的 i.MX 6Solo/6Dual，它是一款基于 Cortex-A9 核心的微处理器芯片。本章后面的部分章节将对 Cortex-A9 的一些特性及芯片 i.MX 6Solo/6Dual 进行详细介绍。

2.3.4　Cortex-A9 内部功能及特点

Cortex-A9 是一款高性能、低功耗的处理器核心，并支持 Cache、虚拟存取，它的特性如下：

- 完全执行 v7-A 体系指令集；
- 可配置 64 位或 128 位 AMBA 高速总线接口 AXI；
- 具有一个集成的整形流水线；
- 具有一个 NEON 技术下执行 SIMD/VFP 的流水线；
- 支持动态分支预取，全局历史缓存，8 入口返回栈；

- 具有独立的数据/指令 MMU；
- 16KB/32KB 可配置 1 级 Cache；
- 具有带奇偶校验及 ECC 校验的 2 级 Cache；
- 支持 ETM 的非侵入式调试；
- 具有静态/动态电源管理功能。

v7-A 体系指令集具有如下特点：

- 支持 ARM Thumb-2 高密度指令集；
- 使用 ThumbEE，执行加速；
- 安全扩展体系加强了安全应用的可靠性；
- 先进的 SIMD 体系技术用于加速多媒体应用；
- 支持 VFP 第三代矢量浮点运算。

2.3.5　Cortex-A9 内核工作模式

Cortex-A9 基于 v7-A 架构，共有 8 种工作模式，如表 2.5 所示。

表 2.5　Cortex-A9 的工作模式

处理器工作模式	简　写	描　述
用户模式（User）	usr	正常程序执行模式，大部分任务执行在这种模式下
快速中断模式（FIQ）	fiq	当一个高优先级（fast）中断产生时将会进入这种模式，一般用于高速数据传输和通道处理
外部中断模式（IRQ）	irq	当一个低优先级（normal）中断产生时将会进入这种模式，一般用于通常的中断处理
管理模式（Supervisor）	svc	当复位或软中断指令执行时进入这种模式，是一种供操作系统使用的保护模式
数据访问终止模式（Abort）	abt	当存取异常时将会进入这种模式，用于虚拟存储或存储保护
未定义指令终止模式（Undefined）	und	当执行未定义指令时进入这种模式，有时用于通过软件仿真协处理器硬件的工作方式
系统模式（System）	sys	使用和 User 模式相同寄存器集的模式，用于运行特权级操作系统任务
监控模式（Monitor）	mon	可以在安全模式与非安全模式之间进行转换

除用户模式外的其他 7 种处理器模式称为特权模式（Privileged Modes）。在特权模式下，程序可以访问所有的系统资源，也可以任意地进行处理器模式切换。其中以下 6 种称为异常模式：

① 快速中断模式（FIQ）。
② 外部中断模式（IRQ）。
③ 管理模式（Supervisor）。
④ 数据访问终止模式（Abort）。
⑤ 未定义指令终止模式（Undefined）。
⑥ 监控模式（Monitor）。

处理器模式可以通过软件控制进行切换，也可以通过外部中断或异常处理过程进行切换。大多数的用户程序运行在用户模式下。当处理器工作在用户模式时，应用程序不能够访问受操作系统保护的一些系统资源，应用程序也不能直接进行处理器模式切换。当需要进行处理器模式切换时，应用程序可以产生异常处理，在异常处理过程中进行处理器模式切换。这种体系结构可以使操作系统控制整个系统资源的使用。

当应用程序发生异常中断时，处理器进入相应的异常模式。在每一种异常模式中都有一组专用寄存器以供相应的异常处理程序使用。这样就可以保证在进入异常模式时用户模式下的寄存器（保存程序运行状态）不被破坏。

2.3.6　Cortex-A9 存储系统

ARM 存储系统有非常灵活的体系结构，可以适应不同的嵌入式应用系统的需要。ARM 存储系统可以使用简单的平板式地址映射机制（就像一些简单的单片机一样，地址空间是固定的，系统中各部分都使用物理地址），也可以使用其他技术提供功能更为强大的存储系统。

- 系统可能提供多种类型的存储器件，如 Flash、ROM、SRAM 等；
- Cache 技术；
- 写缓冲器（WriteBuffer）技术；
- 虚拟内存和 IO 地址映射技术。

大多数的系统通过下面的方法之一，可实现对复杂存储系统的管理。

（1）使用 Cache，缩小处理器和存储系统速度差别，从而提高系统的整体性能。

（2）使用内存映射技术实现虚拟空间到物理空间的映射。这种映射机制对嵌入式系统非常重要。通常嵌入式系统程序存放在 ROM/Flash 中，这样系统断电后程序能够得到保存。但是，ROM/Flash 与 SDRAM 相比，通常速度慢很多，而且基于 ARM 的嵌入式系统中通常把异常中断向量表放在 RAM 中。利用内存映射机制可以满足这种需要。在系统加电时，将 ROM/Flash 映射为地址 0，这样可以进行初始化处理；当这些初始化处理完成后将 SDRAM 映射为地址 0，并把系统程序加载到 SDRAM 中运行，可很好地满足嵌入式系统的需要。

（3）引入存储保护机制，增强系统的安全性。

（4）引入一些机制保证将 IO 操作映射成内存操作后，各种 IO 操作能够得到正确的结果。在简单存储系统中，不存在这样的问题。而当系统引入了 Cache 和 WriteBuffer 后，就需要一些特别的措施。在 ARM 系统中，要实现对存储系统的管理通常使用协处理器 CP15，它通常也被称为系统控制协处理器（System Control Coprocessor）。

ARM 的存储系统是由多级构成的，如图 2.2 所示，可以分为内核级、芯片级、板卡级和外设级。

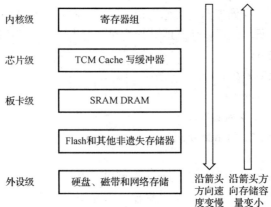

图 2.2　ARM 的存储系统

每级都有特定的存储介质，下面对比各级系统中特定存储介质的存储性能。

（1）内核级的寄存器。处理器寄存器组可看作存储器层次的顶层。这些寄存器被集成在处理器内核中，在系统中提供最快的存储器访问。典型的 ARM 微处理器有多个 32 位寄存器，其访问时间为 ns 量级。

（2）芯片级的紧耦合存储器（TCM）是为弥补 Cache 访问的不确定性增加的存储器。TCM 是一种快速 SDRAM，它紧挨内核，并且保证取指和数据操作的时钟周期数，这一点对一些要求确定行为的实时算法很重要。TCM 位于存储器地址映射中，可作为快速存储器来访问。

（3）芯片级的片上 Cache 存储器的容量在 8～32KB，访问时间大约为 10ns。高性能的 ARM 结构中，可能存在第二级片外 Cache，容量为几百 KB，访问时间为几十 ns。

（4）板卡级的 DRAM。主存储器可能是几 MB 到几十 MB 的动态存储器，访问时间大约为 100ns。

（5）外设级的后援存储器，通常是硬盘，可能从几百 MB 到几 GB，访问时间为几十 ms。

1. 协处理器（CP15）

ARM 微处理器支持 16 个协处理器。在程序执行过程中，每个协处理器忽略属于 ARM 微处理器和其他协处理器的指令。当一个协处理器硬件不能执行属于它的协处理器指令时，将产生一个未定义指令异常中断，在该异常中断处理程序中，可以通过软件模拟该硬件操作。例如，如果系统不包含矢量浮点运算，则可以选择浮点运算软件模拟包来支持矢量浮点运算。CP15 即通常所说的系统控制协处理器，它负责完成大部分的存储系统管理。除 CP15 外，在具体的各种存储管理中可能还会用到其他一些技术，如在 MMU 中使用了页表技术等。

在一些没有标准存储管理的系统中，CP15 是不存在的。在这种情况下，针对 CP15 的操作指令被视为未定义指令，指令的执行结果不可预知。

CP15 包含 16 个 32 位寄存器，其编号为 0～15。实际上对于某些编号的寄存器可能对应多个物理寄存器，在指令中指定特定的标志位来区分这些物理寄存器。这种机制有些类似于 ARM 中的寄存器，当处于不同的处理器模式时，某些相同编号的寄存器对应于不同的物理寄存器。

CP15 中的寄存器可能是只读的，也可能是只写的，还有一些是可读/可写的，在对协处理器寄存器进行操作时，需要注意以下几个问题。

① 寄存器的访问类型（只读/只写/可读可写）。

② 不同的访问引发不同的功能。

③ 相同编号的寄存器是否对应不同的物理寄存器。

④ 寄存器的具体作用。

2. 存储管理单元（MMU）

在创建多任务嵌入式系统时，最好用一个简单的方式编程、装载及运行各自独立的任务。目前大多数的嵌入式系统不再使用自己定制的控制系统，而使用操作系统来简化这个过程。较高级的操作系统采用基于硬件的存储管理单元（MMU）来实现上述操作。

MMU 提供的一个关键服务是使各个任务作为各自独立的程序在自己的私有空间内运行。在带 MMU 的操作系统控制下，运行的任务无须知道其他与之无关的任务的存储需求情况，这就简化了各个任务的设计。

MMU 提供了一些资源以允许使用虚拟存储器（将系统物理存储重新编址，可将其看成一个独立于系统物理存储器的存储空间）。MMU 作为转换器，将程序和数据的虚拟地址（编译时的链接地址）转换成实际的物理地址，即在物理主存中的地址。这个转换过程允许运行的多个程序使用相同的虚拟地址，而各自存储在物理存储器的不同位置。

这样存储器就有两种类型的地址：虚拟地址和物理地址。虚拟地址由编译器和链接器在定位程序时分配；物理地址用来访问实际的主存硬件模块（物理上程序存在的区域）。

3．高速缓冲存储器（Cache）

Cache 是一个容量小但存取速度非常快的存储器，它保存最近用到的存储器数据副本。对于程序员来说，Cache 是透明的。它自动决定保存哪些数据、覆盖哪些数据。现在 Cache 通常与处理器在同一芯片上实现。Cache 能够发挥作用是因为程序具有局部性。所谓局部性就是指在任何特定的时间，处理器趋于对相同区域的数据（如堆栈）多次执行相同的指令（如循环）。

Cache 经常与写缓冲器（write Buffer）一起使用。写缓冲器是一个非常小的先进先出（FIFO）存储器，位于处理器核与主存之间。使用写缓冲器的目的是，将处理器核和 Cache 从较慢的主存写操作中解脱出来。当 CPU 向主存储器做写入操作时，它先将数据写入写缓冲器中，由于写缓冲器的速度很高，这种写入操作的速度也将很高。写缓冲器在 CPU 空闲时，以较低的速度将数据写入主存储器中相应的位置。

通过引入 Cache 和写缓冲器，存储系统的性能得到了很大的提高，但同时也带来了一些问题。例如，由于数据将存在于系统中不同的物理位置，故可能造成数据的不一致性；由于写缓冲器的优化作用，故可能有些写操作的执行顺序不是用户期望的顺序，从而造成操作错误。

2.4　模型计算机及流水线

2.4.1　模型计算机原理

1．计算机的基本结构

电子计算机最开始的时候是作为一个计算工具出现的。我们来看一下若要计算机能够脱离人的干预，自动完成计算，它应该具有哪些主要部分呢？

我们以算盘为例来着手分析。若要求算盘计算下述问题：

$$163×156+166÷34-120×36$$

首先我们需要一个算盘作为运算的工具，其次有纸和笔，用来记录原始数据，记录中间结果，以及最后运算的结果；而整个运算工作是在人的控制下进行的，先把要计算的问题和数据记录下来。第一步计算出 163×156，把计算的中间结果记在纸上，再计算 166÷34，把它和上次结果相加，记在纸上；最后计算 120×36，把它从上一次的结果中减去，就得到最后的结果。

现在，我们要求用一台计算机来完成上述计算过程。它首先要有能够替代算盘进行运算的部件，称之为运算器；其次要有能起到纸和笔的作用的器件，它能记忆原始题目、原始数据和中间结果，以及为了使机器能自动进行运算而编制的各种指令，这种器件称之为存储器；再次要有能替代人的控制作用的控制器，它能根据事先给定的命令发出各种控制信息，使整个计算过程能一步步地进行。但是光有这三部分还不够，原始的数据与命令要输入，所以需要有输入设备；而计算的结果（或中间的过程）需要输出，就要有输出设备，这样就构成了一个基本的计算机系统，如图 2.3 所示。

在计算机中，基本上有两种信息在流动，一种是数据和指令，即各种原始数据、中间结果和指令。指令由输入设备输入运算器，再存于存储器中。在运算处理过程中，数据从存储器读入运算器进行运算，运算的中间结果要存入存储器中，或最后由运算器经输出设备输出。人给计算机的各种指令（即程序），也以数据的形式由存储器送入控制器，由控制器经过译码后变为各种控制信号。另一种即为控制信号，由控制器控制输入装置的启动或停止，控制运算器按规定一步步地进行各种运算和处理，控制存储器的读或写，控制输出设备输出结果等。

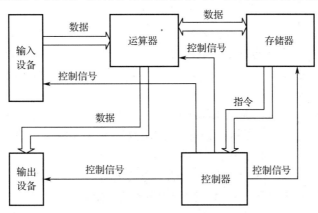

图 2.3　基本的计算机系统

　　存储器通常又可以分为内存和外存两部分。内存容量小但存取速度快，常用的有磁心或半导体存储器等，目前，在微型机中大部分采用半导体存储器；外存容量大，但存取速度慢，常用的有磁盘、磁鼓以及磁带等。

　　输入设备常用的有键盘、纸带读入机、卡片读入机等。输出设备常用的有 CRT 显示器、LCD 显示屏、电传打字机、纸带穿孔机、打印机等。

　　当把计算机用于控制时，当然输入输出还有各种现场信息和控制信号。上述各部分构成了计算机的硬件（Hardware）。

　　在上述硬件中，人们往往把运算器、存储器和控制器合在一起称为计算机的主机；而把各种输入输出设备统称为计算机的外围设备（或外部设备，Peripheral）。

　　在主机部分中，又往往把运算器和控制器合在一起称之为中央处理单元——CPU（Central Processing Unit）。

2．指令程序和指令系统

　　前面我们提到了计算机的几个主要部分，这些构成了计算机的硬件（Hardware）的基础。但是，光有这样的硬件，还只是具有了计算的可能。计算机要真正能进行计算还必须有软件的配合。首先是各种程序（Program）。

　　我们知道，计算机所以能脱离人的直接干预，自动地进行计算，就是由于人把实现这个计算的操作用命令的形式——一条条指令（Instruction）预先输入到存储器中，在执行时，机器把这些指令一条条地取出来，加以翻译和执行。

　　就拿两个数相加这一最简单的运算来说，就需要以下几步（假定要运算的数已在存储器中）：

　　第一步：把第一个数从它所在的存储单元（Location）中取出来，送至运算器；

　　第二步：把第二个数从它所在的存储单元中取出来，送至运算器；

　　第三步：相加；

　　第四步：把加完的结果，送至存储器中指定的单元。

　　所有这些取数、送数、相加、存数等都是一种操作。我们把要求计算机执行的各种操作用命令的形式写下来，这就是指令。通常一条指令对应着一种基本操作，但是计算机怎么能辨别和执行这些操作呢？这是由设计时设计人员赋予它的指令系统决定的。一个计算机能执行什么样的操作，能做多少种操作，是由设计计算机时所规定的指令系统决定的。一条指令，对应着一种基本操作；计算机所能执行的全部指令，就是计算机的指令系统（Instruction Set），这是计算机所固有的。

　　在我们使用计算机时，必须把我们要解决的问题编成一条条指令，但是这些指令必须是我们所用的计算机能识别和执行的指令，也即每一条指令必须是一台特定的计算机的指令系统中具有的指令，而不能随心所欲。这些指令的集合就称为程序。用户为解决自己的问题所编的程序，称为源程序（Source Program）。

　　指令通常分成操作码（Opcode 即 operationcode）和操作数（Operand）两大部分。操作码表示计算机执行什么操作；操作数表示参加操作的数的本身或操作数所在的地址。因为计算机只认识二进制数码，所以计算机的指令系统中的所有指令，都必须以二进制编码的形式来表示。例如在 Z-80 中，从存储器中取数（以 HL 间址）的指令的编码为 7EH，加法指令的编码为 87H，向存储器存数指令的编码为 77H 等。这就是指令的机器码（Machine Code）。Z-80 字长为 8 位，字长较短，用 1 字节不能充分表示各种操作码和操作数，所以，有多字节指令，亦有 1 字节指令，如上所举的几个例子；而有的为 2 字节、3 字节，多的可为 4 字节等。计算机发展的初期，就是用指令的机器码直接来编制用户的源程序，这就是机器语言阶段。但是机器码是由一连串的 0 和 1 组成的，没有明显的特征不好记忆，不易理解，易出错。所以，编程序成为一种十分困难又烦琐的工作。因而，人们就用一些助记符（Mnemonic），通常是指令功能的英文词的缩写来代替操作码，如 Z-80 中数的传送用助记符 LD（Load 的缩写），加法用 ADD 等。这样，每条指令有明显的特征，易于理解和记忆，也不易出错，这就前进了一大步，此谓汇编语言阶段。用户用汇编语言（操作码用助记符代替，操作数也用一些符号——Symbol 来表示）来编写源程序。

　　要求机器能自动执行这些程序，就必须把这些程序预先存放到存储器的某个区域。程序通常是顺序执行的，所以程序中的指令也是一条条顺序存放的。计算机在执行时要能把这些指令一条条取出来加以执行。必须有一个电路能追踪指令所在的地址，这就是程序计数器（Program Counter，PC）。在开始执行时，给 PC 赋以程序中第一条指令所在的地址，然后每取出一条指令（确切地说是每取出一个指令字节）PC 中的内容自动加 1，以推向下一条指令的地址（Address），以保证指令的顺序执行。只有程序遇到转移指令，调用子程序指令，或遇到中断时，PC 才转到所需要的地方去。

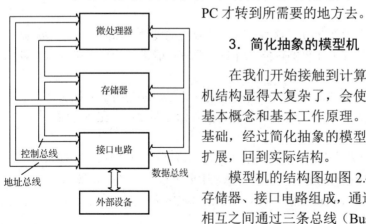

图 2.4　模型机的结构图

3. 简化抽象的模型机

　　在我们开始接触到计算机内部结构时，一个实际的计算机结构显得太复杂了，会使人不知所措，抓不住基本部件、基本概念和基本工作原理。所以，我们先以一个实际结构为基础，经过简化抽象的模型机，来分析基本原理，然后加以扩展，回到实际结构。

　　模型机的结构图如图 2.4 所示，它由微处理器（CPU）、存储器、接口电路组成，通过接口电路再与外部设备相连接。相互之间通过三条总线（Bus）——地址总线（Address Bus）、控制总线（Control Bus）和数据总线（Data Bus）来连接。为了简化问题，我们先不考虑外部设备以及接口电路，并认为要执行的程序以及数据，已存入存储器。

1）CPU 的结构

模型机的 CPU 结构，如图 2.5 所示。

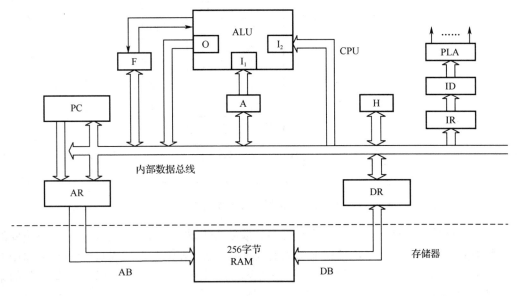

图 2.5 模型机的CPU结构

算术逻辑单元（Arithmetic Logic Unit，ALU）是执行算术和逻辑运算的装置，它以累加器（Accumulator，A）的内容作为一个操作数，另一个操作数由内部数据总线供给，可以是寄存器（Register）H 中的内容，也可以是由数据寄存器（Data register，DR）供给的由内存读出的内容等；操作的结果通常放在累加器 A 中。

F（Flag）是标志寄存器，由一些标志位组成。它的功用我们在后面分析。

要执行的指令的地址由程序计数器（PC）提供，Address Register（AR）是地址寄存器，由它把要寻址的单元的地址（可以是指令，地址由 PC 提供；也可以是数据，地址要由指令中的操作数部分给定）通过地址总线，送至存储器。

从存储器中取出的指令，由数据寄存器送至指令寄存器（Instruction Register，IR），经过指令译码器（Instruction Decoder，ID）译码，通过控制电路，发出执行一条指令所需的各种控制信号。

在我们的模型机中，字（Word）长（通常是以存储器一个单元所包含的二进制信息的位数表示字长的）为 8 位即为 1 字节（Byte，在字长较长的机器中为了表示方便，把 8 位二进制位定义为 1 字节），故累加器 A、寄存器 H、数据寄存器（DR）都是 8 位的，因而双向数据总线也是 8 位的。在我们的模型机中又假定内存为 256 个单元，为了能寻址这些单元，则地址也需 8 位（$2^8 = 256$），可寻址 256 个单元。因此，这里的 PC 及地址寄存器（AR）也都是 8 位的。

在 CPU 内部各个寄存器之间及与 ALU 之间数据的传送也采用内部总线结构，这样扩大了数据传送的灵活性，减少了内部连线，因而减少了这些连线所占的芯片面积，但是若采用总线结构，则在任一瞬间，总线上只能有一个信号在流动，因而使速度降低。

2）存储器

模型机的存储器结构如图 2.6 所示。它由 256 个单元组成，为了能区分不同的单元，对这些单元分别编了号，用两位十六进制数表示，这就是它们的地址，如 00、01、02、…、FF 等；而每一个单元可存放 8 位二进制信息（也可用两位十六进制数表示），这就是它们的内容。

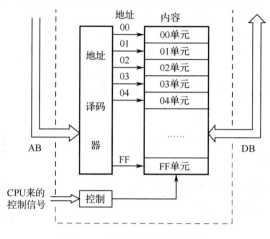

图 2.6　模型机的存储器结构

每一个存储单元的地址，和这一个地址中存放的内容这两者是完全不同的，千万不要混淆了存储器中的不同存储单元，是由地址总线上送来的地址（8 位二进制数），经过存储器中的地址译码器来寻找的（每给定一个地址号 r——可从 256 个单元中找到相应于这个地址号的某一单元），然后就可以对这个单元的内容进行读或写的操作。

（1）读操作。若我们已知在 04 号存储单元中，存的内容为 10000100（即 84H），我们要把它读出至数据总线上。则要求 CPU 的地址寄存器先给出地址号 04，然后通过地址总线送至存储器，存储器中的地址译码器对它进行译码，找到 04 号单元，然后要求 CPU 发出读的控制命令，于是 04 号单元的内容（84H）就出现在数据总线上，由它送至数据寄存器（DR），如图 2.7 所示。

（2）写操作。若要把数据寄存器中的内容 26H 写入 10 号存储单元。则要求 CPU 的地址寄存器（AR）先给出地址 10，通过地址总线（AB）送至存储器，经译码后找到 10 号单元；然后把数据寄存器（DR）中的内容（26H）经数据总线（DB）送给存储器，且 CPU 发出写的控制信号，于是数据总线上的信息 26H 就可以写入 10 号单元中，如图 2.8 所示。

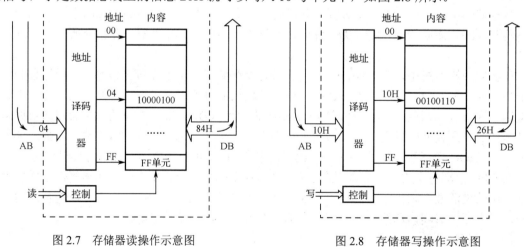

图 2.7　存储器读操作示意图　　　　　图 2.8　存储器写操作示意图

信息写入后，在没有新的信息写入以前是一直保留的，且我们的存储器的读出是非破坏性的，即信息读出后，存储单元的内容是不变的。

（3）执行过程

若程序已存放在内存中，则机器的执行过程就是取指（取出指令）和执行指令这两个阶段的循环。

机器从停机状态进入运行状态，要把第一条指令所在的地址赋给 PC，然后就进入取指阶段。在取指阶段从内存中读出的内容必为指令，所以 DR 把它送至 IR，然后由指令译码器译码，就知道此指令要执行什么操作，在取指阶段结束后就进入执行阶段。当一条指令执行完以后，就进入了下一条指令的取指阶段。这样的循环一直进行到程序结束（遇到停机指令）。

2.4.2 流水线的概念与原理

处理器按照一系列步骤来执行每一条指令，典型的步骤如下。

① 从存储器读取指令（fetch）。

② 译码以鉴别它属于哪一条指令（decode）。

③ 从指令中提取指令的操作数（这些操作数往往存在于寄存器 reg 中）。

④ 将操作数进行组合以得到结果或存储器地址（ALU）。

⑤ 如果需要，则访问存储器以存储数据（mem）。

⑥ 将结果写回到寄存器堆（res）。

并不是所有的指令都需要上述每一个步骤，但是，多数指令需要其中的多个步骤。这些步骤往往使用不同的硬件功能，如 ALU 可能只在步骤④中用到。因此，如果一条指令不是在前一条指令结束之前就开始，那么在每一步骤内处理器只有少部分的硬件在使用。

有一种方法可以明显改善硬件资源的使用率和处理器的吞吐量，这就是在前一条指令结束之前就开始执行下一条指令，即通常所说的流水线（Pipeline）技术。流水线是 RISC 处理器执行指令时采用的机制。使用流水线，可在取下一条指令的同时译码和执行其他指令，从而加快执行的速度。可以把流水线看作汽车生产线，每个阶段只完成专门的处理器任务。

采用上述操作顺序，处理器可以这样来组织：当一条指令刚刚执行完步骤①并转向步骤②时，下一条指令就开始执行步骤①。从原理上说，这样的流水线应该比没有重叠的指令执行快 6 倍，但由于硬件结构本身的一些限制，实际情况会比理想状态差一些。

2.4.3 流水线的分类

1. 3 级流水线 ARM 组织

到 ARM7 为止的 ARM 微处理器使用简单的 3 级流水线，它包括下列流水线级。

（1）取指令（fetch）：从寄存器装载一条指令。

（2）译码（decode）：识别被执行的指令，并为后续 r 个周期准备数据通路的控制信号。在这一级，指令占有译码逻辑，不占用数据通路。

（3）执行（execute）：处理指令并将结果写回寄存器。

图 2.9 所示给出了 3 级流水线指令的执行过程。

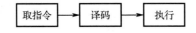

图 2.9 3 级流水线指令的执行过程

当处理器执行简单的数据处理指令时，流水线使得平均每个时钟周期能完成 1 条指令。但 1 条指令需要 3 个时钟周期来完成。因此，有 3 个时钟周期的延迟（latency），但吞吐率（throughput）是每个周期 1 条指令。

2．5 级流水线 ARM 组织

所有的处理器都要满足对高性能的要求，直到 ARM7 为止，在 ARM 核中使用的 3 级流水线的性价比是很高的。但是，为了得到更高的性能，需要重新考虑处理器的组织结构。有两种方法来提高性能。

（1）提高时钟频率。时钟频率的提高，必然引起指令执行周期的缩短，所以要求简化流水线每一级的逻辑，流水线的级数就要增加。

（2）减少每条指令的平均指令周期数（CPI）。这就要求重新考虑 3 级流水线 ARM 中多于 1 个流水线周期的实现方法，以便使其占有较少的周期，或者减少因指令相关造成的流水线停顿，也可以将两者结合起来。

3 级流水线 ARM 核在每一个时钟周期都访问存储器，或者取指令，或者传输数据。只是在存储器不用的几个周期来改善系统性能，效果并不明显。为了改善 CPI，存储系统必须在每个时钟周期中给出多于一个的数据。方法是在每个时钟周期从单个存储器中给出多于 32 位数据，或者为指令或数据分别设置存储器。

基于以上原因，较高性能的 ARM 核使用了 5 级流水线，而且具有分开的指令和数据存储器。把指令的执行分割为 5 部分而不是 3 部分，进而可以使用更高的时钟频率，分开的指令和数据存储器使核的 CPI 明显减少。

在 ARM9 TDMI 中使用了典型的 5 级流水线，5 级流水线包括下面的流水线级。

（1）取指令（fetch）：从存储器中取出指令，并将其放入指令流水线。

（2）译码（decode）：指令被译码，从寄存器堆中读取寄存器操作数。在寄存器堆中有 3 个操作数读端口，因此，大多数 ARM 指令能在 1 个周期内读取其操作数。

（3）执行（execute）：将其中 1 个操作数移位，并在 ALU 中产生结果。如果指令是 Load 或 Store 指令，则在 ALU 中计算存储器的地址。

（4）缓冲/数据（buffer/data）：如果需要则访问数据存储器，否则 ALU 只是简单缓冲 1 个时钟周期。

（5）回写（write-back）：将指令的结果回写到寄存器堆，包括任何从寄存器读出的数据。

图 2.10 所示列出了 5 级流水线指令的执行过程。

图 2.10　5 级流水线指令的执行过程

在程序执行过程中，PC 值是基于 3 级流水线操作特性的。5 级流水线中提前 1 级来读取指令操作数，得到的值是不同的（PC+4，而不是 PC+8）。这里产生代码不兼容是不容许的。但 5 级流水线 ARM 完全仿真 3 级流水线的行为。在取指级增加的 PC 值被直接送到译码级的寄存器，穿过两级之间的流水线寄存器。下一条指令的 PC+4 等于当前指令的 PC+8，因此，未使用额外的硬件便得到了正确的 R15。

3．13 级流水线

在 Cortex-A8 中有一条 13 级的流水线，但是由于 ARM 公司没有对其中的技术公开任何相关的细节，这里只能简单介绍一下。从经典 ARM 系列到现在的 Cortex 系列，ARM 微处理器的结构在向复杂的阶段发展，但没改变的是 CPU 的取指指令和地址关系，不管是几级流水线，都可以按照最初的 3 级流水线的操作特性来判断其当前的 PC 位置。这样做主要还是为了软件兼容性上的考虑，由此可以判断的是，后面 ARM 所推出的处理核心都要满足这一特点，感兴趣的读者可以自行查阅相关资料。

2.4.4　影响流水线性能的因素

1. 互锁

在典型的程序处理过程中，经常会遇到这样的情形，即一条指令的结果被用作下一条指令的操作数。例如，有如下指令序列：

LDR　　　R0，[R0，#0]
ADD　　　R0，R0，R1　　　；在 5 级流水线上产生互锁

从该例子可以看出，流水线的操作产生中断，因为第 1 条指令的结果在第 2 条指令取数时还没有产生。第 2 条指令必须停止，直到结果产生为止。

2. 跳转指令

跳转指令也会破坏流水线的行为，因为后续取指步骤受到跳转目标计算的影响，因而必须推迟。但是，当跳转指令被译码时，在它被确认是跳转指令之前，后续的取指操作已经发生，这样一来，已经被预取进入流水线的指令不得不被丢弃。如果跳转目标的计算是在 ALU 阶段完成的，那么在得到跳转目标之前已经有两条指令按原有指令流读取。

显然，只有当所有指令都依照相似的步骤执行时，流水线的效率才达到最高。如果处理器的指令非常复杂，每一条指令的行为都与下一条指令不同，那么就很难用流水线实现。

2.5　寄存器组织、程序状态寄存器和 ARM 数据类型

2.5.1　寄存器组织

ARM 微处理器有如下 41 个 32 位长的寄存器。

（1）33 个通用寄存器。

（2）7 个状态寄存器：1 个 CPSR（Current Program Status Register，当前程序状态寄存器），6 个 SPSR（Saved Program Status Register，备份程序状态寄存器）。

（3）1 个 PC（Program Counter，程序计数器）。

ARM 微处理器共有 8 种不同的处理器模式，其中的用户模式和系统模式共用同一组寄存器组（R0～R15），其余的 6 种模式各有一组寄存器组。图 2.11 列出了 ARM 微处理器的寄存器组织概要。

当前处理器的模式决定着哪组寄存器组可操作，任何模式都可以存取下列寄存器组。

（1）相应的 R0～R12。

（2）相应的 R13（Stack Pointer，SP，栈指向）和 R14（the Link Register，LR，链路寄存器）。

（3）相应的 R15（PC）。

（4）相应的 CPSR。

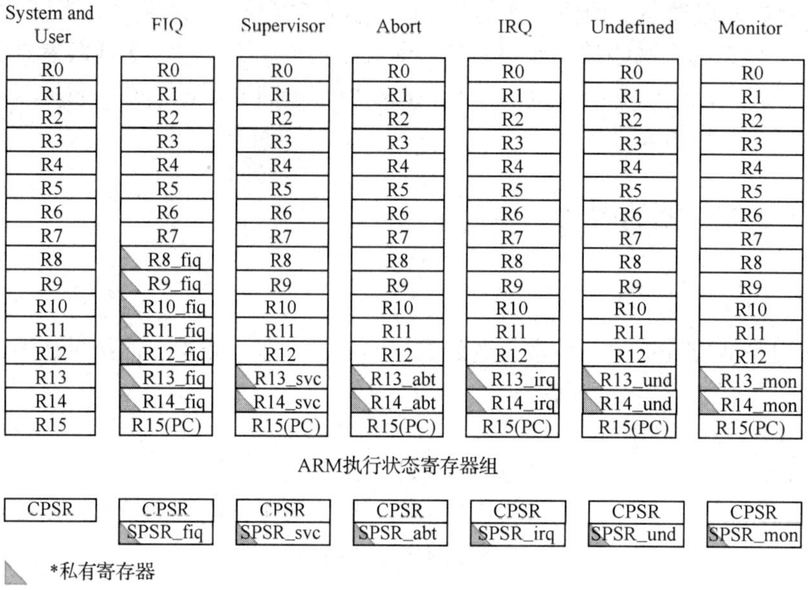

System and User	FIQ	Supervisor	Abort	IRQ	Undefined	Monitor
R0	R0	R0	R0	R0	R0	R0
R1	R1	R1	R1	R1	R1	R1
R2	R2	R2	R2	R2	R2	R2
R3	R3	R3	R3	R3	R3	R3
R4	R4	R4	R4	R4	R4	R4
R5	R5	R5	R5	R5	R5	R5
R6	R6	R6	R6	R6	R6	R6
R7	R7	R7	R7	R7	R7	R7
R8	R8_fiq	R8	R8	R8	R8	R8
R9	R9_fiq	R9	R9	R9	R9	R9
R10	R10_fiq	R10	R10	R10	R10	R10
R11	R11_fiq	R11	R11	R11	R11	R11
R12	R12_fiq	R12	R12	R12	R12	R12
R13	R13_fiq	R13_svc	R13_abt	R13_irq	R13_und	R13_mon
R14	R14_fiq	R14_svc	R14_abt	R14_irq	R14_und	R14_mon
R15	R15(PC)	R15(PC)	R15(PC)	R15(PC)	R15(PC)	R15(PC)

ARM执行状态寄存器组

CPSR	CPSR	CPSR	CPSR	CPSR	CPSR	CPSR
	SPSR_fiq	SPSR_svc	SPSR_abt	SPSR_irq	SPSR_und	SPSR_mon

*私有寄存器

图 2.11　ARM微处理器的寄存器组织概要

特权模式（除 System 模式外）还可以存取相应的 SPSR。

通用寄存器根据其分组与否可分为以下两类。

（1）未分组寄存器（Unbanked Register），包括 R0～R7。顾名思义，在所有处理器模式下对于每一个未分组寄存器来说，指的都是同一个物理寄存器。未分组寄存器没有被系统用于特殊的用途，任何可采用通用寄存器的应用场合都可以使用未分组寄存器。但由于其通用性，在异常中断所引起的处理器模式切换时，其使用相同的物理寄存器，因此也就很容易使寄存器中的数据被破坏。

（2）分组寄存器（Banked Register），包括 R8～R14。它们每一个访问的物理寄存器取决于当前的处理器模式。对于分组寄存器 R8～R12 来说，每个寄存器对应两个不同的物理寄存器。一组用于 FIQ 模式外的所有处理器模式，而另一组则专用于 FIQ 模式。这样的结构设计有利于加快 FIQ 的处理速度。不同模式下寄存器的使用，要使用寄存器名后缀加以区分。例如，当使用 FIQ 模式下的寄存器时，寄存器 R8 和寄存器 R9 分别记为 R8_fiq、R9_fiq；当使用用户模式下的寄存器时，寄存器 R8 和 R9 分别记为 R8_usr、R9_usr 等。在 ARM 体系结构中，R8～R12 没有任何指定的其他的用途，所以当 FIQ 中断到达时，不用保存这些通用寄存器，也就是说，FIQ 处理程序可以不必执行保存和恢复中断现场的指令，从而可以使中断处理过程非常迅速。所以 FIQ 模式常被用来处理一些时间紧急的任务，如 DMA 处理。

对于分组寄存器 R13 和 R14 来说，每个寄存器对应 6 个不同的物理寄存器。其中的一个是用户模式和系统模式公用的，而另外 5 个分别用于 5 种异常模式。访问时需要指定它们的模式。名字形式如下。

- R13_<mode>
- R14_<mode>

其中，<mode>可以是以下几种模式之一：usr、svc、abt、und、irq、fiq 及 R13 寄存器，R13 在 ARM 微处理器中常用作堆栈指针，称为 SP。当然，这只是一种习惯用法，并没有任何指令强制性地使用 R13 作为堆栈指针，用户完全可以使用其他寄存器作为堆栈指针。而在 Thumb 指令集中，有一些指令强制性地将 R13 作为堆栈指针，如堆栈操作指令。每一种异常模式拥有自己的 R13。异常处理程序负责初始化自己的 R13，使其指向该异常模式专用的栈地址。在异常处理程序入口处，将用到的其他寄存器的值保存在堆栈中，返回时，重新将这些值加载到寄存器。通过这种保护程序现场的方法，异常处理程序不会破坏被其中断的程序现场。寄存器 R14 又被称为连接寄存器（Link Register，LR），它在 ARM 体系结构中具有下面两种特殊的作用。每一种处理器模式用自己的 R14 存放当前子程序的返回地址。当通过 BL 或 BLX 指令调用子程序时，R14 被设置成该子程序的返回地址。在子程序返回时，把 R14 的值复制到程序计数器（PC）。典型的做法是使用下列两种方法之一。

（1）执行下面任何一条指令。

MOV　　PC，LR

BX　　　LR

（2）在子程序入口处使用下面的指令将 PC 保存到堆栈中。

STMFD　SP！，{<register>，LR}

在子程序返回时，使用如下相应的配套指令返回。

LDMFD　SP！，{<register>，PC}

当异常中断发生时，该异常模式特定的物理寄存器 R14 被设置成该异常模式的返回地址，对于有些模式 R14 的值可能与返回地址有一个常数的偏移量（如数据异常使用 SUB PC，LR，#8 返回）。具体的返回方式与上面的子程序返回方式基本相同，但使用的指令稍微有些不同，以保证当异常出现时正在执行的程序的状态被完整保存。R14 也可以被作为通用寄存器使用。

2.5.2　程序状态寄存器

当前程序状态寄存器（Current Program Stitub Register，CPSR）可以在任何处理器模式下被访问，它包含下列内容。

（1）ALU（Arithmetic Logic Unit，算术逻辑单元）状态标志的备份。

（2）当前的处理器模式。

（3）中断使能标志。

（4）设置处理器的状态。

每一种处理器模式下都有一个专用的物理寄存器作为备份程序状态寄存器（Saved Program Status Register，SPSR）。当特定的异常中断发生时，这个物理寄存器负责存放当前程序状态寄存器的内容。当异常处理程序返回时，再将其内容恢复到当前程序状态寄存器。

CPSR（和保存它的 SPSR）中的位分配如表 2.6 所示。

表 2.6　程序状态寄存器中的位分配

31	30	29	28	27	26 25	24	23 20	19 16	15 10	9	8	7	6	5	4 0
N	Z	C	V	Q	IT[1:0]	I	保留	GE[3:0]	IT[7:2]	E	A	I	F	T	M[4:0]

下面给出各个状态位的定义。

1）标志位

N（Negative）、Z（Zero）、C（Carry）和 V（oVerflow）统称为条件标志位。这些条件标志位会根据程序中的算术指令或逻辑指令的执行结果进行修改，而且这些条件标志位可由大多数指令检测以决定指令是否执行。

在 ARM v4T 架构中，所有的 ARM 指令都可以条件执行，而 Thumb 指令却不能。各条件标志位的具体含义如下。

（1）N。本位设置成当前指令运行结果的位[31]的值。当两个由补码表示的有符号整数运算时，N=1 表示运算的结果为负，N=0 表示结果为正数或零。

（2）Z。Z=1 表示运算的结果为零，Z=0 表示运算的结果不为零。

（3）C。下面分 4 种情况讨论 C 的设置方法。

a. 在加法指令中（包括比较指令 CMN），当结果产生了进位，则 C=1，表示无符号数运算发生上溢出；其他情况下 C=0。

b. 在减法指令中（包括比较指令 CMP），当运算中发生借位（即无符号数运算发生下溢出），则 C=0；其他情况下 C=1。

c. 对于在操作数中包含移位操作的运算指令（非加/减法指令），C 被设置成被移位寄存器最后移出去的位 C。

d. 对于其他非加/减法运算指令，C 的值通常不受影响。

（4）V。下面分两种情况讨论 V 的设置方法。

a. 对于加/减运算指令，当操作数和运算结果都是以二进制的补码表示的带符号的数时，且运算结果超出了有符号运算的范围时溢出。V=1 表示符号位溢出。

b. 对于非加/减法指令，通常不改变标志位 V 的值（具体可参照 ARM 指令手册）。

尽管以上 C 和 V 的定义看起来颇为复杂，但使用时在大多数情况下用一个简单的条件测试指令即可，不需要程序员计算出条件码的精确值即可得到需要的结果。

2）Q 标志位

在带 DSP 指令扩展的 v5 及更高版本中，位[27]被指定用于指示增强的 DSP 指令是否发生了溢出，因此也就被称为 Q 标志位。同样，在 SPSR 中位[27]也被称为 Q 标志位，用于在异常中断发生时保存和恢复 CPSR 中的 Q 标志位。

在 v5 以前的版本及 v5 的非 E 系列处理器中，Q 标志位没有被定义，属于待扩展的位。

3）控制位

CPSR 的低 8 位（I、F、T 及 M[4:0]）统称为控制位。当异常发生时，这些值将发生相应的变化。另外，如果在特权模式下，也可以通过编程来修改这些位的值。

（1）中断禁止位 I。I=1，IRQ 被禁止；F=1，FIQ 被禁止。

（2）状态控制位 T。T=0，处理器处于 ARM 状态（即正在执行 32 位的 ARM 指令）；T=1，处理器处于 Thumb 状态（即正在执行 16 位的 Thumb 指令）。当然，T 位只有在 T 系列的 ARM 微处理器上才有效，在非 T 系列的 ARM 版本中，T 位将始终为 0。

（3）模式控制位。M[4:0]作为位模式控制位，这些位的组合确定了处理器处于哪种模式，如表 2.7 所示。只有表中列出的组合是有效的，其他组合无效。

表 2.7　模式控制位 M[4:0]

M[4:0]	处理器模式	可以访问的寄存器
10000	User	PC，R14～R0，CPSR
10001	FIQ	PC，R14_fiq～R8_fiq，R7～R0，CPSR，SPSR_fiq
10010	IRQ	PC，R14_fiq～R13_irq，R12～R0，CPSR，SPSR_irq
10011	Supervisor	PC，R14_svc～R13_svc，R12～R0，CPSR，SPSR_svc
10111	Abort	PC，R14_abt～R13_abt，R12～R0，CPSR，SPSR_abt

M[4:0]	处理器模式	可以访问的寄存器
11011	Undefined	PC，R14_und～R13_und，R12～R0，CPSR，SPSR_und
11111	System	PC，R14_～R0，CPSR（ARM v4 及更高版本）
10110	Secure monitor	PC，R12～R0，CPSR，SPSR_mon，R14_mon，R13_mon

4）IF-THEN 标志位

CPSR 中的位[26:25]和位[15:10]称为 IF-THEN 标志位，它用于对 Thumb 指令集中 if-then-else 这一类语句块的控制。其中 IT[7:5]定义为基本条件，如图 2.12 所示。IT[4:0]被定义为 IF-THEN 语句块的长度。

[7:5]	[4]	[3]	[2]	[1]	[0]	
100	P1	P2	P3	P4	1	4 指令 IT 入口点
011	P1	P2	P3	1	0	3 指令 IT 入口点
010	P1	P2	1	0	0	2 指令 IT 入口点
001	P1	1	0	0	0	1 指令 IT 入口点
000	0	0	0	0	0	普通执行状态，无 IT 块入口点

图 2.12　IF-THEN标志位[7:5]的定义

5）E 位/A 位/GE[19:16]位

A 表示异步异常禁止位。E 表示大小端控制位，0 表示小端操作，1 表示大端操作。注意，该位在预取指令阶段是被忽略的。GE[19:16]用于表示在 SIMD 指令集中的大于、等于标志，在任何模式下该位可读可写。

2.5.3　ARM 数据类型

1．ARM 的基本数据类型

ARM 采用的是 32 位架构，ARM 的基本数据类型有以下 3 种。

- Byte:　　字节，8bit；
- Halfword: 半字，16bit（半字必须与 2 字节边界对齐）；
- Word:　　字，32bit（字必须与 4 字节边界对齐）。

存储器可以看作序号为 $0～2^{31}-1$ 的线性字节阵列。图 2.13 所示为 ARM 存储器的组织结构。其中每一字节都有唯一的地址。字节可以占用任一位置，图中给出了几个例子。长度为 1 个字的数据项占用一组 4 字节的位置，该位置开始于 4 的倍数的字节地址（地址最末两位为 00）。半字占有 2 字节的位置，该位置开始于偶数字节地址（地址最末一位为 0）。

图 2.13　ARM存储器的组织结构

注意：

（1）ARM 系统结构 v4 以后版本支持以上 3 种数据类型，v4 以前版本仅支持字节和字。

（2）当将这些数据类型中的任意一种声明成 unsigned 类型时，通常使用二进制格式，n 位数据值表示范围为 $0～2^n-1$ 的非负数。

（3）当将这些数据类型的任意一种声明为 signed 类型时，使用二进制的补码格式，n 位数据值表示范围为 $-2^{n-1}\sim 2^{n-1}-1$ 的整数。

（4）所有数据类型指令的操作数都是字类型的，如"ADD r1，r0，#0x1"中的操作数"0x1"就是以字类型数据处理的。

（5）Load/Store 数据传输指令可以从存储器存取传输数据，这些数据可以是字节、半字、字。加载时自动进行字节或半字的零扩展或符号扩展。对应的指令分别为 LDR/BSTRB（半字操作）LDR/STR（字操作）。

（6）ARM 指令编译后是 4 字节（与字边界对齐）。Thumb 指令编译后是 2 字节（与半字边界对齐）。

2．浮点数据类型

浮点运算用于 ARM 硬件指令集中未定义的数据类型。尽管如此，ARM 公司仍然在协处理器指令空间定义了一系列浮点指令。通常这些指令全部可以通过未定义指令异常（此异常收集所有硬件协处理器不接受的协处理器指令）在软件中实现，但是其中的一小部分也可以由浮点运算协处理器 FPA10 以硬件方式实现。另外，ARM 公司还提供了用 C 语言编写的浮点库作为 ARM 浮点指令集的替代方法（Thumb 代码只能使用浮点指令集）。该库支持 IEEE 标准的单精度和双精度格式。C 编译器有一个关键字标志来选择这个流程。它产生的代码与软件仿真（通过避免中断、译码和浮点指令仿真）相比既快又紧凑。

3．存储器大/小端存储

从软件角度看，内存相当于一个大的字节和数组，其中每个数组元素（字节）都是可以寻址的。ARM 支持大端模式（big-endian）和小端模式（little-endian）两种内存模式。图 2.14 显示了大端模式和小端模式数据存放的特点。

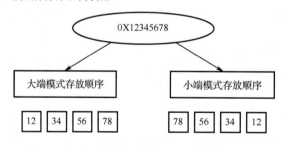

图 2.14　大/小端模式数据存放的特点

下面的例子显示了使用内存大/小端（big/little endian）的存取格式。

程序执行前：R0=0x11223344

执行指令：　　R1=0x100

　　　　　　　STR R0，[R1]

　　　　　　　LDRB R2，[R1]

执行后：小端模式下：R2=0x44；大端模式下：R2=0x11。

上面的例子向我们提示了一个潜在的编程隐患。在大端模式下，一个字的高地址放的是数据的低位；而在小端模式下，数据的低位放在内存中的低地址。要小心对待存储器中字内字节的顺序。

2.6　i.MX 6Solo/6Dual 嵌入式教学科研平台介绍

Linux 开放源代码、功能强大，可以运行在 x86、Alpha、Sparc、MIPS、PPC、Motorola、NEC、ARM 等硬件平台上，而且可以定制。本书介绍的硬件平台是基于 ARM 体系结构，由北京博创智联科技有限公司（简称博创智联）开发的 i.MX 6Solo/6Dual 嵌入式教学科研平台。

2.6.1　i.MX 6Solo/6Dual 处理器介绍

处理器的选型是本书撰写开始阶段面临的重要选择。第一必须是业界主流芯片；第二必须有成熟完备的实验箱以及有实力的实验箱开发商，便于开展实验课的教学；第三处理器必须是 32 位或者 64 位的微处理器，且必须自带 MMU，便于 Linux 操作系统移植；第四片上外设丰富，从而简化嵌入式系统外围电路的设计；第五带有 DDR SDRAM 控制接口，最好支持 DDR3 SDRAM 内存芯片。

博创智联是极具实力、老牌、资深的嵌入式设备供应商，从开发三星公司的 ARM7 S44B0、ARM9 2410A 实验箱，再到恩智浦的 i.MX 6Solo/6Dual 嵌入式教学科研平台，一直是一些高校电工电子中心的合作伙伴和设备供应商。与其说从处理器找到设备供应商，还不如说是在博创智联的产品线里找到了 i.MX 6Solo/6Dual。基于 ARM Cortex-A9 MPCore™ 平台的 i.MX 6Solo/6Dual 简化框图如图 2.15 所示。

ARM Cortex-A9 MPCore™ 平台完成如下功能：

（1）操作系统。

（2）用户应用程序。

（3）TruStZone 应用程序[包括安全支付、数字版权管理（DRM）、企业服务和基于 Web 的服务]。

（4）智能 DMA 能够在内存、外设和外部存储器之间传输数据。

（5）通过以下方式支持系统控制：

- 时钟控制模块（CCM）；
- 8 个锁相环和 2 个鉴频鉴相器；
- 支持 OSC-24MHz 晶体振荡器；
- 支持 OSC-32.768kHz 晶体振荡器；
- 系统复位控制器（SRC）；
- 通用电源控制器（GPC）；
- 温度传感器，用于监测和报警的高温情况。

（6）多媒体支持。

① IPUv3H 图像处理单元：

- 连接显示器和控制器（并行，LVDS，MIPI，HDMI），MIPI 摄像头（平行，MIPI）；
- 显示处理：视频/图形组合，图像增强；
- 图像转换：调整大小，旋转/反转，颜色转换，去交错；
- 同步和控制功能，允许自主操作。

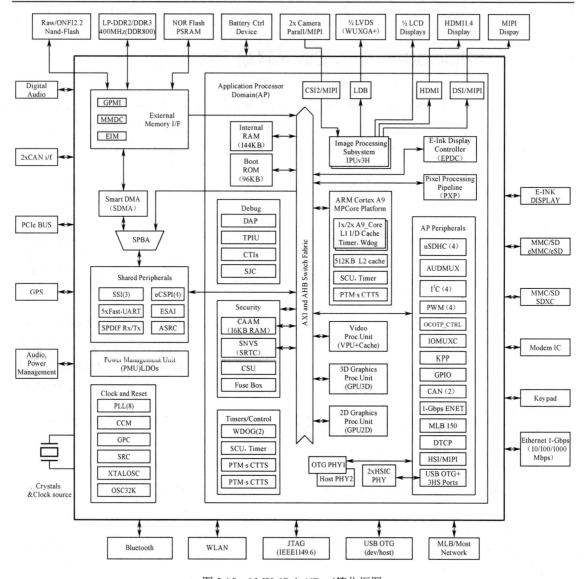

图 2.15　i.MX 6Solo/6Dual简化框图

② VPU 视频处理单元，支持 H.264 硬件编码格式，支持 H.264，VC-1，RV10，DivX 硬件解码格式，能够实现 1080p、30fps 的视频编码和解码。

③ GPU3Dv5 图形处理单元，图形处理后兼容：

- OpenGL ES 1.1 和 2.0，包括扩展；
- Windows Direct3D。

④ GPU2Dv2 图形处理器。

⑤ 音频：

- 音频编解码器由 SW 提供，运行在 ARM 内核，支持（但不限于）MP3、WMA、AAC、HE-AAC、Pro10；
- 3x SSIs；
- ESAI；
- SPDIF Tx/Rx；

- 音频 Mux；
- ASRC（音频采样率转换加速器）。

（7）安全支持

- HAB4 安全引导系统；
- ARM TrustZone（TZ）执行环境；
- 由 TrustZone 地址空间控制器保护的 DDR 内存安全区域；
- 片上 RAM（OCRAM）单区域 TrustZone 保护；
- 外围访问策略控制，使用中央安全单元（CSU）；
- 通过片上电保险丝控制器（OCOTP_CTRL），一次性可编程（OTP）电子保险丝阵列（共 3840 位电子保险丝）。

（8）CAAM 和 SNVS 安全架构，提供：

- 16KB 安全 RAM；
- 安全实时计数器；
- 安全状态控制器；
- 加密和哈希函数，随机数生成器（RNG），安全违规/篡改检测和报告。

（9）系统 JTAG 控制器（SJC）。

（10）安全实时时钟（SRTC）。

（11）TrustZone Watchdog（TZ WDOG）。

（12）连接外围设备、定时器和外部内存接口：

- 嵌入式 DMAs；
- 3.3V IO 电压无缝集成；
- 4 个 USB2.0 接口，包括 4 个 PHYs：2×HS-USB（OTG+HOST）和 2×HS-ICMS 集成 PHYs；
- 内存，800MT/s/Line，支持 LP-DDR2（2×16，2×32，2×32 交织）模式-×64），DDR3（×16/×32/×64）和 DDR3L（×16/×32/×64）；
- 闪存寄存器，提供 Nand-Flash 和 NOR Flash 的接口；
- 定时器：2×EPIT，GPT 和两个看门狗定时器（其中一个用于 TZ），除了 ARM Cortex 中集成的定时器和看门狗定时器 A9 MPCore™ 平台；
- 支持多种连接-PCIe，FLEXCAN，MLB，MMC/SD，I^2C，SPI，UART，PWM 和键盘接口。

2.6.2　i.MX 6Solo/6Dual 嵌入式教学科研平台概述

博创智联推出的 i.MX 6Solo/6Dual 嵌入式教学科研平台，采用飞思卡尔公司基于 ARM Cortex-A9 MPCore 的最新单核的 i.MX 6Solo/6Dual 嵌入式微处理器，主频达到 1GHz。i.MX 6Solo/6Dual 是一款 32 位的 RISC 微处理器，具有低成本、低功耗、高性能等优良品质，适用于智能手机和平板电脑等移动终端上。i.MX 6Solo/6Dual 系列处理器内建 32KB/32KB 数据/指令一级缓存，512KB 的二级缓存；自带定时器和看门狗，LVDS 串行接口，HDMI1.4 端口，MIPI/DSI 接口，EPDC 接口，集成了视频处理单元、3H 版本的图像处理单元、3D 图形处理单元、2D 图形处理单元。

为降低整个系统的成本并提供整体功能，i.MX 6Solo/6Dual 集成了许多硬件外设，如 LCD 控制器、CSI 接口、系统管理（电源管理等）、MIPI 接口、LVDS 接口、5 通道 UART 接口、

DMA、定时器、通用 IO 端口、S/PDIF、8 个 IIC-BUS 接口、3 个 HS-SPI、USB 主机 2.0、高速 USB 接口 OTG 设备（480Mbps 的传输速度）、2 个 USB HSIC、3 通道 SD/MMC、记忆主机控制器和 PLL 时钟发生器。正是因为这些强大的功能以及工业级的标准，使得 i.MX 6Solo/6Dual 支持工业级标准的操作系统。

i.MX 6Solo/6Dual 嵌入式教学科研平台集成了 USB2.0、SD、LCD、Camera、CAN、NFC、ZigBee、扩展串口等常用设备接口，适用于各种手持设备、消费电子和工业控制设备等产品的开发。i.MX 6Solo/6Dual 嵌入式教学科研平台可以作为计算机、电子通信、软件开发等专业开设嵌入式软件课程的教学平台，又可作为广大从事 PDA 和科研单位的参考设计平台。i.MX 6Solo/6Dual 嵌入式教学科研平台如图 2.16 所示。

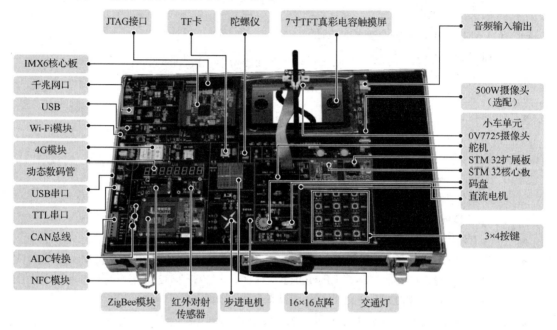

图 2.16 i.MX 6Solo/6Dual嵌入式教学科研平台

2.6.3 平台资源

1. 总资源

i.MX 6Solo/6Dual 嵌入式教学科研平台（以下简称平台）硬件由底板、核心板及 LCD 三部分组成。底板固定在木质的实验箱上，核心板在上图中位于左上角，名字叫 IMX6 核心板，它通过其上左右两侧的插座，插在底板上；LCD 安装在底板的右上方。除上述硬件外，平台包括开发、学习的多种软件。软件包括 BootLoader、Linux、文件系统、XSHELL 和驱动软件。设计了基于平台的几十个实验，包括基于 Linux、安卓以及无操作系统的各种基础实验和综合实验。作为嵌入式的开发平台，为电路设计、操作系统使用、应用程序设计开发提供有力支撑。

2. 硬件框图和硬件资源概述

i.MX 6Solo/6Dual 嵌入式教学科研平台硬件框图如图 2.17 所示，对应的硬件资源如表 2.8 所示。从框图可见以太网接口，这是平台和外部交换数据的主要通道，支持 10Mbps/100Mbps/

1000Mbps 自适应网卡；平台提供 TF 卡槽用于平台第一次启动烧录操作系统，或者系统崩溃且 BootLoader 引导失败时烧录操作系统；JTAG 接口用于对平台的仿真和在线调试；USB 接口用于连接 PC 和 U 盘，用于快速数据交换；平台可以通过 VGA 或者 HDMI 连接常用的液晶屏，它本身自带一个 800×480 像素的 7 英寸 LCD 屏，方便各种信息的显示；平台提供了多个异步串口，用于连接各种异步串口设备；平台提供触摸屏、3G 模块和摄像头及其接口电路；平台 IO 接口提供按键、LED 和蜂鸣器；平台提供 A/D、D/A、直流电机、舵机、编码器；平台还包括红外收发器、RFID、Zigbee/蓝牙以及 RS485 接口。此外，PC 的 USB 可以接在对应的接口上，通过 USB/串口转换电路，访问平台串口，完成诸如多线程实验。

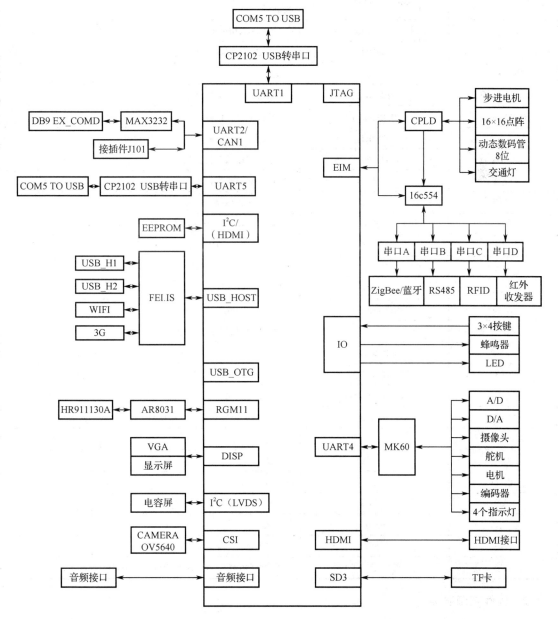

图 2.17　i.MX 6Solo/6Dual 嵌入式教学科研平台硬件框图

表 2.8　硬件资源总览

配 置 名 称	型　号	说　明
CPU	Freescale i.MX6Solo/6Dual	双核 Cortex-A9，主频 1GHz
GPU	GPU3Dv5 和 GPU2Dv2	
内存	DDR3	1GB DDR3 1600MHz 超强带宽 64 位内存
闪存	eMMC	8GB eMMC4.5 存储
电源管理芯片	MMPF0100F0EP	i.MX 6Solo/6Dual 专用电源管理芯片，为处理器及系统其他设备提供电源
USB 接口	USB2.0Host	4 路 USB2.0HOST 接口，1 个 USB OTG 接口
UART	3PORT	3 路 UART 接口
TF CARD		支持
AUDIO CODEC	WM8962	I^2S 2.1 声道音频接口
HDMI 显示	HDMI v1.4	1 路标准 HDMI 输出，最大支持 1920×1080
VGA	1PORT	模拟视频输出，最大可支持 1280×720
LVDS	1PORT	支持 LVDS 接口的 LCD
LCD	7 寸彩屏	800×480 分辨率
触摸屏	gslx68x	五点电容式触摸屏
摄像头	Ov5640	500 万像素，支持自动聚焦，预览和单帧采集功能
以太网	AR8031	支持 10Mbps/100Mbps/1000Mbps 自适应
SD Card	1PORT	SD 卡接口，最高支持 64GB
3G	U7309	龙尚 3G 模块，支持全频段
Wi-Fi	Realtek8188	支持 802.11b/g/n
Zigbee 模块		用于与外部设备进行无线通信
蜂鸣器	有源蜂鸣器	
数码管	8 段共阳极数码管	用于显示数据
点阵	4 个 8×8 点阵	用于显示信息
NFC 模块	PN532	支持 ISO/IEC 14443A、18092/MIFARE/ECM340 等
模拟交通灯		支持
步进电机		支持
RS485		支持
CAN 总线接口		支持
g-sensor	Mpu6050	陀螺仪
按键		包括开机键、复位键和用户按键
调试接口		板载（CPLD、i.MX 6Solo/6Dual、MK60）JTAG 接口

3．软件资源概述

平台软件资源如表 2.9 所示，主要包括操作系统 Linux-3.14.28，平台核心和支撑软件，应用程序的开发基于操作系统；文件系统是 Yocto wayland；BootLoader 是 U-boot-12.04；设备驱动程序包括平台上的各种外设的驱动、触摸屏驱动和 OV5640 摄像头驱动等。有了设备驱动，应用程序就可以访问各种外设了。

表 2.9　软件资源总览

操作系统	Linux-3.14.28	
BootLoader	U-boot-12.04	
文件系统	Yocto wayland	
系统时钟	系统主频：1GHz	
Image Download	USB2.0 OTG（主/从）	
设备驱动程序	显示驱动	10.1 寸 LVDS/TTL 驱动 VGA 显示驱动（1024×768）
	Touch Screen	触摸屏驱动
	HDMI	HDMI 驱动
	MFC	多媒体硬件编解码驱动
	TV OUT	支持电视输出
	ROTATOR	屏幕旋转驱动
	HSMMC	SD/MMC/SDIO 驱动
	FIMC	FIMC 驱动
	Camera	OV5640 摄像头驱动
	G-sensor	重力传感器驱动
	AR8031	AR8031 驱动
	按键	用户按键驱动
	IIC	IIC 驱动
	SPI	SPI 驱动
	KEYBOD	键盘驱动
	Audio	音频驱动，支持 AUDIO MULTIPLEXER
	DMA	DMA 驱动
	RTC	RTC 驱动
	USB2.0 device	USB device 驱动
	USB2.0 host	USB host 驱动
	USB2.0 OTG	USB OTG 驱动
	USB Wi-Fi	Realtek8188 驱动
	BT	RDA 5876 驱动
	3G	驱动支持龙尚 U7309
	JPEG	JPEG 硬件编解码驱动
	2D	2D 硬件加速驱动
	3D	3D 硬件加速驱动
	CPLD 控制	EIM 总线驱动

4．核心板

如图 2.18（a）所示，i.MX 6Solo/6Dual 核心板正面中间是 CPU i.MX 6Solo/6Dual，它采用

ARMCortex-A9 架构的高性能嵌入式微处理器，主频最高可达 1.2GHz；其性能稳定，可在温度 -20℃～+85℃之间工作，属于工业级别；在 CPU 上方有 4 片 DDR3 内存，分别在核心板的正反面，每一面 2 片，每片大小为 256MB，总共是 1GB。DDR 是双倍速率同步动态随机访问存储器，是在SDRAM 内存基础上发展而来的，仍然沿用 SDRAM 生产体系。在 CPU 右方是电源管理芯片，它是 i.MX 6Solo/6Dual 专用电源管理芯片，为处理器及系统其他设备提供电源。右上方是音频芯片 WM8962，灵活的音频增强数字信号处理器（DSP）带有多种预设算法，虚拟的环绕立体声拓宽了立体声扬声器音频场景，因此可提供更加丰富的、令人沉浸的聆听体验，可将扬声器或麦克风路径的频率响应变得平直，从而将送变器的性能最大化。1 个可配置 DSP 还包括诸如用于录音的 3D 模块、1 个 5 段参量均衡器和 1 个动态范围控制器等功能。

（a）正面 （b）背面

图 2.18　i.MX 6Solo/6Dual核心板

如图 2.18（b）所示，i.MX 6Solo/6Dual 核心板背面上右方为 8GB eMMC 存储器；两排接插件将 CPU 的引脚引出，与底板相连。具体元器件如表 2.10 所示。

表 2.10　元器件总览

芯 片 名 称	板 上 型 号	说 明
CPU	i.MX6U8DVN10AC	i.MX 6Solo/6Dual 双核 Cortex-A9，主频为 1GHz
内存	6VKI7D9PTK	1GB DDR3 1600MHz 超强带宽 64 位内存
闪存	KLM8G1WEPD	8GB eMMC 4.5 存储
电源管理芯片	MMPF0100F0EP	i.MX 6Solo/6Dual 专用电源管理芯片，为处理器及系统其他设备提供电源
AUDIO CODEC	WM8962	I2S 2.1 声道音频接口

2.6.4　平台硬件接口

硬件：i.MX 6Solo/6Dual 嵌入式教学科研平台、5V 电源线、交叉串口线、网线、miniUSB 线。

i.MX 6Solo/6Dual 嵌入式教学科研平台经常使用的硬件设备有调试串口 UART0、网口、5V 电源线。

电源：5V 电源（切勿插错电源！）。

串口 UART0：开发板上引出了 3 个串口，其中 UART0 是我们经常使用的调试串口，它连接开发板与 PC 端（超级终端等），进行开发板的串口信息监视与控制。

AR8031 网口：开发板板载 1 个网卡芯片，使用的是 AR8031 网卡，可以使用该网卡通过

tftp 进行文件传输及下载程序服务。

USB OTG 接口：USB OTG 接口主要用 mfgtools 烧写程序。

2.6.5　平台启动运行

软件：超级终端、XSHELL、MINICOM 等

拨码：EMMC 启动

开发板可以通过核心板端 OM 跳线选择启动方式，系统出厂模式使用 EMMC 启动方式，启动前请确认拨码是否正确。（切勿带电情况下用手触摸核心板电路，否则系统硬件容易损坏！）

1．建立串口超级终端

开发板主要使用串口 0 来进行信息输出与反馈，我们通常可以在 PC 端使用一些串口工具连接开发板的串口，观察开发板串口输出信息，乃至在串口终端中控制开发板上程序的行为。

2．启动 i.MX 6Solo/6Dual 开发板

建立好超级终端后，连接好串口设备、mini USB 线及 5V 电源，打开电源总开关，即可启动开发板。

系统上电同时，进入 BootLoader 引导 Linux 内核，如果在上电后的 3 秒内按下回车键即可进入 U-Boot 控制界面（该功能界面可以实现系统内核、文件系统的烧写，在烧写手册文档中有具体介绍），否则系统启动后默认引导 Linux 操作系统并运行 Yocto wayland 图形集成环境。开发板上电启动后，输入 Root 即可登录，不需要密码。

习　　题

1．5 级流水线与 3 级流水线相比有哪些优点？

2．ARM 微处理器有几种运行模式？各种运行模式是如何切换的？

3．简述进入/退出异常时，ARM 微处理器执行的操作。

4．描述 ARM 系统的初始化过程，说明 ROM（Flash）地址重映射（Remap）的原因和方法。

第3章　ARM微处理器指令系统和程序设计

ARM指令包括32位ARM指令集和16位的Thumb指令集。在32位ARM指令集中，共有14种指令，均是有条件执行的指令。32位ARM指令集中的带链接分支指令（BL指令），类似于子程序调用，其子程序完成后返回到调用处，是通过LR寄存器回送PC来实现的。特别需要注意几种异常引起的分支，其返回指令如何编写。一个完整的ARM汇编程序还需要用到伪指令和指示符，以便指示汇编器完成汇编。

本章主要介绍ARM指令中最常用、最基本的部分，即ARMv4T所包含的ARM指令集，并以此来介绍ARM指令集的特点和使用方法。ARMv4T版本之后指令集所增加的指令，主要是针对各ARM处理核所对应的特色模块，其使用方法和最基本的ARM指令集是一样的。

3.1　ARM微处理器的指令系统

3.1.1　ARM指令系统概述

ARM微处理器是基于精简指令集计算机（RISC）原理设计的，指令集和相关译码机制较为简单。ARM微处理器的指令集是Load/Store型的，指令集仅能处理寄存器中的数据，而且处理结果都要放回寄存器中，而对系统存储器的访问则需要通过专门的加载/存储指令来完成。

在ARM微处理器内部，所有ARM指令都是32位操作数，短的数据类型只有在数据传送类指令中才被支持。当一字节数据被取出后，被扩展到32位，在内部数据处理时，作为32位的值进行处理，并且ARM指令以字为边界。所有Thumb指令都是16位指令，并且以2字节为边界。ARM协处理器可以支持另外的数据类型，包括一套浮点数数据类型，ARM的核并没有明确的支持。

ARM的指令集可分为以下6类：
- 跳转指令；
- 数据处理指令；
- 程序状态寄存器（PSR）处理指令；
- 加载/存储指令；
- 协处理器指令；
- 异常产生指令。

具体的指令及功能如表3.1所示。

表3.1　ARM指令及功能描述

助　记　符	指令功能描述
ADC	带进位加法指令
ADD	加法指令

续表

助 记 符	指令功能描述
AND	逻辑与指令
B	跳转指令
BIC	位清零指令
BL	带返回的跳转指令
BLX	带返回和状态切换的跳转指令
BX	带状态切换的跳转指令
CDP	协处理器数据操作指令
CMN	比较反值指令
CMP	比较指令
EOR	异或指令
LDC	存储器到协处理器的数据传输指令
LDM	加载多个寄存器指令
LDR	存储器到寄存器的数据传输指令
MCR	从 ARM 寄存器到协处理器寄存器的数据传输指令
MLA	乘加运算指令
MOV	数据传送指令
MRC	从协处理器寄存器到 ARM 寄存器的数据传输指令
MRS	传送 CPSR 或 SPSR 的内容到通用寄存器指令
MSR	传送通用寄存器到 CPSR 或 SPSR 的指令
MUL32	位乘法指令
MLA32	位乘加指令
MVN	数据取反传送指令
ORR	逻辑或指令
RSB	逆向减法指令
RSC	带借位的逆向减法指令
SBC	带借位减法指令
STC	协处理器寄存器写入存储器指令
STM	批量内存字写入指令
STR	寄存器到存储器的数据传输指令
SUB	减法指令
SWI	软件中断指令
SWP	交换指令
TEQ	相等测试指令

ARM 指令系统具有以下特点：

（1）Thumb 指令。ARM 指令集中包含 16 位的 Thumb 指令集和 32 位的 ARM 指令集。16 位的 Thumb 指令集的整体执行速度比 32 位 ARM 指令集快，而且使用 16 位的存储器，提高了代码密度，降低了成本。因此一般用 Thumb 编译器将 C 语言程序编译成 16 位的代码。

（2）具有 RISC 指令的特点。RISC 指令集的特点是：长度相同，指令少，充分利用流水线技术，使用多寄存器，且寄存器简单。由于 ARM 指令属于 RISC 指令，所以具有 RISC 指令的优点。

（3）指令的功能复用。ARM 指令集中所有的指令以条件执行，例如，用户可以测试某个寄存器的值，但是直到下次使用同一条件进行测试时，才能有条件地执行这些指令；ARM 指令的另一个重要特点是具有灵活的第二操作数，既可以是立即数，也可以是逻辑运算数，使得 ARM 指令可以在读取数值的同时进行算术和移位操作。它可以在几种模式下操作，包括通过使用 SWI（软件中断）指令从用户模式进入系统模式。

（4）协处理器指令。ARM 指令中还包含了多条协处理器指令，使用多达 16 个协处理器，允许将其他处理器通过协处理器接口进行紧耦合，包括简单的内存保护到复杂的页面层次。ARM 内核可以提供协处理器接口，通过扩展协处理器完成更加复杂的功能。

1. ARM 指令的条件域

ARM 指令集的一个显著特征是：几乎所有的 ARM 指令都包含一个 4 位的条件码，位于指令的最高 4 位[31:28]。这个域的取值规定了指令的条件执行。如果条件域给出的相应条件位为真，则该条指令正常执行；否则就不执行该指令。条件域主要测试以下 3 个方面的内容：相等、不相等关系；小于、小于或等于、大于、大于或等于 4 种不等关系；单独测试程序状态寄存器中的每种条件。如表 3.2 所示，ARM 指令集的条件码共有 16 种，每种条件码可用两个字符表示，这两个字符可以添加在指令助记符的后面和指令同时使用。在 16 种条件码中，只有 15 种可以使用，第 16 种（1111）为系统保留。

表 3.2　ARM 指令条件码

条　件　码	后　　缀	标　　志	含　　义
0000	EQ	Z 置位	相等
0001	NE	Z 清零	不相等
0010	CS	C 置位	无符号数大于或等于
0011	CC	C 清零	无符号数小于
0100	MI	N 置位	负数
0101	PL	N 清零	正数或零
0110	VS	V 置位	溢出
0111	VC	V 清零	未溢出
1000	HI	C 置位 Z 清零	无符号数大于
1001	LS	C 清零 Z 置位	无符号数小于或等于
1010	GE	N 等于 V	带符号数大于或等于
1011	LT	N 不等于 V	带符号数小于
1100	GT	Z 清零且（N 等于 V）	带符号数大于
1101	LE	Z 置位或（N 不等于 V）	带符号数小于或等于
1110	AL	任意	任意
1111	—	—	—

2. ARM 指令的寻址方式

所谓寻址方式就是处理器根据指令中给出的地址信息来寻找物理地址的方式。目前 ARM

指令系统支持如下几种常见的寻址方式。

　　1）寄存器寻址

　　寄存器寻址就是利用寄存器中的数值作为操作数，这种寻址方式是各类微处理器经常采用的一种方式，也是一种执行效率较高的寻址方式。例如：

```
ADD      R0，R1，R2          ；R1 值加 R2 的值，结果保存在 R0 中
```

　　2）立即寻址

　　立即寻址也叫作立即数寻址，这是一种特殊的寻址方式。操作数本身就在指令中给出，只要取出指令也就取到了操作数。这个操作数被称为立即数，对应的寻址方式也就叫作立即寻址。例如：

```
ADD      R3，R3，#2          ；R3 的值加上 2，结果保存在 R3 中
```

　　3）寄存器间接寻址

　　寄存器间接寻址就是以寄存器中的值作为操作数的地址，而操作数本身存放在存储器中。例如：

```
LDR      R0，[R3]            ；将 R3 指向的存储单元数据读出，保存到 R0 中
```

　　4）寄存器变址寻址

　　寄存器变址寻址就是将寄存器（该寄存器一般称作基址寄存器）的内容与指令中给出的地址偏移量相加，从而得到一个操作数的有效地址。寄存器变址寻址方式常用于访问某基地址附近的地址单元。例如：

```
LDR      R0，[Rl，#4]         ；将 R1+4 指向的存储单元数据读出，保存到 R0 中
```

　　5）多寄存器寻址

　　采用多寄存器寻址方式，一条指令可以完成多个寄存器值的传送。这种寻址方式可以用一条指令完成传送最多 16 个通用寄存器的值。例如：

```
LDMIA    R0，{Rl，R2，R3，R4}   ；R1←[R0]
                              ；R2←[R0+4]
                              ；R3←[R0+8]
                              ；R4←[R0+12]
```

　　该指令的后缀 IA 表示在每次执行完加载/存储操作后，R0 按字长度增加。因此，指令可将连续存储单元的值传送到 R1～R4。

　　6）相对寻址

　　与寄存器变址寻址方式相类似，相对寻址以程序计数器（PC）的当前值为基地址，指令中的地址标号作为偏移量，将两者相加之后得到操作数的有效地址。例如：

```
B    rel      ；程序跳转到 rel 处执行
```

　　另外，每条 ARM 指令中还可以有第 2 条和第 3 条操作数。它们采用复合寻址方式，ARM 的复合寻址方式有 5 种。

　　7）堆栈寻址

　　堆栈是一种数据结构，按先进后出（First In Last Out，FIFO）的方式工作，使用一个称作堆栈指针的专用寄存器指示当前的操作位置，堆栈指针总是指向栈顶。当堆栈指针指向最后压入堆栈的数据时，称为满堆栈（Full Stack），而当堆栈指针指向下一个将要放入数据的空位置

时，称为空堆栈（Empty Stack）。同时，根据堆栈的生成方式，又可以分为递增堆栈（Ascending Stack）和递减堆栈（Decending Stack）。当堆栈由低地址向高地址生成时，称为递增堆栈；当堆栈由高地址向低地址生成时，称为递减堆栈。这样就有 4 种类型的堆栈工作方式，ARM 微处理器支持这 4 种类型的堆栈工作方式。

- FA（满递增堆栈）：堆栈指针指向最后压入的数据，且由低地址向高地址生成；
- FD（满递减堆栈）：堆栈指针指向最后压入的数据，且由高地址向低地址生成；
- EA（空递增堆栈）：堆栈指针指向下一个将要放入数据的空位置，且由低地址向高地址生成；
- ED（空递减堆栈）：堆栈指针指向下一个将要放入数据的空位置，且由高地址向低地址生成。

3.1.2 ARM 指令集

1．ARM 存储器访问指令

ARM 微处理器是典型的 RISC 处理器，对存储器的访问只能使用加载/存储（Load/Store）指令实现。如表 3.3 所示，ARM 的加载/存储指令可以实现字、半字、无符号/有符号字节操作；批量加载/存储指令可实现一条指令加载/存储多个寄存器的内容，使效率大大提高；SWP 指令是一条交换寄存器和存储器内容的指令，可用于信号量操作等。ARM 微处理器通常对程序空间、RAM 空间及 IO 映射空间统一编址，除对 RAM 操作以外，对外围 IO、程序数据的访问均要通过加载/存储指令进行。

表 3.3 ARM 存储器访问指令表

助　记　符	说　　明	操　　作	条件码位置
LDR　Rd，addressing	加载字数据	Rd←[addressing]，addressing 索引	LDR{cond}
LDRB　Rd，addressing	加载无符号字节数据	Rd←[addressing]，addressing 索引	LDR{cond}B
LDRT　Rd，addressing	以用户模式加载字数据	Rd←[addressing]，addressing 索引	LDR{cond}T
LDRBT Rd，addressing	以用户模式加载无符号字节数据	Rd←[addressing]，addressing 索引	LDR{cond}BT
LDRH　Rd，addressing	加载无符号半字数据	Rd←[addressing]，addressing 索引	LDR{cond}H
LDRSB　Rd，addressing	加载有符号字节数据	Rd←[addressing]，addressing 索引	LDR{cond} SB
LDRSH　Rd，addressing	加载有符号半字数据	Rd←[addressing]，addressing 索引	LDR{cond}SH
STR　Rd，addressing	存储字数据	[addressing]←Rd，addressing 索引	STR{cond}
STRB　Rd，addressing	存储字节数据	[addressing]←Rd，addressing 索引	STR{cond}B
STRT　Rd，addressing	以用户模式存储字数据	[addressing]←Rd，addressing 索引	STR{cond} T
SRTBT　Rd，addressing	以用户模式存储字节数据	[addressing]←Rd，addressing 索引	STR{cond}BT
STRH　Rd，addressing	存储半字数据	[addressing]←Rd，addressing 索引	STR{cond}H
LDM{mode} Rn{!}，reglist	批量（寄存器）加载	reglist←[Rn...]，Rn 回存等	LDM {cond} {more}
STM{mode} Rn{!}，reglist	批量（寄存器）存储	[Rn...]←reglist，Rn 回存等	STM {ccmd} {more}
SWP　Rd，Rm，[Rn]	寄存器和存储器字数据交换	Rd←[Rn]，[Rn]←[Rm]（Rn≠Rd）	SWP{cond}
SWPB　Rd，Rm，[Rn]	寄存器/存储器字节数据交换	Rd←[Rn]，[Rn]←[Rm]（Rn≠Rd）	SWP{cond}B

1）加载/存储字和无符号字节指令 LDR 和 STR

LDR 指令用于从内存中读取数据放入寄存器中；STR 指令用于将寄存器中的数据保存到内存。指令格式如下：

LDR{cond}{T}Rd，<地址>；	//加载指定地址上的数据（字），放入 Rd 中
STR{cond}{T}Rd，<地址>；	//存储数据（字）到指定地址的存储单元，要存储的数据在 Rd 中
LDR{cond}B{T}Rd，<地址>；	//加载字节数据，放入 Rd 中，即 Rd 最低字节有效，高 24 位清零
STM{cond}B{T}Rd，<地址>；	//存储字节数据，要存储的数据在 Rd 中，最低字节有效
LDR	；字数据读取指令。
LDRB	；字节数据读取指令。
LDRBT	；用户模式下的字节数据读取指令。
LDRH	；半字数据读取指令。
LDRSB	；有符号的字节数据读取指令。
LDRSH	；有符号的半字数据读取指令。
LDRT	；用户模式的字数据读取指令。
STR	；字数据写入指令。
STRB	；字节数据写入指令。
STRBT	；用户模式下的字节数据写入指令。
STRH	；半字数据写入指令。
STRT	；用户模式下的字数据写入指令。

上文中的用户模式解释如下，异常中断程序是在特权级的处理器模式下执行的，这时，如果需要按照用户模式的权限访问内存，可以使用 LDRT 指令。

例 3.1 LDR/STR 应用举例。

LDR	R0，[R1，#4]!	；将内存单元（R1+4）的数据读取到 R0 中，同时 R1=R1+4
LDR	R0，[R1]，R2，LSL#2	；将内存为（R1）的内存单元数据读取到 R0 中，
		；然后 R1=R1+R2*4
LDRB	R0，[R2，#3]	；将内存单元（R2+3）的数据读取到 R0 中，
		；R0 中高 24 位设置成 0
LDRH	R0，[R1]，#2	；将内存为（R1）的内存单元半字数据读取到 R0 中，
		；R0 中高 16 位设置成 0；同时 R1=R1+2
LDRSH	R0，[R1，#3]	；将内存单元（R1+3）中的有符号半字数据读取到 R0 中，
		；R0 中高 16 位设置成该半字的符号位
LDRSH	R7，[R6，#2]!	；将内存单元（R6+2）中的有符号半字数据读取到 R7 中，
		；R7 中高 16 位设置成该半字的符号位；R6=R6+2
STR R0，[R1，#0x100]		；将 R0 中的字数据保存到内存单元（R1+0x100）中，
STR R3，[R5，#0x200]!		；将 R3 中低 8 位数据保存到内存单元（R5+0x200）中，
		；R5=R5+0x200
STRH R0，[R1，R2]		；将 R0 中低 16 位数据保存到内存单元（R1+R2）中，
STRH R0，[R1]，#8		；将 R0 中低 16 位数据保存到内存单元（R1）中，
		；同时 R1=R1+8

2）多寄存器的 Load/Store 内存访问指令 LDM/STM

多寄存器的 Load/Store 指令的编码格式如表 3.4 所示。

表 3.4　Load/Store 指令的编码格式

31	28	27 26 25	24	23	22	21	20	19	16	15	0
cond		1 0 0	P	U	S	W	L	Rn		register list	

指令中各标志位的含义如下：

cond 是 ARM 指令条件码，可查阅表 3.2。

U 标志位表示地址变化的方向。当 U=1 时，地址从基址寄存器<Rn>所指的内存单元向上（Upwards）变化；当 U=0 时，地址从基址寄存器<Rn>所指的内存单元向下（Downwards）变化。

P 标志位表示基址寄存器<Rn>所指的内存单元是否包含在指令使用的内存块内。当 P=0 时，基址寄存器<Rn>所指的内存单元不包含在指令使用的内存块内。如果 U=0，基址寄存器<Rn>所指的内存单元是指令使用的内存块上面相邻的一个内存单元；如果 U=1，基址寄存器<Rn>所指的内存单元是指令使用的内存块下面相邻的一个内存单元。当 P=1 时，基址寄存器<Rn>所指的内存单元包含在指令使用的内存块内。如果 U=0，基址寄存器<Rn>所指的内存单元是指令使用的内存块最上面的一个内存单元；如果 U=1，基址寄存器<Rn>所指的内存单元是指令使用的内存块最下面的一个内存单元 A。

S 标志位对于不同的指令有不同的含义。当 LDMS 指令的寄存器列表中包含 PC 寄存器（R15）时，S=1 表示指令同时将 SPSR 的数值复制到 CPSR 中。对于寄存器列表中不包含 PC 寄存器（R15）的 LDMS 指令以及 STMS 指令，S=1 表示当处理器模式为特权模式时，指令操作的寄存器是用户模式下的物理寄存器，而不是当前特权模式下的物理寄存器。

W 标志位表示指令执行后，基址寄存器<Rn>的值是否更新。当 W=1 时，指令执行后基址寄存器加上（U=1）或者减去（U=0）寄存器列表中的寄存器个数乘 4。

L 标志位表示操作的类型。当 L=0 时，执行 Store 操作；当 L=1 时，执行 Load 操作。在寄存器列表<register list>，每一位对应一个寄存器，如位[0]代表寄存器 R0，位[15]代表寄存器 R15（PC）。

LDM/STM 批量加载/存储指令可以实现一组寄存器组和一块连续的内存单元之间数据传送。LDM 为加载多个寄存器，STM 为存储多个寄存器，允许一条指令传送 16 个寄存器的任何子集或所有寄存器。指令的格式如下：

```
LDM    {cond}<模式>Rn{!}，reglist{^}
STM    {cond}<模式>Rn{!}，reglist{^}
```

LDM/STM 的主要用途有现场保护、数据复制和参数传递等。其模式有 8 种，其中前面 4 种用于数据块的传输，后面 4 种是堆栈操作，如下所示。

IA：每次传送后地址加 4；　　　　IB：　　　　每次传送前地址加 4；

DA：每次传送后地址减 4；　　　　DB：　　　　每次传送前地址减 4；

FD：满递减堆栈；　　　　　　　　ED：　　　　空递减堆栈；

FA：满递增堆栈；　　　　　　　　EA：　　　　空递增堆栈。

寄存器 Rn 为基址寄存器，装有传送数据的起始地址，Rn 不允许为 R15；后缀"!"表示最后的地址写回到 Rn；寄存器列表 reglist 可包含多于一个寄存器或寄存器范围，使用","分开，如{R1，R2，R6～R9}，寄存器由小到大排列。{^}后缀不允许在用户模式下使用，只能在特权下使用。若 LDM 指令在寄存器列表中包含 PC 时使用，那么除正常的多寄存器传送外，还可将 SPSR 复制到 CPSR 中，可用于异常处理返回；使用{^}后缀进行数据传送且寄存器列表不包含 PC 时，加载/存储的是用户模式下的寄存器，而不是当前特权模式下的寄存器。

例 3.2　数据块复制。

```
LDMIA    R0!，{R3～R9}      ；加载 R0 指向的地址上的多字数据，保存在{R3～R9}中，R0 值更新
STMIA    R1!，{R3～R9}      ；将 R3～R9 的数据存储在 R1 指向的地址上，R1 值更新
```

```
STMIA      SP!，{R0~R7，LR} ；现场保存，将 R0~R7、LR 入栈
LDMIA      SP!，{R0~R7，PC}^；恢复现场，异常处理返回，同时恢复 SPSR 的值到 CPSR
```

在进行数据复制时，先设置好源数据指针，然后使用块复制寻址指令 LDMIA/STMIA、LDMIB/STMIB、LDMDA/STMDA、LDMDB/STMDB 进行读取和存储。而进行堆栈操作时，则要先设置堆栈指针，一般先使用 SP 寄存器，然后使用堆栈寻址指令 STMFD/LDMFD、STMED/LDMED、STMEA/LDMEA、STMFA/LDMFA 实现堆栈操作。

数据是存储在基址寄存器的地址之上还是之下？地址是存储在第 1 个值之前还是之后？增加还是减少？多寄存器的 Load/Store 内存访问指令映射如表 3.5 所示。

表 3.5　多寄存器的 Load/Store 内存访问指令映射

			ST				LD				L 位	U 位	P 位
			向上生长		向下生长		向上生长		向下生长				
			满	空	满	空	满	空	满	空			
ST	增加	之前	STMFA STMIB								0	1	1
		之后		STMEA STMIA							0	1	0
	减少	之前			STMFD STMDB						0	0	1
		之后				STMED STMDA					0	0	0
LD	增加	之前					LDMFA LDMIB				1	1	1
		之后						LDMEA LDMIA			1	1	0
	减小	之前							LDMFD LDMDB		1	0	1
		之后								LDMED LDMDA	1	0	0

例 3.3　使用 LDM/STM 进行数据复制。

```
LDR        R0，=SrcData      ；设置源数据地址
LDR        R1，=DesData      ；设置目标数据地址
LDMIA      R0，{R2~R9}       ；加载 8 个 32 位数据到寄存器 R2~R9
STMIA      R1，{R2~R9}       ；存储寄存器 R2~R9 到以 R1 为起始地址的连续内存单元
```

例 3.4　使用 LDM/STM 进行现场寄存器保护，常在子程序或异常处理使用。

```
STMPD      SP!      {R0~R7，LR} ；寄存器压栈保护
…
BL         DELAY               ；调用 DELAY 子程序
…
LDMFD      SP! {R0~R7，PC}     ；恢复寄存器，并返回
```

3）寄存器和存储器交换指令 SWP、SWPB

（1）SWP 字交换指令。指令的语法格式：

```
SWP{<cond>}Rd，Rm，[Rn]
```

　　SWP 指令用于将内存中的一个字单元和一个指定寄存器的值相交换。操作过程如下：假设内存单元地址存放在寄存器 Rn 中，指令将 Rn 中的数据读取到目标寄存器 Rd 中，同时将另一个寄存器 Rm 的内容写入该内存单元中。当 Rd 和 Rm 为同一个寄存器时，指令交换该寄存器和内存单元的内容。

　　（2）SWPB 字交换指令。指令的语法格式：

```
SWP{<cond>}B Rd，Rm，[Rn]
```

　　SWPB 指令用于将内存中的一字节单元和一个指定寄存器的低 8 位相交换，操作过程如下：假设内存单元地址存放在寄存器 Rn 中，指令将 Rn 中的数据读取到目标寄存器 Rd 中，目标寄存器 Rd 的高 24 位设为 0，同时将另一个寄存器 Rm 的低 8 位内容写入该内存字节单元中。当 Rd 和 Rm 为同一个寄存器时，指令交换该寄存器低 8 位内容和内存字节单元的内容。

　　（3）交换指令的应用。

　　SWP 指令用于将一个内存单元（该单元地址放在寄存器 Rn 中）的内容读取到一个目标寄存器 Rd 中，同时将另一个寄存器 Rm 的内容写到该内存单元中，使用 SWP 指令可实现信号量操作。指令的语法格式：

```
SWP   {cond} B Rd，Rm，[Rn]
```

其中，B 为可选后缀。若有 B，则交换一字节；否则交换 32 位字。Rd 为目标寄存器，存储从存储器中加载的数据，同时，Rm 中的数据将会被存储到存储器中。若 Rm 与 Rd 相同，则将寄存器与存储器内容进行交换。Rn 为要进行数据交换的存储器地址，Rn 不能与 Rd 和 Rm 相同。

　　例 3.5　SWP 指令举例。

```
SWP       R1，R1，[R0]    ；将 R1 的内容与 R0 指向的存储单元内容进行交换
SWPB      R1，R2，[R0]    ；将 R0 指向的存储单元内容读取一字节数据到 R1 中
                         ；（高 24 位清零），再将 R2 寄存器中的数据存储到 R0 指向的内存单元中
                         ；使用 SWP 指令可以方便地进行信号量操作
I2C_SEM   EQU 0x4000_3000
…
12C_SEM_WAIT
MOV       R0，#0
LDR       R0，=I2C_SEM
SWP       R1，R1，[R0]    ；取出信号量，并将其设为 0
CMP       R1，#0          ；判断是否有信号
BEQ       12C_SEM_WAIT   ；若没有信号则等待
```

2. 状态寄存器传输指令

　　ARM 指令集提供了两条指令，用于读/写程序状态寄存器（Program State Register，PSR）。MRS 指令用于把 CPSR 或 SPSR 的值传送到一个通用寄存器；MSR 与之相反，把一个通用寄存器的内容传送到 CPSR 或 SPSR。这两条指令相结合，可用于对 CPSR 和 SPSR 进行读/写操作。程序状态寄存器指令如表 3.6 所示。

表 3.6　程序状态寄存器指令

指　令	作　用	操　作
MRS	把程序状态寄存器的值送到一个通用寄存器	Rd=PSR

指　　令	作　　用	操　　作
MSR	把通用寄存器或者一个立即数送到程序状态寄存器	PSR[field]=Rm 或 PSR[field]=immediate

在指令语法中可看到一个称为 field 的项，它可以是控制（C）、扩展（X）、状态（S）及标志（F）的组合。

1）MRS 指令

在 ARM 微处理器中，只有 MRS 指令可以将状态寄存器 CPSR 或 SPSR 的值读出到通用寄存器中。

（1）指令的语法格式。

MRS{cond}Rd, PSR

其中，Rd 为目标寄存器，Rd 不允许为程序计数器（PC）；PSR 为 CPSR 或 SPSR。

（2）指令举例。

```
MRS　R1，CPSR    ; 将 CPSR 状态寄存器读出，保存到 R1 中
MRS　R2，SPSR    ; 将 SPSR 状态寄存器读出，保存到 R2 中
```

MRS 指令读取 CPSR，可用来判断 ALU 的状态标志及 IRQ/FIQ 中断是否允许等；在异常处理程序中读 SPSR 可指定进入异常前的处理器状态等。另外，进程切换或允许异常中断嵌套时，也需要使用 MRS 指令读取 SPSR 状态值并保存起来。

2）MSR 指令

在 ARM 微处理器中，只有 MSR 指令可以直接设置状态寄存器 CPSR 或 SPSR。

（1）指令的语法格式。

```
MRS    {cond} PSR_field，#immed_8r
MRS    {cond} PSR_field，Rm
```

其中，PSR 是指 CPSR 或 SPSR；field 设置状态寄存器中需要操作的位；状态寄存器的 32 位可以分为 4 个 8 位的域（field）。

位[31:24]为条件标志位域，用 f 表示；位[23:16]为状态位域，用 s 表示。

位[15:8]为扩展位域，用 x 表示；位[7:0]为控制位域，用 c 表示。

immed_8r 为要传送到状态寄存器指定域的立即数，8 位；Rm 为要传送到状态寄存器指定域的数据源寄存器。

（2）管理模式切换指令举例。

```
MSR CPSR_c，#0xD3    ; CPSR[7:0]=0xD3，切换到管理模式
MSR CPSR.cxsf，R3    ; CPSR=R3
```

注意，只有在特权模式下才能修改状态寄存器。

程序中不能通过 MSR 指令直接修改 CPSR 中的 T 控制位来实现 ARM 状态/Thumb 状态的切换，必须使用 BX 指令来完成（因为 BX 指令属转移指令，它会打断流水线状态，实现处理器状态的切换）。MRS 与 MSR 配合使用，实现 CPSR 或 SPSR 寄存器的"读→修改→写"操作，可用来进行处理器模式切换及允许/禁止 IRQ/FIQ 中断等设置。

3）程序状态寄存器指令的应用

例 3.6　使能 IRQ 中断。

```
ENABLE_IRQ
MRS      R0，CPSR
BIC      R0，R0，#0x80
MSR      CPSR_c，R0
MOV      PC，LR
```

例 3.7　禁止 IRQ 中断。

```
ENABLE_IRQ
MRS      R0，CPSR
ORR      R0，R0，#0x80
MSR      CPSR_c，R0
MOV      PC，LR
```

例 3.8　堆栈指令初始化。

```
INITSTACK
MOV      R0，LR              ；保存返回地址
MSR      CPSR_c，#0xD3        ；设置管理模式堆栈
LDR      SP，StackSvc        ；
MSR      CPSR_c，#0xD2        ；设置中断模式堆栈
LDR      SP，StackSvc        ；
```

3．ARM 数据处理指令

部分 ARM 数据处理指令如表 3.7 所示，大致可分为 3 类：数据传送指令（如 MOV、MVN）、算术逻辑运算指令（如 ADD、SUM、AND）和比较指令（如 CMP、TST）。除此之外，数据处理指令还包括乘法指令。数据处理指令只能对寄存器的内容进行操作。所有 ARM 数据处理指令均可选择使用后缀 S，以决定是否影响状态标志。比较指令 CMP、CMN、TST 和 TEQ 不需要后缀 S，它们会直接影响直接状态标志。

表 3.7　部分 ARM 数据处理指令

助　记　符	说　　明	操　　作	条件码位置
MOV Rd，operand2	数据传送指令	Rd←operand2	MOV {cond}{S}
MVN Rd，operand2	数据取反传送指令	Rd←（operand2）	MVN {cond}{S}
ADD Rd，Rn operand2	加法运算指令	Rd←Rn+operand2	ADD {cond}{S}
SUB Rd，Rn operand2	减法运算指令	Rd←Rn-operand2	SUB {cond}{S}
RSB Rd，Rn operand2	逆向减法指令	Rd←operand2-Rn	RSB {cond}{S}
ADC Rd，Rn operand2	带进位加法指令	Rd←Rn+operand2+carry	ADC {cond}{S}
SBC Rd，Rn operand2	带进位减法指令	Rd←Rn-operand2-（NOT）Carry	SBC {cond}{S}
RSC Rd，Rn operand2	带进位逆向减法指令	Rd←operand2-Rn-（NOT）Carry	RSC {cond}{S}
AND Rd，Rn operand2	逻辑与操作指令	Rd←Rn&operand2	AND {cond}{S}
ORR Rd，Rn operand2	逻辑或操作指令	Rd←Rn|operand2	ORR {cond}{S}
EOR Rd，Rn operand2	逻辑异或操作指令	Rd←Rn^operand2	EOR {cond}{S}

助　记　符	说　明	操　作	条件码位置
BIC Rd，Rn operand2	位清除指令	Rd←Rn&（~operand2）	BIC {cond}{S}
CMP Rn，operand2	比较指令	标志 N、Z、C、V←Rn-operand2	CMP{cond}
CMN Rn，operand2	负数比较指令	标志 N、Z、C、V←Rn+operand2	CMN{cond}
TST Rn，operand2	位测试指令	标志 N、Z、C、V^-Rn&operand2	TST{cond}
TEQ Rn，operand2	相等测试指令	标志 N、Z、C、V←Rn ^ operand2	TEQ {cond}

1）数据传送指令

（1）数据传送指令 MOV。指令格式如下：

MOV {cond}{S}　　　Rd，operand2

MOV 指令将 8 位立即数或寄存器（operand2）传送到目标寄存器 Rd 中，可用于移位运算等操作。

（2）数据取反传送指令 MVN。指令格式如下：

MVN {cond}{S}　　　Rd，operand2

MVN 指令将 8 位立即数或寄存器（operand2）按位取反后传送到目标寄存器（Rd），因为其具有取反功能，所以可以装载范围更广的立即数。示例如下：

```
MOV    PC，R14    ；退出到调用者，用于普通函数返回，PC 即 R15
MOVS   PC，R14    ；退出到调用者并恢复标志位，用于异常函数返回
MVN    R0，#4     ；R0=~（4）
MVN    R0，#0     ；R0=~（0）
```

2）算术逻辑运算指令

（1）加法运算指令 ADD。指令格式如下：

ADD{cond}{S}　Rd，Rn，operand2

ADD 指令将 operand2 数据与 Rn 的值相加，结果保存到 Rd 中。

（2）减法运算指令 SUB。指令格式如下：

ADD{cond}{S}　　　Rd，Rn，operand2

SUB 指令用 Rn 减去 operand2，结果保存到 Rd 中。

（3）逆向减法指令 RSB。指令格式如下：

RSB{cond}{S} Rd，Rn，operand2

RSB 指令用寄存器 operand2 减去 Rn，结果保存到 Rd 中。

（4）带进位加法指令 ADC。指令格式如下：

ADC{cond}{S} Rd，Rn，operand2

ADC 指令将 operand2 的数据与 Rn 的值相加，再加上 CPSR 中的 C 条件标志位，结果保存到 Rd 中。

（5）带进位减法指令 SBC。指令格式如下：

SBC{cond}{S}Rd，Rn，operand2

SBC 指令用寄存器 Rn 减去 operand2，再减去 CPSR 中的 C 条件标志位的非（即若 C 标志清零，则结果减去 1），结果保存到 Rd 中。

（6）带进位逆向减法指令 RSC。指令格式如下：

```
RSC{cond}{S}Rd，Rn，operand2
```

RSC 指令用寄存器 operand2 减去 Rn，再减去 CPSR 中的 C 条件标志位，结果保存到 Rd 中。RSC 指令操作的伪代码：

```
if   ConditionPassed（cond）then
     Rd=operand2 – Rn - NOT（C Flag）
     if（S==1 and Rd==R15）then
     CPSR=SPSR
     else   if（S==1）then
     N Flag=Rd[31]
     Z Flag=if（Rd==0）then 1 else 0
     C Flag=NOT（BorrowFrom（operand2 – Rn - NOT（C Flag）））
     V Flag=OverflowFrom（operand2 – Rn - NOT（C Flag））
```

需要注意的是，在 RSC 指令中，如果发生了错位操作，CPSR 寄存器的 C 条件标志位设置成 0；如果没有发生错位操作，CPSR 寄存器的 C 条件标志位设置成 1；这与 ADDS 指令中的进位指令正好相反。

（7）逻辑与操作指令 AND。指令格式如下：

```
AND {cond}{S}Rd，Rn，operand2
```

AND 指令将 operand2 的值与寄存器 Rn 的值按位进行逻辑与操作，结果保存到 Rd 中。

（8）逻辑或操作指令 ORR。指令格式如下：

```
ORR {cond}{S}Rd，Rn，operand2
```

ORR 指令将 operand2 的值与寄存器 Rn 的值按位进行逻辑或操作，结果保存到 Rd 中。

（9）逻辑异或操作指令 EOR。指令格式如下：

```
EOR {cond}{S}Rd，Rn，operand2
```

EOR 指令将 operand2 的值与寄存器 Rn 的值按位进行逻辑异或操作，结果保存到 Rd 中。

（10）位清除指令 BIC。指令格式如下：

```
BIC {cond}{S}Rd，Rn，operand2
```

BIC 指令将寄存器 Rn 的值与 operand2 的值的反码按位进行逻辑与操作，结果保存到 Rd 中。

例 3.9　算术运算指令示例。

```
ADD     RX，RX，#1             ; RX=RX+1
ADD     Rd，RX，LSL  #1        ; Rd=RX*（2*n+1）
ADD     PC，Rs，#offset        ; 生成基于 PC 的跳转指针
ADC     R5，R1，R3             ; R5=R1+R3+Carry
ADC     R5，R1，R3             ; R5=R1+R3+Carry，操作结果影响到 CPSR 寄存器中相应的条
                              ; 件标志位的值
ADDS    R4，R0，R2             ; R5R4=R1R0+R3R2
ADC     R5，R1，R3             ;
```

SUBS	R4，R0，R2	；R5R4=R1R0-R3R2
SBC	R5，R1，R3	；
RSBS	R2，R0，#0	；R3R2=-R1R0
RSC	R3，R1，#0	；
MOV	R0，R2，LSR　#24	；将 R2 中的高 8 位数据传送到 R0 中
		；R0 的高 24 位设置成 0
ORR	R3，R0，R3，LSR #24	；将 R3 中的数据逻辑左移 8 位
		；此时 R3 第 8 位数据为 0
		；再取出上句中 R0 的低 8 位，或后送 R3
EORS	R0，R5，#0x01	；将 R5 和 0x01 异或，结果保存在 R0
		；并根据执行结果更新标志位
BIC	R0，R0，#0x1011	；清除 R0 中的位 0、1 和 3，保存其余的不变
BIC	R1，R2，R3	；将 R3 中的反码和 R2 逻辑与，结果保存到 R1 中

3）比较指令

（1）比较指令 CMP。指令格式如下：

CMP {cond} Rn，operand2

CMP 指令使用寄存器 Rn 的值减去 operand2 的值，根据操作的结果更新 CPSR 中的相应条件标志位，以便后面的指令根据相应的条件标志来判断是否执行。CMP 指令与 SUBS 指令的区别在于 CMP 指令不保存运算结果。在进行两个数据的大小判断时，常用 CMP 指令及相应的条件码来操作。

（2）负数比较指令 CMN。指令格式如下：

CMN {cond} Rn，operand2

CMN 指令使用寄存器 Rn 的值减去 operand2 的负值，根据操作的结果更新 CPSR 中的相应条件标志位，以便后面的指令根据相应的条件标志来判断是否执行，CMN 指令与 ADDS 指令的区别在于 CMN 指令不保存运算结果。CMN 指令可用于负数比较。

（3）位测试指令 TST。指令格式如下：

TST {cond} Rn，operand2

TST 指令将寄存器 Rn 的值与 operand2 的值按位进行逻辑与操作，根据操作的结果更新 CPSR 中相应的条件标志位，以便后面指令根据相应的条件标志来判断是否执行。

（4）相等测试指令 TEQ。指令格式如下：

TEQ {cond} Rn，operand2

TST 指令与 EORS 指令的区别在于 TST 指令不保存运算结果。使用 TEQ 进行相等测试，常与 EQNE 条件码配合使用，当两个数据相等时，EQ 有效，否则 NE 有效。

例 3.10　比较指令示例。

CMP	R1，#10	；比较 R1 和立即数 10，并更新相关的标志位
CMN	R0，#1	；R0 加 1，并判断 R0 是否为 1 的补码，若是，则 Z 置位
TST	R0，#1	；测试 R0 中的最低位是否为 0
TEQ	R0，R1	；比较 R0 和 R1 的值是否相等

4）乘法指令

ARM 有两类乘法指令：一类为 32 位的乘法指令，即乘法结果为 32 位；另一类为 64 位的乘法指令，即乘法操作的结果为 64 位。两类乘法指令共有以下 6 条。

- MUL： 32 位乘法指令；
- MLA： 32 位乘加指令；
- SMULL：64 位有符号数乘法指令；
- SMLAL：64 位有符号数乘加指令；
- UMULL：64 位无符号数乘法指令；
- UMLAL：64 位无符号数乘加指令。

表 3.8 列出了各种形式的乘法指令。

表 3.8　各种形式的乘法指令

操作码[23:21]	助 记 符	意 义	操 作
000	MUL	乘（保留 32 位结果）	Rd=（Rm×Rs）[31:0]
001	MLA	乘（保留 32 位结果）	Rd=（Rm×Rs+Rn）[31:0]
100	UMULL	无符号数长乘	RdHi：RdLo=Rm×Rs
101	UMLAL	无符号数长乘累加	RdHi：RdLo+=Rm×Rs
110	SMULL	有符号数长乘	RdHi：RdLo=Rm×Rs
111	SMLAL	有符号数长乘累加	RdHi：RdLo+=Rm×Rs

（1）32 位乘法指令 MUL。指令格式如下：

MUL {cond} {S} Rd，Rm，Rs

MUL 指令将 Rm 和 Rs 中的值相乘，Rm 中的值和 Rs 中的值可以是无符号数，也可以是有符号数。结果的低 32 位保存到 Rd 中。

32 位乘法指令的编码格式如表 3.9 所示。

表 3.9　32 位乘法指令的编码格式

31　　　　　28	27 26 25 24 23 22 21	20	19　　　16	15　　　12	11 8	7　　4	3　　　0
cond	0 0 0 0 0 0 0	S	Rd	应为 0	Rs	1 0 0 1	Rm

其中：

- cond 为指令执行的条件码。当忽略 cond 时，指令为无条件执行；
- S 决定指令的执行是否影响 CPSR 中的条件标志位 N 位和 Z 位的值；
- Rd 寄存器为目标寄存器；
- Rm 寄存器为第一乘数所在的寄存器；
- Rs 寄存器为第二乘数所在的寄存器。

指令的使用说明：由于 32 位的数相乘结果为 64 位，而 MUL 指令仅仅保存了 64 位结果的低 32 位，所以对于带符号和无符号的操作数来说，MUL 指令执行的结果相同。

对于 ARMv5 及以上版本（i.MX 6Solo/6Dual 是 ARMv7 版本），MULS 指令不影响 CPSR 寄存器 C 条件标志位。对于以前的版本，MULS 指令执行后，CPSR 寄存器中的 C 条件标志位数值是不确定的。寄存器 Rm，Rn，Rd 为 R15 时，指令执行的结果不可预测。

（2）32 位乘加指令 MLA。指令格式如下：

MLA {cond} {S} Rd，Rm，Rs，Rn

MLA 指令将 Rm 和 Rs 中的值相乘，再将乘积加上第 3 个操作数，结果的低 32 位保存到 Rd 中。

（3）64 位无符号数乘法指令 UMULL。指令格式如下：

UMULL {cond}{S} RdLo，RdHi，Rm，Rs

UMULL 指令将 Rm 和 Rs 中的值做无符号数相乘，结果的低 32 位保存到 RdLo 中，而高 32 位保存到 RdHi 中。

（4）64 位无符号数乘加指令 UMLAL。指令格式如下：

UMLAL {cond} {S} RdLo，RdHi，Rm，Rs

UMLAL 指令将 Rm 和 Rs 中的值做无符号数相乘，64 位乘积与 RdHi，RdLo 相加，结果的低 32 位保存到 RdLo 中，而高 32 位保存到 RdHi 中。

（5）64 位有符号数乘法指令 SMULL。指令格式如下：

SMULL {cond} {S} RdLo，RdHi，Rm，Rs

SMULL 指令将 Rm 和 Rs 中的值做有符号数相乘，结果的低 32 位保存到 RdLo 中，而高 32 位保存到 RdHi 中。

（6）64 位有符号数乘加指令 SMLAL。指令格式如下：

SMLAL {cond} {S} RdLo，RdHi，Rm，Rs

SMLAL 指令将 Rm 和 Rs 中的值做有符号数相乘，64 位乘积与 RdHi_RdLo 相加，结果的低 32 位保存到 RdLo 中，而高 32 位保存到 RdHi 中。示例如下：

```
MUL     R1，R2，R3        ; R1=R2×R3
MULS    R0，R3，R7        ; R0=R3×R7 同时更新 CPSR 的 Z 位和 N 位
MLA     R1，R2，R3，R0     ; R1=R2×R3+R0
UMULL   R0，R1，R5，R8     ; R1R0[63:0]=R5×R8
UMLAL   R0，R1，R5，R8     ; R1R0=R1R0[63:0]+R5×R8
SMULL   R2，R3，R7，R6     ; R3R2[63:0]=R7×R6
SMLAL   R2，R3，R7，R6     ; R3R2=R3R2[63:0]+R7×R6
```

4．ARM 跳转指令

如表 3.10 所示，在 ARM 中有两种方式可以实现程序的跳转。一种是使用跳转指令直接跳转，另一种则是直接向 PC 寄存器赋值实现跳转。跳转指令有跳转指令 B，带连接的跳转指令 BL，带状态切换的跳转指令 BX，带状态切换的连接跳转指令 BLX。

表 3.10　跳转指令

助　记　符	说　　明	操　　作	条件码位置
B　　label	跳转指令	PC←label	B{cond}
BL　　label	带连接的跳转指令	LR←PC-4，PC←label	BL{cond}
BX　　Rm	带状态切换的跳转指令	PC←label，切换处理状态	BX{cond}
BLX　　label	带状态切换的连接跳转指令	LR←PC-4，T←1，PC←label	BLX
BLX　　Rm	带状态切换的连接跳转指令	LR←PC-4，T←Rm[0] PC←Rm&（0xFFFF_FFFE）	BLX{cond}

（1）跳转指令 B 及带连接的跳转指令 BL。指令格式如下：

```
B {L} {cond}    label ：
```

指令的作用是跳转到指定的地址执行程序。跳转指令 B 与 BL 都可以使程序跳转到指定的地址执行程序。指令 BL 的作用是跳转的同时将（PC-4）送给 R14（返回地址连接寄存器 LR）寄存器中。因此，BL 常用于子程序调用。当子程序调用完成后，再将 LR 的值送给 PC。需要注意的是，这两条指令和目标地址处的指令都要属于 ARM 指令集。两条指令都可以根据 CPSR 中的条件标志位的值决定指令是否执行。

label 是指令跳转的目标地址，这个地址的计算方法是：将指令中 24 位带符号的补码立即数扩展为 32 位，将得到的 32 位数左移两位再加上 PC 寄存器中的值即得到目标地址。由这种计算方法可知跳转的范围为-32～+32MB。

（2）带状态切换的跳转指令 BX。指令格式如下：

```
BX {cond} Rm
```

带状态切换的跳转指令 BX 使程序跳转到指令中 Rm 指定的地址执行程序，并将 Rm[0]复制到 CPSR 中的 T 位，Rm[31:1]移入 PC。若 Rm 的位[0]为 1，则跳转时自动将 CPSR 中的标志 T 置位，即把目标地址的代码解释为 Thumb 代码；若 Rm 的位[0]为 0，则跳转时自动将 CPSR 中的标志 T 复位，即把目标地址的代码解释为 ARM 代码。

（3）带状态切换的连接跳转指令 BLX。指令格式如下：

```
BLX         label
BLX         {cond}      Rm
```

只有 ARMv5T 及以上版本支持 BLX 指令（i.MX 6Solo/6Dual 是 ARMv7 版本）。

当目标地址是 label（对应指令编码中的 signed_immed_24）时，是无条件执行指令，该指令从 ARM 指令集跳转到指令中指定的目标地址，并将程序状态切换到 Thumb 状态。该指令同时将 PC 寄存器的内容复制到 LR 寄存器中。

带状态切换的连接跳转指令的编码格式如表 3.11 所示。

表 3.11　带状态切换的连接跳转指令的编码格式

31　　　　28	27　26　25	24	23　　　　　　　　　　　　　　　　　　　0
1　0　0　1	1　0　1	H	signed_immed24

指令中的位[24]（'H'）被作为目标地址的位[1]。指令操作的伪代码：

```
LR=address of instruction after the BLX instruction
T Flag=1
PC=PC+（SignExtend（signed_immed_24）<<2+（H<<1）
```

BLX   {cond}   Rm 是条件执行指令，指令从 ARM 指令集跳转到指令中指定的目标地址，目标地址的指令可以是 ARM 指令，也可以是 Thumb 指令。目标地址放在指定的寄存器 Rm 中，该地址的位[0]的值为 0，目标地址处的指令类型由 CPSR 中的 T 位决定。该指令同时将 PC 寄存器的内容复制到 LR 寄存器中。

BLX {cond}指令的编码格式如表 3.12 所示。

表 3.12　BLX {cond}指令的编码格式

31　　　28	27　　　　20	19　　　　8	7 6 5 4	3　　　0
cond	00010010	应为 0	0 0 1 1	Rm

指令操作的伪代码：

```
if CondiitionPassed（cond）then
LR=address of instruction after the BLX instruction
T Flag=Rm[0]
PC=Rm AND 0xFFFF_FFFF
```

例 3.11　跳转指令示例。

```
CODE32                      ；ARM 状态下的代码
LDR R0,  =Into_Thumb+1      ；产生跳转地址并且设置最低位
BX       R0                 ；分支跳转，并且并入 Thumb 状态
…
CODE16                      ；Thumb 状态下的代码
Into_Thumb
…
LDR R3,  =Back_to_ARM       ；产生字对齐的跳转地址，最低位被清除
BX       R3                 ；分支跳转，返回到 ARM 状态
CODE32                      ；ARM 状态下的代码
Back_to_ARM
```

5．ARM 协处理器指令

ARM 支持协处理器操作，协处理器的控制要通过协处理器命令实现，ARM 协处理器指令如表 3.13 所示。

表 3.13　ARM 协处理器指令

助 记 符	说 明	操 作	条件码位置
CDP {cond} coproc，opcodel，CRd，CRn，CRm，{opcode2}	协处理器数据操作指令	取决于协处理器	CDP {cond}
LDC {cond} {L} coproc，CRd，〈地址〉	协处理器数据读取指令	同上	LDC {cond}{L}
STC {cond} {L} coproc，CRd，<地址>	协处理器数据写入指令	同上	STC {cond}{L}
MCR {cond} coproc, opcodel, Rd, CRn, CRm, {opcode2}	ARM 微处理器寄存器到协处理器寄存器的数据传送指令	同上	MCR {cond}
MRC {cond} coproc, opcodel, Rd, CRn, CRm, {opcode2}	协处理器寄存器到 ARM 微处理器寄存器的数据传送指令	同上	MRC {cond}

（1）协处理器数据操作指令 CDP。指令格式如下：

CDP {cond} coproc，opcodel，CRd，CRn，CRm，{opcode2}

ARM 微处理器通过 CDP 指令通知 ARM 协处理器执行特定的操作。该操作由协处理器完成，即对命令参数的解释与协处理器有关，指令的使用取决于协处理器。若协处理器不能成功地执行该操作，将产生未定义指令异常中断。

（2）协处理器数据读取指令 LDC。指令格式如下：

```
LDC {cond}{L} coproc，CRd，<地址>
```

LDC 指令从某一连续的内存单元将数据读取到协处理器的寄存器中，进行协处理器数据的传送，由协处理器来控制传送的字数。若协处理器不能成功地执行该操作，将产生未定义指令异常中断。

（3）协处理器数据写入指令 STC。指令格式如下：

```
STC {cond} {L} coproc，CRd，<地址>
```

STC 指令将协处理器的寄存器数据写入某一连续的内存单元中，进行协处理器数据的数据传送，由协处理器来控制传送的字数。若协处理器不能成功地执行该操作，将产生未定义指令异常中断。

（4）ARM 微处理器寄存器到协处理器寄存器的数据传送指令 MCR。指令格式如下：

```
MCR {cond} coproc，opcodel，Rd，CRn，CRm，{opcode2}
```

MCR 指令将 ARM 微处理器的寄存器中的数据传送到协处理器的寄存器中。若协处理器不能成功地执行该操作，将产生未定义指令异常中断。

（5）协处理器寄存器到 ARM 微处理器寄存器的数据传送指令。指令格式如下：

```
MRC {cond} coproc，opcodel，Rd，CRn，CRm，{opcode2}
```

MRC 指令将协处理器寄存器中的数据传送到 ARM 微处理器的寄存器中。若协处理器不能成功地执行该操作，将产生未定义指令异常中断。

6. ARM 杂项指令

（1）软中断指令 SWI。指令格式如下：

```
SWI {cond} immed_24
```

SWI 指令用于产生软中断，从而实现从用户模式到管理模式，CPSR 的值保存到管理模式的 SPSR，执行转移到 SWI 向量。在其他模式下也可使用 SWI 指令，处理器同样切换到管理模式。

（2）读状态寄存器指令 MRS 和写状态寄存器指令 MSR 如前文所述。

7. ARM 伪指令

ARM 伪指令不是 ARM 指令集中的指令，编译器定义伪指令，只是为了编程方便。伪指令可像其他 ARM 指令一样使用，但在编译时伪指令将被等效的 ARM 指令代替。常用的 ARM 伪指令有 ADR、ADRL、LDR 和 NOP 等。

（1）小范围的地址读取伪指令 ADR。ADR 伪指令格式如下：

```
ADR {cond} register, exper
```

ADR 伪指令将基于 PC 相对偏移的地址值读取到寄存器中。在汇编译源程序时，ADR 伪指令被编译器替换成一条合适的指令。通常，编译器用一条 ADD 指令或 SUB 指令来实现该 ADR 伪指令的功能，若不能用一条指令实现，则产生错误，编译失败。

（2）中等范围的地址读取伪指令 ADRL。ADRL 伪指令格式如下：

```
ADR {cond} register, exper
```

　　ADRL 伪指令将基于 PC 相对偏移的地址值或基于寄存器相对偏移的地址值读取到寄存器中，比 ADR 伪指令可以读取更大范围的地址。在汇编编译源程序时，ADRL 伪指令被编译器替换成两条合适的指令。若不能用两条指令实现 ADRL 伪指令功能，则产生错误，编译失败。

　　（3）大范围的地址读取伪指令 LDR。LDR 伪指令格式如下：

LDR {cond} register，=expr/label_expr

　　LDR 伪指令用于加载 32 位的立即数或一个地址值到指定寄存器。在汇编编译源程序时，LDR 伪指令被编译器替换成一条合适的指令。若加载的常数未超出 MOV 或 MVN 的范围，则使用 MOV 或 MVN 指令代替该 LDR 伪指令，否则汇编器将使用相对偏移的 LDR 指令读出常量。

　　（4）空操作伪指令 NOP。NOP 伪指令格式如下：

NOP

　　NOP 伪指令在汇编时将会被代替成 ARM 中的空操作，例如，可能为 MOV R0, R0 指令等。

3.1.3　Thumb 指令集

　　Thumb 指令可以看作 ARM 指令压缩形式的子集，是针对代码密度问题而提出的，它具有 16 位的代码密度。Thumb 不是一个完整的体系结构，不能指望处理器只执行 Thumb 指令而不支持 ARM 指令集。因此，Thumb 指令只需要支持通用功能，必要时可以借助于完善的 ARM 指令集完成操作。

　　在编写 Thumb 指令时，先要使用伪指令 CODE16 声明，而且在指令中要使用 BX 指令跳转到 Thumb 指令，以切换处理器状态。

　　Thumb 指令集没有协处理器指令、信号量指令以及访问 CPSR 或 SPSR 的指令，没有乘加指令及 64 位乘法指令等，且指令的第二操作数受到限制；除跳转指令 B 有条件执行功能外，其他指令均为无条件执行；大多数 Thumb 数据处理指令采用 2 地址格式。Thumb 指令集与 ARM 指令的区别如下。

　　（1）跳转指令：程序相对转移，特别是条件跳转与 ARM 代码下的跳转相比，在范围上有更多的限制，转向子程序是无条件的转移。

　　（2）数据处理指令：数据处理指令对通用寄存器进行操作。在大多数情况下，操作的结果须放入其中一个操作数寄存器，而不是第 3 个寄存器中。数据处理操作比 ARM 状态的更少，访问寄存器 R8～R15 受到一定限制。除 MOV 和 ADD 指令访问寄存器 R8～R15 外，其他数据处理指令总是更新 CPSR 中的 ALU 状态标志。访问寄存器 R8～R15 的 Thumb 数据处理指令不能更新 CPSR 中的 ALU 状态标志。

　　（3）单寄存器加载和存储指令：在 Thumb 状态下，单寄存器加载和存储指令只能访问寄存器 R0～R7。

　　（4）批量寄存器加载和存储指令：LDM 和 STM 指令可以将任何范围为 R0～R7 的寄存器子集加载或存储。PUSH 和 POP 指令使用堆栈指令 R13 作为基址实现满递减堆栈。除 R0～R7 外，PUSH 指令还可以存储链接寄存器 R14，并且 POP 指令可以加载程序指令 PC。

　　由于 Thumb 指令的长度为 16 位，即只用 ARM 指令一半的位数来实现同样的功能。所以，要实现特定的程序功能，所需的 Thumb 指令的条数比 ARM 指令多。在一般情况 Thumb 指令与 ARM 指令的时间效率和空间效率关系为：

- Thumb 代码所需的存储空间为 ARM 代码的 60%～70%;
- Thumb 代码使用的指令数比 ARM 代码多 30%～40%;
- 若使用 32 位的存储器，ARM 代码比 Thumb 代码快约 40%;
- 若使用 16 位的存储器，Thumb 代码比 ARM 代码快 40%～50%;
- 与 ARM 代码相比较，使用 Thumb 代码，存储器的功耗会降低约 30%。

显然，ARM 指令集和 Thumb 指令集各有其优点。若对系统的性能有较高要求，应使用 32 位的存储系统和 ARM 指令集；若对系统的成本及功耗有较高要求，则应使用 16 位的存储系统和 Thumb 指令集。当然，若两者结合使用，充分发挥其各自的优点会取得更好的效果。

3.2 ARM 微处理器编程简介

ARM 微处理器一般支持 C 语言的编程和汇编语言的程序设计，以及两者的混合编程。本节介绍 ARM 微处理器编程的一些基本概念，如汇编语言的文件格式、语句格式和汇编语言的程序结构等，同时介绍 C 语言与汇编语言的混合编程等技术。

3.2.1 ARM 汇编语言的文件格式

ARM 源程序文件（源文件）为文本格式，可以使用文本编辑器编写程序代码。一般地，ARM 源程序文件名的后缀名如表 3.14 所示。

表 3.14 ARM 源程序文件名的后缀名

程　　　序	文　件　名
汇编源文件	*.S
引入文件	*.INC
C 语言文件	*.C
头文件	*.H

在一个项目中，至少要有一个汇编源文件或 C 程序文件，可以有多个汇编源文件或多个 C 程序文件，或者 C 程序文件和汇编文件两者的组合。

3.2.2 ARM 汇编语言的语句格式

ARM 汇编语言中，所有标号必须在一行的顶格书写，其后面不要添加 ":"，而所有指令均不能顶格书写。ARM 汇编器对标识符大小写敏感，书写标号及指令时字母大小写要一致。在 ARM 汇编程序中，一个 ARM 指令、伪指令、寄存器名可以全部为大写字母，也可以全部为小写字母，但不要大小写混合使用。注释使用 ";"，注释内容由 ";" 开始到此行结束，注释可以在一行的顶格书写。

格式：[标号] <指令|条件|S> <操作数> [；注释]

源程序中允许有空行，适当地插入空行可以提高源代码的可读性。如果单行太长，可以使用字符 "\" 将其分行，"\" 后不能有任何字符，包括空格和制表符等。对于变量的设置、常量的定义，其标识符必须在一行的顶格书写。

1. 汇编语言程序中的标号

在 ARM 汇编语言中，标号代表一个地址，段内标号的地址在汇编时确定，而段外标号的地址值在连接时确定。根据生成方式，标号有以下 3 种。

（1）基于 PC 的标号：位于目标指令前的标号或程序中的数据定义伪指令前的标号，这种标号在汇编时将被处理成 PC 值加上或减去一个数字常量。它常用于表示跳转指令的目标地址，或者代码段中所嵌入的少量数据。

（2）基于寄存器的标号：通常用 MAP 和 FIELD 伪指令定义，也可以用于 EQU 伪指令定义，这种标号在汇编时被处理成寄存器的值加上或减去一个数字常量。它常用于访问位于数据段中的数据。

（3）绝对地址：是一个 32 位的数字量，它可以寻址的范围为 $0 \sim 2^{32-1}$，可以直接寻址整个内存空间。

局部标号主要用于局部范围代码中，在宏定义中也是很有用的。局部标号是一个 0～99 的十进制数字，可重复定义，局部标号后面可以紧跟一个通常表示该局部变量作用范围的符号。局部变量的作用范围为当前段，也可以用伪指令 ROUT 来定义局部标号的作用范围。

局部标号定义格式：N{routname}

其中，N：局部标号，为 0～99；routname：局部标号作用范围的名称，由 ROUT 伪指令定义。

2. 汇编语言程序中的符号

在汇编语言程序设计中，经常使用各种符号代替地址、变量和常量等，以增加程序的可读性。符号的命名规则如下：

- 符号由大小写字母、数字以及下画线组成；
- 除局部标号以数字开头外，其他的符号不能以数字开头；
- 符号区分大小写，且所有字符都是有意义的；
- 符号在其作用域范围内必须是唯一的；
- 符号不能与系统内部或系统预定义的符号同名；
- 符号不要与指令助记符、伪指令同名。

1）常量

（1）数字常量。数字常量有如下 3 种表示方式：

- 十进制数，如 12、5、876、0；
- 十六进制数，如 0x4387、0xFF0、0x1；
- n 进制数，用 n-×××表示，其中 n 为 2～9，-×××为具体的数，如 2-010111、8-4363156 等。

（2）字符常量。字符常量由一对单引号及中间字符串表示，标准 C 语言中的转义符也可使用。如果需要包含双引号或 "$"，必须使用 " " 和 $$代替。

（3）布尔常量。布尔常量的逻辑真为 TRUE，逻辑假为 FALSE。

2）变量

变量是指其值在程序的运行过程中可以改变的量。ARM（Thumb）汇编程序所支持的变量有数字变量、逻辑变量和字符串变量。

（1）数字变量用于在程序的运行中保存数字值，但注意数字值的大小不应超出数字变量所能表示的范围。

（2）逻辑变量用于在程序的运行中保存逻辑值，逻辑值只有两种取值情况：真或假。

（3）字符串变量用于在程序的运行中保存一个字符串，但注意字符串的长度不应超出字符串变量所能表示的范围。

在 ARM（Thumb）汇编语言程序设计中，可使用 GBLA、GBLL、GBLS 伪指令声明全局变量，使用 LCLA、LCLL、LCLS 伪指令声明局部变量，并可使用 SETA、SETL 和 SETS 对其进行初始化。

3．汇编语言程序中的表达式和运算符

在汇编语言程序设计中，也经常使用变量、常量、运算符和括号构成各种表达式。常用的表达式有数字表达式、逻辑表达式和字符串表达式，其运算的优先级次序如下：

- 优先级相同的双目运算符的运算顺序为从左到右；
- 相邻的单目运算符的运算顺序为从右到左，且单目运算符的优先级高于其他运算符；
- 括号运算符的优先级最高。

3.2.3　C 语言与汇编语言的混合编程

在需要 C 语言与汇编语言混合编程时，若汇编代码较少，则可使用直接内嵌汇编语言程序的方法混合编程；否则，可以将汇编文件以文件的形式加入项目，根据 ATPCS 规定与 C 程序相互调用及访问。ATPCS，即 ARM/Thumb 过程调用标准（ARM/Thumb Procedure Call Standard）。

1．汇编语言的程序结构

在 ARM（Thumb）汇编语言程序中，以程序段为单位组织代码。段是相对独立的指令或数据序列，具有特定的名称。段可以分为代码段和数据段，代码段的内容为执行代码，数据段存放代码运行时需要用到的数据。一个汇编程序至少应该有一个代码段，当程序较长时，可以分割为多个代码段和数据段，多个段在程序编译链接时最终形成一个可执行的映像文件。可执行映像文件通常由以下几部分构成：

- 一个或多个代码段，代码段的属性为只读；
- 零个或多个包含初始化数据的数据段，数据段的属性为可读/写；
- 零个或多个不包含初始化数据的数据段，数据段的属性为可读/写。

链接器根据系统默认或用户设定的规则，将各个段安排在存储器中的相应位置。因此源程序中段之间的相对位置与可执行的映像文件中段的相对位置一般不会相同。

例 3.12　汇编语言源程序的编写的初始化代码。

```
AREA      Init，CODE，READONLY
ENTRY
Start
LDR       R0，=0x3FF_5000
LDR       R1，0xFF
STR       R1，[R0]
LDR       R0，=0x3FF_5008
LDR       R1，0x01
STR       R1，[R0]
------
END
```

在汇编语言程序中，用 AREA 伪指令定义一个段，并说明所定义段的相关属性，本例定义

一个名为 Init 的代码段，属性为只读。ENTRY 伪指令标识程序的入口点，接下来为指令序列，程序的末尾为 END 伪指令，该伪指令告诉编译器源文件的结束，每一个汇编程序段都必须有一条 END 伪指令，指示代码段的结束。

2．汇编语言与 C 语言的混合编程

在应用系统的程序设计中，若所有的编程任务均用汇编语言来完成，其工作量是可想而知的，同时不利于系统升级或应用软件移植。事实上，ARM 体系结构支持 C/C++以及与汇编语言的混合编程，在一个完整的程序设计中，除初始化部分用汇编语言完成外，其主要的编程任务一般都用 C 语言完成。

汇编语言与 C 语言的混合编程通常有以下几种方式：

- 在 C 语言代码中嵌入汇编语言程序；
- 在汇编程序和 C 语言的程序之间进行变量的互访；
- 汇编程序和 C 语言程序间的相互调用。

1）C 语言代码中内嵌汇编语言程序

在 C 程序中内嵌汇编程序，可以实现一些高级语言没有的功能，提高程序执行效率。armcc 编译器的内嵌汇编器支持 ARM 指令集，tcc 编译器的内嵌汇编器支持 Thumb 指令集。

（1）内嵌汇编程序的语法

```
_asm
{
指令[；指令]                    /*注释*/
……
[指令]
}
```

（2）内嵌汇编程序的指令用法

a．操作数

内嵌的汇编语言指令中作为操作数的寄存器和常量可以是表达式。这些表达式可以是 char、short 或 int 类型，而且这些表达式都是作为无符号数进行操作的。若需要有符号数，用户需要自己处理与符号有关的操作，编译器将会计算这些表达式的值，并为其分配寄存器。

b．物理寄存器

内嵌汇编中使用物理寄存器有以下限制：

- 不能直接向 PC 寄存器赋值，程序跳转只能使用 B、BL 或 BLX 指令实现；
- 使用物理寄存器的指令中不要使用过于复杂的 C 程序表达式，因为表达式过于复杂时，将会需要较多的物理寄存器。这些寄存器可能与指令中的物理寄存器使用冲突；
- 编译器可能会使用 R12 或 R13 寄存器存放编译的中间结果，在计算表达式的值时可能会将寄存器 R0～R3、R12 和 R14 用于子程序调用。因此在内嵌的汇编指令中，不要将这些寄存器同时指定为指令中的物理寄存器；
- 通常内嵌的汇编指令中不要指定物理寄存器，因为这可能会影响编译器分配寄存器，进而影响代码的效率。

c．常量

在内嵌汇编指令中，常量前面的"#"可以省略。

d．指令展开

内嵌汇编指令中，如果包含常量操作数，该指令有可能被内嵌汇编器展开成几条指令。

e. 标号

C 程序中的标号可以被内嵌的汇编指令使用，但是只有指令 B 可以使用 C 程序中的标号，而指令 BL 则不能使用。

f. 内存单元的分配

所有的内存分配均由 C 编译器完成，分配的内存单元变量供内嵌汇编器使用。内嵌汇编器不支持内嵌汇编程序中用于内存分配的伪指令。

g. SWI 和 BL 指令

在内嵌的 SWI 和 BL 指令中，除了正常的操作数，还必须增加以下 3 个可选的寄存器列表：

- 第 1 个寄存器列表中的寄存器用于输入的参数；
- 第 2 个寄存器列表中的寄存器用于存储返回的结果；
- 第 3 个寄存器列表中的寄存器的内容可能被调用的子程序破坏，即这些寄存器被调用的子程序作为工作寄存器。

2）内嵌汇编器与 armasm 汇编器的差异

内嵌汇编器不支持通过指示符或 PC 获取当前指令地址。不支持 LDR Rn，=expr 伪指令，而使用 MOV　Rn，expr 指令向寄存器赋值；不支持标号表达式；不支持 ADR 和 ADRL 伪指令；不支持 BX 指令；不能向 PC 赋值；使用 0x 前缀代替 "&"，表示十六进制数。使用 8 位移位常数导致 CPSR 的标志更新时，N、Z、C 和 V 标志中的 C 不具有真实意义。

3）在汇编程序和 C 语言之间进行全局变量的互访

使用 IMPORT 伪指令引入全局变量，并利用 LDR 和 STR 指令根据全局变量的地址访问它们。对于不同类型的变量，需要采用不同选项的 LDR 和 STR 指令：

unsigned char	LDRB/STRB
unsigned short	LDRH/STRH
unsingned int	LDR/STR
char	LDRSB/STRSB
short	LDRSH/STRSH

对于结构，如果知道各个数据项的偏移量，可以通过加载/存储指令访问。如果结构所占空间小于 8 个字，可以使用 LDM 和 STM 一次性读/写。

例 3.13　下面是一个汇编代码的函数，它读取全局变量 globval，将其加 1 后写回。访问 C 程序的全局变量如下：

```
AREA        globats，CODE，READONLY
EXPORT      asmsubroutime
IMPORT      glovbvar
LDR         R1，=glovbvar
LDR         R0，[R1]
ADD         R0，R0，#1
STR         R0，[R1]
MOV         PC，LR
END
```

4）汇编程序和 C 语言程序间相互调用的 ATPCS 规则

在 C 语言程序（简称 C 程序）和 ARM 汇编程序之间相互调用必须遵守 ATPCS 规则。使用 ADS 的 C 语言编译器编译的 C 语言子程序满足用户指定的 ATPCS 类型。而对于汇编语言来说，完全要依赖用户来保证各个子程序满足选定的 ATPCS 类型。具体来说，汇编语言子程序必须满足下面 3 个条件：

- 在子程序编写时必须遵守相应的 ATPCS 规则；
- 堆栈的使用要遵守相应的 ATPCS 规则；
- 在汇编编译器中使用-atpcs 选项。

基本 ATPCS 规定了在子程序调用时的一些基本规则，包括各寄存器的使用规则及其相应的名称、堆栈的使用规则、参数传送的规则等。

（1）寄存器的使用规则

① 子程序通过寄存器 R0～R3 来传递参数。这时，寄存器 R0～R3 可记作 A0～A3，被调用的子程序在返回前无须恢复寄存器 R0～R3 的内容。

② 在子程序中，使用寄存器 R4～R11 来保存局部变量。这时，寄存器 R4～R11 可以记作 V1～V8。如果在子程序中使用了寄存器 V1～V8 中的某些寄存器，子程序进入时必须保存这些寄存器的值，在返回前必须恢复这些寄存器的值。在 Thumb 程序中，通常只能使用寄存器 R4～R7 来保存局部变量。

③ 寄存器 R12 用作过程调用中间临时寄存器，记作 IP。在子程序间的连接代码段中常有这种使用规则。

④ 寄存器 R13 用作堆栈指针，记作 SP。在子程序中寄存器 R13 不能作其他用途，寄存器 SP 在进入子程序时的值和退出子程序时的值必须相等。

⑤ 寄存器 R14 称为链接寄存器，记作 LR。它用于保存子程序的返回地址，如果在子程序中保存了返回地址，寄存器 R14 则可以用作其他用途。

⑥ 寄存器 R15 是程序计数器，记作 PC，它不能用作其他用途。

（2）堆栈使用规则

ATPCS 规定堆栈为 FD 类型，即满递减堆栈，并且对堆栈的操作是 8 字节对齐。

使用 ADS 中的编译器产生的目标代码中包含了 DRAFT2 格式的数据帧。在调试过程中，调试器可以使用这些数据帧来查看堆栈中的相关信息。对于汇编语言来说，用户必须使用 FRAME 伪指令来描述堆栈的数据帧。ARM 汇编器根据这些伪指令在目标文件中产生相应的 DRAFT2 格式的数据帧（堆栈中的数据帧是指在堆栈中，为子程序分配的用来保存寄存器和局部变量的区域）。对于汇编程序来说，如果目标文件中包含了外部调用，则必须满足下列条件：

- 外部接口的堆栈必须是 8 字节对齐的；
- 在汇编程序中使用 PRESERVES 伪指令告诉链接器，本汇编程序数据是 8 字节对齐的。

（3）参数传递规则

根据参数个数是否固定可以将子程序分为参数个数固定的子程序和参数个数可变化的子程序，这两种子程序的参数传递规则是不一样的。

对于参数个数可变的子程序，当参数不超过 4 个时，可以使用寄存器 R0～R3 来传递参数；当参数超过 4 个时，可以使用堆栈来传递参数。如果参数多于 4 个，将剩余的字数据传送到堆栈中，入栈的顺序与参数顺序相反，即最后一个字数据先入栈。

按照上面的规则，一个浮点数参数可以通过寄存器传递，也可以通过堆栈传递，也可以一部分通过参数传递，另一部分通过堆栈传递。

如果系统包含浮点运算的硬件部件，浮点参数将按下面的规则传递：

- 各个浮点参数按顺序处理；
- 为每个浮点参数分配 FP 寄存器；
- 分配的方法是，满足该浮点参数需要的且编号最小的一组连续的 FP 寄存器第一个整数参数,通过寄存器 R0~R3 来传递,其他参数通过堆栈传递。

子程序中结果返回的规则如下:

- 结果为一个 32 位的整数时,可以通过寄存器 R0 返回;
- 结果为一个 64 位的整数时,可以通过寄存器 R0 和 R1 返回;
- 结果为一个浮点数时,可以通过浮点运算部件的寄存器 f0、d0 或 s0 来返回;
- 结果为复合型的浮点数(如复数)时,可以通过寄存器 f0~fn 或 d0~dn 来返回;
- 对于位数更多的结果,需要通过内存来传递。

5)C 程序调用汇编程序

汇编程序的设置要遵循 ATPCS 规则,保证程序调用时参数的正确传递。

- 如例 3.14 程序所示,汇编子程序在汇编程序中使用 EXPORT 伪指令声明本子程序,使其他程序可以调用此子程序;
- 在 C 程序中使用 extern 关键字声明外部函数(声明要调用的汇编子程序),即可调用此汇编子程序。

strcopy 使用两个参数,一个表示目标字符串地址,一个表示源字符串的地址,参数分别存放在 R0、R1 寄存器中。

例 3.14 调用汇编程序的 C 程序的函数示例。

```
#include<stdio.h>
extern void strcopy (char*d, const char*s);          // 声明外部函数,即要调用的汇编子程序
int    main (void)
{
const  char *srcstr    = "First string-source" ;      // 定义字符串常量
char dstsrtr[ ]         ="Second string-destination"; // 定义字符串变量
printf (" Before copying: \n");        ;             //
printf ("%s\n, %s\n, " srcstr, dststr);              // 显示源字符串和目标字符串的内容
strcopy (dststr, srcstr)               ;             // 调用汇编子程序 R0=dststr, R1=srcstr
printf (" After copying:  \n");        ;             //
printf (" %s\n, %s\n, "srcstr, dststr);              // 显示 strcopy 复制字符串结果
return (0);
}
```

被调用汇编子程序:

```
AREA        strcopy, CODE, READONLY
EXPORT      strcopy        ; 声明 strcopy,以便外部程序引用
                           ; R0 为目标字符串的地址
                           ; R1 为源字符串的地址
LDRB        R2, [R1], #1   ; 读取字节数据,源地址加 1
STRB        R2, [R0], #1   ; 保存读取的 1 字节数据,目标地址加 1
CMP         R2, #0         ; 判断字符串是否复制完毕
BNE         strcopy        ; 如果没有复制完毕,继续循环
MOV         pc, lr         ; 返回
END
```

6)汇编程序调用 C 程序

在汇编程序中调用 C 程序要遵循如下规则:

- 在汇编程序中使用 IMPORT 伪指令声明将要调用的 C 程序函数;

● 在调用 C 程序时，要正确设置入口参数，然后使用 BL 调用。

如例 3.15 程序清单所示，程序使用了 5 个参数，分别使用寄存器 R0 存储第 1 个参数，R1 存储第 2 个数，R2 存储第 3 个参数，R3 存储第 4 个参数，第 5 个参数利用堆栈传送，由于利用了堆栈传递参数，在程序调用结束后要调整堆栈指针。

例 3.15　汇编调用 C 程序中的函数示例。

```
/*函数 sum5()返回 5 个整数的和*/
int sum5（int a，int b，int c，int d，int e）
return（a+b+c+d+e）；//返回 5 个变量的和
```

汇编程序调用 C 程序中的函数示例如下：

```
EXPORT      CALLSUM5
AREA        Example，CODE，READONLY
IMPORT      sum5                ; 声明外部标号 sum5，即 C 函数 sum5()
CALLSUMS                        ;
STMFD       SP!       {LR}      ; LR 寄存器入栈
ADD         R1，R0，R0          ; 设置 sum5 函数入口参数，R0 为参数 a
ADD         R2，R1，R0          ; R1 为参数 b，R2 为参数 c
ADD         R3，R1，R2，        ;
STR         R3，[SP，#-4]       ; 参数 e 要通过堆栈传递
ADD         R3，R1，R1          ; R3 为参数 d
BL          sum5               ; 调用 sum5，结果保存在 R0 中
ADD         SP，SP，#4         ; 修正 SP 指针
LDMFD       SP!，     PC        ; 子程序返回
END
```

3.3　ARM 微处理器初始化分析

3.3.1　嵌入式系统初始化流程

嵌入式系统的初始化过程是一个同时包括硬件初始化和软件（主要是操作系统及系统软件模块）初始化的过程，而操作系统启动以前的初始化操作是 BootLoader 的主要功能。由于嵌入式系统不仅具有硬件环境的多样性，同时具有软件的可配置性。因此，不同的嵌入式系统初始化所涉及的内容各不相同，复杂程度也不尽相同。

1.　一般 PC 系统的初始化过程

在 x86 体系结构中的台式机中，通常将 BootLoader 放到主引导记录（Master Boot Record）中，或者放到 Linux 驻留的磁盘的第一个扇区中，BIOS 完成计算机硬件开机自检（POST）后，将控制权交给 BootLoader，然后由其负责装入并运行操作系统。

一般而言，操作系统的引导过程分为两个步骤。首先，计算机硬件经过开机自检之后，从软盘或者硬盘的固定位置装载一小段代码。然后，由其负责装入并运行操作系统。

不同计算机平台引导过程的区别主要在于第一阶段的引导过程（Boot）。对 PC 上的 Linux 系统而言，计算机上的 BIOS 负责从软盘或硬盘的第一个扇区（即引导扇区）中读取引导装载器，然后由它从磁盘或其他位置装入操作系统。

对典型的 PC BIOS 而言，可配置为从软盘或从硬盘引导。从软盘引导时，BIOS 读取并运行引导扇区中的代码。引导扇区中的代码读取软盘前几百个块（依赖于实际的内核大小），然后将这些代码放置在预先定义好的内存位置。利用软盘引导 Linux 时没有文件系统，内核处于连续的扇区中，这样安排可简化引导过程。

从硬盘引导时，由于硬盘是可分区的，因此引导过程比软盘复杂一些。BIOS 首先读取并运行磁盘主引导记录中的代码，这些代码首先检查主引导记录中的分区表，寻找到活动分区（标志为可引导分区的分区），然后读取并运行活动分区之引导扇区中的代码。活动分区之引导扇区的作用和软盘引导扇区的作用一样：从分区中读取内核映像并启动内核。和软盘引导不同的是，内核映像保存在硬盘分区文件系统中，而不像软盘那样保存在后续的连续扇区中，因此硬盘引导扇区中的代码还需要定位内核映像在文件系统中的位置，然后装载内核并启动内核。通常，最常见的方法是利用 LILO（Linux Loader）或 GRUB 完成这一阶段的引导。LILO 可配置为装载启动不同的内核映像，甚至可以启动不同的操作系统，也可以通过 LILO 指定内核命令行参数。

2. 嵌入式系统的初始化过程

由于嵌入式系统是针对具体应用设计、软硬件可裁剪的系统，因此其内核装载过程也根据具体场合和应用的不同而不同。

在 x86 体系结构中的台式机中，通常 BIOS 完成计算机硬件开机自检后，将控制权交给 BootLoader，然后由其负责装入并运行操作系统。但是软硬件一体的嵌入式系统，并没有 BIOS，因此嵌入式系统的引导程序 BootLoader 不仅完成 BIOS 的硬件自检功能，并且还有引导操作系统的功能。

在嵌入式系统中，一般没有像 PC 上的固件程序 BIOS，整个初始化过程仅由一段引导程序 BootLoader 完成。在一个基于 ARM 的嵌入式系统中，系统加电或复位时通常都是从 0x0000_0000 处开始执行程序，该地址是 ROM 或 Flash 的地址，也是 BootLoader 的存放位置。不同的 CPU 在系统加电或复位时开始执行的地址有可能不同，具体位置需要查阅 CPU 相关的开发手册。

引导程序 BootLoader 是在操作系统内核运行之前运行的一段小程序。通过这段小程序，可初始化最基本的硬件设备并建立内存空间的映射图，从而将系统的软硬件环境带到一个合适的状态，以便为最终调用操作系统内核准备好正确的环境。

与一般系统内核装置不同的是，嵌入式系统的 BootLoader 根据不同需要具有两种不同的操作模式："启动加载"模式和"下载"模式。在"启动加载"模式下，BootLoader 从目标机上的某个固态存储设备（如 Flash 或 EPROM）上将操作系统加载到 RAM 中运行，整个过程并没有用户的介入。这种模式是 BootLoader 的正常工作模式，也是嵌入式产品在平时工作中所处的模式。在"下载"模式下，开发板上的 BootLoader 将通过串口连接或网络连接等通信手段从服务器端（Host）下载文件。例如，下载内核映像和根文件系统映像等。从服务器端下载的文件通常首先被 BootLoader 保存到目标机的 RAM 中，然后再被 BootLoader 写到开发板上的 Flash 类固态存储设备中。BootLoader 的这种模式通常在第一次安装内核与根文件系统时被使用。此外，以后的系统更新也会使用 BootLoader 的这种工作模式。工作于这种模式下的 BootLoader 通常都会向它的终端用户提供一个简单的命令接口。

有些较小的 BootLoader 只支持第一种模式——"启动加载"模式，其代码简短，占有存储空间很小，大约几十 KB，仅是对特定硬件寄存器进行赋值，完成硬件初始化后将控制权交给内核即可。而有些功能强大的 BootLoader，如 U-Boot 或 YAMON 等，能同时支持这两种工作模式，而且允许用户在这两种工作模式之间进行切换。例如，在启动时处于正常的"启动加载"模式，但是它会延迟几秒等待终端用户按下 Ctrl+C 键将 BootLoader 切换到下载模式。如果在延迟时间内没有用户按键，则 BootLoader 继续引导启动嵌入式系统内核。

　　BootLoader 在把控制权交给嵌入式操作系统之前，需要做很多的工作。其启动过程可以划分为两个阶段，即初始化硬件配置和加载操作系统，如图 3.1 所示。

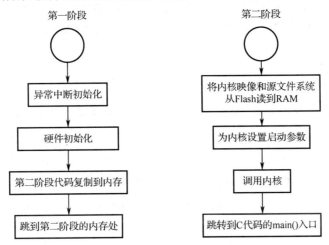

图 3.1　BootLoader的整体结构流程图

　　初始化硬件配置包括设置目标平台，使之能够引导加载操作系统的映像文件。这个阶段主要包含依赖于嵌入式 CPU 体系结构的硬件初始化代码，通常都是由汇编语言写成的。这个阶段的主要任务如下：

- 基本的硬件初始化（屏蔽所有的中断、关闭处理器内部指令/数据和 Cache 等）；
- 为加载操作系统 image 文件准备 RAM 空间；
- 如果 BootLoader 存储在固态存储器中，则复制 BootLoader 的第二阶段代码到 RAM 中；
- 设置堆栈；
- 跳转到第二阶段的 C 程序入口。

　　第二阶段包含了加载一个操作系统的映像文件并将控制权交给它，从而启动操作系统开始工作。如果 BootLoader 需要引导不同的操作系统（如 Linux 和 WinCE），那么引导过程可能更复杂一些。因此，该阶段的代码主要由 C 语言完成，以便实现更复杂的功能，也使程序有更好的可读性和可移植性。这个阶段主要任务如下：

- 初始化本阶段要使用到的硬件设备；
- 检测系统内存映射；
- 将内核映像和根文件系统映像从 Flash 读到 RAM；
- 为内核设置启动参数；
- 调用内核。

　　启动映像文件是引导加载程序最后要完成的工作，但需要先完成映像文件的加载。为了节约固态存储器的存储空间，将映像文件压缩后保存在存储器中，需先对其进行解压，然后再将其复制到 RAM 中。启动后，系统通过将程序计数器指向映像文件的起始地址，从而将控制权交给操作系统。

3.3.2　ARM 嵌入式处理器的初始化分析

嵌入式系统在启动或复位后，需要对系统硬件和软件运行环境进行初始化，并进入 C 程序，这些工作由启动程序完成。通常启动程序都是用汇编语言书写的。

系统启动程序所执行的操作和具体的目标系统相关。各种 ARM 微处理器开发系统中启动流程大致相同，由于芯片的差异，启动代码并不完全相同，如 REMAP 部分。下面简要介绍 ARM 微处理器的启动流程。

1．设置入口指针

启动程序首先必须定义入口指针，而且整个应用程序只有一个入口指针。

```
AREA        boot，CODE，READONLY
ENTRY
```

在编译时，编译器需要知道整个程序的入口地址，所以在编译前要设置好相关的编译选项，如程序入口所在的目标文件（开发板提供的环境中是 boot.o）。

2．设置中断向量

ARM 微处理器要求中断向量表必须设置在从 0x00 地址开始的连续 8×4 字节的空间。它们分别是复位、未定义指令错误、软件中断、预取指令错误、数据存取错误、IRQ（Interrupt Request）、FIQ（Fast Interrupt Request）和一个保留的中断向量。如果用户要使用 CPU 支持的硬件中断方式，还需要按要求在硬件中断向量表的地址上进行正确设置。对于未使用的中断，使其指向一个指向返回指令的哑函数，可以防止错误中断引起系统的混乱。

由于中断处理方式的不同，各种 ARM 微处理器的中断处理初始化是不同的，但是最开始的系统异常中断向量是一样的。

例 3.16　中断向量表的程序实现。

```
B       Reset_Handle        ；复位中断
B       Undef_Handle        ；未定义中断
B       SWI_Handler         ；软中断
B       PreAbort_Handler    ；预取异常中断
B       DataAbort_Handler   ；数据异常中断
B       .                   ；保留中断
B       IRQ_Handler         ；普通中断
B       FIQ_Handler         ；快速中断
```

3．初始化存储器系统

有些芯片可通过寄存器编程初始化存储器系统，而对于较复杂系统通常集成有 MMU 来管理内存空间。对于没有 MMU 的 ARM 微处理器，是通过存储器控制模块的配置寄存器来初始化存储器系统的，但是由于它们使用的存储器类型不同，所以写入寄存器的内容是不一样的。

一个复杂的系统可能存在多种存储器类型的接口，需要根据实际的系统设计对此加以正确配置。对同一种存储器类型来说，也因为访问速度的差异，需要不同的时序设置。通常 Flash 和 SRAM 同属于静态存储器类型，可以合用同一个存储器端口；而 DRAM 因为动态刷新和地址线复用等特性，通常配有专用的存储器端口。存储器端口的接口时序优化是非常重要的，影响到整个系统的性能。因为一般系统运行的速度瓶颈都存在于存储器访问，所以存储器访问时序应尽可能地快；但同时又要考虑由此带来的稳定性问题。只有根据具体选定的芯片进行多次的测试之后，才能确定最佳的时序配置。

4．REMAP 部分

在这部分程序中复制控制存储器空间分配的存储器以及进行地址重映射，用 R12 传递参数等都是在这部分执行的。当一个系统上电后程序将自动从 0 地址处开始执行，因此在系统的初始状态，必须保证在 0 地址处存在正确的代码，即要求 0 地址开始处的存储器是非易失性的 ROM 或 Flash 等。但是因为 ROM 或 Flash 的访问速度相对较慢，每次中断发生后都要从读取 ROM 或 Flash 上面的向量表开始，影响了中断响应速度。因此有的系统便提供一种灵活的地址重映射方法，可以把 0 地址重新指向到 RAM 中。

如图 3.2 所示，系统上电后从 Flash 内的 0 地址开始执行，启动代码位于地址 0x100 开始的空间，当执行到地址 0x0200 时，完成了一次地址的重映射，把原来 0 开始的地址空间由 Flash 转给了 RAM。接下去执行的指令将来自从 0x0204 开始的 RAM 空间。如果预先没有对 RAM 内容进行正确的设置，则里面的数据都是随机的，这样处理器在执行完 0x200 地址处的指令之后，再往下取指执行就会出错。解决的方法就是要使 RAM 在使用之前准备好正确的内容，包括开头的向量表部分。

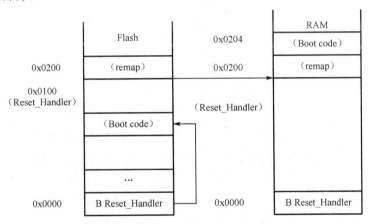

图 3.2　REMAP 地址重映射对程序执行流程的影响

5．初始化堆栈

系统堆栈初始化取决于用户使用了哪种处理器模式，以及系统需要处理哪些错误类型。对于将要用到的每一种模式，都应该先定义好堆栈指针。堆栈指针是在数据定义的地址标号，代表对应堆栈的起始地址，不同处理器模式下的 SP 寄存器在物理上是不同的，所以程序一共初始化了 5 个不同的堆栈寄存器。

堆栈初始化时的最后一个模式就是现在的处理器运行模式，用户如果有需要改变处理器模式和其他处理器的状态位（如中断使能状态位等），可以通过设置 CPSR 来实现。例 3.17 是一段堆栈初始化的代码示例，其中只定义了 3 种模式的 SP 指针。

例 3.17　堆栈初始化代码示例。

```
MRS     R0，CPSR              ；CPSR->R0
BIC     R0，R0，#MODEMASK     ；屏蔽模式位以外的其他位
ORR     R1，R0，#IRQMODE      ；把处理器模式位设置成 IRQ 模式
MSR     CPSR_cxsf，R1         ；进入 IRQ 模式
LDR     SP，UndefStack        ；设置 SP_irq
ORR     R1，R0，#FIQMODE      ；把处理器模式位设置成 IRQ 模式
MSR     CPSR_cxsf，R1         ；进入 FIQ 模式
LDR     SP，=FIQStack
OBR     R1，R0，              ；#SVCMODE
MSR     CPSR_cxsf，R1         ；进入 SVC 模式
LDR     SP，=SVCStack
```

6．初始化必要的 IO

某些严格的 IO 和用户认为需要在调用主程序前完成的状态控制，可以在启动程序中完成初始化，特别是一些输出设备，上电后往往呈现一种随机态，需要及时加以控制。

7．初始化 C 语言所需的存储器空间

一个简单的可执行程序在 ROM 中的存储结构（简称映像）如图 3.3 所示。

图 3.3　ROM 中的可执行程序存储结构

映像一开始总是存储在 ROM/Flash 中，其 RO 部分既可以在 ROM/Flash 中执行，也可以放到速度更快的 RAM 中；而 RW 和 ZI 这两部分必须放到可读/写的 RAM 中。所谓应用程序执行环境的初始化，就是完成必要的从 ROM 到 RAM 的数据传输和内容清零。不同的工具链会提供一些不同的机制和方法，以帮助开发者完成这一操作，具体方法与链接器（Linker）相关。例 3.18 是在 ADS 下一种常用存储器模型的直接实现。

例 3.18　ADS 下一种常见存储器模型。

```
LDR     R0，=|Image$$RO$$Limit|     ；RO 区的尾地址赋给 R0
LDR     R1，=|Image$$RW$$Base|      ；RW 区的起始地址赋给 R1
LDR     R3，=|Image$$ZI$$Base|      ；ZI 区的起始地址赋给 R3
CMP     R0，  R1                    ；比较两个地址的大小
BEQ     %F1
CMP     R1，  R3                    ；Copy init data
LDRCC   R2，[R0]，#4                ；（[R0] ->R2）and（R0+4）
STRCC   R2，[R1]，#4                ；（R2 ->[R1]）and（R1+4）
BCC     %B0
LDR     R1，=|Image$$ZI$$Limit|     ；ZI 区的结束地址赋给 R1
MOV     R2，#0
```

CMP	R3，R1	
STRCC	R2，[R3]，#4	；（[R2] ->[R3]）and（R3+4）
BCC	%B2	

程序实现了 RW 数据的复制和 ZI 区域的清零功能。其中引用到的 4 个符号是由链接器（Linker）定义输出的。

- |Image$$RO$$Limit|：表示 RO 区末地址后面的地址，即 RW 数据源的起始地址。
- |Image$$RW$$Base|：RW 区在 RAM 中的执行区起始地址，也就是编译选项 RW_Base 指定的地址；程序中是 RW 数据复制的目标地址。
- |Image$$ZI$$Base|：ZI 区在 RAM 中的起始地址。
- |Image$$ZI$$Limit|：ZI 区在 RAM 中的结束地址后面的一个地址。

程序先把 ROM 中以 |Image$$RO$$Limit| 开始的 RW 初始化数据复制到以 |Image$$RW$$Base|地址开始的 RAM 中，当 RAM 中的目标地址到达|Image$$ZI$$Base|后就表示 RW 区数据复制结束和 ZI 区操作开始，接下去就对 ZI 区进行数据清零操作，直到操作到 |Image$$ZI$$Limit|地址结束。

8. 呼叫 C 程序

在进入主程序之前，需要确定主程序代码的编译模式是 ARM 还是 Thumb，由此决定相应的跳转指令。如果使用 ARM 模式，假定用户主程序入口函数是 main()，那么就直接写成如下指令：

```
BL   main       ；跳转到 C 程序
```

注意，main 作为不在启动程序中定义的使用变量，要在前面引用进来。上面各步操作并非固定不变。

习　　题

一、选择题

1. ARM9 微处理器的汇编指令 LDR　EQ　R5，[R6，#28]！的功能是____。

A.（若相等）完成 R5←[R6+28]，并 RS←R6+28

B.（若相等）完成 R5←[R6]，并 R6←R6+28

C. 完成 R5←[R6+28]，并 R6←R6+28

D.（若相等）完成 R5←[R6+28]

2. 若有一条减法指令为 SUBS R0，R1，#80，减法指令助记符 SUB 后面的字符"S"代表的功能含义是____。

A. 带借位减　　　　B. 有条件执行该指令　　　C. 结果影响标志位　　　　D. 带进位减

3. 若要把一个立即数 10 传输给 ARM 微处理器的内部寄存器 R2，下面几条汇编指令或伪指令中，不能完成此功能的是____。

A. MOV　R2，#10　　　　　　　　　B. LDR　R2，#10

C. LDR　R2，=0x0a　　　　　　　　D. MOV R2，#S，LSL#1

4. ARM 的汇编程序源文件中，需要一些指示符来指示汇编器如何对该汇编源文件进行编译连接，其中指示程序入口的指示符是____。

A. AREA　　　　　　B. EXPORT　　　　　　C. IMPORT　　　　　　D. ENTRY

5. 以 ARM 微处理器为核心开发的嵌入式系统中，有关其系统引导程序的说明语句中不正确的是____。

A. 系统引导程序是开机后嵌入式系统执行的第一段程序

B. 系统引导程序中设置堆栈指针时，必须使微处理器先进入相应的工作模式

C. 系统引导程序中需要设置异常服务的入口指令

D. 系统引导程序必须把微处理器设置成用户模式，才能引导用户的应用程序

6. ARM9 微处理器的指令 MOV R3 ，＃0x81,ROR #31 完成的是给 R3 寄存器赋予一个数值,其值为____。

A. 0x81　　　　　　B. 0x102　　　　　　C. 31　　　　　　D. 129

二、填空题

1. ARM 微处理器的汇编指令均是有条件执行的，若要表示某指令在"不等"的条件下才执行，那么，该指令助记符的后缀字符应该是_____。

2. 多寄存器存储指令 STMFD SP!，[R0～R12, R14]完成了把存储器 R0 到 R12，以及寄存器 R14 进行压栈保护的功能。若某带链接的分支指令在执行后转移到此 STM 指令处，那么，若要返回分支处，用一条指令：_____即可实现。

3. ARM 公司提供的集成开发工具中，其编译器允许 C/C++语言编写的程序中，可以内嵌一段 ARM 汇编指令编写的程序，若要在 C 语言编写的程序中内嵌一段汇编指令，需要用符号_____来进行标识。

4. ARM 公司提供的集成开发工具中，定义了一些指示符用来指示汇编器如何进行源程序的汇编。其中指示汇编器汇编一段新的代码段或数据段的指示符是_____。

5. U-Boot 是一种开源的_____，除具有基本的启动引导功能外，通常还提供串口通信函数、命令行形式的命令等功能。

6. 基于 ARM 微处理器的目标系统引导程序中，堆栈指针的设置需按工作模式来进行。例如，若要设置 IRQ 模式下的堆栈指针，那么需用指令_____和 MSR　CPSR_cxsf，R1 来使微处理器核进入 IRQ 模式，然后再给 SP 寄存器赋值作为该模式下的堆栈指针（注：R0 保存有 CPSR 原始值）。

第4章 ARM 微处理器存储系统

本章介绍 ARM 微处理器存储系统。在分析基本存储体系与模型基础上，阐述了不同类型存储器的存储机制。重点对嵌入式系统中相关的存储器类型、工作机制及设计方法进行深入分析和讨论。通过学习本章内容，读者可以体会到嵌入式系统存储技术，进而也可以为嵌入式计算系统硬件的设计及嵌入式软件的开发打下基础。

4.1 基本存储体系与模型

存储器是计算机中保存各类动态、静态数据的记忆单元，是现代计算机系统设计中不可或缺的组成部分。通用计算机的存储器由内而外包括了 CPU 片内的寄存器与 Cache、主板插槽上的内存，以及通过 IDE、SATA、USB 等接口扩展的外部存储组件。对于在体积、重量、功耗、可靠性及成本等方面有特定要求的各类嵌入式系统而言，存储系统的设计具有定制和多元的特征与要求。

4.1.1 嵌入式系统存储系统

存储系统是计算装置中用于存放数据和程序的记忆性系统，用于满足计算装置不同类型数据的临时/永久存储需要。从系统功能和性能角度看，所有计算装置存储系统的设计都要遵守尽量快的访问速度、大的存储容量、高可靠性，以及低的成本费用等原则。基于不同类型数据存储、访问的要求差异，以及数据访问在时间、空间和顺序上的局部性原理，计算系统的存储系统主要采用分级的存储体系。例如，通用计算机采用 Cache、主存储器（RAM、内存）、外部存储器组成的三级存储体系。在多级体系中，CPU 依次通过寄存器和 Cache 来获取指令与数据，Cache 与主存储器之间交换数据和指令，仅当数据和程序被调入主存储器之后处理器才能进行处理。可以说，采用多级存储体系的计算系统主要是围绕主存储器来组织和运行的。嵌入式系统的应用特性、技术形态以及实现方式常常具有特殊要求，其存储系统必然会有别于通用计算机存储系统，且在实现上更为多元和丰富。

在分析典型嵌入式系统组成的基础上，可根据嵌入式处理器集成的片上资源建立图 4.1 所示的嵌入式系统存储系统。MCU、SoC 及 DSP 等嵌入式处理器具有较高的集成度，其芯片内除了集成处理器的寄存器组、Cache（可选），一般还会集成一定规模的随机访问存储器和非易失数据存储器（指掉电以后存储器中的数据不会丢失）。基于该类具有片上存储系统的处理器设计嵌入式系统时，仅当片上存储资源不够用时才进行硬件组件的扩展，形成以 CPU 为核心的、片内和片外存储资源相融合的存储体系。MPU、GPU 仅在处理器核中提供了通用寄存器组、指令/数据缓冲区（可选）和至少一级的 Cache，不提供随机访问主存储器和非易失数据/程序存储器。显然，采用该类处理器设计嵌入式系统时，需要基于系统总线对存储系统进行扩展，存储系统与通用计算机相似。另外，FPGA、SoPC 等可编程器件通常会提供专用的 RAM 逻辑（如

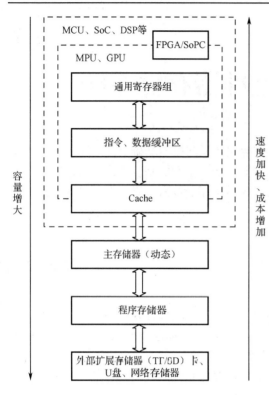

图 4.1　嵌入式系统存储系统

Xilinx FPGA 中的块 RAM 和分布式 RAM)。这种结构允许设计人员通过配置存储器 IP 核的方式实现片上的单(双)端口 RAM、单(双)端口 ROM(该类 ROM 组件实际是 IP 核在 RAM 上的实现,系统逻辑初始化时需要配置初值且仅有只读接口)、FIFO 缓冲区等存储器组件和控制接口。如果 FPGA、SoPC 的片上资源受限,则必须对其外部存储资源进行扩展。鉴于存储器性能依赖于逻辑设计和工艺,所以 FPGA、SoPC 中的存储器 IP 核通常以硬 IP 核的方式存在。

为此,在设计嵌入式系统存储系统时,要根据应用数据的大小及其内容类型对存储空间进行合理规划和分配。另外,除了考虑基本的数据/程序存储和运行时支持,嵌入式系统设计通常还要考虑系统软件的装载与引导问题。

4.1.2　存储器结构模型

嵌入式系统存储系统中存储器的类型多样,存储器可能以独立器件的形式存在,也可能是处理器芯片中的一部分。但不论何种类型或存在形式,存储器大都采用了"存储体+外围接口电路"的基本结构。存储体负责存储数据,而外围接口电路用于对存储体特定位置的访问。不同存储器之间的区别主要在于存储体的设计机制、容量,以及接口电路提供的访问能力。图 4.2 给出了一个单译码可读/写存储器的基本结构。

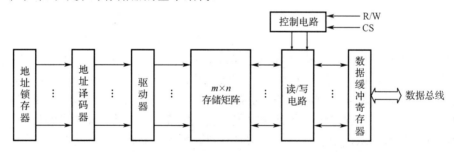

图 4.2　单译码可读/写存储器的基本结构

存储体是由存储元构成的阵列,是一个存储矩阵。存储元(存储位)是位于行地址线(X)和列地址线(Y)交叉点的半导体元件,并利用半导体电路的开关状态或电容充放电来存储一个二进制信息位。若干个存储元组成一个存储单元。例如,随机访问存储器可以采用基于六管静态位单元的双稳态触发器或 MOS 管的栅极电容来实现一个存储信息的存储元,而非易失性存储元则可采用浮栅雪崩注入式 MOS 管、双层浮栅 MOS 管等技术。

存储器外围电路包括或部分包括地址锁存器、地址译码器、驱动器、读/写(R/W)电路、片选信号(CS 或 nCS)、数据缓冲寄存器(MDR)等组件。地址译码器从地址寄存器获取微处理器或 DMA 控制器等组件输出的访问地址,并译码为存储体的行、列地址,进而按一位或多位进行访问。当地址译码器的输出信号连接到存储元的一行或一列时，还需要在译码器输出后增加驱动器，以解决可能的驱动过载问题。读/写电路包括片选信号和读/写信号，用于对所选中存储单元的读/写并放大数据信号。输出驱动电路提供的输出使能信号（nOE 或 OE），用于使能或禁止三态电路以控制是否将从存储体读出的数据输出到数据总线。与片选信号配合，就可以采用多存储器芯片扩展存储系统的容量。对于允许读、写操作的存储器，一般都需要以某种形式提供上述组件的功能。在只读型的存储器中，外围电路一般仅需要支持存储元寻址和数据输出的组件，通常包括地址译码器、驱动器和数据缓冲寄存器。

4.1.3　存储器基本操作流程

读和写是存储器的两个基本操作，而每一次存储器操作实质上就是在外围电路中有序地触发一组信号。也就是说，存储器操作具有严格的时序要求，不同操作类型以及不同系列存储器的操作时序定义可能有所差异，那么，在软/硬件设计时就需要认真阅读器件的数据手册。下面以较为复杂的随机读/写存储器读/写操作过程为例进行时序分析。

1. 读操作

处理器对存储器的访问都遵守先地址有效、再数据访问的基本逻辑次序。完整的读操作中，处理器首先在 n 位地址总线 $A_{n-1} \sim A_0$ 上写入待访问地址（地址有效），其控制逻辑产生片选信号 nCS（或 nCE）并选中特定存储器芯片、使能允许数据输出信号 nOE。存储器被使能之后，对地址进行译码，并将特定存储器单元的数据输出到 k 位数据 $D_{k-1} \sim D_0$。在数据输出完成时，必须取消使能信号、片选信号和本次的地址数据。在图 4.3 所示的基本读操作过程中，A 时刻有效地址出现在地址线上，在片选信号使能 t_{CX} 时间后数据有效，不超过 t_{CO} 时间总线上的输出数据稳定。所以，一般将地址有效到数据输出稳定的时间记为"读出时间"。数据读出之后，还需对存储器内部电路进行恢复操作，为下一次读取做好准备，所需时间称为"读恢复时间"，记为 t_{OTD}。实际上，t_{OTD} 也表示了片选信号无效后输出数据还能维持的时间，而 t_{OHA} 是地址改变后数据可以维持的时间。通常情况下，两次读取操作之间的最小时间间隔就是一个读取周期 t_{RC}，等于读取时间 t_A 与读恢复时间 t_{OTD} 之和。

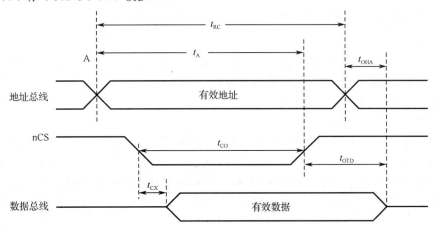

图 4.3　读操作基本过程

2．写操作

在写操作过程中，CPU 首先输出存储器地址和数据，地址有效后通过片选信号选中特定存储器芯片并使能写操作信号；一定延迟后，数据被写入存储器。与读操作相似，完成写操作之后必须进行存储器电路的复位才能进行下一次写操作。图 4.4 表示了一次完整的写操作过程。其中，CPU 必须在地址有效 t_{AW} 时间后才可以使能写信号，t_{DTW} 时间后数据输出转三态。在存储器端，要求数据有效后至少需要维持时间 t_{DW}，以保证正确的写入操作。从芯片选中到写入完成的时间记为 t_W。写信号失效后，存储器需要 t_{WR} 时间来完成存储器电路的复位，此时输入数据还将保持 t_{DH} 时间。两次写操作之间的最小时间间隔就是写周期 t_{WC}，是 t_{AW}、t_W 与 t_{WR} 三者之和。

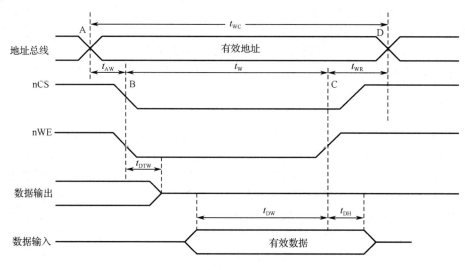

图 4.4　写操作基本过程

4.1.4　存储器技术指标

存储器技术指标主要有以下几个。

1）只读性

在正常工作过程中，如果存储器中的数据只能被读出，不能改写或不能在工作时直接改写，那么存储器就是只读的，称为只读存储器（ROM）。如果在正常工作过程中，可以进行随机读/写，那么就是随机访问存储器（RAM）。

2）易失性

易失性主要是指电源断开后存储器中内容是否能够继续保持。如果能够继续保持，那么存储器是非易失的，称为非易失存储器，否则就是易失性存储器。对于易失性存储器而言，即使瞬时的电源掉电也会丢失所存储的内容。部分易失性存储器在不掉电情况下，也会丢失存储的内容，需要特殊的硬件机制才能够正常使用。通常情况下，ROM 是非易失的，RAM 是易失的。

3）位容量

位容量是指存储器的存储阵列所能存放数据位的数量，用于表示半导体存储器器件的存储能力。从存储器的芯片参数中，我们可以获知其位容量及接口特性。例如，参数为 8K×1 和 1K×8

的两个存储器，其位容量都为 8Kb，但前者地址线宽度为 13、一次访问 1 位，后者地址线宽度为 10 位、数据线宽度为 8 位。

另外，也可以使用字节作为存储容量的指标。此时，存储器的字节容量可以通过"字数×字长"来计算。

4）访问速度

访问速度是衡量存储器访问性能的主要指标，该指标与存储元的工艺、外围接口电路设计密切相关。目前的工艺中，采用双极型晶体管电路的存储器速度快，但功耗较大且价格偏高；CMOS 型存储元电路的功耗非常低，但速度较慢。

5）访问时间

访问时间是指存储器从接收到稳定的地址输入到完成特定读/写操作的时间。不同操作类型的访问时间不同，一般情况下读操作快于写操作。如上所述，读周期是两次读操作之间最小的时间间隔，是读取时间和读恢复时间之和。写周期是地址有效时间、写入时间和写恢复时间之和。

6）功耗

功耗是嵌入式系统，尤其是电池供电嵌入式系统尤为关注的重要指标，存储器的功耗主要取决于工作频率和存储体设计工艺，通常频率越高功耗也就越大，而 CMOS 型存储器较双极型存储器具有更低的功耗。在嵌入式存储器设计中，可以通过动态改变工作电压的模式来降低功耗，也可以采用专门的低功耗工作模式。

7）可靠性

可靠性是指存储器连续正常工作的能力，也可以用平均故障间隔等指标来衡量。存储器的可靠性主要取决于存储半导体的可靠性和外围电路的可靠性。外围电路的可靠性与内部控制电路、外部引脚、连接形式等密切相关。目前半导体存储器芯片的平均故障间隔时间（MTBF）为 $5×10^6 \sim 1×10^8$ 小时。为了提高存储单元的可靠性，一般要尽量减少存储器引脚并采用模块化存储结构，以及一体化集成的设计方式。

4.2　存储器分类及特性

如我们所知，现代计算机系统具有非常丰富的存储器类型。在嵌入式系统中，设计者主要关注的是基于半导体技术的存储器。根据半导体存储器的工艺，可以将存储器分为双极型（Bipolar）存储器和 MOS 型存储器。双极型存储器基于 TTL 晶体管逻辑电路设计，工作速度可达到 CPU 速度的量级，但其集成度低、功耗大且价格高，一般用于高速缓存等容量小、速度要求高的存储器件。MOS 型存储器以 MOSFET 为存储单元，运行速度较前者慢，但集成度高、功耗低、价格便宜，一般用于大容量、速度要求较低的存储器件设计，如系统内存等。除考虑影响性能的工艺外，访问方式是嵌入式系统存储器的另一重要分类指标。按照工作时允许的访问方式，将嵌入式存储器分为随机访问存储器（RAM）、非随机存取存储器、只读存储器（ROM）及混合存储器，如图 4.5 所示。

混合存储器又分为 Flash 和 NVRAM；只读存储器（ROM）可分为掩膜 ROM、PROM、EPROM 和 E^2PROM；非随机存取存储器分为移位寄存器、FIFO 和 LIFO；随机访问存储器分为 SRAM 和 DRAM。

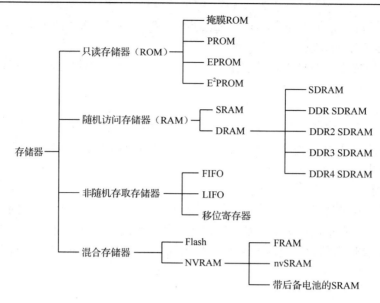

图 4.5　嵌入式系统中半导体存储器类型

4.2.1　随机访问存储器

随机访问存储器（RAM）是指工作时随时可以进行数据读出或写入的存储器件，其特点在于：系统上电时存储区允许随机访问，掉电后所存储的数据全部丢失，一般用于存放系统运行时所需的数据、所产生的临时数据和程序。根据存储器电路的性质，可进一步将 RAM 分为静态 RAM（SRAM）和动态 RAM（DRAM）两类。

1. SRAM

1）SRAM 基本存储结构

SRAM 存储元由基于双极型晶体管或 MOS 晶体管构成。基本存储单元是组成存储器的基础和核心，它用于存储一位二进制信息："0"或"1"。

静态存储单元是两个增强型 NMOS（T_1 和 T_2）反相器交叉耦合而成的存储器，如图 4.6（a）所示。其中 T_1 和 T_2 是位控制管，T_3 和 T_4 是由 PMOS 构成的有源负载。若 T_1 截止则 A="1"（高电平），它使 T_2 开启，于是 B="0"（低电平），而 B="0"又保证了 T_1 截止。所以这种状态是稳定的。同样，T_1 导电，T_2 截止的状态也互相保证而稳定的。因此，可以用这两种不同状态分别表示"1"和"0"。当把存储器作为存储电路时，就要能控制是否被选中。这样，就形成了图 4.6（b）所示的 6 管的基本存储单元。

当 X 的译码输出线为高电平时，T_5、T_6 管导通，A、B 端就与位线 D_0、nD_0 相连；当这个电路被选中时，相应的 Y 译码输出也是高电平，故 T_7、T_8 管（它们是一列公用的）也是导通的，于是 D_0 和 nD_0（这是存储器内部的位线）就与输入输出电路 IO 及 nIO（这是指存储器外部的数据线）相通。当写入时，写入信号来自 IO、nIO，若要写"1"，则 IO 为"1"，nIO 为"0"。他们通过 T_7、T_8 管以及 T_5、T_6 管分别与 A 端和 B 端相连，使 A="1"，B="0"，就强迫 T_2 管导通，T_1 管截止，相当于把输入电荷存储于 T_1 管和 T_2 管的栅极。当输入信号以及地址选择信号消失后，T_5、T_6、T_7、T_8 都截止。由于存储单元有电源和两个负载管，可以不断地向栅极补充电荷，所以靠两个反相器的交叉控制，只要不掉电就能保证输入的信号"1"，而不用再生（刷新）。若要写入"0"，则 IO 为"0"，而 nIO 为"1"，T_1 管导通，T_2 管截止，同样写入的"0"信号也可以保存住，一直到写入新的信号为止。

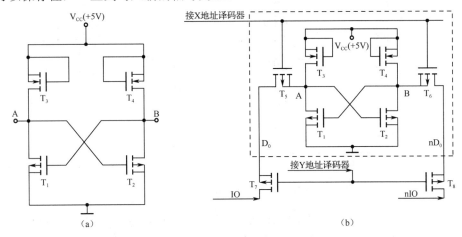

图 4.6　存储单元

读某个存储元时，相应的 X、Y 地址线为高电平，此时 T_1、T_2 端被发送到 IO 和 nIO 端，由检测电路判断存储元的状态。

图 4.7 是采用双译码的 SRAM 存储结构，存储器地址线宽度为 $m+n$ 位，数据总线 1 位，共可寻址访问 2^{m+n} 个存储位。

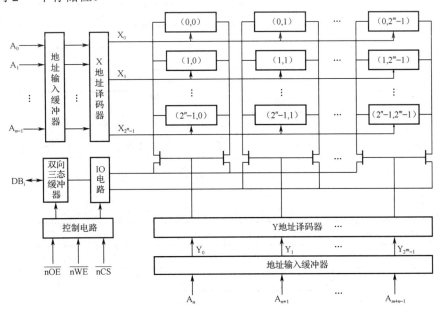

图 4.7　SRAM存储结构

2）实例分析

这里以 ISSI 公司的 IS64WV1288DBLL SRAM 芯片为例进行说明。该款 SRAM 是一款高速、低功耗的 128K×8 位 CMOS 型静态存储器，采用 2.4～3.6V 单电压供电，典型工作功耗为 135mW、待机功耗为 12μW，存储温度−65～150℃，工作温度分为不同级别。芯片具有 32 引脚的 TSOP、TSSOP、SOJ 封装以及 48 引脚 miniBGA 等不同封装形式，片选引脚和输出使能允许进行存储器扩展。图 4.8 展示了 TSOP 封装的 IS64WV1288DBLL SRAM 芯片封装及逻辑。

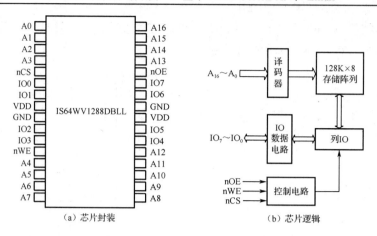

图 4.8　IS64WV1288DBLL SRAM 芯片封装及逻辑

当 nOE 为高电平时，IS64WV1288DBLL 的读时序如图 4.9 所示。在这一过程中，写使能信号 nWE 一直保持为高电平。在信号转换时间不超过 3ns、稳态电压变化范围为+500mV 时，测得该存储器读/写操作中各个信号的切换特性分别如表 4.1A 和表 4.1B 所示。图 4.10 给出了该存储器的写操作时序。为了保证对存储器的正确访问，软件代码对各信号的控制必须满足类似于表 4.1 所示的最小切换时间要求。

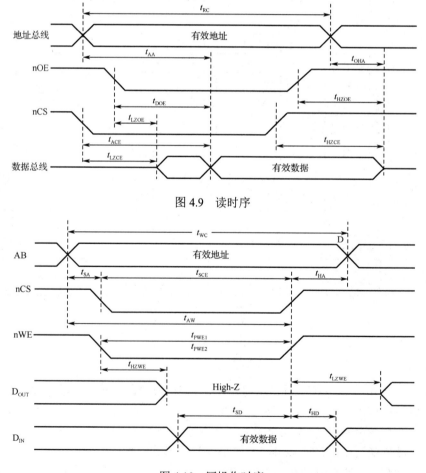

图 4.9　读时序

图 4.10　写操作时序

表 4.1A　读操作信号切换特征

符　号	参数（ns）	8ns 时钟周期		10ns 时钟周期		12ns 时钟周期	
		最小	最大	最小	最大	最小	最大
t_{RC}	读周期时间	8	-	10	-	12	-
t_{AA}	地址访问时间	-	8	-	10	-	12
t_{OHA}	输出保持时间	2	-	2	-	2	-
t_{ACE}	nCS 访问时间	-	8	8	10	-	12
t_{DOE}	nOS 访问时间	-	-	4	5	-	6
t_{LZOE}	nOE 到 Low-Z 输出	0	0	4	5	0	6
t_{HZOE}	nOE 到 High-Z 输出	3	3	-	-	3	-
t_{LZCE}	nCS 到 Low-Z 输出	0	0	4	5	0	6
t_{HZCE}	nCS 到 High-Z 输出	-	-	8	10	-	12

表 4.1B　写操作信号切换特征

符　号	参数（ns）	8ns 时钟周期		10ns 时钟周期		12ns 时钟周期	
		最小	最大	最小	最大	最小	最大
t_{WC}	写周期时间	8	-	10	-	12	-
t_{SCE}	nCE 到写结束	7	-	7	-	8	-
t_{AW}	地址建立到写结束	8	-	8	-	8	-
t_{HA}	写结束后地址保存时间	0	-	0	-	0	-
t_{SA}	地址建立时间	0	-	0	-	0	-
t_{PWE1}	写脉冲时间	7	-	7	-	8	-
t_{PWE2}	写脉冲时间	8	-	10	-	12	-
t_{SD}	数据建立到写结束	5	-	5	-	6	-
t_{HD}	写结束后数据维持时间	0	-	0	-	0	-
t_{HZWE}	写有效到 High-Z 输出	-	-	-	5	-	-
t_{LZWE}	写无效到 Low-Z 输出	3	-	3	-	3	-

控制信号真值表如表 4.2 所示。

表 4.2　控制信号真值表

模　　式	nWE	nCS	nOE	IO 操作
未选中	X	X	X	High-Z
输出未使能	H	L	H	High-Z
读	H	L	L	D_{OUT}
写	L	L	X	D_{IN}

2．DRAM

　　动态 RAM 中的存储元以电容中的电荷存储状态来表示"0"和"1"状态。微观地，动态 RAM 的存储元可以有单管、三管、四管等形式。单管存储元由一个连接在一起的电容和晶体管构成，晶体管连接到一根行选择线和用于读/写的位控制线，图 4.11（a）所示是这一存储元的基本结构。位读/写控制线可以再连接到由列选择线控制的 MOS 管，形成图 4.11（b）所示的存储电路，以实现对存储矩阵的二维寻址。

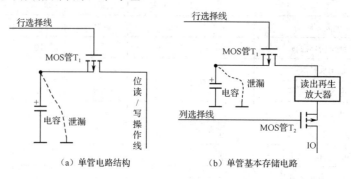

图 4.11 单MOS管与电容构成的存储元结构

1）DRAM 基本存储结构

写操作时，两个 MOS 管被选中，数据从 IO 引脚输入。如果写入的是"1"，IO 引脚为高电平，经选通的 T_2、T_1 的 MOS 管对电容充电；而写"0"时，IO 引脚为低电平，电容放电。当读出的数据为"1"时，再生放大器会增强信号的电量。由于电容中的电量会发生泄漏，因此即使是连续供电，动态 RAM 中的信息也会因电荷泄漏而丢失。为此，使用动态 RAM 时必须对其数据进行毫秒级的周期性刷新，也就是将 DRAM 的每一数据读出并重新写入。

DRAM 芯片都是基于位结构设计的，每个存储元是一个数据位，一个芯片上包括若干个位，如 4K×1 位、8K×1 位、16K×1 位、256K×1 位、1M×1 位等。由于 DRAM 中每个存储元都采用了较 SRAM 存储元简单的电路结构，因此 DRAM 芯片集成度更高，容量也更大、成本更低。但带来的问题是，更多的地址线会造成芯片封装的复杂度增加以及电气稳定性下降。因此，在 DRAM 芯片设计中通常将地址输入信号分为行地址信号和列地址信号两组，并采用多路复用锁存技术，使用同一组地址线进行分时传输，以此减少芯片引脚的数量。图 4.12 给出了基本的 DRAM 芯片引脚及其内部逻辑结构。由图 4.12（a）可知，行、列地址信号通过行选通 nRAS、列选通 nCAS 信号分时复用 $N+1$ 位宽的地址总线，共可访问 $2^{2(N+1)}$ 个存储元。读/写操作时，先使能 nRAS 信号传输一个行地址，之后再使能 nCAS 并顺序传输多个列地址，可以实现对单行、多列存储元的访问。注意，读 DRAM 芯片期间，信号 nWE 要一直保持高电平。图 4.13 展示了 DRAM 读操作时序。

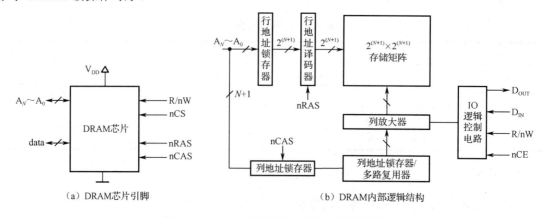

图 4.12 DRAM芯片引脚及其内部逻辑结构

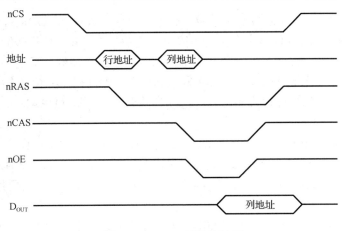

图 4.13　DRAM读操作时序

如前所述，DRAM 存储元电容存在漏电现象，电容上的高电位状态通常只能保持几毫秒。为了使 DRAM 能够有效地存储信息，就必须定期为已充电的电容补充电量，即进行 DRAM 的刷新操作。为此，需要在处理器和 DRAM 之间增加一个 DRAM 控制器芯片，如 ARM 的 CoreLink DMC-400/500/520 等，并由用户根据 DRAM 芯片的特性设置刷新周期参数（如 2ms）。在嵌入式系统设计中，部分嵌入式处理器内部集成了一个或多个 DRAM 控制器并提供不同的刷新机制，如 ARM Cortex-M3 LPC1787 处理器、基于 ARM926EJ 内核的 Z228SoC 处理器、S3C2410X、Jupiter 以太网处理器，以及早期的 ElanSC310MCU 等，这可以简化硬件逻辑的设计。

2）DRAM 扩展与访问优化

DRAM 刷新机制所导致的另一个问题是访问延迟。在进行 DRAM 刷新期间，DRAM 控制器会向 CPU 发出 DRAM 忙的信号，CPU 的读/写请求将被延迟。这降低了 DRAM 的访问效率以及系统的总体性能。为了解决这一问题，进一步提高访问速度及效率，在 DRAM 的发展过程中也就不断发展、衍生出了不同的技术解决方案。

（1）快速页模式（FPM）DRAM

根据数据访问的局部性原理，CPU 通常会访问同一行多列数据。因此，在触发了行地址后，CPU 可以连续输出多个列地址来访问不同的位。若待访问的数据在同一行，那么 FPM DRAM 的地址输出可以由传统 DRAM 的 $2n$ 次减少到 $n+1$ 次。这一技术主要应用于 20 世纪 90 年代的 DRAM 设计中。

（2）扩展数据输出（EDO）DRAM

继 FPM DRAM 之后，出现了 EDO DRAM 技术。传统 DRAM 和 FPM DRAM 访问，只有等待行、列地址输出稳定一段时间后才能访问相应的位，是一个完全串行的访问方式。实际上，无须等待此次访问是否完成，只要达到规定的地址有效时间就可以输出下一个地址。EDO DRAM 中就是利用这一特点更进一步地缩短了下一位的地址输出准备时间，提高了访问效率。

（3）双倍数据速率 SDRAM（DDR SDRAM）

上述两种方式通过优化地址的输出数量和出现时机来提升 DRAM 的访问性能，与 CPU 是一种异步访问的关系，本质上并未避免 CPU 访问请求与 DRAM 刷新控制之间可能的冲突。随着 CPU 频率越来越高，上述 DRAM 的数据传输速率更加成为系统性能的瓶颈。为了解决这一问题，SDRAM 中采取了与 CPU 外频同步的 DRAM 频率，使存储器知道在哪个时钟周期使能数据请求，以此消除了访问冲突引起的 CPU 等待周期，减小了数据的传输延迟。在一个时钟周期内，SDRAM 只在时钟信号的上升沿传输一次数据。

在 SDRAM 基础上，进一步发展出了双倍数据速率 SDRAM，即 DDR SDRAM，简称 DDR。DDR 的最大特点是：在时钟信号上升沿与下降沿各传输一次数据，数据传输速率可以达到传统 SDRAM 的两倍。而且，仅额外地采用了下降沿信号，因此其能耗并无明显增加。随着颗粒架构的不断创新，DDR 已经历 DDR2、DDR3 发展到现在的 DDR4。在嵌入式系统领域，SDRAM 产品常具有高集成度、高性能以及小体积、低功耗的要求，不同 SDRAM 产品的设计技术有所不同。

图 4.14 的 MT41K128M16JT 是 Micron 推出的一款 DDR3L SDRAM，常见于各种嵌入式设备中，也是本书实验配套实验箱的主存储器。供电电压 1.35V，差分时钟输入。2Gb：×4，×8，×16 DDR3L SDRAM 的存储器，可配置为 4 位、8 位和 16 位的宽度。当配置为 16 位宽度时，容量是 128M 字长。

芯片引脚介绍如下：A[13:0]、BA[2:0]，14 位行地址线和 3 位 Bank 选择线，共 17 位。在计算机系统中，如何得到操作数叫寻址，存储器是如何寻址的呢？MT41K128M16JT 被配置成 128M×16，共 2Gb 的存储体。存储器共分为 8 个 Bank，由 BA[2:0]寻址，每个 Bank 大小为 16384×128×128bit。寻址 16384 要 14 位地址；寻址第一个 128 要 7 位地址；寻址第二个 128 只需要 3 位地址，理由是字宽是 16 位，或者说第二个 128 是 8 个 16 位的字。图 4.14 的左下角地址寄存器周边出现 17、14、10、7、3 等数字，解释如下：128M、16 位字宽的存储器地址线应该是 27 位。存储器硅片排列为矩阵结构。因此，把 27 位的地址分为 17 行+10 列。行地址和列地址使用同一组地址线，分两次将 27 位地址送给存储器。行地址的 17 位包含 3 位的 Bank 选择线和 14 位的行线，10 位列线又分为高 7 位和低 3 位。DQ[15:0]是 16 位数据线。

nWE、nRAS、nCAS 为命令输入，这 3 根输入线的组合包括：空操作、激活操作、突发读操作、突发写操作、预充电、自动刷新以及模式寄存器配置共 7 种操作。MT41K128M16JT 状态框图如图 4.15 所示。

nRESET 是复位信号。nCS 是片选信号。CK 和 nCK 是差分时钟信号，CKE 是时钟使能信号。ODT 的字面意思是“在硅片上的终端电阻”。以下信号通过寄存器设置连接终端，它们是：DQ[15:0]、LDQS、nLDQS、UDQS、nUDQS、LDM and UDM。LDM、UDM 是输入数据屏蔽位。LDQS、nLDQS、UDQS、nUDQS 是两对差分选通信号，和上面输入数据屏蔽位一起，实现 CPU 和 MT41K128M16JT 数据有效的传送。

ZQ 外接 240 欧下拉电阻，实现输出驱动校准。

在读、写操作之前必须激活 MT41K128M16JT 存储体。一旦一个存储体被激活，它就必须在此存储体的下一条激活命令发出之前进行预充电。当对一个存储体读或者写访问之后，如果下一次要访问的行和当前的行不是同一行，需要对当前行进行预充电。DDR 最频繁的操作是读和写。当读命令发出时，地址总线上出现的就是要读的起始地址，1～3 个时钟周期后要读的数据就会出现在数据总线上。当写命令发出时，起始地址和数据就分别出现在数据总线上。在读操作期间，数据出现在数据总线上的周期数是由 CAS 延迟（CL）决定的。由存储器时钟频率和 DDR 的速度计算出 CL 的取值。在 DDR 中读和写操作被称为突发读和突发写，每次可以读/写 1 个字长、4 个字长，也可以是 8 个字长，选择的字长叫突发长度。连续字的读/写可以被突发结束中断。MT41K128M16JT 内部有刷新计数器，无须外部控制。在自动刷新命令发出之前，所有存储体都必须经过预充电并已经处于空闲状态。MT41K128M16JT 有模式寄存器，它的各种模式是：CAS 延迟、地址模式、突发长度、突发类型和测试模式等。通过模式寄存器的配置命令，将值写入模式寄存器中。

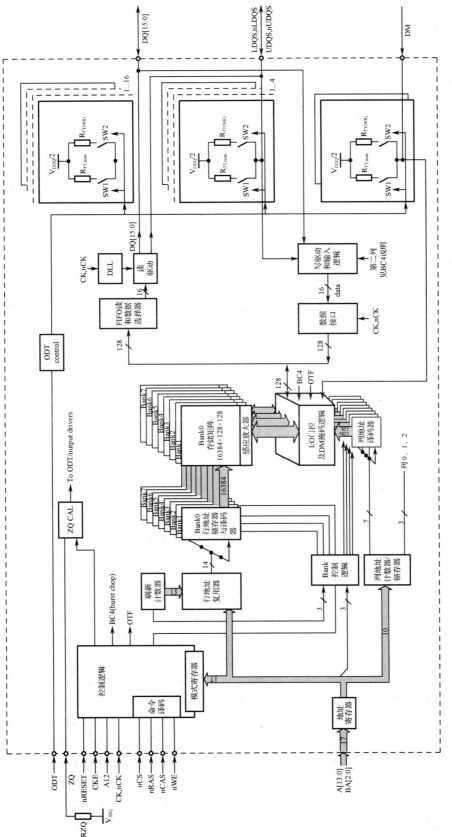

图4.14　MT41K128M16JT DDR3L SDRAM

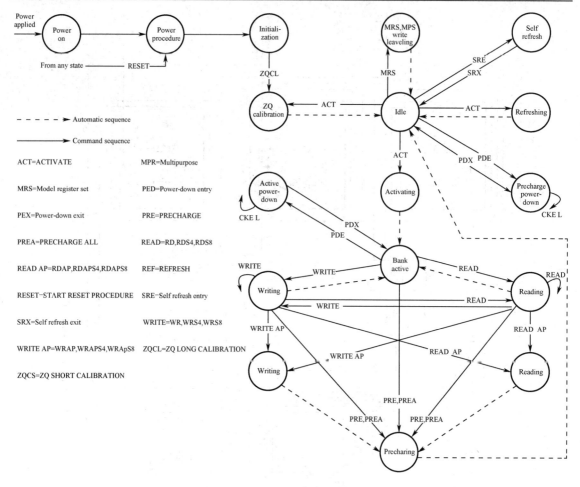

图 4.15　MT41K128M16JT状态框图

（4）双端口 RAM

从形式上，将采用两套独立访问接口的 RAM 存储器称为双端口 RAM（Dual-Port RAM，DPRAM），如图 4.16 所示。其特点在于，拥有两套独立的数据线、地址线和读/写控制线，是两个 CPU 系统之间快速传输块数据的有效方式，广泛应用于采用主从处理器的无线系统、音视频处理及控制系统等。不同 DPRAM 在存储容量、操作模式、存储架构、最大访问时间、封装类型、电源电压等方面存在差异，容量可以由几十 Kb 到几十 Mb 等，额定电压一般为 1.8V、3.2V、5V 或 5.5V。在半导体领域，IDT、CYPRESS 等企业提供了丰富的 DPRAM 产品，设计人员可根据容量、访问速度、电压、体积、封装形式以及价格等指标进行选择。

按照双端口操作特性，DPRAM 可以分为伪双端口 RAM 和双端口 RAM。伪双端口 RAM 的一个端口为只读端口，另一个为只写端口。按照存储体类型，主要可以分为 SRAM 型、DRAM 型和 SDRAM 型。其中双端口 SRAM 是 DPRAM 的主要形式，存储元一般采用八晶体管存储元电路。按照时钟特性，又可以分为同步 DPRAM 和异步 DPRAM。异步 DPRAM，如 CY7C006A-15AXC，没有时钟控制信号，以异步方式响应地址和控制引脚的改变，这会限制输入引脚时序以及可实现的系统性能，同时还限制了 DPRAM 的工作速度。所谓同步，是指仅在时钟的上（下）跳沿时对 RAM 进行读/写操作，如 IDT70V3319、CYD02S36V/36VA 等同步 DPRAM 就使用了外部时钟来实现有序的读/写操作。外部时钟所使用的时序规范可以减少

DPRAM 访问和周期次数，进而提供更高的系统工作频率和带宽。

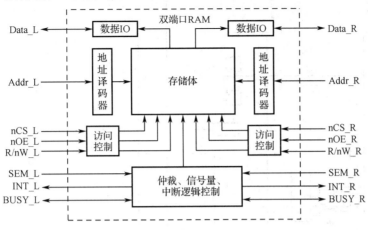

图 4.16　双端口RAM基本逻辑

　　共性地，异步 DPRAM 由一个存储阵列、两套数据访问接口以及一套访问仲裁与控制逻辑组成，除基本的 RAM 访问操作外，基于 DPRAM 的设计必须采用可靠的多处理器访问机制，需要掌握 DPRAM 芯片的访问仲裁原理及相应的控制机制。通常情况下，DPRAM 提供表示当前状态的 BUSY 引脚，方便 CPU 在访问之前判断存储器是否可用。当两个 CPU 同时访问存储器时，仲裁逻辑会选择出一个CPU进行授权，并通过置BUSY引脚将忙状态通知给另一个CPU。

　　同时，DPRAM 通常也提供硬件信号量仲裁机制，控制软件访问、获取硬件信号量 SEM 可以实现对存储单元的互斥访问。为了进一步支持多 CPU 间的消息通信，部分 DPRAM 的控制电路还支持双 CPU 间的指令交换逻辑（也称邮箱）。该逻辑为两个 CPU 分别提供了一套指令单元地址和中断机制。当左 CPU 写特定的指令地址时，指令交换逻辑向右侧 CPU 发送中断，通知其开始数据访问操作。为了正确使用 DPRAM，嵌入式软件中必须设计相应的逻辑和判断机制。注意，在不同的 DPRAM 产品中，这些机制的设计和引脚表示并不完全相同。

　　图 4.17 所示为 IDT70V3319/99S 同步 DPRAM 逻辑图。其逻辑除实现上述功能之外，还提供了特殊的外部同步时钟信号 CLK、高/低片选信号 CE 和 nCS、流水线/直通模式控制 nFT/PIPE、计数器使能 nCNTEN、循环计数器使能 nREPEAT、高字节（$IO_9 \sim IO_{17}$）使能 nUB、低字节（$IO_0 \sim IO_8$）使能 nLB 等。在直通模式下，立即从数据线上读取从存储阵列输出的数据。而在流水线模式下，从数据线上读取输出数据前将该数据存储在寄存器内，可以提供短周期时间和快速的"时钟至数据的有效时间"（t_{CD}），适合高带宽应用。需要说明的是，这两种模式并不影响存储器的写操作。

　　同步突发 DPRAM 只加载连续地址序列的第一个，并通过递增逻辑中的地址计数器完成后连续访问。对于同步 DPRAM 而言，如果两个端口同时对一个地址进行写操作或读/写操作，则都不能保证数据的完整性。此时，要求左端口和右端口的读/写操作之间至少要有 t_{CO} 时钟相位偏移（一般为纳秒级，参考器件的数据手册）。如果两端操作时间间隔小于 t_{CO}，则需要使用外部逻辑进行仲裁。

　　以 IDT70V3319/99S DPRAM 的双端口读/写操作为例。左端口写入数据，右端口以流水线模式读取时的时序图如图 4.18 所示。

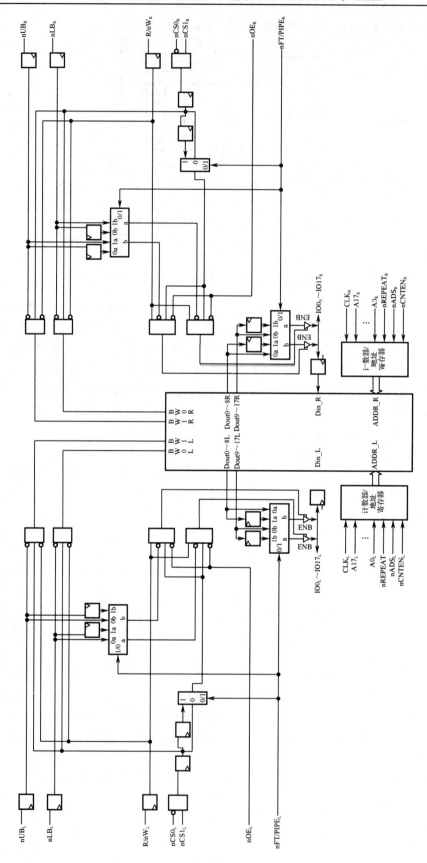

图4.17　IDT70V3319/99S同步DPRAM逻辑图

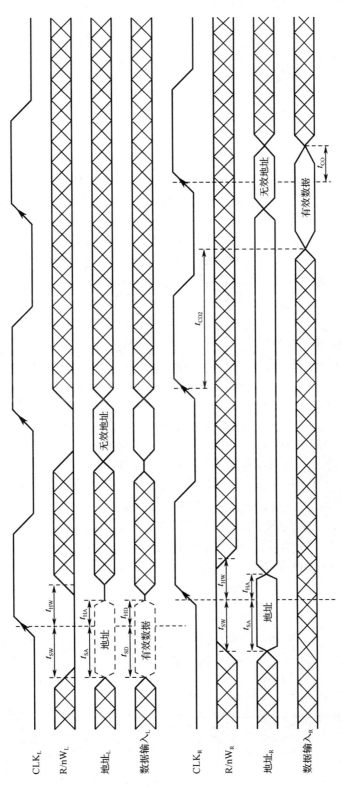

图4.18　左端口写、右端口流水线读时序

图中，t_{SW}、t_{HW} 分别为 R/nW 信号的设置和保持时间，t_{SA}、t_{HA} 分别为地址设置和保持时间，t_{SD}、t_{HD} 分别为输入数据设置与保持时间。当 t_{CO} 小于规定的最小值时，左端写入右端有效读出的时间为 $t_{CO}+2\times t_{CYC2}+t_{CD2}$，否则为 $t_{CO}+t_{CYC2}+t_{CD2}$。其中，t_{CYC2} 是流水线模式时的时钟周期，t_{CD2} 是流水线模式下的数据有效时刻。下一时钟的上跳沿之后，右端口数据继续保持 t_{CD} 时间。另外，该 DPRAM 还定义了不同模式下的单端口读、双端口读、读—写—读、地址递增的读/写等操作方式，并允许多芯片进行存储器数据位宽和存储深度的扩展。

4.2.2　只读存储器

只读存储器（ROM）是指在工作过程中只能读、不能写的存储器件，掉电后信息不会丢失。在早期的计算机系统设计中，ROM 是重要的系统组件，用于存放诸如引导程序、基本输入输出系统（BIOS）软件等固定不变的程序和数据。根据访问特性，ROM 主要被分为掩膜 ROM、一次可编程的 PROM、可重复编程的 EPROM 和 E^2PROM 等不同类型。而根据制程工艺，每一类 ROM 又可以再进行细分。鉴于新型存储器技术的出现和发展，现代嵌入式系统设计对 ROM 的使用需求开始减少，本节仅对其原理和特性进行简要介绍。

1．掩膜 ROM

在嵌入式系统中，诸如微处理器的微码、系统引导代码以及其他固件程序等都是固定的数据，保存在专门的存储器中且不允许用户进行修改。在大批量生产的情况下，为了节省成本通常会采用掩膜 ROM（Mask ROM，MROM）存储技术。所谓掩膜，是指在集成电路光刻过程中，通过设计的掩膜模具将芯片上特定区域屏蔽掉的技术。掩膜 ROM 是由集成电路制造商采用掩膜技术生产的、存储特定数据和逻辑的只读存储器器件。常见的掩膜 ROM 有二极管型掩膜 ROM、双极型三极管掩膜 ROM 以及 MOS 管型掩膜 ROM 等。

例如，图 4.19（a）是一个 4×8 位的二极管型掩膜 ROM。电路分为两部分：左半部分是地址译码器，用于产生二进制地址；右半部分是存储矩阵。A_1A_0 是两位地址码的输入端，$D_7 \sim D_0$ 是 8 位数据的输出端，存储矩阵由 32 个存储单元组成，每一个单元由一位二进制信息。当每根字选线和位线交叉处接有二极管时，存储单元存储"1"；没有接二极管时，存储"0"。改变二极管接入位置，就可以改变存储内容。从电路结构上看，每根位线是一个二极管或门的输出端。由于译码器由与门组成，因此掩膜 ROM 实质上是由与门阵列和或门阵列两部分组成的。

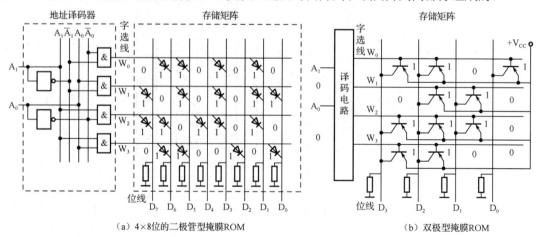

（a）4×8 位的二极管型掩膜ROM　　　　　　（b）双极型掩膜ROM

图 4.19　二极管、双极型掩膜ROM逻辑

图 4.19（a）电路中，二位地址输入 A_1A_0 经译码器译码后，产生 4 根位选线 $W_3 \sim W_0$ 的输出，分别选择 ROM 中的 4 个字。当地址输入 $A_1A_0=$ "00" 时，字选线 W_0 为高电平 "1"，而 $W_3 \sim W_1$ 为低电平 "0"，字输出 "01101010" 出现在输出线上，即 $D_7D_6D_5D_4D_3D_2D_1D_0=$ "01101010"。当地址输入 $A_1A_0=$ "10" 时，则 W_2 为高电平 "1"，字输出 11011010 出现在输出端。该电路地址输入和字输出之间的关系如表 4.3 所示。

表 4.3　4×8 位的二极管型掩膜 ROM 地址输入和字输出关系

地 址 输 入		字选线	字　输　出							
A_1	A_0		D_7	D_6	D_5	D_4	D_3	D_2	D_1	D_0
0	0	W_0	0	1	1	0	1	0	1	0
0	1	W_1	1	0	1	0	1	0	1	0
1	0	W_2	1	1	0	1	1	0	1	0
1	1	W_3	0	1	1	0	0	1	0	1

存储容量（ROM 容量）是存储器的主要技术参数，可用字节数表示，即字数乘每字的位数。如一个字有 m 位，则 n 位地址的存储容量就是 $2^n \times m$ 字位，例如，1024×1（1K 字位），4096×1（4K 字位），2048×4（8K 字位）。存储容量也可用字节数表示，每 8 位为 1 字节。例如，1024×1（1K 字位）相当于 128 字节，图 4.19（a）容量为 4 字节。双极型掩膜 ROM 与二极管型掩膜 ROM 类似，采用有无三极管来表示 "1" 或者 "0"，如图 4.19（b）所示。

图 4.20（a）是 MOS 管型掩膜 ROM 空片时的逻辑，可表示全 "1"。加工后，部分位的 MOS 管被屏蔽掉以表示 "0"，形成图 4.20（b）所示的固定逻辑。当地址输入 A_1A_0 分别是 "00" "01" "10" 和 "11" 时，数据线 $D_3D_2D_1D_0$ 的输出分别是 "1101" "0110" "1110" 和 "1001"。

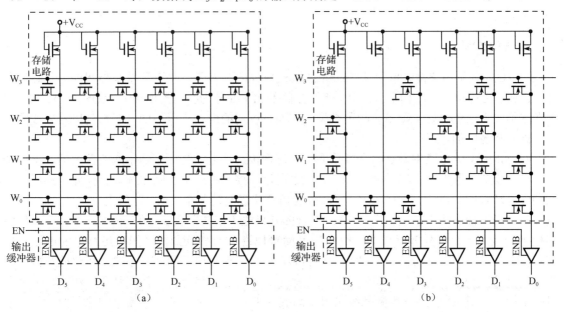

图 4.20　MOS管型掩膜ROM逻辑

由于 ROM 在失电时信息不会丢失，所以它在存储固定的专用程序及查表等场合有广泛的应用。鉴于集成度高、成本低等优点，掩膜 ROM 在专用逻辑芯片 ASIC 及原始数据存储中得到了广泛应用。例如，80C51 等早期的 MCU 中也都集成了几 KB 的掩膜 ROM，用于存放程序，且程序由芯片生产厂家直接写入。系统加电运行时，CPU 直接从 ROM 中读取程序指令加载执行。又如，我们也可以基于掩膜 ROM 设计一个译码器，用寻址、访问的方式来实现编码转换。

2. PROM

PROM 是可编程 ROM 的缩写，是一种一次性可编程（OTP）存储器。这种存储器的初始内容全部为"0"或"1"。在编程时，通过物理方式修改存储元的电路实现"1"或"0"的写入。编程后，存储元电路无法再恢复，即数据不能再擦除，因此是一次性可编程的。PROM 产品有"熔丝型"和"肖特基二极管型"两种典型结构。熔丝型包括双极型熔丝型和单极型熔丝型两种，是通过大电流熔断存储元熔丝的方式进行编程的，如图 4.21（a）所示。图 4.21（b）是肖特基二极管型存储元，通常情况下两个二极管反向串联形成一个"0"值存储位，写入"1"时通过反向直流大电流永久击穿截止的二极管。显然这两种方式都将造成半导体电路的永久改变，不可恢复。

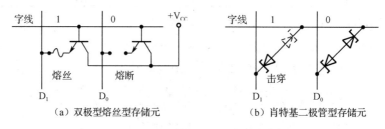

图 4.21　PROM存储元类型

与掩膜 ROM 技术相比，PROM 允许用户进行一次编程，可以增强逻辑开发和部署的灵活性和效率。

3. EPROM

EPROM 是采用浮栅管单元（Floating Gate Transiter）技术、具有可重复擦写能力的存储器件，E 表示可擦除。从结构上，EPROM 的存储单元主要分为叠栅雪崩注入 MOS（SIMOS）和浮栅雪崩注入 MOS（FAMOS）两种类型。这两种结构的电路有所不同，但都是以紫外线照射的方式进行擦除的。

在 SIMOS 管电路中，有两个重叠的多晶硅栅极，最上面是连接到字线的控制栅，下层是与外界绝缘的浮置栅（也称浮栅），如图 4.22 所示。控制栅用于控制和选择存储元，浮栅用于长期保存注入的负电荷。对于 NMOS 而言，当浮栅中没有注入电子时，开启电压较低，表示"1"状态；而当浮栅中注入了电子后，SIMOS 管的开启电压增高，表示"0"状态。那么，如何做到把电子注入一个与外界绝缘的浮栅中呢？简单地说，当在源漏极之间加足够高的电压（如25V）时，只要沟道长度足够小（如小于 4pm），就可以使热电子的能量超过二氧化硅与硅界面势垒，借助控制栅上的正电压将电子拉到浮栅上去。而擦除信息时，使控制栅、源极、漏极和衬底都接近于低电位，并采用紫外线照射多晶硅栅 15～30 分钟，使得浮栅中的电子成为热电子从源漏极释放。这涉及非常有趣的热电子、能量势垒及隧道（遂穿）效应等微观物理现象，读者如有兴趣可进一步查阅相关文献。

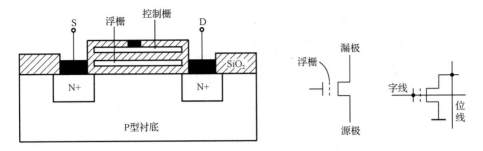

图 4.22　SIMOS管结构、符号和存储元电路

图4.23 所示的 FAMOS 管电路只采用一个被二氧化硅包围的多晶硅浮栅,浮栅下层是800～1000 Å 的热生长栅氧化层。当浮栅上没有负电荷时,MOS 管的源、漏极截止,表示"0"。编程时,只要在漏极端加足够高的负电压,就会在漏区 PN 结沟道一侧表面的耗尽层中发生雪崩击穿,高能电子穿过硅和二氧化硅的界面势垒并进入、保存在浮栅中,进而,在源极和漏极之间感应形成正的导电沟道,此时 MOS 管源漏导通表示"1"。

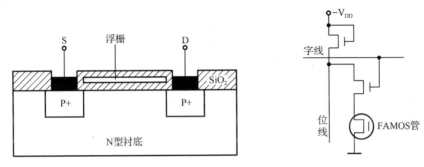

图 4.23　FAMOS管结构和存储元电路

EPROM 器件的一个重要外部特征是,芯片壳体上都开有一个透明的石英窗口,可以擦除芯片中全部的存储数据。当然,为防止 EPROM 中的数据因光线照射而意外丢失,编程后都会用贴纸遮住该窗口。EPROM 的可重复擦写特性彻底解决了 ROM 及 MCU 等其他半导体器件的可重复使用问题,大大减少了系统开发、调试过程中的器件浪费和成本。由于擦除操作需要专门的紫外线设备且每次擦除都需要数十分钟,编程需要特定的编程器,且 EPROM 型器件的操作比较烦琐,近年来已逐渐被新型的存储器件所替代。

4. E²PROM

嵌入式系统发展的早期,程序的容量一般较小,小容量的 EPROM 比较常见。例如,20 世纪 90 年代时,MCS51 单片机中的 8031 常常配用 4KB 的程序存储器 M2732A,这是 ST 公司的一款产品,由 NMOS 工艺制造。

电可擦除可编程 ROM(EEPROM,E²PROM)是在 EPROM 基础上发展而来的,是一种可进行电擦除的存储器件,主要用于存放固件代码或配置数据。E²PROM 也采用浮栅管单元技术,以隧道 MOS 管(FLOTOX)作为存储元基本电路,擦除速度在毫秒级。FLOTOX 管结构如图 4.24 所示,在浮栅 T1 之上增加浮栅 T2。当漏极接地、T2 接高电压时,在 T1 和漏极之间便会产生隧道效应,负电荷注入 T1,实现数据位的写入。反之,当漏极接高电压、T2 接地时,浮栅放电。需要强调的是,对 E²PROM 的按字节擦除操作本质上就是按字节写入初始数据,每个存储元可重复擦写上万次。

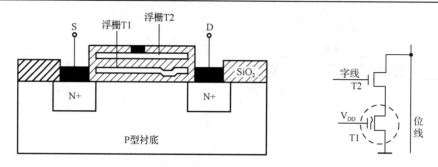

图 4.24　FLOTOX 管结构和 E^2PROM 存储元

E^2PROM 是典型的双电压工作器件,正常读取时控制栅和字线上分别加上 +3V 和 +5V 电压,写入时字线与控制栅上是 +20V 电压。读取时,如果浮栅中无电子,控制栅的 +3V 电压使其导通,读出 "0";浮栅有电子时导通电压升高,不导通,读出 "1"。目前大多数 E^2PROM 芯片内部提供了升压电路,因此可以以单电源供电方式进行访问和擦除、编程操作。对于无升压电路的 E^2PROM 芯片,则需要专用的编程器才能进行擦除和写入操作。

AT24C16 是 Atmel 公司的 8 引脚 E^2PROM 器件,其特性主要有:存储容量为 2048×8 位,分为 128 个 16 字节的页;内部有数据字地址计数器;提供半双工的 2 线(串行数据线 SDA、串行时钟输入 SCL)应答式通信接口;支持按全页写和部分页写模式,最大写周期 5ms;支持中等电压和标准电压操作模式,2.7V 时访问频率为 100kHz,5V 时为 400kHz;允许一百万次重复写,数据可有效保持约一百年。任何读/写操作以 SCL 信号作为数据位的同步传输信号,地址和数据在数据线上依次串行传输,总线时序如图 4.25 所示。图中,符号 STA、STO、DAT 分别表示启动、停止和数据,SU、HD 分别表示设置和保持,R、F 是上升沿与下降沿,t_{BUF} 是新的传输启动之前总线必须空闲的时间,t_{HIGH} 和 t_{LOW} 分别是时钟脉冲在高电平、低电平时的宽度,t_{DH} 和 t_{AA} 分别是数据输出保持和时钟低到数据有效结束的时间。由数据手册可知,不同供电电压时,以上时间的最大、最小值范围基本相同。

图 4.25 仅给出了基本的数据传输时序,要完成不同的读/写操作,还需要进一步了解相应的数据传输协议,并通过软件代码控制 SCL 来控制同步时钟的跳变和频率。

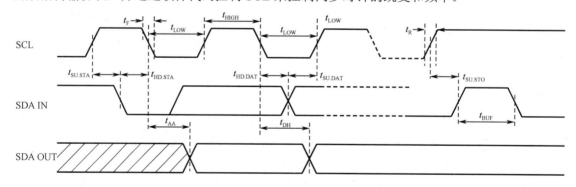

图 4.25　AT24C16 E^2PROM 的总线时序

AT24C16 的读操作分别为当前地址读、随机读以及顺序读三种模式,而写操作可以有按字节写和按页写两种模式。顺序读和按页写模式都是利用了存储器内部数据字地址计数器的递增功能。典型地,图 4.26 给出了 AT24C16 按页写模式时的总线数据格式和时序。注意,执行擦除操作以后,要间隔至少 5ms 才能执行下一次访问操作,否则会造成数据访问出错。

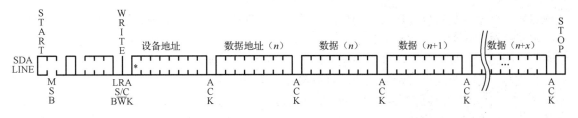

图 4.26　随机读、按页写模式时的数据格式

4.2.3　混合存储器

混合存储器是在 ROM 和 RAM 基础上演化而来的，同时具有 RAM 的快速访问特性和 ROM 的非易失特性，已经成为嵌入式系统设计中广泛采用的存储组件类型之一。为此，本节将对典型的混合存储器体系、机制等进行重点分析和阐述。

1. Flash

Flash，即闪存，是一种在工作时可进行随机访问的、非易失的高速存储器，主要用作系统/用户软件存储器、配置数据存储器以及固态大容量存储器等。本质上，Flash 同样采用了浮栅管单元技术，且基于隧道效应的编程与擦除机制与 E^2PROM 相似。不同的是，Flash 采用图 4.27 所示的新型隧道氧化层 MOS 管，该晶体管的隧道层在源区且更薄，在控制栅和源极之间加+12V 电压时就使隧道导通。同时，Flash 芯片内集成了高压产生电路（电荷泵），因此可以在单电压供电输入的基础上，面向不同操作特性来提供不同的工作电压。

Flash 中，用存储元的源、漏极是否导通来表示 "0" 和 "1"。在不同操作过程中，存储元各引脚的电气参数有所区别。当浮栅有电荷时，在源极和漏极之间形成正的导电沟道，此时不论控制极是否加偏置电压都导通。而当浮栅中没有电荷时，除非在控制极加偏置电压，否则晶体管截止。此时，将源极接地、漏极接到位线，就可以根据晶体管导通后的电流大小来读取该位数据。浮栅中有电子时，沟道中传导的电子减少，电流小，通过比较电路可以读出 "0"；而没有电子时，沟道中会产生大电流，读出为 "1"。由于读取数据过程中给控制栅施加的电压较小或不施加电压，不会改变浮栅中原有的电荷量，因此读操作并不会改变 Flash 中的原有数据。在写入 "0" 时，同时向栅极和漏极加上高电压，源极、漏极之间的电子就会进入浮栅。Flash 擦除是写 "1" 的过程，编程（即写入）时则只针对非 "0" 位进行注入电荷操作，即只写入 "0"。因此，写入数据前必须先进行擦除，通过释放浮栅中的负电荷将数据位置 "1"。

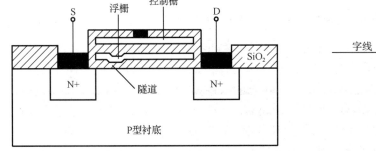
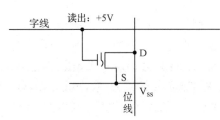

图 4.27　Flash浮栅隧道MOS管结构及一种存储元示例

如上所述，对 Flash 写入、擦除的核心操作就是利用隧道效应或热电子方式对浮栅注入电

子或将电子抽空。随着操作次数的增加，隧道二氧化硅层中陷落的电子数量会不断增加，消除这些电子的擦除周期就会越来越长，会导致 Flash 的速度逐渐降低。随着隧道氧化层中陷落、积聚的电子越来越多，阻隔浮栅中的电子最终无法被抽空，此时该存储元完全失效。

根据每个存储元能够表示的位数，可以将 Flash 分为单阶存储元型（SLC）和多阶存储元型（MLC）。在单阶存储元 Flash 中，每一个存储元仅存储 1 位信息，速度快、功耗低、使用寿命长。而在单个多阶存储元 Flash 中，每个存储元可以用不同的电压来表示两个及以上的信息位。这些不同类型的存储元 Flash 具有不同的使用寿命，例如，SLC 型 Flash 可重复擦除数十万次，而 MLC 型 Flash 只能重复擦除一万次左右。

另外，根据内部存储元的组织结构和接口特性，可以将 Flash 分为 NOR 型和 NAND 型。

1）NOR Flash

NOR Flash 于 20 世纪 80 年代末问世，是 Intel 设计的一个主要的 Flash 规格标准。NOR Flash 采用了源极给浮栅充电的热电子注入方式，写入数据"0"时给控制栅加高电压、源极不接电压，将热电子注入浮栅存储；擦除（写入"1"）时，源极接高电压而漏极、控制栅浮空，使得浮栅中的电子以隧道方式释放。

NOR Flash 的内部存储单元采用图 4.28 所示的平行方式连接到位线，这类似于 CMOS NOR 门逻辑中的平行连接，因此得名。NOR Flash 带有 SRAM 接口，与系统接口完全匹配，使用方便，同时提供了足够的地址寻址引脚，允许随机访问存储器内部的每一字节。为了方便访问，一般将 Flash 划分为 64KB、128KB 大小的逻辑块，并进一步划分为扇区，读/写操作时要同时指定逻辑块号和块内偏移地址。从访问特性上，NOR Flash 有独立的地址线和数据线，按照字节读取，读取和传输速度快；以区块的方式擦除并以字节方式写入，擦除和写入速度较慢。鉴于独立的数据线地址线接口，该类 Flash 的集成度较低，容量较小且价格较贵，一般用于小容量数据存储。

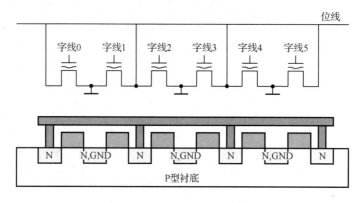

图 4.28　NOR Flash 存储元平行结构连接

根据访问接口特性，NOR Flash 产品又被分为串行和并行两种，串行 NOR Flash 的缺点是数据分批传输会需要更大的访问时间，但引脚少、封装体积小；并行 NOR Flash 具有与之相反的特点。美光公司进一步推出了融合串行、并行优点的 XTRM 型（即 eXTReMe，终极的意思）NOR Flash 的解决方案，其访问速度可达到 3.2Gbps。现在，NOR Flash 已经大量替代了传统 ROM 器件的使用，提供了多模式寻址、可配置哑周期、片内执行技术（eXecute In Place，XIP）、用户锁以及写保护等非常丰富的存储特性。嵌入式系统中，通常将启动代码、系统恢复数据等无须改动的内容存放在 NOR Flash 中，并可直接执行存储器中的代码。

2）NAND Flash

NAND Flash 是使用复杂 IO 接口来串行存取数据的存储器件，共用一套总线作为地址总线和数据总线。从物理特性上，NAND Flash 通过隧道效应从硅基层给浮栅充电，或者以隧道效应从浮栅抽空电子。在写入操作中，给控制栅加偏置电压，并将源极、漏极、衬底全部接地，即可将电子注入浮栅中。而擦除时，则需要给衬底施加高电压，将源极、漏极浮空，控制栅接地，从而将浮栅中的电子释放出来。这两方面都不同于 NOR Flash。同时，NAND Flash 中的存储元采用了图 4.29 所示的串行连接方式。当通过字线、位选择线来选择、读取某位数据时，被选中晶体管的控制栅不加偏置电压，而其他 7 个晶体管都加偏置电压导通。此时，若该晶体管的浮栅中注入了电荷，就会与接地选择晶体管导通并使位线为低电平，读出"0"；反之该晶体管不导通，位线输出为高电平，读出"1"。

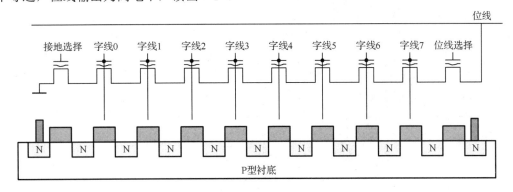

图 4.29　NAND Flash存储元串行连接结构

在存储结构上，NAND Flash 内部采用非线性宏单元模式，全部存储单元被划分为若干个块（类似于硬盘的簇，一般为 8KB），这也是擦除操作的基本单位。进而，每个块又分为若干个大小为 512B 的页，每页的存储容量与硬盘每个扇区的容量相同。也就是说，每页都有 512 条位线，每条位线连接一个存储元。此时，要修改 NAND Flash 中一字节，就必须重写整个数据块。当 Flash 存储器的容量不同时，其块数量以及组成块的页的数量都将不同。例如，三星的 K9F5608UOA 是 256MB 大小的 NAND Flash，共有 16K 个块，块大小为 16KB，每页 512B 且预留 16B 的错误校验码存放空间（也称 Out-of-Band，OOB 空间）。相应地，地址信息包括了列地址、块地址以及相应的页面地址。这些地址通过 8 位总线分组传输，需要多个时钟周期。当容量增大时，地址信息增加，那么就需要占用更多的寻址周期，寻址时间也就越长。这导致 NAND Flash 的地址传输开销大，因此并不适合于频繁、小数据量访问的应用。

相比较而言，NAND Flash 存储器具有更高的存储密度、更快的写入速度、更低的价格以及更好的擦写耐用性等优点，非常适用于大量数据的存储。但由于 NAND Flash 的接口和操作都相对复杂，位交换操作频繁，因此通常还要采用错误探测/错误纠正（EDC/ECC）算法来保护关键性数据。

现在，半导体工艺已经进入纳米时代，但我们不能简单地认为存储器的容量将会越来越大。实际上，晶体管变小将直接导致存储单元的稳定性、可靠性明显降低，因此单纯依靠新的半导体工艺并不能有效提升存储器的容量和性能。2013 年，三星公司基于电荷撷取闪存（Charge Trap Flash，CTF）技术设计、推出了 3D 架构的垂直闪存 V-NAND。不同于基于多晶硅的浮栅 MOSFET 技术，CTF 采用了氮化硅薄膜绝缘体层来存储撷取的电荷，允许一个存储元存储多位数据。结构上，绝缘体层环绕着沟道，控制栅极又环绕着绝缘体层，每个存储元用一个沟道孔存储一位或多位数据。该结构中，隧道层更薄，大概为 50～70 Å，将增加撷取层与沟道的结合速度，从而也可以提升编程速度，降低擦除电压并由此减少对隧道氧化层的损伤。这种 3D 结构设计使得存储元体积变小，同时增加了每个存储元存储电荷的物理区域，在增加芯片存储容量的同时也提升了可靠性。在存储器架构上，每个 V-NAND 颗粒的容量为 16GB，通过 3D 堆叠技术可以实现数十层的叠加和封装，存储容量也可达数百 GB～TB。

2005 年以来，三星、东芝、美光、海力士、Intel 等已经成为 NAND Flash 的主要生产企业。虽然，诸如相变内存（PRAM）、磁变阻内存（MRAM）、电阻内存（RRAM）、有机内存（ORAM）、纳米通道内存（NRAM）等非易失性存储技术不断兴起，但由于成本、技术成熟度、容量等因素的制约，NAND Flash 仍是嵌入式系统领域的主流产品，并在航空航天、移动设备、消费电子、高性能存储、移动存储等嵌入式系统及通用系统领域得到了广泛应用。

3）NAND Flash 芯片

K9GAG08B0M 是三星的并行接口 NAND Flash 存储芯片，其逻辑结构如图 4.30 所示。芯片中，每个存储元存储 2 位信息，单片位容量为（2G+64M）×8 位，每个（512K+16K）字节的块划分为 128 个页，并具有（4K+128）×8 位数据寄存器。该器件的典型特性有：2.5～2.9V供电电压，以块、页分别作为擦除单元和编程单元；提供了 19 种操作指令，命令、地址、数据复用一套 8 位 IO 接口。访问特性上，复位、擦除及不同模式的编程、读取操作都以命令方式启动和结束，即依次从 IO 接口输入起始命令字、2 字节页地址（可选）、3 字节块地址以及数据与结束指令（可选），这与 DRAM 的访问有些许类似。

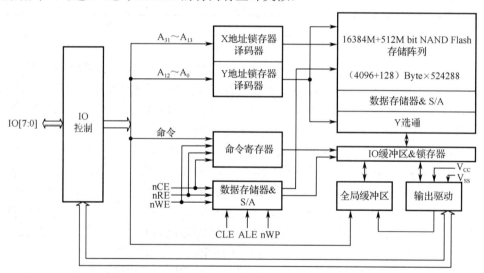

图 4.30　三星K9GAG08B0M NAND Flash逻辑结构

图 4.31 给出了对 Flash 进行编程、块擦除以及页读取的基本流程，在软件设计中要严格遵守控制信号的时序。

实际中，S3C2440、S3C2410A 等嵌入式微处理器中集成了 NAND Flash 控制器，提供灵活的访问、控制、配置以及位反转纠错能力，这允许方便地进行 NAND Flash 存储子系统的设计和扩展。对于没有提供 NAND Flash 控制器的处理器，也可以通过引脚进行电路扩展。从软件设计角度，开发人员可以通过底层端口直接操作 NAND Flash，但这是一个较为复杂的过程。通常情况下，存储芯片提供商一般会提供 Flash 转换层（FTL）、底层通用驱动程序等，为嵌入式软件开发人员提供封装后的操作接口。另外，面向文件存储和管理需要，一般可以在 Flash

上部署文件系统，这将大大提高 Flash 存储器的访问效率和可靠性。关于 Flash 文件系统的特性及使用方法等内容，将在后面相关章节进行阐述。

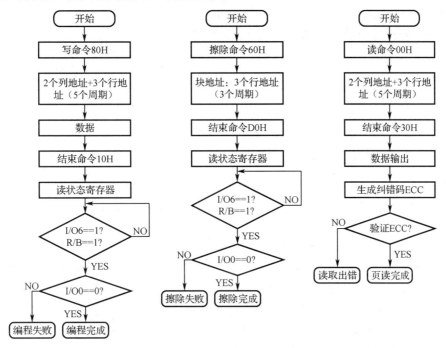

图 4.31　三星 K9GAG08B0M 基本的编程、块擦除及页读取流程

2. FeRAM（FRAM）

1）基于铁电效应的存储机制

铁电存储器的概念是由 MIT 研究生 Dudley Allen Buck 在其硕士论文 Ferroelectrics for Digital Information Storage and Switching（1952）中率先提出的。1993 年，美国 Ramtron 公司实现了该技术的开发和推广。FRAM 是一种既有 RAM 的随机访问特性又非易失的存储器件，是一种典型的 Non-Volatile RAM（NVRAM）。铁电存储器的核心技术是铁电晶体材料——锆钛酸铅（PZT），主要利用了铁电晶体材料的铁电性和铁电效应。该材料的铁电特性在于：电场与存储电荷之间并非线性关系，偏振极化特性与电磁作用无关，不受外界条件影响。而铁电效应则是指在铁电晶体上施加一定电场时，晶体中心原子在电场的作用下运动并达到一种位置上的稳定状态，这个位置就用来表示"0"和"1"。电场消失后，中心原子会一直保持在原来的位置，并在常温、没有电场的情况下保持这一状态达一百年以上。铁电存储器的存储元工艺与标准的 CMOS 工艺兼容，与 DRAM 存储元的主要区别在于采用了铁电材料取代栅极的电容，铁电薄膜位于两电极之间并被置放在 CMOS 基层之上。图 4.32 是铁电存储器的存储元结构，早期每个存储元采用了"两个晶体管+两个电容"的 2T2C 结构，每个存储元包括数据位和各自的参考位。2001 年，Ramtron 设计了更为先进的 1T1C 结构，所有数据位使用相同的参考位，这允许芯片集成更多的存储元。

铁电存储器的数据读取过程比较特殊。在读过程中，首先在存储元的底电极上施加电场。如果晶体中原子就在施加电场后的目标位置，那么原子不会移动，否则中心原子将获取势能穿越晶体中间的高能阶到达另一个位置，此时充电波形上会产生一个尖峰。显然，通过将充电波形与参考位的充电波形相比较，根据有无尖峰即可判断存储元中的原子位置状态，也就是数据位的值。在这个操作过程中，存储元的数据状态可能会发生改变，因此完成读操作（约 70ns）后需要对存储元进行状态恢复，这一耗时约 60ns 的过程称之为"预充"。因此，一个读周期大约需要 130ns。写操作与 DRAM 的操作过程比较相似，此处不再讨论。

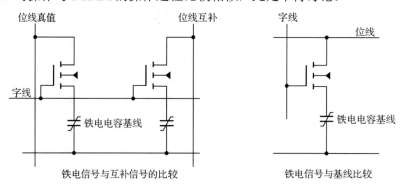

图 4.32　铁电存储器的存储元结构

如上所述，铁电存储器的设计主要是利用了铁元素的磁性和原子运动过程，具有随机访问、非易失特性，访问速度接近 RAM、读/写功耗极低、擦写次数可达百万次以上等优点。受铁电晶体特性的影响，FRAM 的存储密度尚无法与 3RAM 和 DRAM 相比，且依然存在最大访问次数限制的缺点。但综合而言，FRAM 的出现已经推动了嵌入式系统存储子系统架构的演化。如图 4.33 所示，采用 FRAM 可以替代传统嵌入式系统中较为复杂的存储子系统，实现不同类型数据的一体化存储。

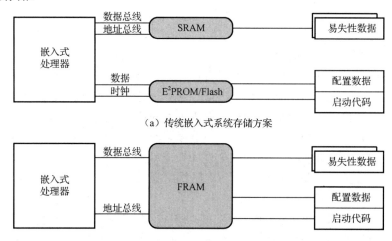

图 4.33　基于FRAM的一体化存储子系统设计

现在，FRAM 已经日益成为消费电子、移动终端、仪器仪表、车载电子、工业控制、物联网组件以及智能化嵌入式系统设计的重要组成部分。在目前的 FRAM 市场中，Cypress、日本富士等公司提供了丰富的串行和并行接口 FRAM 芯片，用户可根据微处理器的接口特性进行选择。

2）实例分析

FM24CL16B 是 Cypress 半导体公司推出的（2K×8 位）、I^2C 串行接口的铁电随机访问存储器芯片。该芯片工作电压 2.7～3.65V，具有可达 1MHz 频率的快速半双工 I^2C 接口，工作电流

100μA/100kHz、待机电流为 3μA。芯片封装为 8 引脚的 SOIC 或 DFN 形式，其中的 5 个有效引脚依次为串行 IO 引脚 SDA、串行时钟 SCL、写保护 WP、供电 V_{DD} 和接地 V_{SS}，逻辑结构如图 4.34 所示。访问特性上，该芯片具有 100 万亿次读/写能力，以及 150 余年的数据保持、无延迟写、高可靠等特性，可直接替代嵌入式系统中的串行 E^2PROM、Flash 芯片。在嵌入式系统硬件设计中，FM24CL16B 作为 I^2C 总线的从设备与主设备 MCU 通过 SDA、SCL 连接，并在两线上分别外接一个上拉电阻来增强驱动能力。系统运行时，MCU 和存储器芯片之间基于 PC 总线协议进行主从应答式的串行通信。在 FM24CL16B 允许的写操作中，主控制器首先必须发送一个将 LSB 置 "0"（表示写）的从设备地址，进而发送一个字的地址。之后，主控制器可以写入单字节或连续的多字节，当 FM24CL16B 成功完成写操作后会发送一个应答消息 ACK。对 FM24CL16B 的读操作可以是读当前地址、顺序读也可以是随机读。在前两种读操作中，从设备地址之后无须再发送存储元地址，默认从当前存储元地址开始读取数据。在随机读/写操作中，主控制器需要在从设备地址后继续发送存储元地址。本质上，PC 主从式通信过程就是依据 SCL 时钟跳变沿对 SDA 上的数据位序列进行控制，这也是通信软件设计的主要内容。

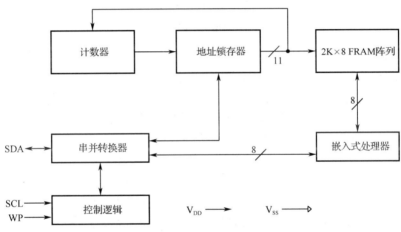

图 4.34　FM24CL16B 铁电存储器逻辑结构

　　FM22LD16 是 Cypress 公司采用并行接口的 48 引脚铁电存储器芯片，工作电压 2.7～3.6V，典型的工作电流为 8mA、待机电流 90μA，位容量 4Mb，地址线和数据总线分别为 18 位和 16 位。存储器具有与 SRAM 兼容的标准接口，通过在 nCS 或 nWE 引脚上接 IO 的上拉电阻就可以方便地替换 SRAM，其读/写特性与 SRAM 也大致相似。需要强调的是，通过把 nCS 脚置为高电平可以实现对芯片进行预充电操作，置高时长必须大于芯片的最小预充电时间要求。芯片内部，存储体被划分为 8 个（32K×16）块，每个块共 8192 行，每行包括 4 列，允许以页模式的方式对存储器进行快速访问。同时，每一个块都是一个独立的软件写保护块，允许用户通过地址、指令的序列来动态配置。

　　铁电存储器具有非易失的物理特性，而不需要后备电池供电，其整体可靠性、湿度适应性、抗振动能力等也更好。在同等容量时，FRAM 可以作为 SRAM 的替代品。

3. BBSRAM 与 NVSRAM

　　在早期技术发展过程中，NVRAM 主要是指有后备电池供电的 SRAM（BBSRAM），其既保持了 RAM 的随机、快速访问特性，同时通过后备电池解决了系统掉电后的 SRAM 供电问题。从本质上讲，图 4.35 所示的 BBSRAM 只能算是一种电路级扩展和优化形成的 NVRAM，而并未真正涉及诸如铁电存储器、磁随机访问存储器中所采取的新型存储技术。BBSRAM 的优点是：实现方便、成本较低，应用于诸如主板上的 BIOS 配置信息存储。但其缺点也非常明显，包括设计中需要考虑额外的电源管理电路和固件，需要更换失效的电池。尤其是存在系统重新上电前因电池耗尽而丢失数据的风险，这引入了削弱系统可靠性的因素。

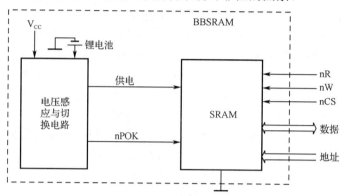

图 4.35　BBSRAM逻辑结构

　　与 BBSRAM 不同，NVSRAM 是一种同时采用了 SRAM 和非易失性存储元 E^2PROM 的复合式新型 NVRAM，一个非易失性 E^2PROM 存储元对应一个 SRAM 存储元。与浮栅存储不同，这里的 E^2PROM 通常采用基于氮化硅的存储技术 SONOS，即采用厚度更薄的氮化硅层来代替之前的多晶硅浮栅层。该 E^2PROM 的擦写次数约为 50 万次，系统掉电后数据可保持 20 年左右。在 SRAM 模式下，该存储器就是一个普通的静态 RAM，用户可以进行无限次的读/写。而在非易失模式下，数据从 SRAM 存储到 E^2PROM 或者从 E^2PROM 恢复到 SRAM。如图 4.36 所示，NVSRAM 存储器的逻辑结构中并不需要电池供电。当 NVSRAM 进入掉电周期时，一个内部或外部的电容将提供电流，将 SRAM 中的数据同步存储到 E^2PROM 中，实现数据备份。鉴于 NVSRAM 多模式使用、访问速度快、可靠性高、低功耗等优点，其现已替代 BBSRAM 成为重要的 NVRAM 产品。

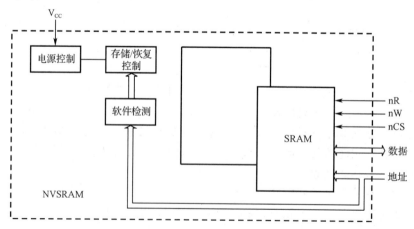

图 4.36　NVSRAM基本逻辑结构

　　CY14B104M 是 Cypress 的 256K×16 位 NVSRAM 产品，+3V 供电，访问时间 25ns、45ns，提供看门狗定时器、可编程中断的时钟机制，并通过自带实时时钟（RTC）保证数据的完整性，其逻辑结构如图 4.37 所示。原理上，该芯片基于一个小电容可以保证掉电时将 SRAM 中的数据自动备份到 Qixaimun Trap 型非易失性存储元，并在系统上电或发出软件指令时将数据恢复到 SRAM 中，SRAM 具有无限次数的读、写、恢复操作能力。Quantum Trap 存储体可擦写 100 万次并保持数据20年以上，当QuantumTrap存储体失效后，NVSRAM芯片退化为基本的SRAM。

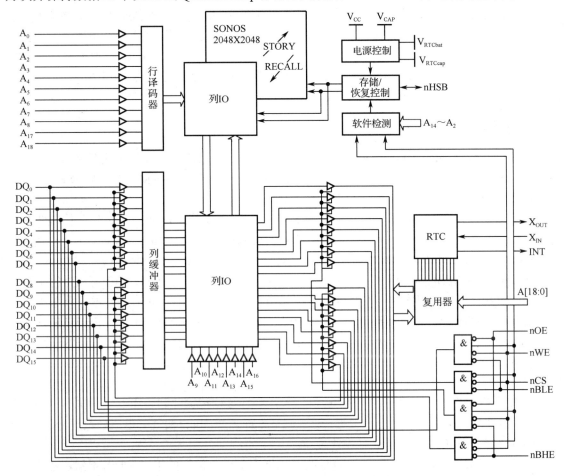

图 4.37　CY14B104M NVSRAM逻辑结构

接口特性上，通过 nBHE、nBLE 分别控制高字节 DQ[15:8]和低字节 DQ[7:0]输入有效；用 nHSB 引脚表示正在存储（高电平）或存储完成（低电平）；X_{IN} 引脚接 32.768kHz 振荡器和 69pF 的起振电容，X_{OUT} 引脚接振荡器及 12pF 的起振电容并在启动时驱动振荡器；INT 是用于看门狗定时器、时钟和电源监测的可编程中断输出；V_{RTCcap} 和 V_{RTCbat} 分别是采用电容和后备电池的 RTC 后备供电，V_{CAP} 是自动存储电容（61~180μF，典型值为 68μF）的供电引脚。

CYHB104M 支持三种数据备份存储模式：一是由 HSS 激活的硬件存储；二是由特定地址序列发起的软件存储；三是基于 V_{CAP} 引脚电容供电的自动存储。如果 V_{CAP} 引脚未接电容，则需要通过连续读一组特定地址（0x4E38、0xB1C7、0x83E0、0x7C1F、0x703F、0x8B45）的软件方式禁止自动存储模式，最后一个地址相当于命令字。类似地，将最后一个读地址改为 0x4B46，该读操作序列可以使能自动存储模式。这是一种基于地址序列和读操作的命令传输方式，在其他系统设计中可以参考。为了减少不必要的备份存储，仅当最近的存储或恢复周期后进行了写入操作时，芯片才会启动自动存储和硬件存储。同样地，存储操作和恢复操作也是通过连续读取一组特定地址实现的。芯片内的 RTC 寄存器包括了时钟、定时、看门狗、中断和控制功能，位于 SRAM 的最后 16 个地址位置，即 0x3FFF0 到 0X3FFF。允许用户以设置寄存器位的方式停止/启动振荡器、读取/设置时钟、校准时钟、配置看门狗定时器、选择备份电源以及设置看门狗、电源监测和时钟的相关中断。

需要强调的是，CY14B104M 的 RTC 晶振是具有高阻态特性的低电流电路且电流非常小，这使得晶振的连接电路对板上噪声非常敏感。因此，在 PCB 设计时必须将 RTC 电路与板上的其他信号进行隔离。同时，还应通过旁路方法与布局设计来尽量消除板上的寄生电容。要优化 PCB 布局，晶振应尽量靠近 X_{IN} 和 X_{OUT} 引脚且连接导线宽度不小于 8mil，同时在晶振电路周围设计保护环路，避免在 RTC 线路周边布放其他高速信号线；晶振组件以下没有其他信号通过；在晶振电路层的相邻层设置独立的铜片以避免其他层的噪声耦合。

4. e.MMC

e.MMC（Embedded Multi Media Card）是近年来发展起来的新型非易失性存储器。它具有尺寸小、存储容量大、读/写速度快、移动灵活、安全性高等特点。e.MMC 将 NAND Flash 芯片和控制芯片集成一体，其速度最高可达到 400MB/s。

图 4.38（a）为 e.MMC 结构框图，存储器部分为 NAND Flash，通过数据线和控制线与左边的控制逻辑块相连。图中左半部分为接口信号。e.MMC 引脚介绍如下。

V_{DD}、V_{DDF}：e.MMC 电源，V_{DD} 是 3.3V，V_{DDF} 是 2.7～3.6V，一般取 3.3V。

DAT[7:0]：e.MMC 双向数据传输线，在上电或软件复位后，只有 DAT[0]可以进行数据传输，完成初始化以后，可配置 DAT[7:0]（8bit 模式）或 DAT[3:0]（4bit 模式）进行数据传输。

CMD：e.MMC 双向命令线，用于主控 CPU（本文是 i.MX 6Solo/6Dual）和 e.MMC（本文是 KLM8G1WEPD）之间的命令传输，一般是 CPU 发出命令，设备进行应答。

Data Strobe：该信号由 e.MMC 发送给 CPU，频率与 CLK 信号相同，用于 CPU 端进行数据接收的同步。该信号只在 HS400 模式下配置启动。

CLK：e.MMC 输入时钟，由 CPU 提供信号，进行数据传输的同步和设备运作的驱动，在时钟到来时才可以发送接收命令和数据。通过调整时钟频率，可以实现节电或者数据流控功能。

RESET：e.MMC 复位引脚，低电平复位。

CPU 和 e.MMC 的连接需要考虑 CPU 是否能够提供以上信号的接口。如若不然，需要模拟接口时序和命令的解析，在各种嵌入式芯片中，ARM 对 e.MMC 的支持较好。还有一种经典的处理方法，就是使用 FPGA 通过编程实现 e.MMC 的接口时序。本书使用的 i.MX 6Solo/6Dual 自带 e.MMC 接口，将对应信号连接即可完成存储器接口电路的设计和连接。

图 4.38（b）为 e.MMC 控制器内部模块，包括六个模块：初始化模块、时钟切换模块、指令解析模块、读/写控制模块、命令接口模块以及数据接口模块。

（1）初始化模块：设备上电以后，首先对设备初始化，为设备分配相对应的相对设备地址（Relative Device Address，RDA），后续命令根据 RDA 确定通信设备。初始化操作结束后，配置总线模式至 HS400 模式。初始化操作中所有的通信都只使用 CMD 线，工作频率设置为 0～400kHz。

（2）时钟切换模块：初始化阶段要求 e.MMC 控制器的工作频率小于 400kHz；而在进行数据传输的时候，e.MMC 控制器的工作频率最高可达到 200MHz。因此，需要一个时钟切换模块对时钟进行切换。在 e.MMC 设备上电以后，e.MMC 控制器以 400kHz 的频率对 e.MMC 设备进行初始化操作。当 e.MMC 设备成功进入 HS400 模式以后，时钟切换模块将时钟频率切换为 200MHz，e.MMC 控制器根据指令进行数据传输操作。

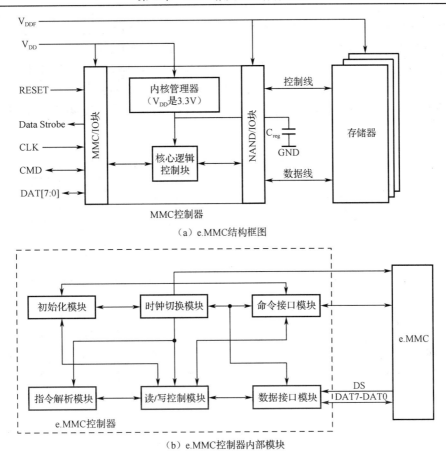

（a）e.MMC 结构框图

（b）e.MMC 控制器内部模块

图 4.38　e.MMC 结构框图及内部模块

（3）指令解析模块：e.MMC 控制器指令分为两类：读指令与写指令。每条指令由操作码与操作地址两部分组成。操作码 1 位，"0"代表写指令，"1"代表读指令。操作地址为 32 位，地址为扇形地址，扇区大小为 512B。一条指令对应地址的一个扇区进行读或者写操作。

（4）读/写控制模块：该模块对 e.MMC 设备进行读/写操作。空闲状态下，读/写控制模块若收到指令解析模块发送的读开始信号，则向命令接口模块发送带地址参数的 CMD17。命令发送成功后若数据接口模块经 CRC 校验接收到正确的数据，则读操作完成，并向指令解析模块发送读完成信号，回到空闲状态继续等待指令解析模块信号；若收到错误的数据则重新发送相同的 CMD17 命令。在空闲状态下，读/写控制模块若收到指令解析模块发送的写开始信号，则向命令接口模块发送带地址参数的 CMD24，接着等待命令接口模块返回 CMD24 响应。一旦接收到响应，则对响应进行检查，响应出错时重新发送原 CMD24 给命令接口模块，响应正确时由数据接口模块将 FIFO 中一个 512B 数据块与其 CRC 校验一并写入 e.MMC 设备，同时将数据存入 Write_backup 中备份。数据传送完毕后，数据接口模块返回 CRC 校验结果，结果错误时重新发送原 CMD24 并改变此次数据接口模块取数据的来源，使数据接口模块从 Write_backup 中读取备份数据。CRC 校验正确时，e.MMC 控制器等待 e.MMC 设备完成写操作后返回空闲状态。

（5）命令接口模块：命令接口模块的功能为根据指令解析模块发来的命令构造 CMD 命令，并将其发送给 e.MMC 设备；接收、解析 e.MMC 设备的响应并发送给读/写控制模块。在命令发送过程中，命令接口模块会对命令进行 CRC7 校验码的计算。指令接口模块计算出 40 位命令的 CRC7，与 40 位命令、结束位一起构成 48 位的 CMD 命令发送给 e.MMC 设备。

（6）数据接口模块：该模块的功能是将 Wr_data_fifo 或 Write_backup 中数据写入 e.MMC 设备相应地址中以及将 e.MMC 相应地址中的数据写入 Rd_data_fifo 中。

基于上述对嵌入式存储技术及产品的分析，我们可以发现不同类型的存储器，在存储元电路、存储体架构、外围接口及访问特性等方面既具有一定的相似性又存在较大的差异。不同类型存储器在嵌入式系统中所扮演的角色也不尽相同。设计人员可依据表 4.4 所示存储器的大类型以及性能、功耗、成本约束选择合适的存储产品。

表 4.4　不同类型存储器性能对比

类　型	存储元电路	易失性	写入	擦除方式	擦除大小	擦除周期	价格	访问速度
RAM	双极型晶管、MOS 晶体管	是	是	电擦除	字节	无限制	昂贵	快
DRAM	MOS 管+电容	是	是	电擦除	字节	无限制	适中	适中
DPRAM	同 SRAM 或 DRAM	是	是	电擦除	字节	无限制	同 SRAM 或 DRAM	同 SRAM 或 DRAM
掩膜 ROM	二极管、双极型晶体管、单极型晶体管	否	否	—	—	无限制	适中	快
PROM	熔丝型单极/双极管、单极型晶体管	否	用编程器只写一次	—	—	无限制	适中	快
EPROM	SIMOS、FAMOS	否	用编程器重复写入	紫外线	整个芯片	有限制	适中	快
E^{2}PROM	FLOTOX	否	是	电擦除	字节	有限制	昂贵	读取快，写入较慢
NOR Flash	新型的隧道氧化层 MOS 管	否	是	电擦除	扇区、子扇区	有限制	较贵	读取快，写入较慢
NAND Flash	新型的隧道氧化层 MOS 管、CTF	否	是	电擦除较 NOR 型快	扇区或块	有限制	适中	读取较 NOR 型慢，写入较 NOR 型快很多
FRAM	PZT 型 CMOS 晶体管	否	是	电擦除	字节	无限制	适中	快
BBSRAM	SRAM 存储元	是	是	电擦除	字节	无限制	适中	快
NVSRAM	SRAM 存储元+SONOS	否	是	电擦除	字节	无限制	昂贵	快
e.MMC	MOS 管	否	是	电擦除	扇区	无限制	较贵	快

4.3　ARM 存储系统

ARM 存储系统的体系结构可以适应多种不同的嵌入式应用系统。最简单的存储系统使用普通的地址映射机制，就像在一些简单的单片机系统中一样，地址空间的分配方式是固定的，系统中各部分都使用物理地址。而一些复杂的系统可能包括一种或者多种存储技术，从而可以提供功能更为强大的存储系统。

（1）系统中可能包含多种类型的存储器件，如 Flash、ROM、SRAM 和 SDRAM 等。不同类型的存储器的速度和宽度（位数）等各不相同。比如，在这里介绍芯片包含有 2KB 的片内 ROM，5KB 的片内 SRAM，片外均可以支持 Flash/SRAM，也可以支持 SDRAM。

（2）通过使用 Cache 及 Write Buffer 技术，可以缩小处理器和存储系统的速度差别，从而提高系统的整体性能。

（3）内存管理部件使用内存映射技术实现虚拟空间到物理空间的映射。这种映射机制对于嵌入式系统非常重要。通常，嵌入式系统的程序存放在 ROM/Flash 中，这样，系统断电后，程序能够得到保存。但是 ROM/Flash 和 SDRAM 相比，速度通常要慢很多，而且嵌入系统中通常把异常中断向量表存放在 RAM 中。利用内存映射机制可以解决这种需求、系统加电时，将 ROM/Flash 映射地址 0，这样可以进行一些初始化处理；当这些初始化完成后，将 SDRAM 映射为地址 0，并把系统程序加载到 SDRAM 中运行，这样就能很好地解决嵌入式系统的需求问题了。

（4）引入存储保护机制，增强系统的安全性。

（5）引入一些机制，保证将 IO 操作映射成内存操作后，各种 IO 操作能够得到正确的结果。在简单的存储系统中，这不存在问题。而当系统引入了 Cache 和 Write Buffer 后，就需要一些特别的措施。

本节主要介绍以下内容，在介绍相关内容时，将以恩智浦公司的通用 ARM 芯片 i.MX 6Solo/6Dual 作为例子。

- ARM 中的存储器管理单元（Memory Management Unit，MMU）；
- 高速缓冲存储区和写缓冲器。

在 ARM 中还规定了一种比 MMU 结构更简单且功能更弱的存储管理机制，称为保护部件（Protect Unit，PU），这里对其不做详细介绍，用户如果需要，可以自己查找 ARM 相关的技术文档。

4.3.1　存储器管理单元

1. 存储器管理单元概述

在 ARM 系统中，存储器管理单元（MMU）主要完成以下工作。

（1）虚拟存储空间到物理存储空间的映射。在 ARM 中采用了页式虚拟存储管理。它把虚拟地址空间分成一个个固定大小的块，每一块称为一页，把物理内存的地址空间也分成同样大小的页。页的大小可以分为粗页表和细页表两种。MMU 就要实现从虚拟地址到物理地址的变换。

（2）存储器访问权限的控制。

（3）设置虚拟存储空间的缓冲的特性。

页表（Translate Table）是实现上述这些功能的重要手段，它是一个位于内存中的表。表的每一行对应于虚拟存储空间的一个页，该行也包含了该虚拟内存页（称为虚页）对应的物理内存页（称为实页）的地址、该页的访问权限和该页的缓冲特性等。这里将页表中这样的一行称为一个地址变换条目（Entry）。

页表存放在内存中，系统通常用一个寄存器来保存页表的基地址。在 ARM 中，系统控制协处理器 CP15 的寄存器 C2 用来保存页表的基地址。

从虚拟地址到物理地址的变换过程其实就是查询页表的过程，由于页表存放在内存中，这个查询过程通常代价很大。而程序在执行过程中具有局限性，因此，对页表中各存储器的访问并不是完全随机的。也就是说，在一段时间内，对页表的访问只能局限在少数的几个单元中。根据这一特点，采用一个容量更小（通常为 8～16 个字）、访问速度和 CPU 中通用寄存器相当的存储器件来存放当前访问需要的地址变换条目。这个小容量的页表称为快表。快表在英文的资料中被称为 TLB（Translation Lookasider Buffer）。

当 CPU 需要访问内存时，先在 TLB 中查找需要的地址变换条目。如果该条目不存在，CPU 从位于内存中的页表中查询，并把相应的结果添加到 TLB 中。这样当 CPU 下次又需要该地址变换条目时，就可以从 TLB 中直接得到了，从而使地址变换的速度大大加快。

MMU 可以将整个存储空间分为最多 16 个域（Domain）。每个域对应于一定的内存区域，该区域具有相同的访问控制属性。MMU 中寄存器 C5 和 C6 用于支持这些机制。与 MMU 操作相关的寄存器如表 4.5 所示。

表 4.5　与 MMU 操作相关的寄存器

寄　存　器	作　　　用
寄存器 C1 中的某些位	用于 MMU 的一些操作
寄存器 C2	保存内存中页表的基地址
寄存器 C3	设置域（Domain）的访问控制属性
寄存器 C4	保留
寄存器 C5	内存访问失效状态指示
寄存器 C6	内存访问失效时失效的地址
寄存器 C8	控制与清除 TLB 内容相关的操作
寄存器 C10	控制与锁定 TLB 内容相关的操作

2．禁止/使能 MMU

CP15 的寄存器 C1 的位[0]用于控制禁止/使能 MMU。当 CP15 的寄存器 C1 的位[0]设置成 0 时，禁止 MMU；当 CP15 的寄存器 C1 的位[0]设置成 1 时，使能 MMU。下面的指令使能 MMU：

```
MRC    P15, 0, R0, C1, 0, 0
ORB    R0, #01
MCR    P15, 0, R0, C1, 0, 0
```

1）使能 MMU 时存储访问过程

当 ARM 微处理器请求存储访问时，首先在 TLB 中查找虚拟地址。如果系统中数据 TLB 和指令 TLB 是分开的，在取指令时，从指令 TLB 中查找相应的虚拟地址，对于其他的内存访问操作，从数据 TLB 中查找相应的虚拟地址。

当得到了需要的地址变换条目后，将进行以下的操作。

（1）得到该虚拟地址的物理地址。

（2）根据条目中的 C（Cacheable）控制位和 B（Bufferable）控制位决定是否缓存该内存访问的结果。

（3）根据存取权限控制位和域访问控制位确定该内存访问是否被允许。如果该内存访问不被允许，CP15 向 ARM 微处理器报告存储访问终止。

（4）对于不允许缓存（Uncached）的存储访问，使用步骤（1）中得到的物理地址访问内存。对于允许缓存（Cached）的存储访问，如果 Cache 命中，则忽略物理地址；如果 Cache 没有命中，则使用步骤（1）中得到的物理地址访问内存，并把该块数据读取到 Cache 中。

图 4.39 是允许缓存（Cache）的 MMU 存储访问示意图。

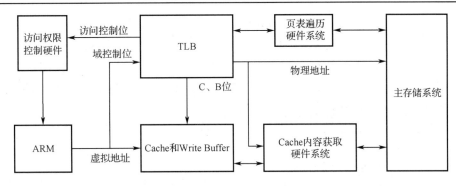

图 4.39　允许缓存的MMU存储访问

2）禁止 MMU 时存储访问过程

当禁止 MMU 时，存储访问规则如下所示。

（1）当禁止 MMU 时，是否支持 Cache 和 Writer Buffer 由各个具体芯片的设计确定。如果芯片规定当禁止 MMU 时禁止 Cache 和 Write Buffer，则存储访问将不考虑 C、B 控制位；如果芯片规定当禁止 MMU 时可以使能 Cache 和 Write Buffer，则数据访问时，C=0，B=0；指令读取时，如果使用分开的 TLB，则 C=1，如果使用统一的 TLB，则 C=0。

（2）存储访问不进行权限控制，MMU 也不会产生存储访问中终止信号。

（3）所有的物理地址和虚拟地址相等，即使用普通存储模式。

3）禁止/使能 MMU 时应注意的问题

禁止/使能 MMU 时应注意下面几点。

（1）在使能 MMU 之前，要在内存中建立页号表，同时 CP15 中的各相关寄存器必须完成初始化。

（2）如果使用的不是普通存储模式（物理地址和对应的虚拟地址相等），在禁止/使能 MMU 时，虚拟地址和物理地址的对应关系会发生改变，这时应该清除 Cache 中的当前地址变换条目。

（3）如果完成禁止/使能 MMU 的代码的物理地址和虚拟地址不相同，则禁止/使能 MMU 时将造成很大的麻烦，因此强烈建议完成禁止/使能 MMU 的代码的物理地址和虚拟地址最好相同。

3. MMU 中的地址变换过程

前面已经介绍过，虚拟存储空间到物理存储空间的映射是以内存块为单位进行的，即虚拟存储空间中一块连续的存储空间被映射成物理存储空间中同样大小的一块连续存储空间。在页表中（TLB 中也是一样的），每一个地址变换条目实际上记录了一个虚拟存储空间的存储块的基地址与物理存储空间相应的一个存储块的基地址的对应关系。根据存储块大小，可以有多种地址变换。

ARM 支持的存储块大小有以下几种。

- 段（section）：是大小为 1MB 的存储块；
- 大页（Large Pages）：是大小为 64KB 的存储块；
- 小页（Small Pages）：是大小为 4KB 的存储块；
- 极小页（Tiny Pages）：是大小为 1KB 的存储块。

通过采用另外的访问控制机制，还可以将大页分成大小为 16KB 的子页；将小页分成大小为 1KB 的子页。极小页不能再细分，只能以 1KB 大小的整页为单位。

在 MMU 中采用下面两级页表实现地址映射：

- 一级页表中包含有以段为单位的地址变换条目表以及指向二级页表的指针，一级页表实现的地址映射粒度较大；
- 二级页表中包含以大页和小页为单位的地址变换条目，其中，一种类型的二级页表中还包含有以极小页为单位的地址变换条目。

通常，以段为单位的地址变换过程只需要一级页表，而以页为单位的地址变换过程还需要二级页表。下面介绍这些地址变换过程。

1）基于一级页表的地址变换过程

只涉及一级页表的地址变换过程称为一级地址变换过程。一级地址变换过程如图 4.40 所示。CP15 的寄存器 C2 中存放的是内存中页表的基地址。其中，位[31:14]为内存中页表的基地址位，[13:0]为 0。因此一级页表的基地址必须是 16KB 对齐的。CP15 的寄存器 C2 的位[31:14]和虚拟地址的位[31:20]结合，作为一个 32 位数的高 30 位，再将该 32 位数的低两位置为"00"，从而形成一个 32 位的索引值。使用该 32 位的索引值从页表中可以查到一个 4 字节的地址变换条目。该条目包含一个一级描述符（First-level Descriptor）或者包含一个指向二级页表的指针。

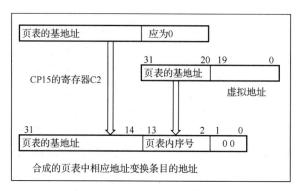

图 4.40　一级地址变换过程

根据上面的过程，可以得到页表中相应的地址变换条目。该条目称为一级描述符，该描述符定义了与之相应的 1MB 存储空间是如何映射的。一级描述符的位[1:0]定义了该一级描述符的类型，共有下面 4 种格式的一级描述符。

- 如果位[1:0]为"00"，相应的 1MB 虚拟存储空间没用被映射到物理存储空间，因而访问该存储空间将产生地址变换失效信号。MMU 硬件没有使用位[31:2]，软件可以使用它。
- 如果位[1:0]为"10"，该一级描述符为段描述符（Section Descriptor），段描述符定义了对应的 1MB 的虚拟存储空间的地址映射关系。
- 如果位[1:0]为"01"，该一级描述符中包含了粗页表的二级页表的物理地址。该粗页表二级页表定义了对应的 1MB 的虚拟存储空间的地址映射关系。它可以实现以大页和小页为单位的地址映射。
- 如果位[1:0]为"11"，该一级描述符中包含了细页表的二级页表的物理地址。该细页表二级页表定义了对应的 1MB 的虚拟存储空间的地址映射关系。它可以实现以大页、小页和极小页为单位的地址映射。

一级描述符可能的格式如表 4.6 所示。

表 4.6 一级描述符可能的格式

	31	20	19	12	11	10	9	8	5	4	3	2	1	0
无效													0	0
粗页表	粗页表二级页表的基地址					0	域			用户定义			0	1
段	段基地址		应为 0		AP		0	域			C	B	1	0
细页表	细页表二级页表的基地址			应为 0			域			用户定义			1	1

（1）段描述符及其地址变换过程

当一级描述符的位[1:0]为"10"时，该一级描述符为段描述符（Section Descriptor），其格式如表 4.7 所示，其中，各字段的含义如表 4.8 所示。

表 4.7 段描述符格式

31	20	19	12	11	10	9	8	5	4	3	2	1	0
段基地址		应为 0		AP		0	域		由用户定义	C	B	1	0

表 4.8 段描述符中各字段的含义

字 段	含 义
位[31:20]	该段对应的物理空间的基地址的高 12 位
位[19:12]	当前未定义，应为 0
位[11:10]	访问权限控制位，在前面已经有详细介绍
位[9]	当前未使用，应为 0
位[8:5]	本段所在的域标识符
位[4]	由用户定义
位[3:2]	C、B 控制位
位[1:0]	一级描述符的类型标识符

基于段的地址变换的过程如图 4.41 所示。

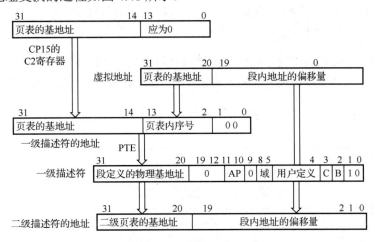

图 4.41 基于段的地址变换的过程

（2）粗页表描述符

一级描述符的位[1:0]为"01"时，该一级描述符中包含了粗页表的二级页表的物理地址，这种一级描述符称为粗页表描述符。其格式如表 4.9 所示，其中，各字段的含义如表 4.10 所示。

表 4.9　粗页表描述符格式

31　　　　　　　　　　　　　　　　　　　　　10	9	8　　　5	4　　　2	1	0
粗页表二级页表的地址	0	域	用户定义	0	1

表 4.10　粗页表描述符中各字段的含义

字　　段	含　　义
位[31:10]	粗页表二级页表的基址，该地址是 4KB 对齐的
位[9]	当前未定义，应为 0
位[8:5]	本段所在的域标识符
位[4:2]	由用户定义
位[1:0]	一级描述符的类型标识

由粗页表描述符获取二级描述符（Second-level Descriptor）的过程如图 4.42 所示。

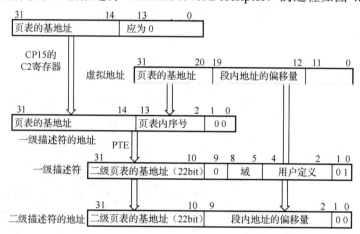

图 4.42　由粗页表描述符获取二级描述符的过程

（3）细页表描述符

一级描述符的位[1:0]为"11"时，该一级描述符中包含了细页表的二级页表的物理地址，这种一级描述符称为细页表描述符。其格式如表 4.11 所示，其中，各字段的含义如表 4.12 所示。

表 4.11　细页表描述符格式

31　　　　　　　　　　　　　　　12	11　　9	8　　　5	4　　　2	1　　0
细页表二级页表的地址	0	域	用户定义	1　1

表 4.12　细页表描述符中各字段的含义

字　　段	含　　义
位[31:12]	细页表二级页表的基址，该地址是 1KB 对齐的
位[11:9]	当前未定义，应为 0
位[8:5]	本段所在的域标识符
位[4:2]	由用户定义
位[1:0]	一级描述符的类型标识 11

2）基于二级页表的地址变换过程

二级页表有两种：粗页表的二级页表和细页表的二级页表。粗页表二级页表中的每一个地址变换条目定义了如何将一个 4KB 大小的虚拟空间映射到同样大小的物理空间，同时定义了该空间的访问权限以及域控制属性等。由于每个粗页表的二级页表定义了 1MB 大小的虚拟空间的映射关系，而每个条目（也称为 PTE）定义了 4KB 大小的虚拟空间映射关系，每个条目的大小为 4 字节，因而每个粗页表二级页表大小为 1KB。

由细页表描述符获取二级描述符的过程如图 4.43 所示。细页表二级页表中的每一个地址变换条目定义了如何将一个 1KB 大小的虚拟空间映射到同样大小的物理空间，同时定义了该空间的访问权限以及域控制属性等。由于每个细页表的二级页表定义了 1MB 大小的虚拟空间的映射关系，而每个条目（也称为 PTE）定义了 1KB 大小的虚拟空间映射关系，每个条目的大小为 4 字节，因而每个细页表二级页表大小为 4KB。

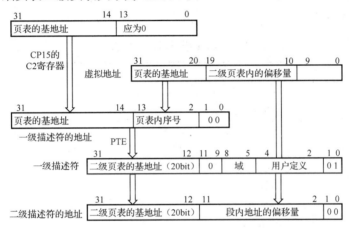

图 4.43　由细页表描述符获取二级描述符的过程

ARM 中基于页的地址映射有以下 3 种方式。

- 大页：大小为 64KB 的存储块；
- 小页：大小为 4KB 的存储块；
- 极小页：大小为 1KB 的存储块。

页表中，用于描述一个虚拟存储页（虚页）地址映射关系的条目称为页描述符（Page Descriptor）。对于大页来说，其大小为 64KB，因而在粗页表的二级页表中，对应有 16 个页描述符，在细页表的二级页表中对应有 64 个页描述符。对于小页来说，其大小为 4KB，因而在粗页表的二页表中对应有 1 个页描述符，在细页表的二级页表中对应有 4 个页描述符。

综上所述，页描述符有以下 4 种格式（如表 4.13 所示），其中位[1:0]用于标识页描述符的格式。

- 如果位[1:0]为"00"，相应的虚拟存储空间没用被映射到物理存储空间，因而访问该存储空间将产生地址变换失效信号，硬件没有使用位[31:2]，软件可以使用它。
- 如果位[1:0]为"10"，该二级页描述符是一个小页的页描述符。该描述符定义了 4KB 的虚拟存储空间的地址映射关系。一个小页所对应的页描述符在细页表的二级页表中重复 4 次。
- 如果位[1:0]为"01"，该二级页描述符是一个大页的页描述符。该描述符定义了 64KB 的虚拟存储空间的地址映射关系。一个大页所对应的页描述符在粗页表的二级页表中重复 16 次，它对应的页描述符在细页表的二级页表中重复 64 次。

- 如果位[1:0]为"11"，该二级页描述符是一个极小页的页描述符。该描述符定义了 1KB 的虚拟存储空间的地址映射关系。

表 4.13　4 种页描述符的格式

31　　　　16	15　12	11　　10	9　　　8	7　　6	5　　4	3	2	1　0
无效								0 0
大页基地址	应为 0	AP3	AP2	AP1	AP0	C	B	0 1
小页基地址		AP3	AP2	AP1	AP0	C	B	1 0
极小页基地址			应为 0		AP	C	B	1 1

（1）大页描述符以及相关的地址变换

当页描述符的位[1:0]为"01"时，该二级描述符为大页描述符。其格式如表 4.13 所示，其中各字段的含义如表 4.14 所示。

表 4.14　大页描述符各字段的含义

字　　段	含　　义
位[31:16]	该虚拟大页对应的物理页的基地址的高 16 位
位[15:12]	当前未定义，应为 0
位[11:4]	访问权控制位。一个大页分为 4 个子页。 AP3：子页 4 的访问权限控制； AP2：子页 3 的访问权限控制； AP1：子页 2 的访问权限控制； AP0：子页 1 的访问权限控制
位[3:2]	C、B 控制位
位[1:0]	页描述符的类型标识

大页地址变换过程如图 4.44 所示。

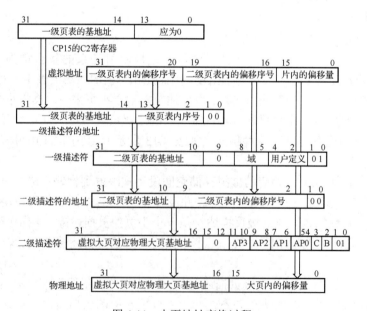

图 4.44　大页地址变换过程

（2）小页描述符以及相关的地址变换

当页描述符的位[1:0]为"10"时，该二级描述符为下页描述符。其格式如表 4.13 所示，其中各字段的含义如表 4.15 所示。

表 4.15　小页描述符各字段的含义

字　　段	含　　义
位[31:12]	该虚拟小页对应的物理页的基地址的高 20 位
位[11:4]	访问权控制位。一个小页分为 4 个子页。 AP3：子页 4 的访问权限控制； AP2：子页 3 的访问权限控制； AP1：子页 2 的访问权限控制； AP0：子页 1 的访问权限控制
位[3:2]	C、B 控制位
位[1:0]	页描述符的类型标识

小页地址变换过程如图 4.45 所示。

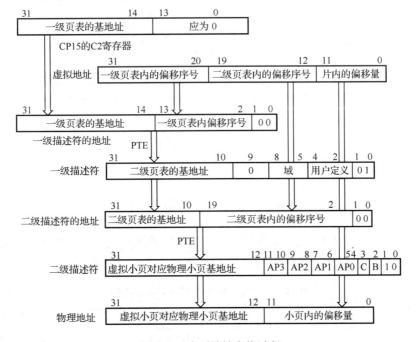

图 4.45　小页地址变换过程

（3）极小页描述符以及相关的地址变换

当页描述符的位[1:0]为"11"时，该二级描述符为极小页描述符。极小页描述符格式如表 4.13 所示，其中各字段的含义如表 4.16 所示。

表 4.16　极小页描述符各字段的含义

字　　段	含　　义
位[31:10]	该虚拟极小页对应的物理页的基地址的高 22 位
位[9:6]	当前未使用，应为 0

续表

字　　段	含　　义
位[5:4]	访问权限控制位
位[3:2]	C、B 控制位
位[1:0]	页描述符的类型标识

极小页地址变换过程如图 4.46 所示。

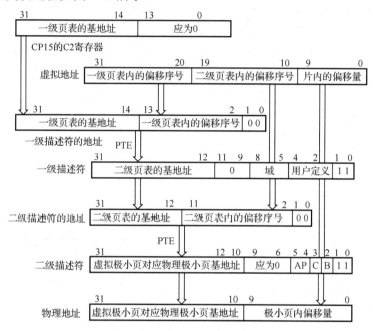

图 4.46　极小页地址变换过程

4. MMU 中的存储访问权限控制

在 MMU 中，寄存器 C1 的 R、S 控制位和页表中的地址变换条目中的访问权限控制位联合作用，控制存储访问的权限。具体规则如表 4.17 所示。

表 4.17　MMU 中的存储访问权限控制

AP	S　R	特权级的访问权限	用户级的访问权限
00	0　0	没有访问权限	没有访问权限
00	1　0	只读	没有访问权限
00	0　1	只读	只读
00	1　1	不可预知	不可预知
01	X　X	读/写	没有访问权限
10	X　X	读/写	只读
11	X　X	读/写	读/写

5. MMU 中的域

MMU 中的域指的是一些段、大页或者小页的集合。ARM 支持最多 16 个域，每个域的访问控制特性由 CP15 的寄存器 C3 中的两位来控制。这样就能很方便地将某个域的地址空间包含在虚拟存储空间中,或者排除在虚拟存空间之外。

　　CP15 的寄存器 C3 的格式如表 4.18 所示。其中,每两位控制一个域的访问控制特性,其编码及对应的含义如表 4.19 所示。

表 4.18　CP15 的寄存器 C3 的格式

D15	D14	D13	D12	D11	D10	D9	D8	D7	D6	D5	D4	D3	D2	D1	D0

表 4.19　域的访问控制字段编码及含义

控制位编码	访问类型	含义
11	管理者权限	不考虑页表中地址变换条目中的访问权限控制位。这种情况下不会产生访问失效
10	保留	使用该值会产生不可预知的结果
01	客户类型	根据页表中地址变换条目中的访问权限控制位决定是否允许特定的存储访问
00	没有访问权限	访问该域将产生访问失效

6．关于快表的操作

1）使无效（Invalidate）快表的内容

　　当内存中的页表内容改变,或者通过修改系统控制协处理器 CP15 的寄存器 C2 来使用新的页表时,TLB 中的内容需要全部或者部分使无效（Invalidate）。所谓“使无效”,是指将 TLB 中的某个地址变换条目标识成无效,从而在 TLB 中找不到该地址变换条目,而需要到内存页表中查找该地址变换条目。如果不进行 TLB 内容使无效操作,可能造成同一地址对应于不同的物理地址（TLB 中保存了旧的地址映射关系,而内存的页表中保存了新的地址映射关系）。MMU 提供了相关的硬件支持这种操作。

　　有时候可能页表只是部分内容改变了,只影响了很少的地址映射关系。这种情况下,只使无效 TLB 中对应的单个地址变换条目可能会提高系统的性能。MMU 提供了这样的操作。

　　系统控制协处理器 CP15 的寄存器 C8 就是用来控制清除 TLB 内容的相关操作的。它是一个只读的寄存器。使用 MRC 指令读取该寄存器,将产生不可预知的结果。使用 MCR 指令来写该寄存器,具体格式如下所示:

```
MCR    P15，0，<Rd>，<C8>，<CRm>，<opcode_2>
```

其中,<Rd>中为将写入 C8 中的数据；<CRm>和<opcode_2>的不同组合决定指令执行不同的操作,具体含义如表 4.20 所示。

表 4.20　使无效快表内容的指令格式

指令	<opcode_2>	<CRm>	<Rd>	含义
MCR,p15,0,Rd,c8,c7,0	000	0111	0	使无效整个 Cache 或者使无效整个数据 Cache 和指令 Cache
MCR,p15,0,Rd,c8,c7,0	001	0111	虚拟地址	使无效统一 Cache 中的单个地址变换条目
MCR,p15,0,Rd,c8,c7,0	000	0101	0	使无效整个指令 Cache
MCR,p15,0,Rd,c8,c7,0	001	0101	虚拟地址	使无效指令 Cache 中的单个地址变换条目
MCR,p15,0,Rd,c8,c7,0	000	0110	0	使无效整个数据 Cache
MCR,p15,0,Rd,c8,c7,0	001	0110	虚拟地址	使无效数据 Cache 中的单个地址变换条目

实际上，当系统中采用了统一的数据 Cache 和指令 Cache 时，表 4.20 中的第 2 行、第 4 行、第 6 行中指令的功能是相同的；同样地，表 4.20 中的第 3 行、第 5 行、第 7 行中指令的功能也是相同的。

2）锁定快表的内容

MMU 可以将某些地址变换条目锁定（Locked Down）在 TLB 中，从而使得进行与该地址变换条目相关的地址变换速度保持很快。在 MMU 中，寄存器 C10 用于控制 TBL 内容的锁定。

（1）寄存器 C10 的格式如表 4.21 所示。

表 4.21　C10 的格式

31　　30　　　　　　　　　　　16	15　　　　　　　　　　　　　　8	7　　　　1	0
可被替换的条目起始地址 base	下一个将被替换的条目地址 victim	0	P

其中，字段 victim 指定下一次 TLB 没有命中（所需的地址变换条目没有包含在 TLB 中）时，从内存页表中读取所需的地址变换条目，并把该地址变换条目保存在 TLB 中地址 victim 处。

字段 base 指定 TLB 替换时所使用的地址范围，从（base）到（TLB 中条目数-1）。字段 victim 的值应该包含在该范围内。

当字段 P=1 时，写入 TLB 的地址变换条目不会受使无效整个 TLB 的操作所影响。当字段 P=0 时，写入 TLB 的地址变换条目将会受到使无效整个 TLB 的操作的影响。使无效整个 TLB 的操作是通过操作寄存器 C8 实现的。

访问寄存器 C10 的指令格式如下所示：

```
MCR    P15，0，<Rd>，<C10>，C0，<opcode_2>
MRC    P15，0，<Rd>，<C10>，C0，<opcode_2>
```

当系统中包含独立的数据 TIB 和指令 TLB 时，对应于数据 TLB 和指令 TLB 分别有一个独立的 TLB 内容锁定寄存器。上面指令中的操作数<opcode_2>用于选择其中的某个寄存器：

- <opcode_2>=l：选择指令 TLB 的内容锁定寄存器；
- <opcode_2>=0：选择数据 TLB 的内容锁定寄存器。

当系统使用统一的数据 Cache 和指令 Cache 时，操作数<opcode_2>的值应为 0。

（2）锁定 TLB 中 N 条地址变换条目的操作序列如下。

① 确保在整个锁定过程中不会发生异常中断，可以通过禁止中断等方法实现。

② 如果锁定的是指令 TLB 或者统一的 TLB，将 base=N、victim=N、P=0 写寄存器 C10 中。

③ 使无效整个将要锁定的 TLB。

④ 如果想要锁定的是指令 TLB，确保与锁定过程所涉及到的指令相关的地址变换条目已经加载到指令 TLB 中；如果想要锁定的是数据 TLB，确保与锁定过程所涉及到的数据相关的地址变换条目已经加载到指令 TLB 中；如果系统使用的是统一的数据 TLB 和指令 TLB，上述两条都要得到保证。

⑤ 对于 i=0 到 N-1，重复行下面的操作：

- 将 base=i、victim=i、P=1 写入寄存器 C10 中。
- 将每一条想要锁定到快表中的地址变换条目读取到快表中。对于数据 TLB 和统一 TLB 可以使用 LDR 指令读取一个涉及该地址变换条目的数据，将该地址变换条目读取到 TLB 中；对于指令 TLB，通过操作寄存器 C7，将相应的地址变换条目读取到指令 TLB 中。

⑥ 将 base=N、victim=N、P=0 写入寄存器 C10 中。

解除 TLB 中被锁定的地址变换条目，可以使用下面的操作序列。

通过操作寄存器 C8，使无效 TLB 中各被锁定的地址变换条目。

将 base=0、victim=0、P=0 写入寄存器 C10 中。

4.3.2　高速缓冲存储器（Cache）和写缓冲区

通常 ARM 微处理器的主频为几十 MHz，有的已经达到 1000MHz 以上，而一般的主存储器使用动态存储器（DRAM），其存储周期仅为 100～200ns。如果指令和数据都存放在主存储器中，主存储器的速度将会严重制约整个系统的性能。高速缓冲存储器（Cache）和写缓冲区（Write Buffer）位于主存储器和 CPU 之间，主要用来提高存储系统的性能。本节主要介绍与这两种技术相关的基本概念。

1．基本概念

高速缓冲存储器是全部用硬件来实现的，因此，它不仅对应用程序员是透明的，而且对系统程序员也是透明的。Cache 与主存储器之间以块为单位进行数据交换。当 CPU 读取数据或者指令时，它同时将读取到的数据或者指令保存到一个 Cache 块中。这样，当 CPU 第二次需要读取相同的数据时，它可以从相应的 Cache 块中得到相应的数据。因为 Cache 的速度远远快于主存速度，系统的整体性能就得到很大的提高。实际上，在程序中，通常相邻的一段时间内 CPU 访问相同数据的概率是很大的，这种规律称为时间局部性。时间局部性保证了系统采用 Cache 后，通常性能都能得到很大的提高。

不同系统中，Cache 块的大小也是不同的。通常 Cache 块的大小为几个字。这样，当 CPU 从主存储器中读取一个字的数据时，它会将存储器中与 Cache 块同样的数据读取到 Cache 的一个块中。比如，如果 Cache 块大小为 4 个字，当 CPU 从主存储器中读取地址为 n 的字数据时，它同时将地址为 n、$n+1$、$n+2$、$n+3$ 的 4 个字的数据读取到 Cache 中的一个块中。这样，当 CPU 需要读取地址为 $n+1$、$n+2$ 或者 $n+3$ 的数据时，它就可以从 Cache 中得到该数据，系统的性能将得到很大的提高。

写缓冲区是由一些高速的存储器构成的。它主要用来优化主存储器中的写入操作。

2．Cache 的工作原理和地址映像方式

1）Cache 的工作原理

在 Cache 存储系统中，把 Cache 和主存储器都划分成相同大小的块。因此，主存地址可以由块号 B 和块内地址 W 两部分组成。同样，Cache 的地址也可以由块号 b 和块内地址 w 组成。Cache 的工作原理如图 4.47 所示。

当 CPU 要访问 Cache 时，CPU 送来主存地址，放到主存地址寄存器中。通过地址变换部件把主存地址中的块号 B 变换成 Cache 的块号 b，并放到 Cache 地址寄存器中。同时将主存地址中的块内地址 W 直接作为 Cache 的块内地址 w 装入 Cache 地址寄存器中。如果变换成功（称为 Cache 命中），就用得到的 Cache 地址去访问 Cache，从 Cache 中取出数据送到 CPU 中。如果变换不成功，则产生 Cache 失效信息，并且用主存地址访问主存储器。从主存储器中读出一个字送往 CPU，同时，把包含被访问字在内的一整块都从主存储器读出来，装入 Cache 中。这时，如果 Cache 已经满了，则要采用某种 Cache 替换策略把不常用的块先调出到主存储器中相

应的块中，以便腾出空间来存放新调入的块。由于程序具有局部性特点，每次块失效时都把一块（由多个字组成）调入 Cache 中，能够提高 Cache 的命中率。

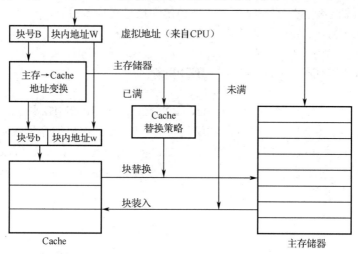

图 4.47　Cache的工作原理

通常，Cache 的容量比较小，主存储器的容量要比它大得多。那么，Cache 中的块与主存储器中的块是按照什么样的规则建立对应关系的呢？在这种对应关系下，主存地址又是如何变换成 Cache 地址的呢？

2）Cache 地址映像方式和变换方法

在 Cache 中，地址映像是指把主存地址空间映像到 Cache 地址空间，具体地说，就是把存放在主存中的程序按照某种规则装入 Cache 中，并建立主存地址到 Cache 地址之间的对应关系。而地址变换是指当程序已经装入 Cache 后，在实际运行过程中，把主存地址如何变换成 Cache 地址。

地址映像和变换是密切相关的。采用什么样的地址映射方式，就必然有与这种映像方式相对应的地址变换方法。

无论采用什么样的地址映像方式和变换方法，都要把主存和 Cache 划分成同样大小的存储单位，每个存储单位称为"块"，在进行地址映像和变换时，都是以块为单位进行调度。

常用的地址映像方式和变换方法包括全相联地址映像方式和变换方法、直接地址映像方式和变换方法及组相联地址映像方式和变换方法。

（1）全相联地址映像方式和变换方法

在全相联地址映像方式中，主存中任意一块可以映射到 Cache 中的任意一块的位置上。如果 Cache 的块容量为 Cb，主存的块容量为 Mb，则主存和 Cache 之间的映像关系共有 Mb/Cb 种。如果采用目录表来存放这些映像关系，则目录表的容量为 Mb/Cb。

（2）直接地址映像方式和变换方法

直接映像是一种最简单，也是最直接的方法。主存的一块只能映像到 Cache 中的一个特定的块中。假设主存的块号是 B，Cache 的块号为 b，则它们之的映像关系可以用下面的公式标识：

b = B mode Cb。其中，Cb 为 Cache 的块容量。

（3）组相联地址映像方式和变换方法

在组相联地址映像方式和变换方法中，把主存和 Cache 按同样大小划分成组（Set），每一个组都由相同的块数组成。

由于主存储器的容量比 Cache 的容量大得多，因此，生存的组数要比 Cache 的组数多。从主存的组到 Cache 的组之间采用直接映像方式。在主存中的一组与 Cache 中的一组之间建立了直接映像关系之后，在两个对应的组内部采用全相联地址映像方式。

在 ARM 中，采用的是组相联地址映像和变换方法。如果 Cache 的块大小为 2^L，则同一块中的各地址中的位[31:L]是相同的。如果 Cache 中组的大小（每组中包含的块数）为 2^S，则虚拟地址的位[L+S-1:L]用于选择 Cache 中的某个组。虚拟地址中其他位[31:L+S]包含了一些标志位。

这里将 Cache 每组中的块数称为组容量（Set-associativity）。上述 3 种映像方式即对应了不同的组容量。当组容量为 Cache 中的块数时，对应的地址映像方式即全相联地址映像方式；当组容量为 1 时，对应的地址映像方式即直接地址映像方式；组容量为其他值时，通常称为组相联地址映像方式。

在组相联地址映像方式中，Cache 的大小 CACHE_SIZE（字节数）可以通过如下所示的公式来计算：CACHE SIZE=LINELEN×ASSOCIATIVITY×NSETS。其中：

- LINELEN 为 Cache 块的大小令；
- ASSOCIATIVITY 为组容量；
- NSETS 为 Cache 的组数。

3. Cache 的分类

Cache 种类繁多，可以按照多种标准对其进行分类，如按 Cache 的大小和按 Cache 中内容写回主存中的方式等来分类。本节主要介绍不同种类 Cache 的一些特点。

1）统一/独立的数据 Cache 和指令 Cache

如果一个存储系统中指令预取时使用的 Cache 和数据读时使用同一 Cache，称系统使用了统一的 Cache。

如果一个存储系统中指令预取时使用的 Cache 和数据读/写时使用的 Cache 是各自独立的，这时，称系统使用了独立的 Cache。其中，用于指令预取的 Cache 称为指令 Cache，用于数据读/写的 Cache 称为数据 Cache。

系统可能只包含有指令 Cache，或者只包含有数据 Cache。在这种情况下，系统配置时，可以作为使用了独立的 Cache。

使用独立的数据 Cache 和指令 Cache，可以在同一个时钟周期中读取指令和数据，而不需要双端口的 Cache。但这时候，要注意保证指令和数据的一致性。

2）写通（Write-through）Cache 和写回（Write-back）Cache

当 CPU 更新了 Cache 的内容时，要将结果写回到主存中，通常有两种方法：写通法和写回法。

写回法是指 CPU 在执行写操作时，被写的数据只写入 Cache，不写入主存。仅当需要替换时，才把已经修改的 Cache 块写回到主存中。在采用这种更新算法的 Cache 块表中，一般有一个修改位。当一块中的任何一个单元被修改时，这一块的修改位被设置为"1"，否则这一块的修改位仍保持为"0"。在需要替换这一块时，如果对应的修改位为"1"，则必须先把这一块写到主存中去之后，才能再调入新的块。如果对应的修改位为"0"，则不必把这一块写到主存中，只要用新调入的块覆盖该块即可。

采用写回法进行数据更新的 Cache 称为写回 Cache。

写通法是指 CPU 在执行写操作时，必须把数据同时写入 Cache 和主存。这样，在 Cache

的块表中就不需要"修改位"。当某一块需要替换时，也不必把这一块写回到主存中去，新调入的块可以立即把这一块覆盖掉。

采用写通法进行数据更新的 Cache 称为写通 Cache。

可以从下面几个方面来比较写回法和写通法的优缺点。

（1）可靠性。写通法要优于写回法。因为写通法能够始终保持 Cache 是主存的正确副本，当 Cache 发生错误时，可以从主存纠正。

（2）与主存的通信量。一般情况下，写回法少于写通法。可以从两个方面来理解这个问题。一方面，由于 Cache 的命中率很高，对于写回法，CPU 的绝大多数写操作只需要写 Cache，不必写主存。另一方面，当写 Cache 块发生失效时，要写一个块到主存。而写通法每次需要将数据写入 Cache 和主存。

（3）控制的复杂性。写通法比较简单。写通法无条件写 Cache 和主存；而写回法是否写主存要根据标志位。

总的来说，写通法在每次写 Cache 时，写主存增加了时间开销；而写回法只更新 Cache，是否访问主存要看修改标志位。

3）读操作分配 Cache 和写操作分配 Cache

在进行读/写操作时，可能 Cache 未命中，这时根据 Cache 执行的操作不同，可以将 Cache 分为两类：读操作分配（Read-allocate）Cache 和写操作分配（Write-allocate）Cache。

对于读操作分配 Cache，当进行数据读/写时，如果 Cache 未命中，只是简单地将数据写入主存中，主要在数据读取时，才进行 Cache 内容预取。

对于写操作分配 Cache，当进行数据写操作时，如果 Cache 未命中，Cache 系统将会进行 Cache 内容预取，从主存中将相应的块读取到 Cache 相应的位置，并执行写操作，把数据写入 Cache 中。对于写通类型的 Cache，数据将会同时被写入主存中。对于写回类型的 Cache，数据将在合适的时候写回主存中。

由于写操作分配 Cache 增加了 Cache 内容预取的次数，它增加了写操作的开销，但同时可能提高 Cache 的命中率，因此，这种技术对于系统的整体性能的影响与程序中读操作和写操作数量有关。

4．Cache 的替换算法

在把主存地址变换成 Cache 地址的过程中，如果发现 Cache 块失效，则需要从主存中调入一个新块到 Cache 中。而来自主存中的这个新块往往可以装入 Cache 的多个块中。当可以装入这个新块的几个 Cache 块都已经装满时，就要使用 Cache 替换算法，从那些块中找出一个不常用的块，把它调回到主存中原来存放它的那个地方，腾出一个块存放从主存中调来的新块。在 ARM 中常用替换算法有两种：随机替换算法和轮转法。

（1）随机替换算法通过一个伪随机数发生器产生一个伪随机数，用新块将编号为该伪随机数的 Cache 块替换掉。这种算法很简单，易于实现。但是，它没有考虑程序局部性的特点，也没有利用历史上的块地址流的分布情况，因而效果较差。同时，这种算法不易预测最坏情况下 Cache 的性能。

（2）轮转法维护一个逻辑的计数器，利用该计数器依次选择将要被替换出去的 Cache 块，这种算法容易预测最坏情况下 Cache 的性能。但它有一个明显的缺点，在程序发生很小的变化时，可能造成 Cache 平均性能急剧的变化。

4.4　ARM i.MX 6Solo/6Dual 存储系统的实例

1. SDRAM 电路

i.MX 6Solo/6Dual 内部包含了一个 DRAM 控制器的管理模块，叫 i.MX6X DDR，包含 DDR 控制所需的数据线、地址线和控制线。在 i.MX 6Solo/6Dual 系统中，DDR 被映射到 MMU #0 控制端口，DDR Memory Config[1:0]配置成 "00"。DDR SDRAM 起始地址是 0X1000_0000，结束地址是 0XFFFF_FFFF，容量最大可达 3840MB。本文使用 i.MX 6Solo/6Dual 连接 4 片 2Gb 的 DDR3，如图 4.48 所示。

CPU 的 64 位数据线 DRAM_D63～DRAM_D0 分 4 组，分别接在不同的 DDR3 的 DQ[15:0]。 2G_DDR3_SDRAM_128M×16 是每颗芯片的容量，表示 2Gbit 的 DDR3_SDRAM，16 位的宽度 128MB 容量。4 片 2G_DDR3_SDRAM_128M×16 是 1GB 的容量，称为 1G 字节。本教材配套 实验箱的 RAM 的容量是 1G 字节。寻址 128MB 需要 27 位地址线，包括 17 位行地址线和 10 位列地址线，行地址线又包括 3 位的 Bank 选择线（BA[2:0]）和 14 位的行地址线（A[13:0]）。 CPU 通过这 17 根地址线将行地址和列地址分两次送到 SDRAM 端，分别传送行地址和列地址 也是 SDRAM 通常的做法。这是一种用时间换取空间的作法，目的是节省地址线，便于存储器 的封装。同时，分别传送行列地址也便于 SDRAM 锁存和访问存储器。4 片 DDR3 的 LDQS/nLDQS （低字节差分选通）和 UDQS/nUDQS（高字节差分选通）分别接到 i.MX 6Solo/6Dual 的 8 组 byte 数据位对应的 DRAM_SDQSn/DRAM_SDQSn_B（n 取值是 0～7）。4 片 DDR3 共有 4 个 UDM （Upper data mask）和 4 个 LDM（Lower data mask）。数据屏蔽位和选通信号一起实现数据的有 效传达。nRAS、nCAS、nWE 是 SDRAM 状态机控制信号，它们以相同的方式连接在 i.MX 6Solo/6Dual 上。CKE 是时钟使能信号，也以相同的方式连接在 i.MX 6Solo/6Dual 上。ODT 是 片上终端电阻，也以相同的方式连接在 i.MX 6Solo/6Dual 上。差分时钟 CK 和 nCK 两片连接到 i.MX 6Solo/6Dual 的 SDCLK_0 和 nSDCLK_0 上，另两块连接到 i.MX 6Solo/6Dual 的 SDCLK_1 和 nSDCLK_1 上。复位信号 nRESET 都连接到 i.MX 6Solo/6Dual 的 DRAM_RESET_B 上。

2. e.MMC 电路

本教材配套实验箱使用 8GB 的 e.MMC 芯片 KLM8G1WEPD 作为系统的非遗失存储器，存 储系统的程序，包括操作系统和应用程序。相比于传统的 ROM，NAND Flash 和 e.MMC 在现 代嵌入式系统中使用得更加广泛。e.MMC 自带控制逻辑的芯片，比 NANDFlash 的传输速度更 快，底层的开发更加方便，不用考虑 NANDFlash 的坏块处理。

e.MMC 是系统的启动设备，BootLoader 相关代码固化其中。当需要从 e.MMC 启动时，Boot 启动选择的 BOOT_CFG1[7]、BOOT_CFG1[6]、BOOT_CFG1[5]引脚的电平应该选择 "011"。

图 4.49 是实验系统 e.MMC 电路图，EMMC_VDDI 电压可取 2.7～3.6V，通常取 3.3V，这 样整个 e.MMC 芯片的电源为单一 3.3V 电源。芯片适配的 8 个 104 电容为典型配置。此处的电 容有两个作用：去耦以及防止电源电压瞬间跌落。存储器的 8 根数据线连接在 CPU 的 SD4 数 据线上。

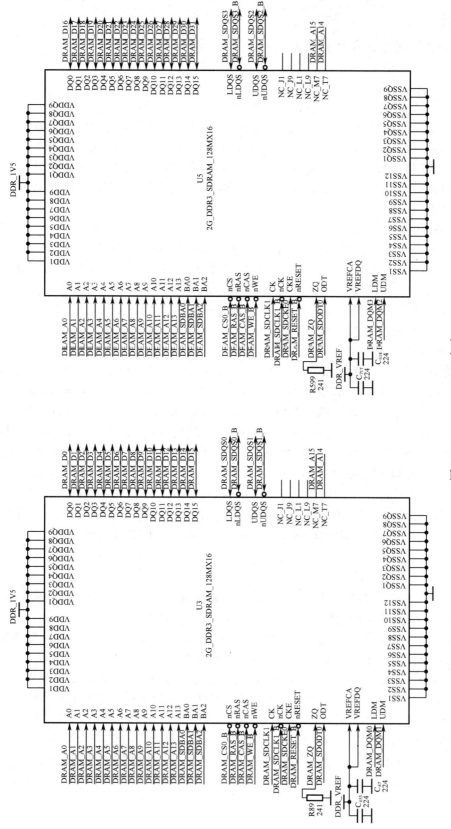

图4.48　DDR3 SDRAM电路

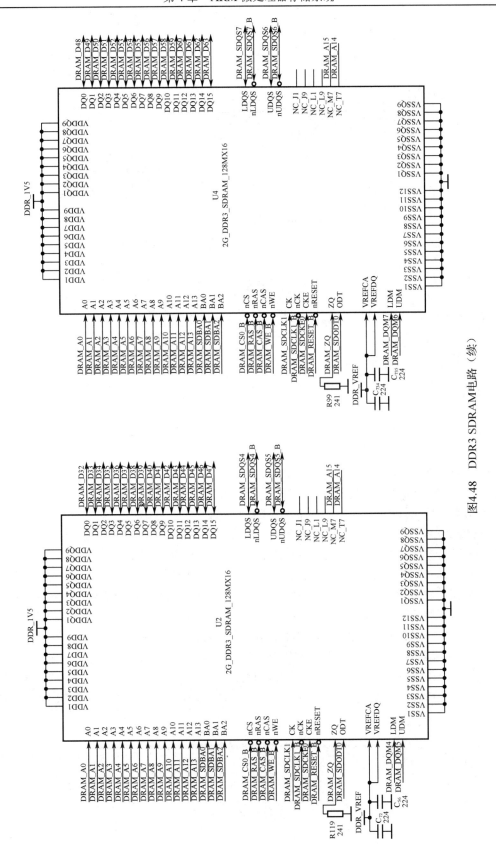

图4.48　DDR3 SDRAM电路（续）

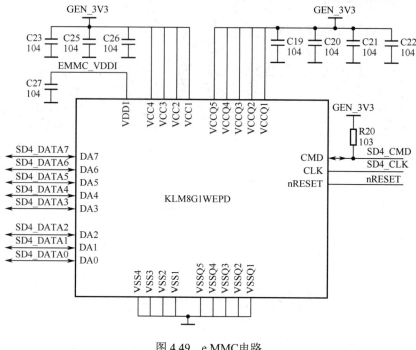

图 4.49   e.MMC电路

习　　题

1．为什么计算系统需要采用多级的存储体系？

2．为什么 DRAM 中不采用独立的行、列两组地址线，而是复用同一组地址线？

3．CPU 访问 DRAM 会产生延迟，如何优化和解决？

4．简述 LPDDR SDRAM 的特点。为什么该类存储器适合移动嵌入式系统？

5．简述双端口 RAM 的架构特点，并分析同时进行读/写操作时的互斥机制。

6．分析 E²PROM 与 Flash 访问过程与性能的异同，并从微电路和结构角度阐述原因。

7．分析 NOR Flash 与 NAND Flash 的架构和访问特性，说明为什么 NOR Flash 适合存放代码，而 NAND Flash 适合存放大块数据。

8．为什么对 Flash 存储器单元进行读/写操作之前必须先对其进行擦除操作？

9．简述铁电存储器中存储元的结构、物理特性及其存储机制。

10．测试 ROM 数据的方法有哪几种？简述其原理。

11．CRC 校验中，定义的生成多项式为 $G(X)=X^6+X^5+X+1$，信息码为 10110010，请计算 CRC 检错码。

第5章 中断及中断处理

5.1 中断响应及优先级

5.1.1 中断的概念

中断是计算机的基本概念，各种嵌入式处理器都具有中断的处理能力。中断可用于解决快速的 CPU 和慢速外设之间的矛盾，以期望能够对需要紧急处理的外部事件做出快速的反应。先以现实生活中的一个例子说明中断的概念，如图 5.1 所示。例如，某人正在厨房打扫卫生时电话铃响了，这时他放下手中正干的工作去客厅接电话，电话是一个老朋友打过来的，让他帮助解决一个棘手的问题。这个接电话的动作，相当于计算机的中断。在接打电话的过程中，突然传来很重的敲门声，他只能抱歉地跟他这个老朋友说，你别挂电话，我去开门看看有啥急事。打开门发现是物业的业务员来抄水表，而且很急，他开始协助这个业务员去抄水表。开门接待业务员的事件类似于计算机的中断嵌套，是高级别的中断接管 CPU 的使用权。送走了抄水表的业务员，他继续接刚才没有打完的电话。挂掉电话，他继续打扫卫生。

嵌入式系统中，中断系统与此类似，但要更为复杂。系统中有些特别急迫的事需要程序立即做出反应，例如，控制电源电压跌落，此时需要立即保存重要的数据。在嵌入式系统中，电压跌落这个事件是典型的中断源，而且具有极高的优先级。再如，无刷电机的换向是通过对霍尔位置检测实现的，由于电机在高速运行中，当霍尔的新位置被 CPU 捕获到时，程序要立即对无刷电机做换向处理。显然，换向处理程序在中断服务函数里。为了能够快速处理换向，嵌入式系统应该具有快速响应中断的能力。

图 5.2 是一个二级中断系统的例子。

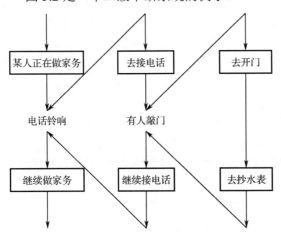

图 5.1　生活中的中断例子

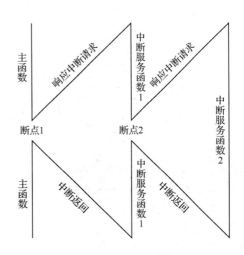

图 5.2　二级中断系统

开始的时候，CPU 执行主函数，在某一时刻，发生了中断请求，发出中断请求的外设叫中断源，当满足了响应该中断的条件时，CPU 执行完当前指令，将该程序下面一条语句的地址压入堆栈指针，同时保护现场，然后响应中断请求，将中断服务函数 1 的地址送给程序计数器（PC），进而完成跳转，这个过程也叫中断响应。开始执行中断服务函数 1，在程序运行到断点 2 的时候，如果有更高级别的中断申请，CPU 将保护断点 2 的位置（该指令后面一条运行指令的位置）和保护现场，响应更高级别的中断，将中断服务函数 2 的地址送给程序计数器（PC），CPU 开始执行中断服务函数 2，执行完该程序，中断返回。先是恢复现场（包括相关的寄存器、计数器和相关的变量和数据结构），然后是中断返回，返回地址是在断点 2 压入堆栈的断点地址，继续执行中断服务函数 1，执行完中断服务函数 1，恢复断点 1 处的现场，接着中断返回到断点 1 处执行主函数。至此，二级中断系统执行完毕。可见，中断是可以嵌套的，同时高优先级的中断源可以中断低优先级的中断源。

5.1.2　CPU 对中断的响应

1．中断的使能与屏蔽

嵌入式系统有多个中断源。CPU 响应中断的必要条件是中断使能和去除屏蔽。中断使能是中断总开关，负责管理全部的中断源。系统初始化的时候需要关闭这个总开关，完成初始化，或者准备启动操作系统的时候需要开启这个总开关。

每一个中断源都对应中断屏蔽寄存器的一位，ARM 有多个中断屏蔽寄存器，每个中断屏蔽寄存器有 32 位。当需要使能一个中断时，需要同时满足使能中断且该中断源对应的中断屏蔽寄存器的位不屏蔽。

中断的发生还要设置中断控制寄存器，例如，触发条件的设置，可能是上升沿触发中断，也可能是下降沿触发，还可能是高电平或者低电平触发。

2．中断的响应

无中断请求时，主函数（主程序）一条接着一条执行指令，遇到子程序调用和跳转指令时，就去执行调用和跳转，如果一直没有中断的发生，每条指令的先后循序都是程序决定的。一般来说，主程序是一个大循环，当有中断发生时，产生以下过程（如图 5.3 所示）。

1）关中断

各个 CPU 的情况不太一样，8086 在响应中断后，内部自动关闭中断。但大多数现代处理器选择不关闭中断，以便实现中断嵌套。中断是开还是关，交由程序员决定。关中断的好处是程序处理起来简单，不会再有中断的嵌套，嵌入式操作系统任务调度器也停止工作。设计者常常在计算机刚刚开始启动的初始化阶段关闭中断，因为此时还不具备中断响应的条件。一旦打开了中断，一般不在中断响应

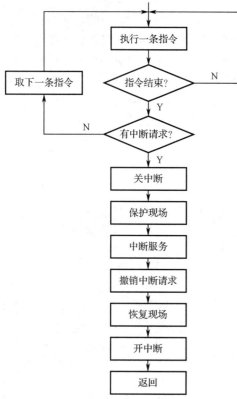

图 5.3　中断响应、服务及返回流程图

和中断服务的程序中关闭中断，除非遇到非关不可的时候，例如，临界区代码处理。

2）保留断点

执行完当前指令，将下一条指令的 PC 值保留在堆栈里，这个过程叫保留断点，等待中断处理完毕后，能返回主程序。

3）保护现场

因为中断程序的运行一般会影响标志位，也可能要用到寄存器，为了使中断处理程序不影响程序的运行，故要把断点处的状态标志和各个寄存器的内容推入堆栈进行保存。不仅如此，若进行中断嵌套，被中断程序在断点处也要进行现场保护。入栈的数据越多，占用堆栈的空间也越大，执行的时间也越长，这是主程序和中断程序共享资源带来的结果，也是为此必须付出的代价。

4）给出中断入口，转入相应的中断服务程序

这段入口地址一般称为中断向量表，表内存放对应中断跳转地址。中断向量表一般放在 0x0000 开始的一小段区域。MCS51 单片机存放在 0x0000～0x0025 程序存储器空间，共 5 类中断源。ARM Cortex CPU 存放在 0x00000000～0x0000001f 程序存储器空间，共 8 类中断源。特别需要强调，中断服务子程序要复位中断标志位，以便系统可以进入下次中断。

5）恢复现场与返回

完成中断服务子程序后，使用出栈指令恢复寄存器组或者单个进栈的寄存器，还有状态标志。如果使用过关中断的指令，此时应重新开放中断。最后弹出程序计数器 PC 值。CPU 应该退回到原断点处，原断点可能在主程序，也可能在低级中断内。PC 更新的值实现了中断的返回。

5.1.3　中断优先级

实际的嵌入式系统一般有很多的中断源，但是，CPU 端往往只有有限个中断请求线。于是，当有多个中断源同时请求中断时，CPU 需要识别是哪些中断源发出了中断请求，比较并辨别它们的优先级（priority），先响应优先级最高的中断。当 CPU 正在处理中断时，也能响应更高级的中断申请，而屏蔽同级别或较低级的中断申请。

要判别和确定各个中断源的优先级有两种方法，软件判别法和硬件判别法。软件判别法是用轮询的方法确定中断源的优先级，轮询的次序就是优先级的高低顺序，这种方法使用灵活，实现的硬件电路简单，特别适合优先级反转的情况。这种方法的缺点也特别明显，轮询需要时间，对于对时间要求特别敏感的中断，该方法不可用。硬件判别法有两种经典电路，链式优先级排队电路或者中断优先级编码电路。

1. 链式优先级排队电路

图 5.4 是链式优先级排队电路。

在链式电路中，排在链的最前面的中断具有最高的优先级，即中断输入 1 具有最高的优先级，然后是中断输入 2，然后是中断输入 3……

F/F 是触发器，用于保存中断触发信号，中断输入信号是 "1" 有效，"0" 无效，中断响应后，该位自动清零。

中断响应信号是高电平有效，它来自 CPU，由各个中断源中断信号相或得到。假如中断响应信号为低电平，中断输出 1～中断输出 n 全部输出低电平，所有的中断输出被屏蔽。优先级排队电路从中断响应信号有效开始。假设中断输入 1 为高电平有效时，与门 A_2 输出高电平，中

断输出 1 有效，CPU 执行中断 1 对应的中断服务子程序。此时的 A_1 输出低电平，该低电平屏蔽了中断 1 以下（中断 2～中断 5）的所有中断。在链式结构的优先级排队电路中，当有两个或者以上的中断源排队的时候，响应高优先级的中断，低优先级的中断被屏蔽。当高优先级的中断执行完毕，接下来执行低优先级中断。

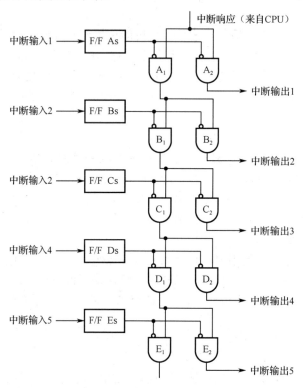

图 5.4　链式优先级排队电路

2. 中断优先级编码电路

基于编码器和译码器的优先级排队电路如图 5.5 所示，完成三个功能。

（1）多中断同时请求时实现优先级排队。

这是一个 3 位二进制的比较器，参与比较的数据是 $A_2A_1A_0$ 与 $B_2B_1B_0$，二进制从高到低的顺序是"210"，"2"是最高位，"1"是次高位，"0"是最低位。正在运行的中断源的编号放在优先级寄存器里，输出在比较器的 $B_2B_1B_0$ 端。新的中断由优先级编码器输出到 $A_2A_1A_0$。优先级编码器最高的编码是"111"，最低的编码是"000"。而且若有多个中断源同时输入，则编码器只输出优先级最高的编码。若 $A_2A_1A_0 \leqslant B_2B_1B_0$，则"A>B"端输出低电平，封锁与门 1（此时的与门 2 被优先级失效的低电平封锁），就不向 CPU 发出新的中断申请（当 CPU 正在处理中断时，当有同级或者低级的中断源申请时，优先级排队电路就屏蔽它们的请求）；只有当 $A_2A_1A_0 > B_2B_1B_0$ 时，"A>B"端输出高电平，打开与门 1，将中断请求信号送至 CPU 的 INTR 端，CPU 就去中断正在进行的中断处理程序，转去执行更高级的中断。

（2）单一中断申请时，产生不竞争的中断信号。

考虑 CPU 在执行主程序的时候，此时单一的中断发出请求。若是再使用比较器的话，逻辑上是讲不通的（无比较对象）。优先级失效信号发出高电平，打开与门 2，将中断信号送到 CPU 的 INTR 端。

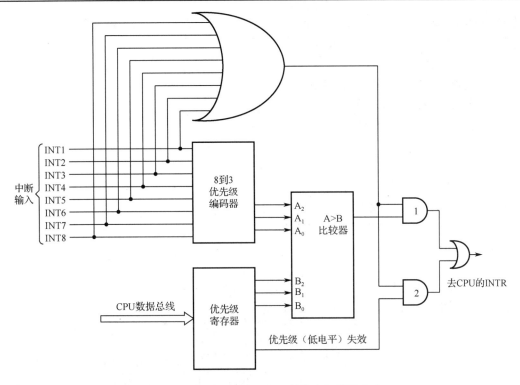

图 5.5　基于编码器和译码器的优先级排队电路

（3）无中断请求时 INTR 不生成中断信号。

细心的读者可能会发现，优先级编码器在最低优先级中断源 INT8 和无中断输入两种情况下都输出编码"000"，担心无输入编码是否会产生错误的中断申请，这种担心是多余的。有两个原因使得在无中断请求时 INTR 不生成中断信号。第一，8 输入或门输出的低电平产生的低电平封锁与门 1 和与门 2，确保不产生中断信号；第二，编码器"000"的输出使比较器的输出始终是"0"，在与门 1 的第二输入端封锁与门 1。

5.2　ARM 的通用中断控制器

5.2.1　GIC 逻辑分区

ARM GIC 逻辑分区如图 5.6 所示，它是一个 8 核微处理器（CPU0～CPU7），本书使用的 ARM i.MX 6Solo/6Dual 是双核 CPU，包括 CPU0 和 CPU1。

GIC（通用中断控制器）是外设中断和 CPU 之间的接口电路，目的是把中断源送给 CPU。它在硬件结构上分为两个大的逻辑块：Distributor（分发器）和 CPU Interface（CPU 接口）。图中，CFGSDISABLE 是一个控制信号，当该位为"1"时，不能修改使能信号"Enable Non-secure"的值。

1. 分发器

分发器是多输入、多输出电路，输入信号是中断源，输出信号连接到 CPU interface 0 或者 CPU interface 1。分发器收集所有的中断源，执行中断优先级排序，它将优先级最高的中断事件发送到 CPU 接口端，同时选择是哪一个 CPU 接口端，以进行优先级屏蔽和抢占处理。分发器寄存器由 GICD_前缀标识。模块功能如下：

- 全局中断使能控制；
- 控制每个中断的使能或者关闭；
- 设置每个中断的优先级；
- 设置每个中断的目标处理器列表；
- 设置每个外部中断的触发模式：电平触发或边沿触发；
- 设置每个中断属于组 0 还是组 1；
- 每个中断状态可见；
- 软件可以设置或清除外设中断挂起状态。

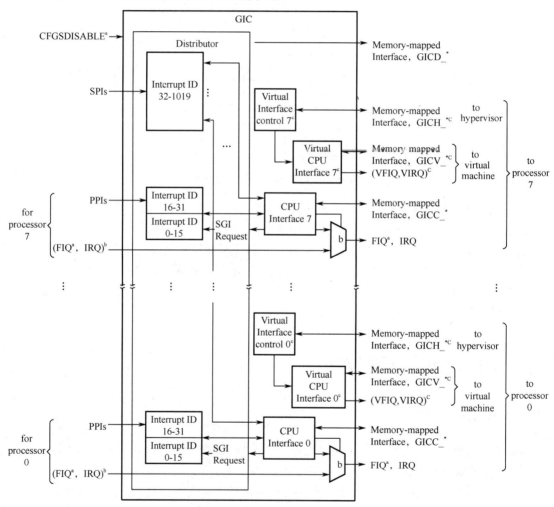

图 5.6　GIC逻辑分区

i.MX 6Solo/6Dual 共有 160 个中断源，可分为三类。

（1）SPIs：共享中断。ID159～ID32，这 128 个 ID 分配给 SPIs。这是由外设产生，可以发送给一个或多个核心处理的中断源。

（2）PPIs：专用外设中断。ID31～ID16，这 16 个 ID 分配给 PPIs。这是由外设产生，专由特定核心处理的中断。

（3）SGI：软件中断。ID15～ID0，这 16 个 ID 分配给 SGI。软件中断的产生是通过软件写入到一个专门的寄存器：软中断产生中断寄存器（ICDSGIR）。它常用在核间通信。软件中断能以所有核心为目标或选中一组系统中的核心为目标。

常见的中断源有：数据输入/输出外设请求中断、定时时间到申请中断、满足规定状态申请中断、电源掉电申请中断、故障报警申请中断、程序调试申请中断等。

2．CPU Interface

CPU Interface（接口）和 CPUCore 相连接，因此每个 CPUCore 都可以在 GIC 中找到一个与之对应的 CPU Interface。CPU Interface 是 Distributor（分发器）和 CPUCore 之间的桥梁。执行优先屏蔽和抢占处理系统中连接的处理器。CPU 接口有时称为物理 CPU 接口，以避免与虚拟 CPU 接口混淆。CPU 接口块寄存器由 GICC_前缀标识。模块功能如下：

- 使能或者关闭发送到 CPUCore 的中断请求信号；
- 设置优先级掩码，通过掩码来设置哪些中断不需要上报给 CPUCore；
- 当多个中断到来的时候，选择优先级最高的中断通知给 CPUCore；
- 定义抢占策略；
- 应答中断；
- 通知中断处理完成。

在中断源使能的条件下，CPU 接口找到连接其上且处于"挂起"状态下最高优先级的中断源。该中断源能否向 CPU 发出中断请求信号还要看中断优先级掩码和优先级抢占策略。在任何时候，处理器都可以从 GICC_HPPIR 读取运行中断的优先级。CPU 应答中断请求信号可以通过读 CPU 接口中断应答寄存器得到。

（1）最高优先级待定中断的 ID 号，如果该中断有足够的优先级向 CPU 发出信号。这是对中断应答的正常响应。

（2）特殊情况下，用标识号，表明一个虚假中断。

处理器在 CPU 接口上确认中断时，分发器会改变接口的状态从"挂起"到"运行"或"运行或挂起"。此时，CPU 接口可以向另一个接口发出信号中断到处理器，抢占在处理器上活动的中断。如果没有悬而未决的中断给处理器足够的优先级，接口拒绝给处理器中断请求信号。

中断处理完成后，CPU 告诉接口电路中断已经完成，同时对已完成的中断源做如下处理。

（1）优先级下降，意味着已处理中断的优先级不再阻止另一个中断的信号发送中断处理器。

（2）中断停用，即分发服务器删除中断的活动状态。

Virtual CPU Interface（虚拟 CPU 接口）：GIC 虚拟化扩展在每一个 CPU 上增加了一个虚拟接口，每个虚拟 CPU 接口被划分为以下两个块。

（1）虚拟接口控制：虚拟接口控制块的主要组成部分是 GIC 虚拟控制器接口控制寄存器，包括一个活动的和挂起的虚拟的列表中断连接处理器上的当前虚拟机。通常情况下，这些寄存器由该处理器上运行的 hypervisor 管理。虚拟接口控制块寄存器由 GICH_前缀标识。

（2）虚拟 CPU 接口：每个虚拟 CPU 接口块提供虚拟的物理信号中断连接到处理器。ARM 微处理器虚拟化扩展将这些中断信号发送给当前的虚拟机处理器。GIC 虚拟 CPU 接口寄存器，由虚拟访问为虚拟机提供中断控制和状态信息中断。这些寄存器的格式类似于物理寄存器的格式。虚拟 CPU 接口寄存器由 GICV_前缀标识。

一个 GIC 可以实现多达 8 个 CPU 接口,编号从 0～7。虚拟 CPU 接口的编号对应于 CPU 接口的编号,因此 CPU 接口 0 和虚拟 CPU 接口 0 连接到同一个处理器。

在 GIC 安全扩展的多核系统中,使用 CPU 接口可以接收:安全及非安全访问、安全访问、非不安全访问。

5.2.2 GIC 中断控制器中断状态和中断处理流程

中断状态转换图如图 5.7 所示。

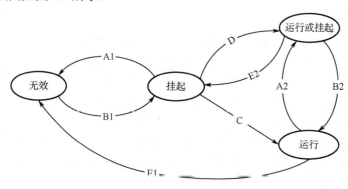

图 5.7 中断状态转换图

1. GIC 状态转换图

(1)无效。中断没有发生。

(2)挂起。发生了中断,但又没运行的状态。此时的中断等待 CPU 的控制权,拿到控制权的中断通过 C 或 D 去运行。挂起的中断也可被取消,通过 B1 进入无效。

(3)运行。正在运行的中断被高优先级中断剥夺 CPU 的控制权后,通过 A2 进入“运行或挂起”态,等待再次获得 CPU 的控制权后继续运行。运行中的中断程序完成后,通过 E1 进入“无效”,表示中断响应完成。等待下一次中断。

(4)运行或挂起。这是一个运行或者挂起的中间态,叫“运行或挂起”。它有两条到达路径:A2 或者 D。A2 的解释是,运行的中断被更高级的中断剥夺了 CPU 的使用权,它退回到“运行或挂起”态。对 D 的解释是,“挂起”态的两个或者大于两个来自同一中断源的中断,其中的一个去运行,其余的就去“运行或挂起”态等待。

2. GIC 中断处理流程

(1)当 ARM 内核收到中断请求时,它会跳转到异常向量表中,PC 寄存器获得对应的异常向量并开始执行中断处理程序。

(2)在中断处理程序中,先读取 GIC 控制器 CPU 接口模块内的中断响应寄存器,一方面获取需要处理的中断 ID 号,进行相应的中断处理;另一方面作为 ARM 核心对 GIC 发来中断信号的应答,GIC 接收到应答信号,GIC 分配器会把对应的中断源的状态设置为运行状态。

(3)当中断处理程序执行结束后,中断处理函数需要写入相同的中断 ID 号到 GIC 控制器 CPU 接口模块内的中断结束寄存器(ICCEOIR),作为给 GIC 控制器的中断处理结束信号。GIC 分配器会把对应中断源的状态由“运行”设置为“无效”(如果中断运行的过程中被更高优先级中断抢占，退回到"运行或挂起"状态）。同时 GIC 控制器 CPU 接口模块就可以继续提交一个优先级最高的状态为"挂起"的中断到 ARM 内核进行中断处理。一次完整的中断处理到此完成。

5.3　GIC 寄存器及应用举例

5.3.1　GIC 常用寄存器

ARM 对中断的处理是通过对 GIC 寄存器的操作实现的。GIC 常用寄存器如表 5.1 所示。

表 5.1　GIC 常用寄存器

Base	Name	Type	Reset	Width	Function
0x000	ICDDCR	RW	0x00000000	32	Distributor Control Register
0x004	ICDICTR	RO	Configuration dependent	32	Interrupt Controller Type Register
0x008	ICDIIDR	RO	0x01020438	32	Distributor Implementer Identification Register
0x00C～0x07C	——	——	——		Reserved
0x080～0x09C	ICDISRn	RW[a]	0x00000000	32	Interrupt Security Registers
0x100	ICDISERn	RW	0x0000FFFF	32	Interrupt Set-Enable Registers
0x104～0x11C			0x00000000		
0x180	ICDICERn	RW	0x0000FFFF	32	Interrupt Clean-Enable Registers
0x184～0x19C			0x00000000		
0x200～0x27C	ICDISPRn	RW	0x00000000	32	Interrupt Set-Pending Registers
0x280～0x29C	ICDICPRn	RW	0x00000000	32	Interrupt Clean-Pending Registers
0x300～0x31C	ICDABRn	RO	0x00000000	32	Active Bit Registers
0x380～0x3FC	——	——	——		Reserved
0x400～0x4FC	ICDIPRn	RW	0x00000000	32	Interrupt Priority Registers
0x7FC	——	——	——		Reserved
0x800～0x8FC	ICDIPTRn	RW	0x00000000	32	Interrupt Processor Targets Registers
0x8FC	——	——	——		Reserved
0xC00	ICDICFRn	RW	0xAAAAAAAA	32	Interrupt Configuration Registers
0xC04			0x7DC00000		
0xC08～0xC3C			0x55555555[b]		
0xD00	ICPPISR		0x00000000	32	PPI Status Register
0xD04～0xD1C	ICSPISRn	RO	0x00000000	32	SPI Status Registers
0xD80～0xEFC	——	——	——	32	Reserved
0xF00	ICDSGIR	WO	——	32	Software Generated Interrupt Register
0xF04～0xFCC	——	——	——	——	Reserved
0xFD0	ICPIDR0	RO	0x4	8	Peripheral ID0 Register
0xFD4	ICPIDR1	RO	0x0	8	Peripheral ID1 Register
0xFD8	ICPIDR2	RO	0x0	8	Peripheral ID2 Register
0xFDC	ICPIDR3	RO	0x0	8	Peripheral ID3 Register
0xFE0	ICPIDR4	RO	0x90	8	Peripheral ID4 Register

续表

Base	Name	Type	Reset	Width	Function
0xFE4	ICPIDR5	RO	0x83	8	Peripheral ID5 Register
0xFE8	ICPIDR6	RO	0x18	8	Peripheral ID6 Register
0xFFC	ICPIDR7	RO	0x0	8	Peripheral ID7 Register
0xFF0	ICCIDR0	RO	0x0	8	Component ID0 Register
0xFF4	ICCIDR1	RO	0xF0	8	Component ID1 Register
0xFF8	ICCIDR2	RO	0x5	8	Component ID2 Register
0xFFC	ICCIDR3	RO	0xB1	8	Component ID3 Register

a. 必须在安全状态才能访问;

b. 当对应中断存在时,复位值是 0x55555555,否则是 0x00000000。

ICDISRn 是中断安全状态寄存器,地址范围是 0x080～0x09C,分为 8 段,每段长度为 32 位。偏移量为中断号值,表示该中断号的安全状态,0 表示安全,1 表示不安全。

ICDISERn 是中断使能寄存器,地址范围是 0x100～0x11C,Cortex-A9MPCore 的 SGI 总是启用状态,读取对应位的值为 1,该寄存器写无效。

ICDICERn 是中断清除使能寄存器,地址范围是 0x100～0x11C,Cortex-A9MPCore 的 SGI 总是启用状态,读取对应位的值为 1,该寄存器写无效。

ICDISPRn 是设置等待状态,地址范围是 0x200～0x27C,总共分为 32 个 32 位的寄存器,设置对应位的中断不会被 CPU 处理,防止多个 CPU 处理同一个中断。

ICDICPRn 是清除等待状态,地址范围是 0x280～0x29C,总共分为 32 个 32 位的寄存器,设置对应位的中断取消等待状态。

ICDABRn 是活性位寄存器,地址范围是 0x300～0x31C。

ICDIPRn 是中断优先级寄存器,地址范围是 0x400～0x4FC,寄存器长度为 8 位,偏移量为中断号值。

ICDIPTRn 是中断处理器目标寄存器,地址范围是 0x800～0x8FC,寄存器长度为 8 位,偏移量为中断号值。

ICDICFRn 是中断控制寄存器,地址范围是 0xC00～0xC3C,SGI 模式是只读的。

ICDSGIR 是软件生成中断寄存器,地址是 0xF00,长度为 32 位。其中 0～3 位设置中断号;15 位设置发送中断的安全类型,0 表示安全,1 表示不安全;16～23 位表示目标 CPU,对应偏移位设置 1 为表示该 CPU 为目标 CPU;24～25 位表示发送的目标类型,00 表示发送给指定 CPU,01 表示发送给所有 CPU,10 表示发送给发送中断请求的 CPU。

如何设置中断优先级?

GICC_PMR 寄存器只有低 8 位有效,这 8 位最多可以设置 256 个优先级。

11111111: 256 个优先级;　　　　　　　　11111110: 128 个优先级;

11111100: 64 个优先级;　　　　　　　　　11111000: 32 个优先级(0XF8);

11110000: 16 个优先级。

i.MX 6Solo/6Dual 最多支持 32 个优先级,所以 GICC_PMR 要设置为 8b11111000。

设置抢占优先级和子优先级。GICC_BPR 寄存器决定抢占优先级和子优先级的比例,寄存器 GICC_BPR 只有低 3 位有效。

000: 7 级抢占优先级,1 级子优先级;　　　001: 6 级抢占优先级,2 级子优先级;

010: 5 级抢占优先级,3 级子优先级;　　　011: 4 级抢占优先级,4 级子优先级;

100：3 级抢占优先级，5 级子优先级；　　　101：2 级抢占优先级，6 级子优先级；

110：1 级抢占优先级，7 级子优先级；　　　111：0 级抢占优先级，8 级子优先级。

i.MX 6Solo/6Dual 的优先级位数为 5（32 个优先级），所以设置 Binary point 为 2，表示 5 个优先级位全部为抢占优先级。i.MX 6Solo/6Dual 一共有 32 个抢占优先级，数字越小优先级越高。具体要使用某个中断的时候就可以设置其优先级为 0～31。某个中断 ID 的中断优先级设置由寄存器 D_IPRIORITYR 来完成。每个中断 ID 配有一个优先级寄存器，使用寄存器 D_IPRIORITYR 的位[7:4]来设置优先级，比如，要设置 ID40 中断的优先级为 5，示例代码如下：GICD_IPRIORITYR[40]=（5<<3）。

GIC 怎么告诉 CPU？GIC 接收众多的外部中断，然后对其进行处理，最终就只通过 4 个信号报给 ARM 内核，这 4 个信号的含义如下。

① VFIQ：虚拟快速 FIQ；

② VIRQ：虚拟中断 IRQ；

③ FIQ：快速中断 FIQ；

④ IRQ：外部中断 IRQ。

我们主要关心 IRQ。

GIC 中如何控制中断使能？

使能中断首先要开启 IRQ 总开关。如何开启 IRQ 中断使能？

cpsi di：禁止 IRQ 中断。

cpsi ei：使能 IRQ 中断。

然后开启各个外部中断开关。

如何使能串口中断，定时器中断，也就是说如何使能 1088 个外部中断？

GIC 寄存器的 GICD_ISENABLERn 和 GICD_ICENABLERn 用来完成外部中断的使能和禁止，对于 Cortex-A9 内核来说中断 ID 只使用了 1020 个。一个位控制一个中断 ID 的使能，那么就需要 1020/32=32 个 GICD_ISENABLER 寄存器来完成中断的使能。同理，也需要 32 个 GICD_ICENABLER 寄存器来完成中断的禁止。

其中：GICD_ISENABLER0 的位[15:0]对应 ID15～0 的 SGI 中断，GICD_ISENABLER0 的位[31:16]对应 ID31～ID16 的 PPI 中断。剩下的 GICD_ISENABLER1～GICD_ISENABLER15 就是控制 SPI 中断的。

5.3.2　GIC 应用举例

例 5.1　编写一个软件中断程序，在超级终端上显示 "SGI was handled"。

（1）使用 register_interrupt_routine()函数注册中断处理程序：

```
register_interrupt_routine（SW_INTERRUPT_3, gic_sgi_test_handler, int n）。
```

其中的第 3 个参数 int n 表示中断号，gic_sgi_test_handler 表示一个中断处理程序。该函数将中断处理程序的地址存放到中断处理程序数组中，当对应中断号的中断产生时，就会执行对应的处理程序。

（2）mx6_enable_interrupt()函数的功能是设置处理该中断的 CPU 和优先级，这里设置处理中断号 SW_INTERRUPT_3 的 CPU 为 CPU_0，优先级为 0（最高）。

```
void mx6_enable_interrupt（uint32_t irq_id, uint32_t cpu_id, uint32_t priority）
{
```

```
MX6_ICDIPR3=priority& 0xff;              /*set irq priority */
MX6_ICDISR0&=~（1<<irq_id）;             /*set IRQ as secure */
MX6_ICDIPTR3|=（cpu_id&0xff）;           /*set cpu target */
}
```

（3）gic_send_sgi()函数是通过软件方式触发一个中断。

```
gic_send_sgi（SW_INTERRUPT_3, 1, kGicSgiFilter_MSeTargetList）;
```

中断号是 SW_INTERRUPT_3，第 2 个参数表示目标处理进程，kGicSgiFilter_MSeTargetList
表示使用目标列表。gic_send_sgi()函数是向指定目标发送一个中断，当目标接收到中断后就会
执行中断处理函数。

（4）编写一个中断处理函数，在产生中断后，程序会直接执行此处的代码。

```
void gic_sgi_test_handler（void）
{
printf（"In gic_sgi_test_handler()\n"）;
gicTestDone=0;  // test complete
}
```

这段代码的功能是打印出一句话，并且将一个全局变量 gicTestDone 设置为 0。

（5）测试程序。

```
void gic_test（void）
{
printf（"Starting GIC SGI test\n"）;
register_interrupt_routine（3, gic_sgi_test_handler）;         /*register sgi_irq_id=3*/
mx6_enable_interrupt（3, 0, 0）;                              /*enable interrupt */
gicTestDone=1;                                              /*interrupt flag*/
printf（"Sending SGI\n"）;
MX6_ICDSGIR=（0<<24）|（1<<16）|（3&0xf）;                   /*send sgi */
printf（"Waiting\n"）;
while（gicTestDone）;                                        /*waiting interrupt*/
printf（"SGI was handled\n"）;
}
```

主要是通过软中断方式触发中断，产生中断后会将变量 gicTestDone 设置为 0，如果没有产
生中断程序会一直处于 While 循环中。

（6）实验结果，测试 GIC 中断，成功输出"SGI was handled"，如图 5.8 所示。

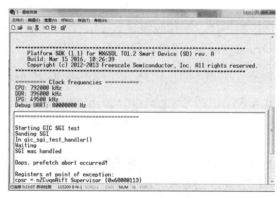

图 5.8　实验结果

5.4　ARM 中的异常中断处理概述

在 ARM 体系中通常有以下 3 种方式来控制程序的执行流程。

（1）在正常程序执行过程中，每执行一条 ARM 指令，程序计数器（PC）的值增加 4 字节；每执行一条 Thumb 指令，程序计数器（PC）的值加 2 字节。整个过程是顺序执行的。

（2）通过跳转指令，程序可以跳转到特定的地址标号处执行，或者跳转到特定的子程序处执行。其中，B 指令用于执行跳转操作；BL 指令在执行跳转操作的同时，保存子程序的返回地址；BX 指令在执行跳转操作的同时，根据目标地址最低位，可以将程序切换到 Thumb 状态；BLX 指令执行了 3 个操作；跳转到目的地址处执行，保存子程序的返回地址，根据目标地址的最低位可以将程序状态切换到 Thumb 状态。

（3）当异常中断发生时，系统执行当前指令后，将跳转到相应的异常中断处理程序处执行。当异常中断处理程序执行完成后，程序返回到发生中断的指令的下一条指令处执行。在进入异常中断处理程序时，要保存被中断的程序的执行现场；在从异常中断处理程序退出时，要恢复被中断的程序的执行现场。

本节及后续几节讨论 ARM 体系中的异常中断机制。

5.4.1　ARM 体系中的异常中断种类

ARM 体系中的异常中断如表 5.2 所示。

表 5.2　ARM 体系中的异常中断

异常中断名称	含　　义
复位（Reset）	当处理器的复位引脚有效时，系统产生复位异常中断，系统跳转到复位异常中断处理程序处执行。复位异常中断通常用在下面两个情况下：①系统加电时；②系统复位时。跳转到复位中断向量处执行，称为软中断
未定义的指令（Undefined Instruction）	当 ARM 微处理器或者系统中的协处理器认为当前执行指令未定义时，产生未定义的指令异常中断。可以通过该异常中断机制仿真浮点向量运算
软件中断（Software Interrupt，SWI）	这是一个由用户定义的中断指令，可用于用户模式下的程序调用特权操作指令。在实时操作系统（RTOS）中通过该机制可以实现系统功能调用
指令预取终止（Prefetch Abort）	如果处理器预取的指令的地址不存在，或者该地址不允许当前指令访问，当该被预取的指令执行时，处理器产生指令预取终止异常中断
数据访问终止（Data Abort）	如果数据访问指令的目标地址不存在，或者该地址不允许当前指令访问，处理器产生数据访问终止异常中断
外部中断请求（IRQ）	当处理器的外部中断请求引脚有效，而且 CPSR 寄存器的 I 控制位被清除时，处理器产生外部中断请求（IRQ）异常中断。系统中各外设通常通过该异常中断请求处理器服务
快速中断请求（FIQ）	当处理器的外部快速中断请求引脚有效，而且 CPSR 寄存器的 F 控制位被清除时，处理器产生快速中断请求（FIQ）异常中断

5.4.2　异常中断向量表及异常中断优先级

中断向量表中指定了各异常中断及其处理程序的对应关系。它通常存放在存储地址的低端。在 ARM 体系中，异常中断向量表的大小为 32 字节。其中，每个异常中断占据 4 字节大小，保留了 4 字节空间。

每个异常中断对应的中断向量表中的 4 字节的空间中存放了一条跳转指令或者一条向程序计数器（PC）中赋值的数据访问指令。通过这两条指令，程序将跳转到相应的异常中断处理程序处执行。

当几个异常中断同发生时，就必须按照一定的次序来处理这些异常中断。在 ARM 中通过给各异常中断赋予一定的优先级来实现这种处理次序。当然，有些异常中断是不可能同时发生的，如指令预取终止异常中断和软件中断（SWI）异常中断是由同一条指令的执行触发的，它们是不可能同时发生的。处理器执行某个特定的异常中断的过程中，称为处理器处于特定的中断模式。

各异常中断的中断向量地址以及中断的处理优先级如表 5.3 所示。

表 5.3　各异常中断的中断向量地址以及中断的处理优先级

中断向量表	异常中断向量	异常中断模式	优先级（6 最低）
0x0	复位	特权模式	1
0x4	未定义的中断	未定义指令终止模式（Undef）	6
0x8	软件中断（SWI）	特权模式（SVC）	6
0xc	指令预取终止	终止模式	5
0x10	数据访问终止	终止模式	2
0x14	保留	未使用	未使用
0x18	外部中断请求（IRQ）	外部中断（IRQ）模式	4
0x1c	快速中断请求（FIQ）	快速中断（FIQ）模式	3

5.4.3　异常中断使用的寄存器

各异常中断对应着一定的处理器模式。应用程序通常运行在用户模式下 ARM 中的处理器模式，如表 5.4 所示。

表 5.4　ARM 中的处理器模式

处理器模式	描　　述
用户模式（MSR，usr）	正常程序执行的模式
快速中断模式（FIQ，fiq）	用于高速数据传输和通道处理
外部中断模式（IRQ，irq）	用于通常的中断处理
特权模式（Supervisor，svc）	供操作系统使用的一种保护模式
终止模式（Abort，abt）	用于虚拟存储及存储模式
未定义指令模式（Underdefined，und）	用于支持通过软件仿真硬件的协处理器
系统模式（System，sys）	用于运行特权级的操作系统任务

各种不同的处理器模式可能有对应于该处理器模式的物理寄存器组。其中，R13_svc 表示特权模式下的 R13 寄存器，R13_abt 表示终止模式下的 R13 寄存器，其余的各寄存器名称含义依此类推。

　　如果异常中断处理程序中使用它自己的物理寄存器之外的其他寄存器，异常中断处理程序必须保存和恢复这些寄存器。

5.5　进入和退出异常中断的过程

　　本节主要介绍处理器对于各种异常中断的响应过程以及从异常中断处理程序中返回的方法。对于不同的异常中断处理程序，返回地址以及使用的指令是不同的。

5.5.1　ARM 微处理器对异常中断的响应过程

　　ARM 微处理器对异常中断的响应过程如下。

　　（1）保存存储器当前状态、中断屏蔽位以及各条件标志位。这是通过将当前程序状态寄存器（CPSR）的内容保存到将要执行的异常中断对应的 SPSR 寄存器中实现的。各异常中断有自己的物理 SPSR 寄存器。

　　（2）设置当前程序状态寄存器（CPSR）中相应的位。包括设置 CPSR 中相应的位，使处理器进入相应的执行模式；设置 CPSR 中相应的位，禁止 IRQ 中断，当进入 FIQ 模式时，禁止 FIQ 中断。

　　（3）将寄存器 lr_mode 设置成返回地址。

　　（4）将程序计数器值（PC）设置成该异常中断的中断向量地址，从而跳转到相应的异常中断处理程序处执行。

　　上述处理器对异常中断的响应过程可以用如下的伪代码描述：

```
R14_<exception_mode>=return link
SPSR_<exception_mode>=CPSR
CPSR{4:0}=exception mode number
CPSR[5]=0;            /*当运行于 ARM 状态时*/
if<exception_mode>==Reset   or FIQ
    then
        CPSR[6]=1;       /*当相应 FIQ 异常中断时，禁止新的 FIQ 中断*/
        CPSR[7]=1;       /*禁止新的 FIQ 中断*/
        PC=exception vector address
```

　　1）响应复位异常中断

　　当处理器的复位引脚有效时，处理器终止当前指令。当处理器的复位引脚变成无效时，处理器开始执行下面的操作：

```
R14_svc=UNPREDICTABLE   value
SPSR_svc=UNPREDICTABLE   value
CPSR[4:0]=5b1_0011 /*进入特权模式*/
CPSR[5]=0            /*切换到 ARM 状态*/
CPSR[6]=1            /*禁止 FIQ 异常中断*/
CPSR[7]=1            /*禁止 IRQ 中断*/
if  high vectors configured   then      PC= 0xFFFF_0000
    else    PC= 0x0000_0000
```

2）响应未定义指令异常中断

处理器响应未定义指令异常中断时的处理过程如下面的伪代码所示：

```
R14_und=address of next instruction after the undefined instruction
SPSR_und=CPSR
CPSR[4:0]=5b11011          /*进入未定义指令异常中断*/
CPSR[5]=0                  /*切换到 ARM 状态*/
CPSR[6]=1                  /*禁止 FIQ 异常中断*/
CPSR[7]=1                  /*禁止 IRQ 异常中断*/
if  high vectors configured then    PC=0xFFFF0004
    else   PC=0x00000004
```

3）响应 SWI 异常中断

处理器响应 SWI 异常中断时的处理过程如下面的伪代码所示：

```
Rl4_svc=address of next instruction after the SWI instruction
SPSR_svc=CPSR
CPSR[4:0]=5b10011          /*进入特权模式*/
CPSR[5]=0                  /*切换到 ARM 状态*/
CPSR[6]=CPSR[6]            /*不变*/
CPSR[7]=1                  /*禁止 IRQ 异常中断*/
if high vectors configured then      PC=xFFFF0008
    else   PC=0x00000008
```

4）响应指令预取终止异常中断

处理器响应指令预取终止异常中断时的处理过程如下面的伪代码所示：

```
R14_abt=address of the aborted instruction+4
SPSR_abt=CPSR
CPSR[4:0]=5b10111          /*进入指令预取终止模式*/
CPSR[5]=0                  /*切换到 ARM 状态*/
CPSR[6]=CPSR[6]            /*不变*/
CPSR[7]=1                  /*禁止 IRQ 异常中断*/
if high vectors configured then      PC=0xFFFF_000C
    else          PC=0x0000_000C
```

5）响应数据访问终止异常中断

处理器响应数据访问终止异常中断时的处理过程如下面的伪代码所示：

```
R14_abt=address of the aborted instruction + 8
SPSR_abt=CPSR
CPSR[4:0]=5b10111    /*进入数据访问终止*/
CPSR[5]=0            /*切换到 ARM 状态*/
CPSR[6]=CPSR[6]      /*不变*/
CPSR[7]=1            /*禁止 IRQ 异常中断*/
if  high vectors configured then   PC=0xFFFF_0010
    else          PC=0x0000_0010
```

6）响应 IRQ 异常中断

处理器响应 IRQ 异常中断时的处理过程如下面的伪代码所示：

```
R14_irq=address of next instruction to be executed +4
SPSR_irq=CPSR
CPSR[4:0]=5b10010          /*进入 IRQ 异常中断模式*/
CPSR[5]=0                  /*切换到 ARM 状态*/
CPSR[6]=CPSR[6]            /*CPSR[6]is unchanged 不变*/
CPSR[7]=1                  /*禁止 IRQ 异常中断*/
if   high vectors configured then    PC=0xFFFF_0018
     else           PC=0x0000_0018
```

7）响应 FIQ 异常中断

处理器响应 FIQ 异常中断时的处理过程如下面的伪代码所示：

```
R14_fiq=address of next instruction to be executed+4
SPSR.fig=CPSR
CPSR[4:0]=5b10001    /*进入 FIQ 异常中断模式*/
CPSR[5]=0            /*切换到 ARM 状态*/
CPSR[6]=1            /*禁止 FIQ 异常中断*/
CPSR[7]=1            /*禁止 IRQ 异常中断*/
if   high vectors configured then        PC=0xFFFF_001C
     else    PC=0x0000_001C
```

5.5.2　从异常中断处理程序中返回

从异常中断处理程序中返回包括下面两个基本操作：

- 恢复被中断的程序的处理器状态，即把 SPSR_mode 寄存器内容复制到当前程序状态寄存器（CPSR）中；
- 返回到发生异常中断的指令的下一条指令处执行，即把 lr_mode 寄存器的内容复制到程序计数器（PC）中。

复位异常中断处理程序不需要返回。整个应用系统是从复位异常中断处理程序开始执行的，因而它不需要返回。

实际上，当异常中断发生时，程序计数器（PC）所指的位置对于各种不同的异常中断是不同的。同样，返回地址对于各种不同的异常中断也是不同的。下面详细介绍各种异常中断处理程序的返回方法。

1．SWI 和未定义指令异常中断处理程序的返回

SWI 和未定义指令异常中断是由当前执行的指令自身产生的，当 SWI 和未定义指令异常中断产生时，程序计数器（PC）的值还未更新，它指向当前指令后面第 2 条指令（对于 ARM 指令来说，它指向当前指令地址加 8 字节的位置；对于 Thumb 指令来说，它指向当前指令地址加 4 字节的位置）。当 SWI 和未定义指令异常中断发生时，处理器将值（PC-4）保存到异常模式下的寄存器 lr_mode 中。这时（PC-4）即指向当前指令的下一条指令。因此返回操作可以通过下面的指令来实现：

```
MOV      PC，LR
```

该指令将寄存器 LR 中的值复制到程序计数器（PC）中，实现程序返回，同时将 SPSR_mode 寄存器的内容复制到当前程序状态寄存器（CPSR）中。

　　当异常中断处理程序中使用了数据栈时，可以通过下面的指令在进入异常中断处理程序时保存被中断程序的执行现场，在退出异常中断处理程序时恢复被中断程序的执行现场。异常中断处理程序中使用的数据栈由用户提供。

```
STMFD    sp!，{reglist，lr}
; ...
LDMFD    sp!，{reglist，pc}^
```

　　上述指令中，reglist 是异常中断处理程序中使用的寄存器列表。标识符^指示将 SPSR_mode 寄存器的内容复制到当前程序状态寄存器（CPSR）中。该指令只能在特权模式下使用。

2. IRQ 和 FIQ 异常中断处理程序的返回

　　通常，处理器执行完当前指令后，查询 IRQ 中断引脚及 FIQ 中断引脚，并且查看系统是否允许 IRQ 中断及 FIQ 中断。如果有中断引脚有效，并且系统允许该中断产生，处理器将产生 IRQ 异常中断或 FIQ 异常中断。当 IRQ 和 FIQ 异常中断产生时，程序计数器（PC）的值已经更新，它指向当前指令后面第 3 条指令（对于 ARM 指令来说，它指向当前指令地址加 12 字节的位置；对于 Thumb 指令来说，它指向当前指令地址加 6 字节的位置）。当 IRQ 和 FIQ 异常中断发生时，处理器将值（PC-4）保存到异常模式下的寄存器 lr_mode 中。这时（PC-4）即指向当前指令后的第 2 条指令。因此返回操作可以通过下面的指令来实现：

```
SUBS PC，LR，#4
```

　　该指令将寄存器 LR 中的值减 4 后，复制到程序数器（PC）中，实现程序返回，同时将 SPSR_mode 寄存器的内容复制到当前程序状态寄存（CPSR）中。

　　当异常中断处理程序中使用了数据栈时，可以通过下面的指令在进入异常中断处理程序时保存被中断程序的执行现场，在退出异常中断处理程序时恢复被中断程序的执行现场。异常中断处理程序中使用的数据栈由用户提供。

```
SUBS         LR，LR，#4
STMFD        sp!，{reglist，lr）
; ...
LDMFD        sp!，{reglist，pc）^
```

　　在上述指令中，reglist 是异常中断处理程序中使用的寄存器列表。标识符^指示将 SPSR_mode 寄存器的内容复制到当前程序状态寄存器（CPSR）中。该指令只能在特权模式下使用。

3. 指令预取终止异常中断处理程序的返回

　　在指令预取时，如果目标地址是非法的，该指令将被标记成有问题的指令。这时流水线上该指令之前的指令继续执行。当执行到该被标记成有问题的指令时，处理器产生指令预取终止异常中断。

　　当发生指令预取终止异常中断时，程序要返回到该有问题的指令处，重新读取并执行该指令。因此指令预取终止异常中断程序应该返回到产生该指令预取终止异常中断的指令处，而不是像前面两种情况下返回到发生中断的指令的下一条指令。

　　指令预取终止异常中断是由当前执行的指令自身产生的，当指令预取终止异常中断产生时，程序计数器（PC）的值还未更新，它指向当前指令后面的第 2 条指令（对于 ARM 指令来说，它指向当前指令地址加 8 字节的位置；对于 Thumb 指令来说，它指向当前指令地址加 4 字节的位置）。当指令预取终止异常中断发生时，处理器将值（PC-4）保存到异常模式下的寄存器 lr_mode 中。这时（PC-4）即指向当前指令的下一条指令。因此，返回操作可以通过下面的指令来实现：

```
SUBS        LR，LR，#4
```

该指令将寄存器 LR 中的值减 4 后，复制到程序计数器 PC 中，实现程序返回，同时将 SPSR_mode 寄存器的内容复制到当前程序状态寄存器（CPSR）中。

当异常中断处理程序中使用了数据栈时，可以通过下面的指令在进入异常中断处理程序时保存被中断程序的执行现场，在退出异常中断处理程序时恢复被中断程序的执行现场。异常中断处理程序中使用的数据栈由用户提供。

```
SUBS        LR，LR，#4
STMFD       sp!，{reglist，lr}
; …
LDMFD       sp!，{reglist，pc）^
```

在上述指令中，reglist 是异常中断处理程序中使用的寄存器列表。标识符^指示将 SPSR_mode 寄存器的内容复制到当前程序状态寄存器（CPSR）中。该指令只能在特权模式下使用。

4. 数据访问终止异常中断处理程序的返回

当发生数据访问终止异常中断时，程序要返回到该有问题的数据访问处，重新访问该数据。因此数据访问终止异常中断程序应该返回到产生该数据访问终止异常中断的指令处，而不是像前面两种情况下，返回到当前指令的下一条指令。

数据访问终止异常中断是由数据访问指令产生的，当数据访问终止异常中断产生时，程序计数器（PC）的值已经更新，它指向当前指令后面的第 2 条指令（对于 ARM 指令来说，它指向当前指令地址加 8 字节的位置；对于 Thumb 指令来说，它指向当前指令地址加 4 字节的位置）。当数据访问终止异常中断发生时，处理器将值（PC-8）保存到异常模式下的寄存器 lr_mode 中。这时（PC-8）即指向当前指令后的第二条指令。因此返回操作可以通过下面的指令来实现：

```
SUBS        PC，LR，#8
```

该指令将寄存器 LR 中的值减 8 后，复制到程序计数器（PC）中，实现程序返回，同时将 SPSR_mode 寄存器的内容复制到当前程序状态寄存器（CPSR）中。

当异常中断处理程序中使用了数据栈时，可以通过下面的指令在进入异常中断处理程序时保存被中断程序的执行现场，在退出异常中断处理程序时恢复被中断程序的执行现场。异常中断处理程序中使用的数据栈由用户提供。

```
SUBS        LR，LR，#8
STMFD       sp!，{reglist，lr}
; …
LDMFD       sp!，{reglist，pc）^
```

在上述指令中，reglist 是异常中断处理程序中使用的寄存器列表。标识符^指示将 SPSR_mode 寄存器的内容复制到当前程序状态寄存器（CPSR）中。该指令只能在特权模式下使用。

5.6　在应用程序中安排异常中断处理程序

通常有两种方法将异常中断处理程序注册到异常中断向量表中。一种是使用跳转指令，另一种是使用数据读取指令 LDR。

使用跳转指令的方法比较简单，可以在异常中断对应的向量表中的特定位置放一条跳转指令，直接跳转到该异常中断的处理程序。这种方法有一个缺点，即跳转指令只能在 32MB 的空间范围内跳转。

使用数据读取指令 LDR 向程序计数器（PC）中直接赋值。这种方法分为两步：先将异常中断处理程序的绝对地址存放在距离向量表 4KB 范围之内的一个存储单元中；再使用数据读取指令 LDR 将该单元的内容读取到程序计数器（PC）中。

下面讨论在不同情况下安排异常中断处理程序的方法。

5.6.1　在系统复位时安排异常中断处理程序

在系统的启动代码中安排异常中断处理程序可以分两种情况：一种情况是地址 0x0 处为 ROM；另一种情况是地址 0x0 处为 RAM。

1）地址 0x0 处为 ROM 的情况

当地址 0x0 处为 ROM 时，在异常中断向量表中，可以使用数据读取指令 LDR 直接向程序计数器（PC）中赋值，也可以直接使用跳转指令跳转到异常中断处理程序。

例 5.2　使用数据读取指令 LDR。

```
Vector_Init_Block
LDR             PC，Reset_Addr
LDR             PC，Undefined_Addr
LDR             PC，SWI_Addr
LDR             PC，Prefetch_Addr
LDR             PC，Abort_Addr
NOP
LDR             PC，IRQ_Addr
LDR             PC，    FIQ_Addr
Reset_Addr      DCD     Start_Boot
Undefined_Addr  DCD     Undefined_Handler
SWI_Addr DCD    SWI_Handler
Prefetch_Addr   DCD     Prefetch_Handler
Abort_Addr      DCD     Abort_Handler
DCD             0
IRQ_Addr        DCD     IRQ_Handler
FIQ_Addr        DCD     FIQ_Handler
```

例 5.3　使用跳转指令。

```
Vector_Init_Block
BL          Start_Boot
BL          Undefined_Handler
BL          SWI_Handler
BL          Prefetch_Handler
BL          Abort_Handler
NOP
BL          IRQ_Handler
BL          FIQ_Handler
```

2）地址 0x0 处为 RAM 的情况

当地址 0x0 处为 RAM 时，中断向量表必须使用数据读取指令 LDR 直接向 PC 中赋值的形式。而且必须使用下面的代码把中断向量表从只读 ROM 中复制到 RAM 的地址 0x0 开始处的存储空间中。

例 5.4　将中断向量表从 ROM 中复制到 RAM。

```
MOV         R8,         #0
ADR         R9,         Vector_Init_Block
；复制中断向量表（8Words）
LDMIA       R9!,        {R0-R7}
STMIA       R9!,        {R0-R7}
；复制保存各中断处理函数地址的表（8Words）
LDMIA       R9!,        {R0-R7}
STMIA       R9!,        {R0-R7}
```

5.6.2　在 C 程序中安排异常中断处理程序

在程序运行过程中，也可以在 C 程序中安排异常中断处理程序。这时需要把相应的跳转指令或者数据读取指令的编码写到中断向量表中的相应位置。下面分别讨论这两种情况下安排异常中断处理程序的方法。

1）中断向量表中使用跳转指令的情况

当中断向量表中使用跳转指令时，在 C 程序中安排异常中断处理程序的操作如下。

（1）读取中断处理程序的地址。

（2）从上一步得到的地址中减去该异常中断对应的中断向量的地址。

（3）从上一步得到的地址中减去 8，以允许指令预取。

（4）将上一步得到的地址右移 2 位，得到以字（32 位）为单位的偏移量。

（5）确保上一步得到的地址值高 8 位为 0，因为跳转指令只允许 24 位的偏移量。

（6）将上一步得到的地址与数据 0xea00_0000 进行逻辑或，从而得到将要写到中断向量表中的跳转指令的编码。

例 5.5 中的 C 程序实现了上面的操作序列。其中参数 routine 是中断处理程序的地址，vector 为中断向量的地址。

例 5.5　使用跳转指令的中断向量表。

```
unsigned Install_Handle（unsigned routine，unsigned    *vector）
/*在中断向量表中 vector 处，添上合适的跳转指令*/
```

```
/*该跳转指令跳转到中断处理程序 routine 处*/
/*程序返回原来的中断向量*/
{unsigned vec, oldvec；}
```

下面的语句调用例 5.5 中的代码，在 C 程序中安排中断处理程序：

```
unsigned   *irqvec=（unsigned*）0x18；
Install_Handler （（unsigned）IRQHandler, irqvec）；
```

2）中断向量表中使用数据读取指令的情况

当中断向量表中使用数据读取指令时，在 C 程序中安排异常中断处理的操作序列如下所示。

（1）读取中断处理程序的地址。

（2）从上一步得到的地址中减去该异常中断对应的中断向量的地址。

（3）从上一步得到的地址中减去 8，以允许指令预取。

（4）将上一步得到的地址与数据 0xe59f_fD00 进行逻辑或，从而得到将要写到中断向量表中的数据读取指令的编码。

（5）将中断处理程序的地址放到相应的存储单元中。

例 5.6 中的 C 程序实现了上面的操作序列。其中参数 location 是一个存储单元，界面保存了中断处理程序的地址；vector 为中断向量的地址。

例 5.6　使用数据读取指令的中断向量表。

```
unsigned Install_Handle （unsigned routine, unsigned *vector）
/*在中断向量表中 vector 处，添上合适的指令 LDR pc，[pc，#offset]*/
/*该指令跳转的目标地址存放在存储单元 location 中*/
/*函数返回原来的中断向量*/
{unsigned vecf oldvec；
vec=（（unsigned）location-（unsigned）vector-0x8|0xe59f_f000）；
oldvec=*vector；
*vector=vec；
return （oldvec）；
}
```

下面的语句调用上面的代码，在 C 程序中安排中断处理程序：

```
unsigned   *irqvec=（unsigned*）0x18；
Install_Handler （（unsigned）IRQHandler, irqvec）；
```

5.7　SWI 异常、FIQ 和 IRQ 异常中断处理程序

通过 SWI 异常中断，用户模式的应用程序可以调用系统模式下的代码。在实时操作系统中，通常使用 SWI 异常中断为用户应用程序提供系统功能调用。

5.7.1　SWI 异常中断处理程序的实现

在 SWI 指令中包括一个 24 位的立即数，该立即数指示了用户请求的特定的 SWI 功能。在

SWI 异常中断处理程序中要读取该 24 位的立即数，涉及 SWI 异常模式下对寄存器 LR 的读取，并且要从存储器读取该 SWI 指令。这样需要使用汇编程序来实现。通常 SWI 异常中断处理程序分为两级：第 1 级 SWI 异常中断处理程序为汇编程序，用于确定 SWI 指令中的 24 位的立即数；第 2 级 SWI 异常中断处理程序具体实现 SWI 的各个功能，它可以是汇编程序，也可以是 C 程序。

1. 第 1 级 SWI 异常中断处理程序

第 1 级 SWI 异常中断处理程序从存储器中读取该 SWI 指令。在进入 SWI 异常中断处理程序时，LR 寄存器中保存的是该 SWI 指令的下一条指令。

```
LDR        R0，[lr，#-4]
```

下面的指令，从该 SWI 指令中读取其中的 24 位立即数：

```
BIC        R0，R0，#0xFF00_0000
```

综合上面的叙述，例 5.7 是一个第 1 级 SWI 异常中断处理程序的模板。

例 5.7　第 1 级 SWI 异常中断处理程序。

```
; 定义该段代码的名称和属性
AREA TopLevelSwi，CODE，READONLY
EXPORT SWI_Handler
; 保存用到的寄存器
STMFD    sp!，{R0-R12，lr}
; 计算该 SWI 指令的地址，并把它读取到寄存器 R0 中
LDR        R0，[lr，#-4]
; 将 SWI 指令中的 24 位立即数存放到 R0 寄存器中
BIC  R0，R0，#0xFF00_0000
;
; 使用 R0 寄存器中的值，调用相应的 SWI 异常中断的第 2 级处理程序
;
LDMFD    sp!，{R0-R12，pc}^
END
```

2. 使用汇编程序的第 2 级 SWI 异常中断处理程序

可以使用跳转指令，根据由第 1 级中断处理程序得到的 SWI 指令中的立即数的值，直接跳转到实现相应 SWI 功能的处理程序。例 5.8 中的代码实现了这种跳转功能。这种第 2 级的 SWI 异常中断处理程序为汇编程序。

例 5.8　汇编程序类型的 SWI 异常中断第 2 级中断处理程序。

```
; 判断 R0 寄存器中的立即数值是否超过允许的最大值
CMP        R0，#MaxSWI
LDRLS      pc，[pc，R0，LSL#2]
B          SWIOutOfRange
SWIJunpTable
DCD        SWInum0
DCD        SWInum1
;
```

```
;  其他的 DCD
;
;  立即数为 0 对应的 SWI 中断处理程序
SWInum0
B EndofSWI
;  立即数为 1 对应的 SWI 中断处理程序
SWInum1
B EndofSWI
;
;  其他的 SWI 中断处理程序
;
;  结束 SWI 中断处理程序
EndofSWI
```

将例 5.8 这段代码嵌入在例 5.7 中，组成完整的 SWI 异常中断处理程序，如例 5.9 所示。

例 5.9　第 2 级中断处理程序为汇编程序的 SWI 异常中断处理程序。

```
;  定义该段代码的名称和属性
AREA TopLevelSwi，CODE，READONLY
EXPORT SWI_Handler
SWI_Handler
;  保存用到的寄存器
STMFD      sp!，{R0-R12，lr}
;  计算该 SWI 指令的地址，并把它读取到寄存器 R0 中
LDR        R0，[lr，#-4]
;  将 SWI 指令中的 24 位立即数存放到 R0 寄存器中
BIC        R0，R0，#0xFF00_0000
;
;  判断 R0 寄存器中的立即数是否超过允许的最大值
CMP        R0，#MaxSWI
LDRLS      pc，[pc，R0，LSL#2]
B          SWIOutOfRange
SWIJunpTable
DCD        SWInum0
DCD        SWInum1
;
;  其他的 DCD
;
;  立即数为 0 对应的 SWI 中断处理程序
SWInum0
B          EndofSWI
;  立即数为 1 对应的 SWI 中断处理程序
SWInum1
B          EndofSWI
;
;  其他的 SWI 中断处理程序
;
;  结束 SWI 中断处理程序
EndofSWI
```

```
;
; 恢复使用到的寄存器，并返回
LDMFD    sp!，{R0-R12，pc}^
END
```

3. 使用 C 程序的第 2 级 SWI 异常中断处理程序

第 2 级 SWI 异常中断处理程序也可以为 C 程序。这时，利用从第 1 级 SWI 异常中断处理程序得到的 SWI 指令中的 24 位立即数来跳转到相应的处理程序。例 5.10 是一个 C 程序的第 2 级 SWI 异常中断处理程序模板。其中，参数 number 是从第 1 级 SWI 异常中断处理程序得到的 SWI 指令中的 24 位立即数。

例 5.10 C 程序类型的 SWI 异常中断第 2 级中断处理程序。

```c
void C_SWI_handler（unsigned number）
    {
    switch（number）
        {
        /*SWI 号为 0 时执行的代码*/
        case 0：
        break；
        /*SWI 号为 1 时执行的代码*/
        case 1：
        break；
        /*各种 SWI 号时执行的代码*/
        /*无效的 SWI 号时执行的代码*/
        default：
        }
    }
```

在例 5.7 中，将得到的 SWI 指令中的 24 位立即数（称为 SWI 功能号）保存在寄存器 R0 中。根据 ATPCS，可以通过指令 BL C_SWI_Handler 来调用例 5.10 中的代码，从而组成一个完整的 SWI 异常中断处理程序，如例 5.11 所示。

例 5.11 第 2 级中断处理程序为 C 程序的 SWI 异常中断处理程序。

```
; 定义该段代码的名称和属性
AREA TopLevelSwi，CODE，READONLY
EXPORT   SWI_Handler
IMPORT   C_SWI_Handler
SWI_Handler
STMFD    sp!，{R0-R12，lr}      ; 保存用到的寄存器
LDR      R0，[lr，#-4]          ; 计算该 SWI 指令的地址，并把它读取到寄存器 R0 中
BIC      R0，R0，#0xFF00_0000   ; 将 SWI 指令中的 24 位立即数存放到 R0 寄存器中
BL       C_SWI_Handler
LDMFD    sp!，{R0-R12，pc}^     ; 恢复使用到的寄存器，并返回
END
```

如果第 1 级的 SWI 异常中断处理程序将其栈指针作为第 2 个参数传递给 C 程序类型的第 2 级中断处理程序，就可以实现在两级中断处理程序之间传递参数。这时，C 程序类型的第 2 级中断处理程序函数原型如下所示，其中参数 reg 是 SWI 异常中断第 1 级中断处理程序传递来的

数据栈指针。

```
void C_SWI_handler（unsigned number，unsigned*reg）
```

在第 1 级的 SWI 异常中断处理程序中调用第 2 级中断处理程序的操作如下所示：设置 C 程序将使用的第 2 个参数，根据 ATPCS 将第 2 个参数保存在寄存器中。

```
MOV   R1，sp；
；调用 C 程序
BL        C_SWI_Handler
```

在第 2 级中断处理程序中，可以通过下面的操作读取参数，这些参数是 SWI 异常中断产生时各寄存器的值，这些寄存器值可以保存在 SWI 异常中断对应的数据栈中。

```
value_in_reg_0=reg[0]；
value_in_reg_1=reg[1]；
value_in_reg_2=reg[2]；
value_in_reg_3=reg[3]；
```

在第 2 级中断处理程序中可以通过下面的操作返回结果：

```
reg[0]=updated_value_0；
reg[1]=updated_value_1；
reg[2]=updated_value_2；
reg[3]=updated_value_3；
```

5.7.2　SWI 异常中断调用

1. 在特权模式下调用 SWI

执行 SWI 指令后，系统将会把 CPSR 寄存器的内容保存到寄存器 SPSR_svc 中，将返回地址保存到寄存器 LR_svc 中。这样，如果在执行 SWI 指令时，系统已处于特权模式下，这时寄存器 SPSR_svc 和寄存器 LR_svc 中的内容就会被破坏。因此，如果在特权模式下调用 SWI 功能（执行 SWI 指令），比如在一个 SWI 异常中断处理程序中执行 SWI 指令，就必须将原始的寄存器 SPSR_svc 和寄存器 LR_svc 值保存在数据栈中。例 5.12 说明了在 SWI 中断处理程序中如何保存寄存器 SPSR_svc 和寄存器 LR_svc 的值。

例 5.12　在 SWI 中断处理程序中保存寄存 SPSR_svc 和寄存器 LR_svc 的值。

```
；保存寄存器，包括寄存器 LR_svc
STMFD    sp!，{R0-R3，R12，lr}
；保存 SPSR_svc
MOV      R1，sp
MRS      R0，spsr
STMFD    sp!，{R0}
；读取 SWI 指令
LDR      R0，[lr，#-4]
；计算其中的 24 位立即数，并将其放入寄存器 R0 中
BIC      R0，R0，#0xFF00_0000
；调用 C_SWI_Handler 完成相应的 SWI 功能
BL       C_SWI_Handler
```

```
;  恢复 SPSR_SVC 的值
LDMFD    sp!, {R0}
MSR      spsr_cf, R0
;  恢复其他寄存器，包括寄存器 LR_svc
LDMFD    sp!, {R0-R3, R12, pc}^
```

2. 从应用程序中调用 SWI

这里分两种情况考虑从应用程序中调用特定的 SWI 功能：一种考虑使用汇编指令调用特定的 SWI 功能；另一种考虑从 C 程序中调用特定的 SWI 功能。

使用汇编指令调用特定的 SWI 功能比较简单，将需要的参数按照 ATPCS 的要求放在相应的寄存器中，然后在指令 SWI 中指定相应的 24 位立即数（指定要调用的 SWI 功能号）即可。下面的例子中，SWI 中断处理程序需要的参数放在寄存器 R0 中，这里该参数值为 100，然后调用功能号为 0x0 的 SWI 功能。

```
MOV    R0, #100
SWI    0x0
```

从 C 程序中调用特定的 SWI 功能比较复杂，因为这时需要将一个 C 程序的子程序调用映射到一个 SWI 异常中断处理程序。这些被映射的 C 语言子程序需要使用编译器伪操作_SWI 来声明。如果该子程序需要的参数和返回的结果只使用寄存器 R0～R3，则该 SWI 可以被编译成 inline 的，不需要使用子程序调用过程。否则必须告诉编译器通过结构数据类型来返回参数，这时需要使用编译器伪操作_value_in_regs 声明该 C 语言子程序。

下面通过一个完整的例子来说明如何从 C 程序中调用特定的 SWI 功能，该例子是 ARM 公司的 ADS1.1 中所带的。该例子提供了 4 个 SWI 功能调用，功能号分别为 0x0、0x1、0x2 及 0x3。其中，SWI 0x0 及 SWI 0x1 使用两个整型的输入参数，并返回一个结果值；SWI 0x2 使用 4 个输入参数，并返回一个结果值；SWI 0x3 使用 4 个输入参数，并返回 4 个结果值。

整个 SWI 异常中断处理程序分为两级结构。第 1 级的 SWI 异常中断处理程序是汇编程序 SWI_HANDLER，它读取 SWI 指令中的 24 位立即数（即 SWI 功能号），然后调用第 2 级 SWI 异常中断处理程序 C_SWI_HANDLER 来实现具体的 SWI 功能。第 2 级 SWI 异常中断处理程序 C_SWI_HANDLER 为 C 语言程序，其中实现了功能号分别为 0x0、0x1、0x2 及 0x3 的 SWI 功能调用（实现了 SWI 0x0、SWI 0x1、SWI 0x2 及 SWI 0x3）。

主程序中的子程序 multiply_two()对应着 SWI 0x0；add_two()对应着 SWI 0x1；add_multiply_two()对应着 SWI 0x2；many_oprations()对应着 SWI 0x3。many_operations()返回 4 个结果值，使用编译器伪操作_value_in_regs 声明。4 个子程序都使用编译器伪操作_swi 来声明。主程序使用 Install_Handler()来安装该 SWI 异常中断处理程序，InstallHandler()在前面已经有详细的介绍。整个代码如例 5.13 所示。

例 5.13 从 C 程序中调用特定的 SWI 功能：

```
/*    头文件 SWI.H    */
_swi (0) int  multiply_two (int, int);
_swi (1) int add_two (int, int);
_swi (2) int add_multiply_two (int, int, int, int);
struct four_results
    {int a; int b; int c; int d; }
_swi (3)  _value_in_regs   struct four_results
```

```
many_operations（int，int，int，int）;
/*
*主程序 main()
*/
#include<stdio.h>
#include"swi.h"
unsigned*swi_vec=（unsigned*）0x08;
extern void SWI_Handler（void）;
/*
*使用 Install_Handler()安排 SWI 异常中断处理程序
*该程序在前面已有详细的介绍
*/
unsigned Install_Handler（unsigned routine，unsigned*vector）
    {
    unsigned    vec，old_vec;
    vec=（routine-（unsigned）vector-8）>>2;
    if（vec&0xff00_0000）{printf（"Handler greater than 32MBytes from vector"）; }
    vec=0xea00_0000|vec;        /*OR in 'branch always' code*/
    old_vec=*vector;
    *vector=vec;
    return（old_vec）;
    }
int main（void）
    {
    int result1，result2;
    struct four results res_3;
    printf（"result1=multiply_two（2，4）=%d\n"，result1=multiply_two（2，4））;
    printf（"result2=multiply_two（3，6）=%d\n"，result1=multiply_two（3，6））;
    printf（"add_multiply_two（2，4，3，6）=%d\n"，add_multiply_two（2，4，3，6））;
    res_3=many_operations（12，4，3，1）;
    printf（"res_3.a=%d\n"，res_3.a）;
    printf（"res_3.b=%d\n"，res_3.b）;
    printf（"res_3.c=%d\n"，res_3.c）;
    printf（"res_3.d=%d\n"，res_3.d）;
    return 0;
    }
; 第 1 级 SWI 异常中断处理程序 SWI_Handler
; SWI_Handler 在前面已有详细介绍
AREA         SWI_Area，CODE，READONLY
EXPORT       SWI_Handler
IMPORT       C_SWI_Handler
T_bit        EQU       0x20
SWI_Handler
STMFD        sp!，{R0-R3，R12，lr}
MOV          R1，sp
MRS          R0，spsr
STMFD        sp!，{R0}
TST          R0，#T_bit
```

```
LDRNEH          R0，[lr，#-2]
BICNE           R0，R0，#0xFF00
LDREQ           R0，[lr，#-4]
BICEQ           R0，R0，#0xFF00_0000
BL              C_SWI    Handler
LDMFD           sp!，{R0}
MSR             spsr_cf，R0
LDMFD           sp!，{R0-R3，Rl2，pc}^
END
/*
*第 2 级 SWI 异常中断处理程序 void C_SWI_Handler()
*void C_SWI_Handler()在前面已有详细介绍
*/
void C_SWI_Handler（int swi_num，int*regs）
    {
    switch（swi_num）
    {
    case0：      //对应于 SWI 0x0
        regs[0]=regs[0]+regs[1];
    break；
    case1：      //对应于 SWI 0x1
        regs[0]=regs[0]+regs[1];
    break；
    case2：      //对应于 SWI 0x2
        regs[0]=regs[0]*regs[1]+regs[2]*regs[3];
    break；
    case3：      //对应于 SWI 0x3
        {
        int     w，x，y，z;
        w=reg[0];
        x=reg[1];
        y=reg[2];
        z=reg[3];
        reg[0]=w+x+y+z;
        reg[0]=w+x+y+z;
        reg[0]=w+x+y+z;
        reg[0]=w+x+y+z;
        }
        break；
    }
}
```

3．从应用程序中动态调用 SWI

在有些情况下，直到运行时才能够确定需要调用的 SWI 功能号。这时，有两种方法处理这种情况。

第一种方法是在运行时得到 SWI 功能号，然后构造出相应的 SWI 指令的编码，把这个指令的编码保存在某个存储单元中，执行该指令即可。

第二种方法是使用一个通用的 SWI 异常中断处理程序，将运行时需要调用的 SWI 功能号作为参数传递给该通用的 SWI 异常中断处理程序，通用的 SWI 异常中断处理程序根据参数值调用相应的 SWI 处理程序，完成需要的操作。

在汇编程序中很容易实现第二种方法。在执行 SWI 指令之前，先将需要调用的 SWI 功能号放在某个寄存器（R0～R12 都可以使用）中，在通用的 SWI 异常中断处理程序中读取该寄存器值，决定需要执行的操作。但有些 SWI 处理程序需要 SWI 指令中的 24 位立即数，因而上述两种方法常常组合使用。

在操作系统中，通常使用一个 SWI 功能号和一个寄存器来提供很多的 SWI 功能调用。这样，可以将其他的 SWI 功能号留给用户使用。在 DOS 系统中，DOS 提供的功能调用是 INT21H，这时，通过指定寄存器 AX 的值，可以实现很多不同的功能调用。ARM 体系中，semihost 的实现也是一个例子。ARM 程序使用 SWI 0x123456 来实现 semihost 功能调用；Thumb 程序使用 SWI 0xAB 来实现 semihost 功能调用。在下面的例子中，将子程序 WriteC（unsigned op, char*c）映射到 semihost 功能调用，具体 semihost SWI 的子功能号通过参数 op 传递。

例 5.14　从应用程序中动态调用 SWI 功能。

```
ifdef_thumb
/*Thumb 的 Semihosting SWI 号为 0xAB*/
#define SemiSWI 0xAB
#else
/*ARM 的 Semihosting SWI 号为 0x123456*/
#define SemiSWI 0x123456
#endif
/*使用 Semihosting SWI 输出一个字符*/
_swi（SemiSWI）
void Semihosting（unsigned op, char*c）;
#define    WriteC（c）    Semihosting（0x3, c）
void write_a character（int*ch）
    {
    char tempch=ch;
    WriteC（&tempch）;
    }
```

5.7.3　IRQ/FIQ 异常中断处理程序

ARM 提供的 FIQ 和 IRQ 异常中断用于外部设备向 CPU 请求中断服务。这两个异常中断的引脚都是低电平有效的。当前程序状态寄存器（CPSR）的 I 控制位可以屏蔽这两个异常中断请求：当程序状态寄存器（CPSR）中的 I 控制位为 1 时，FIQ 和 IRQ 异常中断被屏蔽；程序状态寄存器（CPSR）中的 I 控制位为 0 时，CPU 正常响应 FIQ 和 IRQ 异常中断请求。

FIQ 异常中断为快速异常中断，它比 IRQ 异常中断优先级高，这主要表现在如下两个方面：

- 当 FIQ 和 IRQ 异常中断同时产生时，CPU 先处理 FIQ 异常中断；
- 在 FIQ 异常中断处理程序中，IRQ 异常中断被禁止。

由于 FIQ 异常中断通常用于系统中对于响应时间要求比较苛刻的任务，ARM 体系在设计上有一些特别的安排，以尽量减少 FIQ 异常中断的响应时间。FIQ 异常中断的中断向量为 0x1c，位于中断向量表的最后。这样 FIQ 异常中断处理程序可以直接放在地址 0x1c 开始的存储单元，这种安排省掉了中断向量表中的跳转指令，从而也就节省了中断响应时间。当系统中存在 Cache 时，可以把 FIQ 异常中断向量以及处理程序一起锁定在 Cache 中，从而大大地缩短了 FIQ 异常中断的响应时间。除此之外，与其他的异常模式相似，FIQ 异常模式还有额外的 5 个物理寄存器，这样，在进入 FIQ 处理程序时，可以不用保存这 5 个寄存器，从而也提高了 FIQ 异常中断的执行速度。

在有些 IRQ/FIQ 异常中断处理程序中，允许新的 IRQ/FIQ 异常中断，这时将需要一些特别的操作保证"老的"异常中断的寄存器不会被"新的"异常中断破坏，这种 IRQ/FIQ 异常中断处理程序称为可重入的异常中断处理程序（Reentrant Interrupt Handler）。

1. 不可重入的 IRQ/FIQ 异常中断处理程序

对于 C 语言不可重入的 IRQ/FIQ 异常中断处理程序，可以使用关键词_irq 来说明。

- 保存 APCS 规定的被破坏的寄存器；
- 保存其他中断处理程序中用到的寄存器；
- 同时将（LR-4）赋予程序计数器（PC），实现中断处理程序的返回且恢复 CPSR 寄存器的内容。

当 IRQ/FIQ 异常中断处理程序调用子程序时，关键词_irq 可以使 IRQ/FIQ 异常中断处理程序返回时从其数据栈中读取 LR_irq 值，并通过"SUBS PC，LR，#4"实现返回。例 5.15 说明了关键词_irq 的作用，其中列出了 C 语言程序及其对应的汇编程序；在两个 C 语言程序中，第一个使用关键词_irq 声明，第二个没有使用关键词_irq 声明。

例 5.15　关键词_irq 的作用。

第一个程序使用关键词_irq 声明：

```
_irq void IRQHandler（void）
{
volatile unsigned int*base=（unsigned int*）0x8000_0000;
if（*base==1）
    {
    C_int_handler();        //调用相应的 C 语言处理程序
    }
    *（base+1）=0   ;       //清除中断标位
}
```

第一个 C 语言程序对应的汇编程序：

```
IRQHandler      PROC
STMFD           sp!, {R0-R4, Rl2, lr}
MOV             R4, #0x8000_0000;
LDR             R0, [R4, #0]
SUB             sp, sp, #4
CMP             R0, #l
BLEQ            C_int_handler
MOV             R0, ##0
STR             R0, [R4, #4]
ADD             sp, sp, #4
LEWFD           sp （R0-R4, Rl2, lr）
SUBS            pc, lr, #4ENDP
```

```
EXPORT          IRQHandler
```

第二个程序没有使用关键词_irqs 声明：

```
irq void IRQHandler（void）
    {
    volatile unsigned int*base=（unsigned int*）0x8000_0000；
    if（*base==1）
        {
        C_int_handler();   //调用相应的 C 语言处理程序
        }
        *（base+1）=0；   //清除中断标位
    }
```

第二个 C 语言程序对应的汇编程序：

```
IRQHandler      PROC
STMFD           sp,     {R4, lr}
MOV             R4,         #0x8000_0000
LDR             R0, [R4, #0]
CMP             R0,         #1
BLEQ            C_int_handler
MOV             R0,         #0
STR             R0, [R4, #4]
LDMFD           sp!,    {R4, pc}
ENDP
```

2. 可重入的 IRQ/FIQ 异常中断处理程序

如果在可重入的 IRQ/FIQ 异常中断处理程序中调用了子程序，子程序的返回地址将被保存到寄存器 LR_irq 中，这时，如果发生了 IRQ/FIQ 异常中断，这个 LR_irq 寄存器的值将会被破坏，那么被调用的子程序将不能正确返回。因此，对于可重入的 IRQ/FIQ 异常中断处理程序需要一些特别的操作。下面列出了在可重入的 IRQ/FIQ 异常中断处理程序中需要的操作。这时，第 1 级中断处理程序（对应于 IRQ/FIQ 异常中断的程序）不能使用 C 语言，因为其中一些操作不能通过 C 语言实现：

- 将返回地址保存到 IRQ 的数据栈中；
- 保存工作寄存器和 SPSR_irq；
- 清除中断标志位；
- 将处理器切换到系统模式，重新使能中断（IRQ/FIQ）；
- 保存用户模式的 LR 寄存器和被调用者不保存的寄存器；
- 调用 C 语言的 IRQ/FIQ 异常中断处理程序；
- 当 C 语言的 IRQ/FIQ 异常中断处理程序返回后，恢复用户模式的寄存器，中断（IRQ/FIQ）；
- 切换到 IRQ 模式，禁止中断；
- 恢复工作寄存器和寄存器 LR_irq；
- 从 IRQ 异常中断处理程序中返回。

例 5.16 演示了这些操作过程。

例 5.16 可重入的 IRQ/FIQ 异常中断处理程序：

```
AREA INTERRUPT， CODE， READONLY
IMPORT   C_irq_handler            ；引入 C 语言的 IRQ 中断处理程序 C_irq_handler
IRQ
SUB          lr，       lr，#4      ；保存返回的 IRQ 处理程序地址
STMFD        sp！，     {lr}        ；
MRS          R14，      SPSR        ；保存 SPSR_irq 及其他工作寄存器
STMFD        sp！，     {R12, R14}；
；
；在这里添加指令，清除中断标位
；添加指令重新使能中断
；
MSR      CPSR_c，#0x1F             ；切换到系统模式，并使能中断
STMFD    sp！，{R0-R3, lr}         ；保存用户模式的 LR_usr
                                   ；及被调用者不保存的寄存器
BL       C_irq_handler             ；跳转到 C 语言的中断处理程序
LDMFD    sp！，{R0-R3, lr}         ；恢复用户模式的寄存器
MSR      CPSR_c，#0x92             ；切换到 IRQ 模式，禁止 IRQ 中断，
                                   ；FIQ 中断仍允许
LDMFD    sp！，{R12, R14}          ；恢复工作寄存器和 SPSR_irq
MSR      SPSR_c，  R14             ；
LDMFD    sp！ {pc}^                 ；从 IRQ 处理程序返回
END
```

5.7.4 IRQ 异常中断处理程序举例

本例中有多达 32 个中断源，每个中断源对应一个单独的优先级值，优先级的取值范围为 0～31。假设系统中的中断控制器的基地址为 IntBase，存放中断优先级值的寄存器的偏移地址为 IntLevel。寄存器 R13 指向一个 FD 类型的数据栈。例子的源代码如例 5.17 所示。

例 5.17 多中断源的 IRQ 异常中断处理程序。

```
SUB lr，   lr，#4                  ；保存返回地址
STMFD     sp！，{lr}               ；
MRS       Rl4，     SPSR            ；保存 SPSR 及工作寄存器
STMFD     sp！，{Rl2, Rl4}   ；
MOVR12，       #IntBase；           ；读取中断控制器的基地址
LDR       R12，     [Rl2, #IntLevel] ；读取优先级最高的中断源的优先级值
MRS       Rl4，     CPSR            ；使能中断
BIC       Rl4，     Rl4, #0x80  ；
MSR       CPSR_c, Rl4
LDR       pc, [pc, Rl2, LSL#2]     ；跳转到级最高的中断对应的中断处理程序
NOP                                ；加入一条 NOP 指令，实现跳转表的地址计算方法
；中断处理程序地址表
DCD Priority0Handler               ；优先级为 0 的中断对应的中断处理程序地址
DCD PrioritylHandler               ；优先级为 1 的中断对应的中断处理程序地址
DCD Priority2Hatnder               ；优先级为 2 的中断对应的中断处理程序地址
Priority0Handler                   ；优先级为 0 的中断对应的中断处理程序
```

```
        STMFD    sp!, {R0-R11}                    ; 保存工作寄存器
        ;
        ; 这里为中断程序的程序体
        ;
        LDMFD    sp!,        {R0-R11}             ; 恢复工作寄存器
        MRS      R12,        CPSR                 ; 禁止中断
        ORR      R12,        R12,
        MSR      CPSR_c, Rl2
        LDMFD    sp!, {Rl2, R14}                  ; 恢复 SPSR 及寄存器 R12
        MSR      SPSR_csxf, Rl4
        LDMFD    sp! {pc}^                        ; 从优先级为 0 的中断处理程序返回
        PrioritylHandler                         ; 优先级为 1 的中断对应的中断处理程序
        ; …
```

5.7.5　其他异常程序

1．复位异常中断处理程序

复位异常中断处理程序在系统加电或复位时执行，它将进行一些初始化工作，具体内容与具体系统相关，然后程序控制权交给应用程序，因而复位异常中断处理程序不需要返回。下面是通常在复位异常中断处理程序中进行的一些处理：

- 设置异常中断向量表；
- 初始化数据栈和寄存器；
- 初始化存储系统，如系统中的 MMU 等（如果系统中包含这些部件的话）；
- 初始化一些关键的 IO 设备；
- 使用中断；
- 将处理器切换到合适的模式；
- 初始化 C 语言环境变量，跳转到应用程序执行。

2．未定义指令异常中断

当 CPU 不认识当前指令时，它将该指令发送到协处理器。如果所有的协处理器都不认识该指令，这时将产生未定义指令异常中断。对未定义指令异常中断进行相应的处理。可以看出，这种机制可以用来通过软件仿真系统中某些部件的功能。比如，如果系统中不包含浮点运算部件，CPU 遇到浮点运算指令时，将发生未定义指令异常中断，在该未定义指令异常中断的处理程序中可以通过其他指令序列仿真该浮点运算指令。

这种仿真的处理过程类似于 SWI 异常中断的功能调用。在 SWI 异常中断的功能调用中通过读取 SWI 指令中的 24 位（位[23:0]）立即数，判断具体请求的 SWI 功能。这种仿真机制的操作过程如下。

（1）将仿真程序设置成未定义指令异常中断的中断处理程序（链接到未定义指令异常中断的中断处理程序链中），并保存原来的中断处理程序。这是通过修改中断向量表中未定义指令异常中断对应的中断向量来实现的（同时保存旧的中断向量）。

（2）读取该未定义指令的位[27:24]，判断该未定义指令是否是一协处理器指令。当位[27:24]为 4b1110 或 4b110x 时，该未定义指令是一个协处理器指令。接着读取该未定义的指令的位[11:8]，

如果位[11:8]指定通过仿真程序实现该未定义指令，则相应地调用仿真程序实现该指令的功能，然后返回到用户程序。

（3）如果不仿真该未定义指令，则程序跳转到原来的未定义指令异常中断的中断处理程序中执行。

Thumb 指令集中不包含协处理器指令，因而不需要这种指令仿真机制。

3．指令预取终止异常中断处理程序

如果系统中不包含 MMU，指令预取终止异常中断处理程序只是简单地报告错误，然后退出。如果系统中包含 MMU，则发生错误的指令触发虚拟地址失效，在该失效处理程序中重新读取该指令。指令预取终止异常中断是由错误的指令执行时被触发的，这时 LR_abt 寄存器还没有被更新，它指向该指令的下一条指令。因为该有问题的指令要被重新读取，因而应该返回到该有问题的指令，即返回到（LR_abt-4）处。

4．数据访问终止异常中断处理程序

如果系统中不包含 MMU，数据访问终止异常中断处理程序只是简单地报告错误，然后退出。如果系统中包含 MMU，数据访问终止异常中断处理程序要处理该数据访问终止。当发生数据访问终止异常中断时，LR_abt 寄存器已经被更新，它指向引起数据访问终止异常中断的指令后面的第 2 条指令，此时要返回到引起数据访问终止异常中断的指令，即（LR_abt-8）处。

下面 3 种情况可能引起数据访问终止异常中断。

1）LDR/STR 指令

对于 ARM7 处理器，数据访问终止异常中断发生时，LR_abt 寄存器已经被更新，它指向引起数据访问终止异常中断的指令后面的第 2 条指令，此时要返回到引起数据访问终止异常中断的指令，即（LR_abt-8）处。

对于 ARM9、ARM10、StrongARM 微处理器，数据访问终止异常中断发生后，处理器将程序计数器设置成引起数据访问终止异常中断的指令的地址，不需要用户来完成这种程序计数器的设置操作。

2）SWAP 指令

SWAP 指令执行时，未更新寄存器 LR_abt。

3）LDM/STM 指令

对于 ARM6 及 ARM7 处理器，如果写回机制（Write Back）使能的话，基址寄存器将被更新。对于 ARM9、ARM10 及 StrongARM 微处理器，如果写回机制使能的话，数据访问终止异常中断发生时，处理器将恢复基址寄存器的值。

第6章　最小系统外围电路设计

从电路设计角度，嵌入式系统硬件是以处理器与存储器为核心，以电子线路连接所有电子元器件和接口所形成的元器件网络。不同的硬件系统，其对应不同的元器件集合以及不同复杂度的电路网络。最小系统是指一个仅具有进入正确执行模式所需最少资源的系统。从硬件角度，最小嵌入式系统硬件包括嵌入式处理器、片上/片外存储器，以及电源、复位、时钟等外围辅助电路。通过设计和验证最小系统硬件，可以掌握以特定型号处理器为核心的嵌入式系统硬件设计方法，并为进一步的功能、接口、总线扩展奠定基础。结合数字电路知识以及集成电路特性，本章重点阐述电源电路、复位电路以及时钟电路的工作原理与典型设计方法。

6.1　电源电路

6.1.1　电源电路设计方法

1. 基本原理

电源电路是嵌入式系统硬件的基本组成，为系统提供一种或多种负载能力的电压输出，其稳定性对整个系统硬件的安全、可靠运行具有重要影响。

通常情况下，嵌入式系统的电源电路大都采用稳定性较高的直流稳压电源电路。一个完整的直流稳压电源由电源变压器、整流电路、滤波电路以及稳压电路4部分组成，如图6.1所示。

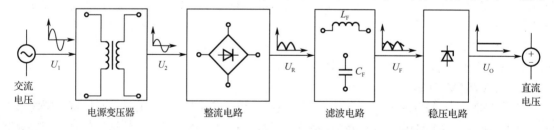

图 6.1　直流稳压电源电路组成

对于交流电（AC）输入，基于电磁感应原理的电源变压器，将初级线圈上输入的交流电压 U_1 变换为次级线圈上的交流电压 U_2，初级线圈、次级线圈的圈数分别为 n_1 和 n_2 时，$U_2=(n_2/n_1)\times U_1$。一般情况下，U_1 为 220V、50Hz 的交流电。在直流-直流的电压变换电路中，不需使用该类组件。

整流电路主要利用二极管的单向导通特性，将变压器变换后的交流输出转换为电压周期性变化的单向脉动直流电（DC），设计中可采用单相全波整流和单相桥式整流电路。整流电路输出端不接滤波电容时，单相全波整流和桥式整流电路的输出电压均约为 $0.9U_2$，二极管的平均电流为整流电路输出电流的一半，二极管承受的最高反向电压为 $\sqrt{2}\,U_2$。基于这些参数约束，设计者可选择合适的整流二极管。

滤波电容用于滤除单向脉动电流中的交流成分（纹波电压）并形成直流电压输出。该电路主要利用了电容两端电压（或电感中的电流）不能突变的特性，将电容与负载并联（或电感与负载串联）来滤除整流电路输出电压中的纹波电压。负载电流较小的电路适合于电容滤波。反之，可采用电感滤波。接入滤波电容 C_F（或电感 L_F）后，该元件将在波峰充电、在波谷放电补偿电压。当 $RC_F \geq (3 \sim 5)T/2$ 时，T 为交流电周期（如 50Hz，20ms），R 为负载电阻，电路的输出电压 U_F 约为 $1.2U_2$，一般应以 $1.2U_2$ 作为输出电压值，进而反向推算出变压器的匝比。

稳压电路用于消除电网/电池等输入端电压的波动并抵消负载变化对电源的影响，为系统提供稳定的直流电压。在实际设计中，稳压电路的设计既可以采用基于二极管、三极管等分立元件的线性稳压电路、开关稳压电路，也可以采用 78xx、79xx 等三端集成稳压管。

2. 220V 交流转换为 12V 直流电源电路示例

图 6.2 是一个基于 7812 集成稳压管设计的交流 220V 转直流 12V 的电源电路，最大输出电流为 1A，稳压管标号中的 78 表示稳压管输出正电压（79 表示输出负电压）、12 表示输出电压为+12V，由此，可以选择 7805、7912 等型号的稳压管分别建立+5V、−12V 等电源电路。整流桥由 4 个整流二极管 IN4001 桥接而成，将感应的交流电转换为直流电。电容 C_1 和 C_2 组成滤波电路，其中极性电容 C_1 用于过滤整流输出中的低频纹波电压，无极性电容 C_2 用于滤除输出中的高频纹波信号；稳压管输出端的极性电容 C_3 用于滤波，使得输出更加稳定。

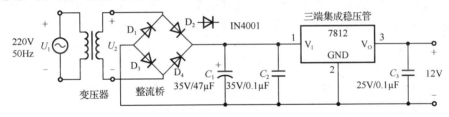

图 6.2　220V 交流转 12V 直流的电源电路

电容 C_2、C_3 和 7812 组成了将直流高电压转至 12V 直流电压的基本直流稳压电路。其中，7812 稳压管本质上由一组三极管、二极管和电阻构成，输入电压范围为 14.5～27V，正常电压输出范围为 11.4～12.6V、输出电流范围为 5mA～1A，峰值电流、功率分别可达 2.2A 和 15W。在已经获得直流电压输出时，降压稳压电路大致可以采用类似的设计方式。实际中，用户可以在该基本稳压电路基础上，基于电阻/可调电阻、电容、二极管、三极管、比较器等器件对电路进行扩展，构造出不同电气特性的稳压电路，如恒流型、增强型、输出可调型、高电流电压型、高输出电流短路保护型、负电压输出型、正负电压输出型以及开关型稳压电源电路等。稳压管的数据手册中会详细描述这些电路组件的具体结构和使用参数，设计时可根据需要进行查阅。

3. 直流升压-降压 SEPIC 电源电路示例

首先需要说明的是，单端初级电感变换器 SEPIC 是一种允许输出电压大于、等于或小于输入电压的 DC-DC 变换电路，通过电路开关的占空比来控制输出电压。基本的 SEPIC 电路一般是采用一个开关三极管（或 MOS 管）和两个位于不同回路的电感构成的，电路结构如图 6.3 所示。其中，当开关三极管 S 导通时，U_i、L_1、S 回路和 S、C_1、L_2 回路同时导通，两个电感 L_1 和 L_2 同时储能，U_i 和 L_1 的能量通过 C_1 转移到 L_2；当三极管截止时，U_i、L_1、D_1 和负载（C_2、R_V）形成回路，同时 L_2、D_1 和负载形成回路，此时电源与 L_1 为负载供电，并向 C_1 充电。类似于升压电路，该电路的输入电流平滑，而输出电流则不连续（称之为斩波）。那么，以不同频率控制开关三极管 S 的导通、截止状态并选择特定参数的元件，就可以以控制电路中电流大小的方式实现输出电压的升降调节。该电路的优点是实现简单，但其不足也非常明显，电路本身不能实现 S 开关的自动控制，且不能保证电路的稳定性和安全性。

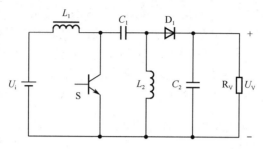

图 6.3　SEPIC升、降压电路

以基于 CS5171 稳压管构造的 2.7～28V 输入、5V 输出的 SEPIC 转换电路为例。CS517x系列集成电路可以看作对上述 SEPIC 电路中开关等部分的扩展。芯片内部采用了由电源开关电流产生脉冲宽度调制（PWM）斜波信号的电流模式控制机制，以固定频率振荡器的脉冲输出打开器件内部的电源开关 S，并由 PWM 比较器将其关闭。

CS5171 是频率为 280kHz 的 8 引脚高效能电压转换调节器，输入电压范围为 2.7～30V，最大输出电流为 1.5A，可以实现升压、降压、反相、正负对称双电源输出等多种功能。如图 6.4所示，芯片的主要引脚包括电源引脚 V_{CC}（-0.3～35V）、循环补偿引脚 V_C（-0.3～6V）、电压反馈输入引脚 FB（-0.3～10V）、关闭/同步引脚 SS（-0.3～30V）、开关输入引脚 V_{SW}（-0.3～40V）、电源地 PGND 和模拟地 AGND。其中，V_C 是误差放大器的输出，连接一个 RC 补偿网络，主要用于循环补偿、电流限制以及软启动；FB 连接到芯片内部误差放大器的反相输入端，与 1.276V 的参考电压进行比较，当该引脚的电压低于 0.4V 时，芯片的转换频率降低为正常频率的 20%；SS 关闭/同步引脚可以将芯片置为低电流模式，或者用于和基准时钟的两倍频同步，V_{SW} 是高电流开关引脚，其内部连接到电源开关三极管的集电极。图 6.4 和图 6.5 所示分别为采用 CS5171 设计的 2.7～28V 输入/5V 输出的 SEPIC 转换电路和 5V 输入/∓12V 输出的 SEPIC 转换电路。

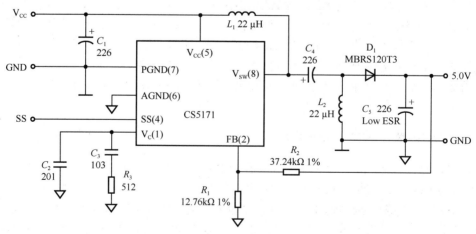

图 6.4　采用CS5171 的升、降压直流电源电路

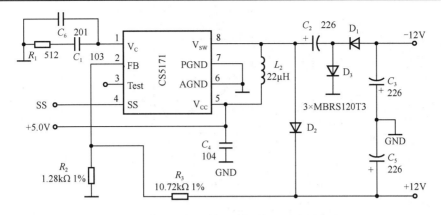

图 6.5　采用CS5171 的 5V转正负 12V电源电路

由数据手册可知，基于 CS517X 系列芯片可以构造出升压、降压、反相、逆变等不同的电压转换电路，使得嵌入式硬件的设计得以简化。除此之外，可用于面向电池供电电子系统的 TPS6103X 系列升压转换器，可以将 1.8～5.5V 范围的输入电压转换为最大 5.5V 的输出电压。相较 CS517X 而言，该器件的优势是具有非常高的能量转换效率，将 1.8V 输入升压至 5V 输出时可以提供 1A 的输出电流。

需要强调的是，多个独立电源的电路中数字电源需先于模拟电源供电。同时，电源电路只是构成嵌入式系统电源电路的一部分，实际中可能需要进行扩展。在诸如电池供电的嵌入式系统设计中，电源电路中通常需要以电源控制数字芯片为核心。电源控制芯片在线检测电池电压、为不同组件提供不同的电压输出，并通过充电控制芯片控制电池的充电过程，在系统运行及电池充电过程中，充电控制芯片保护电池以防止过度放电、过压、过充及过温，保护电池寿命及系统安全。

6.1.2　电源管理与低功耗设计

外围电源电路为电子器件提供了正常工作所需的电荷能量。在此基础上，通过对电源电压的动态调节和管理，可以进一步使电子器件运行于不同的工作模式，如开启或关闭某些组件的电源、全速运行或睡眠、待机等低功耗状态。如前所述，性能的优化与芯片的运行电压、时钟频率以及外设能力密切相关。显然，进一步为基础供电电路增加动态电源调节机制，将是优化系统运行性能和能耗的有效手段。

多种供电电源是嵌入式处理器的基本特征之一，用于满足处理器内处理器核、IO 接口、时钟电路等数字逻辑以及 ADC、DAC、传感器、锁相环等模拟组件的供电要求。针对不同组件管理以及性能优化、功耗管理的需要，处理器内部一般都会集成辅助的（智能）电源控制和管理逻辑单元，可以为片内逻辑提供多种电源供给方案和运行模式。例如，提供内部参考电压（如 V_{REFINT}）、可编程电压检测器（如 PVD），可以监控电源电压变化并进行处理器复位控制等操作；提供线性电压调节器以及电源控制寄存器和状态寄存器，实现软件方式的芯片运行状态管理。

STM32L1 是意法半导体推出的超低功耗、基于 ARM Cortex-M3 核的高性能 32 位 MCU。该系列 MCU 采用意法半导体专有的超低泄漏制程，具有创新型自主动态电压调节功能和 5 种低功耗模式，在保证性能的同时扩展了超低功耗的运行机制。与主攻可穿戴设备的 STM32L0 以及 STM8L 一样，STM32L1 提供了动态电压调节、超低功耗时钟振荡器、LCD 接口、比较器、DAC 及硬件加密功能。STM32L1 处理器的内部供电电路如图 6.6 所示。

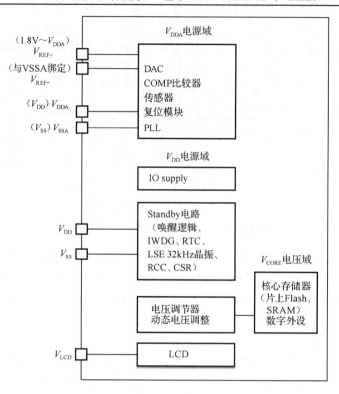

图 6.6　STM32L1 处理器的内部供电电路

在该电路中，各个引脚及电压域（或电压区）具有如下特性。

（1）当 BOR（欠压复位）有效时，V_{DD} 的电压区间为 1.8～3.6V（上电时）或 1.65～3.6V（掉电时）；无效时，电压区间为 1.65～3.6V。

（2）V_{DDA} 是向 ADC、DAC、上电复位（POR）和掉电复位（PDR）模块、RC 振荡器和锁相环供电的外部模拟电源供电电路；当连接 A/D 组件时，V_{DDA} 的电压为 1.8V；独立的 A/D 和 DAC 供电电源 V_{DDA} 和电源地 V_{SSA} 可以被单独滤波，并屏蔽 PCB 噪声，保证转换精度。

（3）V_{REF+} 是输入参考电压，在 LQFP144、UFBGAI32、LQFP100、UPBGA100 和 TFBGA64 封装时，V_{REF+} 和 V_{REF-} 是独立引脚；其他封装形式时，分别连接到 V_{SSA} 和 V_{DDA}。V_{REF+} 不同时，ADC 时钟 ADCCLK 的频率不同，如 $V_{DDA}=V_{REF+}\geqslant2.4V$ 时，ADC 全速运行，ADCCLK 为 16MHz，转换速率为 1Msps。而当 $V_{DDA}=V_{REF+}\geqslant1.8V$ 或 $V_{DDA}\neq V_{REF+}\geqslant2.4V$ 时，ADC 中速运行，ADCCLK 为 8MHz，转换速率为 500ksps。对于 DAC 而言，$1.8V\leqslant V_{REF+}<V_{DDA}$。

（4）V_{LCD} 是 LCD 控制器的供电电压，电压区间为 2.5～3.6V。需要说明的是，LCD 控制器可以通过 V_{LCD} 引脚进行外部供电，也可以通过片内的升压转换器电路供电。

（5）V_{CORE} 由内部线性电压调压器产生，用于向数字外设、片内 SRAM 和 Flash 存储器供电，其电压区间为 1.2～1.8V，电压区间由软件控制。

（6）线性调压器不向待机电路供电。根据全速运行、低功耗、休眠、低功耗休眠、停机以及待机等应用模式将线性调压器设置为主模式（MR）、低功耗模式（LPR）和掉电模式。

表 6.1、表 6.2 分别给出了 STM32L1 的运行性能与 V_{CORE} 电压的关系，以及不同电压区间时的功能和性能限制。显然，从电压区间 1～区间 3，随着 V_{CORE} 的电压值依次降低，CPU 的频率和性能也逐渐降低。STMS2L1 处理器支持动态的电压管理操作，根据应用环境的变化提升或降低 V_{CORE} 的电压值以提升性能或降低功耗。当 V_{CORE} 在区间 1 且 V_{DD} 掉落至 2.0V 以下时，

应用程序必须重新配置电源系统，或者修改 V_{CORE} 区间时需要重新配置该系统。按照参考手册定义，配置动态调压器区间时要严格遵守以下步骤：

- 禁止系统时钟，并检查 V_{DD} 电压以确认哪些电压区间是允许的；
- 轮询检查电源控制/状态寄存器 PWR_CSR 寄存器的 VOSF 位，直至为 0；
- 通过设置电源控制寄存器 PWR_CR 中的 VOS[12:11]位，配置调压区间；
- 轮询检查电源控制寄存器 PWR_CSR 寄存器的 VOSF 位，直至为 0；
- 启动系统时钟。

表 6.1　STM32L1 的运行性能与 V_{CORE} 电压的关系

CPU 性能	电源性能	V_{CORE} 区间	典型电压（V）	最大频率（MHz）		V_{DD} 区间
				1WS	0WS	
高	高	1	1.8	32	16	1.71～3.6V
中	中	2	1.5	16	8	1.65～3.6V
低	低	3	1.2	4.2	2.1	

表 6.2　STM32L1 不同电压区间时的功能和性能限制

V_{DD}	ADC	USB	V_{CORE} 区间	最大 CPU 频率（f_{CPUmax}）
1.65～1.8V	不能工作	不能工作	区间 2/区间 3	16MHz（1WS） 8MHz（0WS）
1.8～2.0V	转换速度 500ksps	不能工作	区间 2/区间 3	16MHz（1WS） 8MHz（0WS）
2.0～2.6V	转换速度 500ksps	正常	区间 1/区间 2/区间 3	32MHz（1WS） 16MHz（0WS）
2.65～3.6V	转换速度 1Msps	正常	区间 1/区间 2/区间 3	32MHz（1WS） 16MHz（0WS）

表 6.3 是 STM32L1 的 5 种低功耗模式对供电电源、时钟频率、外设资源以及唤醒方式的不同要求，在所有低功耗模式下可以禁止 APB 外设和 DMA 时钟。从上至下，芯片的性能和功耗都逐渐降低。下面具体说明各低功耗模式的特点。

表 6.3　STM32L1 的低功耗模式

模式名称	进入条件	唤醒方式与延迟	V_{CORE} 电压与时钟的影响	V_{DD} 电压与时钟的影响	调压器
低功耗运行模式	LPSDSR、LPRUN以及时钟设置	调压器被设置为主模式（1.8V），无唤醒延迟	无	无	低功耗模式
休眠模式（立即休眠或中断退出后休眠）	WFI 指令	任意中断； 无唤醒延迟	CPU 时钟关闭 不影响其他时钟	无	ON
	WFE 指令	唤醒中断； 无唤醒延迟			
低功耗休眠模式（立即休眠或中断退出后休眠）	LPSDSR+WFI	任意中断； 有唤醒延迟：调压器改变时间+Flash 唤醒时间	CPU 时钟关闭； Flash 时钟关闭； 不影响其他时钟	无	低功耗模式
	LPSDSR+WFI	唤醒事件； 有唤醒延迟：调压器改变时间+Flash 唤醒时间			

续表

模式名称	进入条件	唤醒方式与延迟	V_{CORE} 电压与时钟的影响	V_{DD} 电压与时钟的影响	调压器
停机模式	PDDS、LPSDSR +SLEEPDEEP +WFI 或 WFE	任意外部中断 EXTI；有唤醒延迟：MSI RC 唤醒时间+调压器改变时间+Flash 唤醒时间，约 7.9μs	所有 V_{CORE} 电压区的时钟关闭	PLL、HIS、HSE、MSI 振荡器关闭	ON 正常模式或低功耗模式（取决于 PWR_CR）
待机模式	PDDS、LPSDSR +SLEEPDEEP +WFI 或 WFE	WKUP 引脚上升沿、RTC 报警、RTC 唤醒事件、RTC 时间戳事件、NRST 引脚的外部复位、IWDG 复位；有唤醒延迟：V_{REFINT} 开时，约 57.2μs；V_{REFINT} 关时，约 2.4ms			OFF

（1）低功耗运行模式（LP Run mode）：仅当 V_{CORE} 在区间 2 时可以进入该模式；系统时钟频率不超过 16MHz；限制启用的外设数量；所有 IO 引脚保持运行模式时的状态。

（2）休眠模式（Sleep mode）：Cortex-M3 核停止，外设继续运行；该模式提供了最小的唤醒时间；在 Sleep-now 子模式下，处理器清除所有中断保留位并进入休眠模式；而采用 Sleep-on-exit 子模式时，等待最低优先级的中断退出后再进入休眠模式；所有 IO 引脚保持运行模式时的状态。

（3）低功耗休眠模式（LP Sleep mode）：Cortex-M3 核停止，时钟频率受限，运行的外设数量受限，调压器进入低功耗模式，RAM 掉电，Flash 关闭；所有 IO 引脚保持运行模式时的状态。

（4）停机模式（Stop mode）：基于结合外设门控时钟的 Cortex-M3 深度睡眠模式，V_{CORE} 电压区的所有时钟停止，PLL（锁相环）、MSI、HSI、HSE RC 振荡器关闭，调压器在低功耗模式运行；内部 Flash 进入低功耗模式（会引入唤醒延迟），内部 SRAM 和寄存器内容保持；进入该模式前关闭 V_{REFINT}、BOR、PVD 及温度传感器，可进一步降低功耗；所有 IO 引脚保持运行模式时的状态。

（5）待机模式（Stand by mode）：基于 Cortex-M3 核的深度睡眠模式，V_{CORE} 电压区电源关闭，除 RTC 寄存器、RTC 备份寄存器和待机电路之外的 SRAM 和寄存器内容全部丢失。需要注意的是，该模式下除复位端、RTC、AF1 引脚（PC13）、使能的 WKUP 引脚 1（PA0）和 WKUP 引脚 3（PE6）等之外的其他 IO 引脚均为高阻态状态；功耗最低。

另外，在全速运行模式下，也可以通过降低 SYSCLK、HCLK、PCLK1、PCLK2 等系统时钟的频率以及关闭当前不用的 APBx 和 AHBx 外设来降低系统功耗。

表 6.4 是 PWR_CR 和 PWR_CSR 的寄存器映射及其初始值。其中，32 位 PWR_CR 寄存器的低 15 位中定义了低功耗运行位 LPRUN、调压区间选择位 VOS[1:0]、快速唤醒位 FWU、超低功耗模式位 ULP、禁止备份写保护位 DBP、可编程电压检测器 PVD 参考值选择位 PLS[2:0]、PVD 使能位 PVDE、清待机标志位 CSBF、清唤醒标志位 CWUF、掉电深度睡眠位 PDDS 以及低功耗深度睡眠/睡眠/低功耗运行位 LPSDSR。32 位的 PWR_CSR 寄存器中，低 11 位定义了由软件设置和清除的唤醒引脚使能位 EWUP1~EWUP3、硬件设置的调压器低功耗标志位 REGLPF、调压选择标志位 VOSF、内部参考电压 VREFINT 就绪标志位 VREFINTRDYF、PVD 输出位 PVDO、待机标志位 SBF 以及唤醒标志位 WUF。表 6.5 是各种低功耗模式的功率损耗值。

表 6.4　STM32L1 电源寄存器映射及其初始值

偏移地址	寄存器	31	30	29	28	27	26	25	24	23	22	21	20	19	18	17	16	15	14	13	12	11	10	9	8	7	6	5	4	3	2	1	0
0x000	PWR_CR	保留																	LPRUN	保留	VOS[1:0]		FWU	ULP	DBP	PLS[2:0]			PVDE	CSBF	CWUF	PDDS	LPSDSR
	初始值																				1	0	0	0	0	0	0	0	0	0	0	0	0
0x004	PWR_CSR	保留																					EWUP3	EWUP2	EWUP1	保留		REGLPF	VOSF	VREFINTRDY	PVDO	SBF	WUF
	初始值																						0	0	0			0	0	1	0	0	0

表 6.5　各种低功耗模式的功率损耗值

模　式	条　件	STM32L15x 典型值
运行模式	代码在 Flash 中运行，内核供电电压选择 3，开外设时钟	230μA/MHz
	代码在 RAM 中运行，内核供电电压选择 3，开外设时钟	186μA/MHz
低功耗运行模式	代码在 RAM 中运行，使用内部 RC（32kHz 的 MSI），开外设时钟	10.4μA
休眠模式	代码在 Flash 中运行，主频时钟为 16MHz，关所有外设时钟	650μA
	代码在 Flash 中运行，主频时钟为 16MHz，开所有外设时钟	2.5mA
低功耗休眠模式	代码在 Flash 中运行，主频时钟为 32kHz，内部电源变换器工作在低功耗模式下，运行一个 32kHz 的定时器	6.1μA
停止模式	内部电源变换器工作在低功耗模式，关闭低速/高速内部振荡器，不使能独立看门狗	0.43μA W/O　RTC 1.3μA W/RTC
待机模式	使用低速内部振荡器，关闭 RTC	0.27μA
	使能 RTC	1.0μA

6.2　复位电路

嵌入式系统上电之后，首先要对必要的寄存器、IO 接口等资源的值和状态进行初始化，这个过程称为复位。复位后，电路会进入一个预先设置的已知就绪状态。例如，在 ARM 微处理器中，PC（R15）寄存器要么初始化为 0x00000000，要么在 ARM 内核的 VINITHI 或者 CFGHIVECS 信号配置为高电平时初始化为 0xFFFF0000，表示了中断向量表的位置；在表 6.4 中，PWR_CR、PWR_CSR 寄存器的初值分别设置为 0x0000_1000 和 0x0000_0008。又如，表 6.6 给出了 8051 MCU 中各寄存器以及各个 IO 接口的初始状态，复位操作的目的就是进行上述硬件初始化操作，为系统正常运行做好准备。

表 6.6　8051 MCU 复位后的初始状态

内部寄存器	初　始　状　态	内部寄存器	初　始　状　态
PC	0000H	TCON	00H
ACC	00H	TMON	00H

续表

内部寄存器	初 始 状 态	内部寄存器	初 始 状 态
B	00H	TH0	00H
PSW	00H	TL0	00H
SP	07H	TH1	00H
DPTR	0000H	TL1	00H
P0～P3	FFH	SCON	00H
IP	xxx00000B	SBUF	不定
IE	0xx00000B	PCON	0xxxxxxxB

本质上，复位是一种基于电路方式实现的硬件操作。复位电路是计算装置硬件电路及其启动过程的基本组成部分，典型的有上电复位、手动复位、看门狗复位和软件复位。

6.2.1　上电复位

1. 上电复位基本原理

上电复位（Power-On Reset，POR 或 PORESET）电路的工作原理是，当电源电压达到可以正常工作的阈值电压时，集成电路内部的状态机便开始初始化器件，使整个芯片在上电后的一段时间内进入已知状态，且在完成初始化之前忽略除复位引脚（如有）之外的任何外部信号。

MCU 的 POR 电路可以简化为图 6.7 所示的窗口比较器电路，其中：V_{T1} 是 V_1 端的比较阈值电压、V_{T2} 是 V_2 端的输入阈值电压。由电路工作特性可知，当 V_1 端电压高于 V_{T1} 且 V_2 端电压低于 V_{T2} 时就会产生复位信号。V_{T1} 的值越高，对模拟模块的复位越好，器件的掉电复位功能越灵敏。但是，V_{T2} 的值高，也会导致电压略微降低时的意外复位，即对电压波动的抗干扰性变差。为了防止电路在电压非常短暂，小幅下降时产生复位并导致系统故障，部分 POR 电路还会集成一个掉电检测电路（Brown-Out Detector，BOD）。BOD 为 POR 模块所定义的阈值电压增加了 300mV 的迟滞，如图 6.8 所示。由此，仅当 V_2 端下降到 V_{T2} 以下时，POR 不产生复位脉冲，除非阈值电压下降到 V_{BOD} 之下。另外，断开电源，也就是禁止低压差线性稳压器 LDO 之后，储能电容仍会保留一定的残留电压。这个电压应尽可能地小，以保证电压能够降低到 V_{T1} 以下，否则 POR 将无法正确复位。实际的 POR 电路比此处所述的电路模型更为复杂。有兴趣的读者可以沿该思路继续研究和探索更为深入的细节。

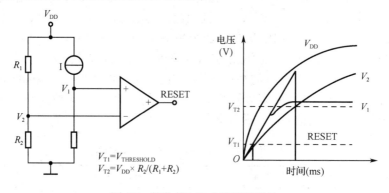

图 6.7　简化的 POR 电路及其特性

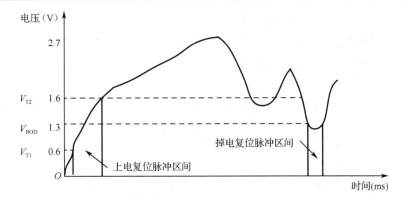

图 6.8　上电复位与掉电复位的电压区间示例

外部电路触发复位信号以后，芯片内部的复位逻辑将对资源进行配置和初始化。以较为复杂的 MPC82xx PowerQUICC II 系列处理器为例，该处理器提供了外部上电复位引脚 nPORESET、硬复位引脚 nHRESET、软复位引脚 nSRESET、JTAG 调试复位引脚 nTRST 和复位配置引脚 nRSTCONF，如图 6.9 所示。其中 nHRESET、nSRESET、nTRST 复位可由内部事件触发。

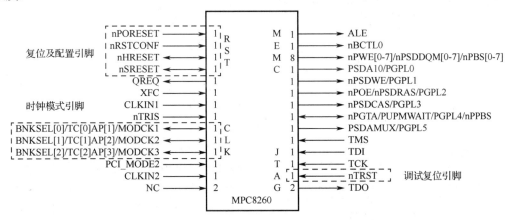

图 6.9　MPC8260 处理器复位功能引脚

图 6.10 是芯片上电时基本的复位操作流程及复位信号时序关系。具体过程可描述如下。

（1）上电复位引脚 nPORESET 必须在 $(2/3)V_{CC}$ 之后保持至少 16 个时钟周期，启动上电复位。

（2）进而，内部 nPORESET 保持 1024 个时钟周期，初始化设备，根据复位配置输入信号 CFG_RESET_SOURCE[0:2]的值选择复位配置字并装入，如值为 000 时从本地总线的 E^2PROM 加载，001 时从本地总线上的 I^2C E^2PROM 加载等。

（3）当 nPORESET 失效后，根据所读取时钟模式输入引脚 MODCK 的配置时钟模式。

（4）在 PLL 锁定后硬复位引脚 nHRESET 和软复位引脚 nSRESET 分别保持 512、515 个时钟周期，完成硬复位和软复位操作。

硬复位操作终止当前的内、外部事务，将大部分寄存器设置为默认值，并将双向 IO 设置为输入状态、三态端设置为高阻抗态、输出引脚无效。硬复位期间，nSRESET 有效且不再检测 nHRESET 信号。软复位时，设备终止当前内部事务并将大部分寄存器设置为默认值，同时使计算核复位到初始状态，但不影响存储器控制器、系统保护逻辑以及 IO 信号的功能和方向。

总体上，在这一上电复位过程中完成了逻辑与锁相环复位、系统配置采样、时钟模块复位、硬复位引脚驱动、软复位引脚驱动、计算核复位、内存控制器、系统保护逻辑、中断控制器以及并行 IO 端口等其他的内部逻辑复位等操作，之后处理器进入就绪状态。

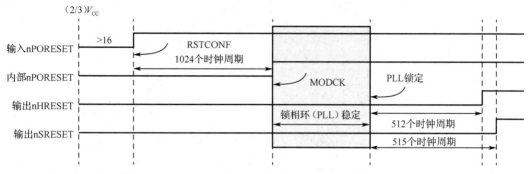

图 6.10　MPC82xxPowerQUICC Ⅱ 处理器的上电复位过程

2．阻容式复位电路

阻容式复位电路是最基本的外部上电复位电路之一，由一个电阻和一个电容串联而成，主要利用了电容两端电压的指数变化特性为芯片的复位引脚提供复位信号。

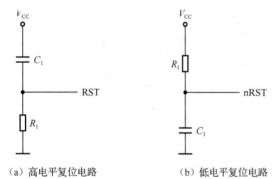

（a）高电平复位电路　　（b）低电平复位电路

图 6.11　基本的阻容式上电复位电路

图 6.11 给出了两种产生不同复位电平的上电复位电路。V_{CC} 端加电瞬间，电容 C_1 导通、两端电压相同，图 6.11（a）和图 6.11（b）的复位信号引脚 RST 和 nRST 分别输出高、低电平。随着对电容的充电，电容 C_1 的两端形成电势差，RST 和 nRST 引脚分别恢复到低电平和高电平。

RST 和 nRST 引脚的高电平、低电平就是阻容式复位电路产生的复位脉冲。复位脉冲宽度与电源电压、复位电平门限电压、电容、电阻的值密切相关，为 $0.7R_1C_1 \sim R_1C_1$ ms。不同半导体器件对复位脉冲的宽度要求不同，一般要求复位电平的持续时间不短于几个机器周期。例如，8051 MCU 要求复位长度至少为 2 个机器周期，即 24 个时钟周期以上，那么在 RST（或 nRST）端出现复位信号后的第二个机器周期，片内复位电路检测复位信号并进行内部复位，直至该信号恢复。同时，考虑到上电时存在因滤波电容等引起的电压建立延迟时间，以及电压上升到逻辑高电平后振荡器从偏置、起振、锁定到稳定的时钟建立延迟时间，整个复位脉冲的宽度必须大于这些时间的总和。在设计复位电路时，一般采用"大电阻、小电容"的原则，并根据上述时间约束来计算 R_1 和 C_1 的值。仍然以 8051 MCU 为例，假设采用 6MHz 振荡器且电源建立时间不超过 10ms、振荡器建立时间不超过 30ms，那么复位脉冲宽度应不小于 t_{RST}=10ms+30ms+2×2μs，此时理论上要求的 R_1C_1 值不小于 t_{RST}/0.7=57.15ms。实际中，考虑 RC 电路较大的误差以及电路其他部分引入的延迟，复位脉冲通常要大于该理论值，典型值如 R_1=8.2kΩ、C_1=10μF。

RC 复位电路的优点是实现非常简单，但其缺点也是显而易见的。除上述误差因素之外，在电源瞬时跌落和恢复过程中，电容充放电的指数特性导致电容未完成放电时便又开始充电，从而无法产生宽度合格的复位脉冲，这在图 6.11（b）所示的电路中尤为严重。为此，实际使用时还需要对以电路进行进一步的改进。

　　第一种改进方法是，在图 6.11（b）的电路中接入一个二极管 D_1（如整流二极管 IN4001）。通过该二极管可以实现 V_{CC} 掉电时为电容提供快速的放电通道，而上电时则反向截止。第二种方法是在复位信号输出端接入奇数个反相器形成如图 6.12 所示的改进型阻容式复位电路。该电路中，a、b、d 各点的输出信号波形如图 6.13 所示。由图 6.13 可知，电源跌落的时间越短，电容 C_1 的放电时间越短，因此 a 点的电压跌落幅度越小，那么经三级反相器整形后的复位脉冲宽度越小。显然，当电源瞬时跌落的时长为 3ms 或更小时，该电路无法输出宽度有效的复位脉冲。

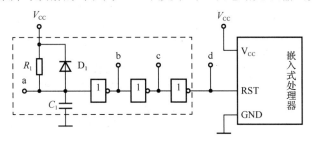

图 6.12　改进型阻容式复位电路

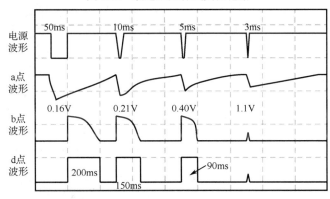

图 6.13　瞬间电源跌落时复位信号输出示例

　　同时，为了提高复位电路的抗干扰能力，也可在阻容式复位电路的输出端接一个具有抗干扰能力的施密特器件 S_1（如基于施密特触发器的六反相器 74LS14）。利用施密特器件的迟滞特性，可以在一定程度上消除微小输入电压变化所可能引起的输出电压改变。施密特反相器的输入/输出特性如图 6.14（a）所示，扩展形成的复位电路如图 6.14（b）所示。

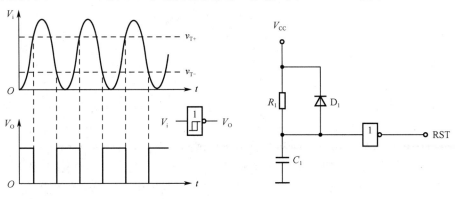

（a）基于施密特触发器的反相器　　　　　　　　（b）施密特反相器的复位电路

图 6.14　施密特反相器及改进的上电复位电路

3. 复位监视器件

当系统电源 V_{DD} 瞬间跌落时，即使这个跌落时间很短，也可能造成芯片内部数据的丢失，因此仍需要产生复位信号对芯片进行复位。然而，之前所述的阻容式复位电路存在可靠性、抗干扰性差等不足，不能产生合格宽度的复位信号。这种情况下可使用专用的复位监控器件构造复位电路。复位监控器件内部采用了更为复杂的电源电压监测、比较及复位信号管理逻辑，根据监控的输入电压变化为数字系统提供更为稳定、有效和精确的复位信号，可以排除瞬间干扰影响且使用非常方便。典型的复位监控器件如 Microchip 的 TCM809（低电平复位）/TCM810（高电平复位）芯片、TI 的 TL77xxA 系列芯片、Catalyst 的 CAT70x/CAT8xx 系列、MAXIM 的 MAX7xx 和 MAX8xx 系列等，这些器件可以提供多种电源监控与复位功能。

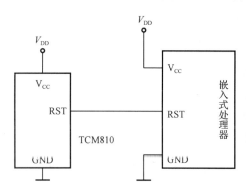

图 6.15　基于 TCM810 的复位电路

以 TCM810 微控制器复位监控芯片为例。该器件可以精确地检测 2.5V、3.0V、3.3V 以及 5.0V 的 V_{DD} 电压，3.3V 时的典型工作电流 9μA，以推挽方式输出复位信号，最小复位周期可达 140ms，适用于通用计算机及电池供电装备、关键 MCU 的电源监测以及车载系统等。在复位电压跌落至门限以下的 65μs 内（SC-70 封装时），芯片激活复位信号输出，并在 V_{DD} 上升至复位门限以上继续保持最少 140ms，可以满足复位要求。由图 6.15 所示的复位电路可知，TCM810 的使用简单。当有瞬时电源电压跌落时，不论跌落时间长短，该芯片都将产生宽度固定的复位信号，如图 6.16 所示。

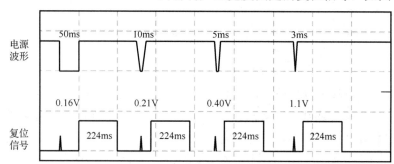

图 6.16　TCM810 的复位电路输出示例

6.2.2　手动复位

手动复位是上电复位的扩展，是由操作人员通过开关按钮触发处理器的复位信号，进而使电子装置内部进行复位的操作。采用手动复位的优点是，开发/操作人员可以在设备的开发、调试或运行过程中进行人为干预，提高开发及系统管理的效率。

手动复位电路一般都是上电复位电路的扩展，通过开关按钮将 V_{CC} 连接到芯片的复位引脚 RST（或 nRST）。如图 6.17（a）所示为高电平手动/上电复位电路。当闭合开关 S_m 时，RST 端输出高电平，C_1 放电；开关打开时，C_1 充电进而在 RST 端维持一段时间的高电平信号，类似于上电复位过程。显然，该电路的复位特性要更优于用 S_m 直接连接 V_{CC} 和 RST，电容 C_1 具有消除按键抖动的滤波作用。图 6.17（b）所示的手动/上电低电平复位电路中，按下开关 S_m 时电

容 C_1 放电且 RST 端为低电平，松开 S_m，电容 C_1 充电一段时间后 nRST 为高电平。操作时，只要开关闭合的时间足够长就能够产生合格宽度的复位脉冲。

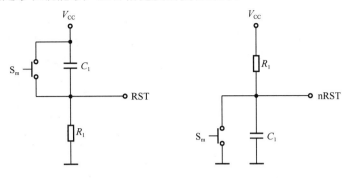

（a）手动/上电高电平复位电路　　　　　　　（b）手动/上电低电平复位电路

图 6.17　手动/上电 RC 复位电路

图 6.17 所示的电路可以满足基本的手动/上电复位需求。但由于 RC 电路的放电速度受到电阻、电容大小的影响，在电源瞬时掉电情形下电容充电过程短，有可能无法输出有效宽度的复位脉冲。为此，还需要对上述手动复位电路进行优化。一种简单的方法就是为电容 C_1 增加快速的放电电路。图 6.18 便是一种增加了放电二极管的手动复位电路。当 V_{CC} 掉落时，电容 C_1 通过导通的二极管 D_1，快速放电，电压快速降低，为生成复位信号的充电过程做好准备。该电路可以在电源产生一定宽度的毛刺时保证系统可靠复位。

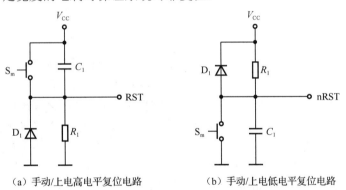

（a）手动/上电高电平复位电路　　　　　　　（b）手动/上电低电平复位电路

图 6.18　优化的手动/上电 RC 复位电路

对于存在高频谐波干扰的电路，上述复位电路中还可以进一步为 C_1 并联一个无极性电容（如 104 电容），以提高复位电路的稳定性。总体而言，以上这些电路能够满足基本的手动复位要求。然而，为了有效地消除电源毛刺影响，在电源电压缓慢下降（如电池电量不足）时实现可靠复位，还需要设计更为复杂的手动复位电路。例如，采用延迟电容、小功率三极管（如 9012/9013）、稳压二极管可以搭建具有电压监控或稳定门槛电压功能的复位电路。图 6.19 所示是带比较电路的复位电路，主要利用了硅三极管基极与发射极在 0.7V 电压时导通的特性（锗管为 0.3V）。在图 6.19（a）中，当 $V_{CC} \times [R_3/(R_2+R_3)]$ 的电压值小于 0.7V 时，NPN 型三极管 Q_1（9013）截止，此时 RST 端为高电平，产生高电平复位信号，当该电压值升至 0.7V 时，Q_1 导通，电容 C_1 充电一段时间后，RST 端跳至低电平。在图 6.19（b）中，PNP 型三极管 Q_1（9012）作为电子开关上电后，当发射极-基极正向偏置电压达到 0.7V 时导通，nRST 输出低电平并在 C_1 充电一段时间后输出高电平，产生复位信号。当开关闭合后，Q_1 基极-发射极电压差为 0V，Q_1 截止，

此时电容 C_1 放电，RST 端电压降低。在开关断开后，Q_1 再次导通，C_1 充电一段时间后输出高电平，完成低电平复位信号的输出。

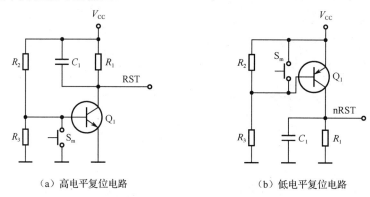

（a）高电平复位电路　　　　　　　　　　（b）低电平复位电路

图 6.19　带比较电路的复位电路

关于手动复位，这里有两个问题必须进一步澄清。第一，并非所有嵌入式系统都需要独立的手动复位电路，如手机、智能手表等嵌入式设备。因此，在嵌入式系统硬件设计时，不一定要提供手动复位电路。第二，嵌入式系统 RESET 按钮的功能不一定仅是对电路进行复位，其也有可能使系统配置恢复到初始（或出厂）状态，也就是将非易失存储器（如 ROM、E^2PROM 等）中备份的原始配置数据复制到配置存储器 NVRAM 中。这种"一键恢复"的复位功能在家用路由器、网络监控摄像头系统中可以经常见到，其主要作用是方便用户对设备的使用和维护。

6.2.3　看门狗复位

除了上电时将系统复位至可以工作的初始状态，对系统运行状态进行监控也是某些复位电路的一个重要功能。当监控到程序异常或操作错误或系统"跑飞"时，复位电路重新初始化硬件并加载软件重新执行。注意，"跑飞"一词是对软件进入未知运行状态的一种形象描述，表示软件的 PC 寄存器中填入了错误的值。在嵌入式领域，这种具有系统逻辑监控功能和故障时自动复位能力的电路统称为看门狗复位电路。近年来，看门狗复位电路已经在大到航空航天装备、小至仪器仪表的诸多嵌入式自动化系统中广泛应用，增强了系统的排错能力和可靠性。STWD100 看门狗芯片内部逻辑如图 6.20 所示。看门狗电路是可以监控嵌入式系统运行状态，并在故障时向 RST（nRST）端输出复位信号的专用电路。就其内部硬件结构而言，该类电路一般以基于时钟输入的计数器作为核心，记为 WDT，同时具有计数器清零引脚 WDI 以及计数溢出判断逻辑和复位信号输出引脚 WDO/nWDO。

图 6.20　STWD100 看门狗芯片内部逻辑

看门狗电路的应用涉及硬件和软件两个方面。硬件设计比较简单，主要是将 WDI 与嵌入

式处理器的 IO 引脚连接，WDO/nWDO 与处理器的
RST（nRST）引脚连接，如图 6.21 所示。在软件设计
中，要在嵌入式软件中增加具有（周期性）循环执行
能力的"喂狗"操作代码，该代码主要负责向 WDI
引脚发送脉冲信号，将看门狗的计数器清零。正常运
行时，"喂狗"代码（周期性）执行，并总能在看门狗
溢出之前将其计数器清零（这取决于软件设计）。软件
"跑飞"或逻辑死锁时，"喂狗"代码不再执行，看门
狗在一段时间后溢出并在 WDO/nWDO 引脚产生信

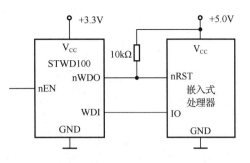

图 6.21　基于 STWD100 的看门狗电路

号，从而使得处理器复位、重新加载软件执行。部分嵌入式处理器本身就集成了看门狗电路，
只需考虑软件的设计。

　　MAX813L 是一款功能丰富的微处理器电源监控集成器件，不但可以在上电、掉电和节电
模式下输出高电平有效的复位信号，还提供了一个 1.6s 计时溢出的看门狗组件（计时溢出输出
引脚 nWDO，计时器清零引脚 WDI），一个用于电源失效告警、低电量检测的 1.25V 门限电压
检测器（可以在检测引脚 PFI 电压下降到门限电压以下时触发 nPFO 低电平输出信号），以及一
个低电平有效的手动复位输入引脚 nMR。在正常工作模式下，当供电电压掉至 4.65V 以下时，
器件就会在 nRESET 引脚产生一个复位信号。采用该器件，设计者就可以方便地设计出如图 6.22
所示的综合复位电路。其中，MAX667 是一个 5V 的可编程低压差稳压器。

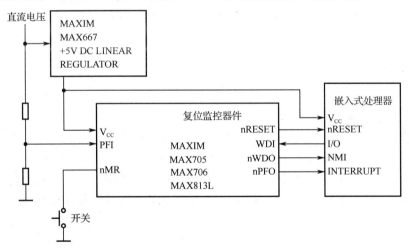

图 6.22　基于 MAX813L 的综合复位电路示例

6.2.4　软件复位

　　嵌入式系统设计中，除了采用上述硬件电路进行复位，还广泛采用软件方式对系统进行复
位管理，这也是增强软件自身故障恢复能力的有效方法。根据对系统资源复位的深度不同，可
以将软件复位分为软件重新执行和系统级复位两种。第一种方式是在 PC 寄存器中重新填入软
件的入口向量地址，而不对硬件模块和其他寄存器、IO 接口进行初始化，硬件内部的复位逻辑
不产生复位信号。通常，我们将这种软件复位模式称为软件复位。第二种方式是通过软件指令
触发芯片的复位脉冲，进而在系统级初始化硬件并重新加载、运行嵌入式软件。显然，后一种

方式的本质就是通过软件来触发一次完整的硬件复位。

1．软件重新运行

软件重新运行是适用于解决嵌入式软件代码"跑飞"问题的一种恢复性手段。软件"跑飞"的原因是受到某种干扰或执行错误影响，PC 寄存器中装入非法的指令地址进而使系统进入未知的运行状态。在电路本身稳定的情况下，将嵌入式软件随时"拉回"到有效代码范围，可以保证嵌入式系统尽快地返回正常运行状态，是一种轻量、高效的系统恢复方法。代码指令顺序存储于程序存储器中，处理器根据 PC 寄存器中的指令地址读取指令并执行。那么，为了解决程序"跑飞"问题，就必须在 PC 寄存器填入非法指令地址时能够将 PC 的值恢复为程序入口地址。这意味着软件设计人员需要在程序存储器中一切可能的非法地址中都填入用于恢复软件执行的值，例如，8051 MCU 中的程序入口地址为 0000H，那么就可以通过在程序存储器的空闲地址写入长跳转汇编指令"LJMP 0000H"来实现跑飞软件的恢复。需要强调的是，软件重新执行并不影响系统资源（如中断、IO 接口）的运行状态，定时器、中断等一直持续运行。这些未恢复的状态可能会对软件的重新执行产生影响。因此，软件逻辑设计时需要考虑对相关资源的管理，如中断的开关、定时器的清零等。

2．软件触发的系统级复位

大多嵌入式处理器都在其特殊功能寄存器中提供了一个复位控制位，允许以软件指令置位的方式触发芯片内部的复位信号，从而进行不同程度的硬件复位。

6.3　时钟电路

如我们所知，时钟节拍也是处理器、存储器等电子器件正常工作的必备条件。时钟电路是计算装置中用于产生并发出原始"嘀嗒"节拍信号的必不可少的信号源电路，常常被视为计算装置的"心脏"。随着嵌入式系统功能、接口以及工作模式（如正常运行、低功耗等）的不断丰富，系统内部时钟日益呈现出多类型、多频率等特征以及同相同步等更为复杂的要求。因此，了解和掌握基本的时钟电路设计原理与方法，对于嵌入式系统设计及其运行过程的管理也就非常重要。

6.3.1　信号源

1．正弦波振荡电路

正弦波振荡电路（也称正弦波发生电路、正弦波振荡器）是在放大电路的基础上加上正反馈所形成的正弦波生成电路，是各类波形发生器和信号源的核心。振荡电路的设计充分利用了由放大电路 $\dot{A}$ 和反馈网络 $\dot{F}$ 所形成的电路自激振荡机制，如图 6.23 所示，即输入端 $\dot{X}_i$ 无外接信号源时输出端 $\dot{X}_o$ 仍有一定频率和幅度的输出信号。要使该振荡电路产生自激振荡，需要满足式（6.1）所示的基本条件，也就是相位平衡、振幅平衡以及起振条件。其中，相位平衡是首先需要满足的条件，如果相位平衡不满足，就无法产生振荡。由于一个正弦波振荡电路只能在一个频率下满足相位平衡，因此振荡电路具有良好的选频特性。

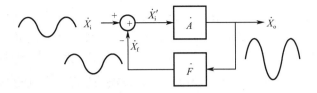

图 6.23　正反馈正弦波振荡电路

$$\begin{cases} |\dot{A}\dot{F}|=1（振幅平衡条件） \\ \varphi_A + \varphi_F = 2n\pi, n=0,1,2,\cdots（相位平衡条件） \\ |\dot{A}\dot{F}|>1（起振振幅条件） \end{cases} \qquad (6.1)$$

在电源接通瞬间，电冲击、电干扰、晶体管的热噪声以及人体干扰等产生噪声信号，这些信号由一组不同频率的正弦波构成。在"电干扰→放大→选频→正反馈→放大→选频→正反馈→…"的过程中，频率未被选中的信号不断被抑制，而选中的信号不断被加强。再结合晶体管的线性区放大特性，选中信号不会被无限放大，输出和反馈的振幅会很快稳定下来，振荡过程建立。在这一基本电路基础上，将增大输出幅值的放大电路、稳定电路频率的选频网络、约束相位平衡的反馈网络以及稳定输出信号幅值的稳幅电路结合形成正弦波振荡电路，其中选频网络通常与正反馈网络合二为一。需要说明的是，如果同属于一个频率范围的正弦信号都满足了自激振荡条件，那么在不使用选频网络时就可以输出非正弦波信号。

根据选频网络的组成，可以将正弦波振荡器分为 RC 正弦波振荡电路、LC 正弦波振荡电路以及石英晶体正弦波振荡电路等。不同振荡电路具有不同的特性，如 RC 正弦波振荡电路面向低频应用，振荡频率小于 1MHz；LC 正弦波振荡电路产生 1MHz 以上的高频信号源；石英晶体正弦波振荡电路可产生频率由几十千赫兹到几百兆赫的信号，由石英晶体的晶片特性决定。

2. RC、LC 正弦波振荡电路

顾名思义，RC 正弦波振荡电路就是利用电阻、电容特性构建的振荡电路，常见的 RC 正弦波振荡电路有文氏电桥式、移相式、双 T 型，三种电路各有不同的特点。RC 文氏电桥式正弦波振荡电路的特点是支持振荡频率的连续改变，便于加负反馈稳幅，振荡波形稳定、不失真。RC 移相式振荡电路结构简单，但选频作用较差、振幅不稳定、频率调节不便。RC 双 T 型振荡电路的选频特性好，但调频困难，适合于产生单一频率的振荡。鉴于良好的振荡特性，文氏电桥式 RC 振荡电路在日常设计中最为常用。

图 6.24 所示是一个 RC 桥式振荡电路，也叫弗朗哥 RC 文氏电桥正弦波振荡电路。运放元件 A 与 R_3、R_4、R_5、D_1、D_2 组成放大电路，R_3、R_4、R_5 用于满足起振的条件 $|\dot{A}\dot{F}|>1$，D_1、D_2 用于满足波形幅值稳定输出期间的 $|\dot{A}\dot{F}|=1$。这是文氏电桥振荡器的稳幅环节，利用了二极管的非线性特性，当电压在起振的过程幅值逐渐增大的时候，减小放大器的闭环增益。电阻 R_1、R_2 和电容 C_1、C_2 组成了 RC 串并联正反馈网络。输出频率为 $f=(2\pi R_1 C_1)^{-1}$ 的正弦波。当放大电路闭环电压增益系数 $A>3$ 时，反馈系数 $F=1/3$，当频率 $f=(2\pi R_1 C_1)^{-1}$ 且 $|\dot{A}\dot{F}|>1$ 时，电路可以起振。在振荡过程中，随着输出电压的增大，流过二极管的电流会不断增大，使得二极管支路的等效电阻减小，从而使得放大电路的闭环电压增益减小，从而使得放大系数减小并达到稳定的幅值。D_1、D_2 反向并联是用于正弦波的正反两个方向的限幅。不同 RC 桥式振荡电路的正反馈网络会有所不同，起振特性也有所差异。稳压电路还可采用 MOSFET、二极管等元件，设计中需要具体问题具体分析。

由电感 L、电容 C 并联形成的回路网络，如图 6.25（a）所示，其两端电压是输入电压频率的函数。该并联回路的一个重要特点是具有谐振选频特性，谐振频率为 $(2\pi\sqrt{LC})^{-1}$，用于评价回路损耗大小的品质因子 Q 为（$R^{-1}\cdot\sqrt{L\cdot C^{-1}}$），其中 R 是该电路的等效损耗电阻。由此，基于 LC 并联网络作为选频网络的振荡电路称为 LC 正弦波振荡电路。常见的 LC 正弦波振荡电路有电容三点式 LC 振荡电路、电感三点式 LC 振荡电路、变压器反馈式 LC 振荡电路等。图 6.25（b）所示是电容三点式 LC 振荡电路（也称考毕兹振荡器）的原理图，其特点是有源器件的反馈来自一个与电感串联的、由两个电容构成的分压器。图中，电感 L 和电容 C_1、C_2 组成的谐振回路与晶体管的三个电极相连，构成三点式的 LC 并联电路，振荡电路的选频频率为 $(2\pi\times\sqrt{LC_1C_2(C_1+C_2)^{-1}})^{-1}$。由三点式 LC 并联电路的特点可知，反馈电压从电容 C_2 端输出，因此 LC 并联电路的①、②端具有相同相位，满足振荡条件。总体而言，该振荡电路的优点有：频率高，可达 100MHz；对高次谐波阻抗小；可以滤除高次谐波并输出更好的波形。其缺点在于，调整振荡频时需要同时调节 C_1、C_2 两个电容。因此，电容三点式振荡电路通常用于频率固定的系统中，应用得非常广泛。

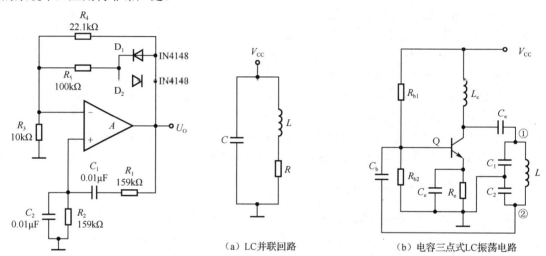

图 6.24　弗朗哥 RC 文氏电桥正弦波振荡电路　　　　　图 6.25　LC 振荡电路

以上内容部分地阐述了典型 RC、LC 正弦波振荡电路的原理，以便读者理解该类电路的基本特性。如读者在实际设计中需要采用该类正弦波振荡电路，可进一步查阅模拟电子技术相关的技术文献。

3. 石英晶体正弦波振荡电路

石英是由 SiO_2 以 32 点群的六方晶系所构成的单结晶结构。在 5 种石英变体中，α 石英和 β 石英具有压电效应，即，当在石英晶体表面施加压力时，晶体会产生电场效应，而在外加电场时，晶体内部会产生应力形变，进而产生机械振动现象。当在晶片两极加上交变电压时，晶片就会产生机械变形振荡，而机械振荡又会产生交流电场。而当外加交变电压频率与晶体的固有频率相等时，会产生压电谐振现象，此时晶体的振幅最大。

基于上述压电效应特性，采用特定切割方式和晶体尺寸，并在石英晶体上加上电极和机壳就可以制造出不同频率的谐振元件，称为石英晶体谐振器（也称无源晶振，常记为 XTAL），可用于稳定频率和选择频率。由图 6.26（b）可知，石英晶体等效于一个 LC 电路，其中 L、C、R

分别为晶体工作时的等效电感、电容与振荡损耗，C_0 是值约为十几皮法的静态电容。图 6.26（c）给出了石英晶体的电抗特性，f_s 为串联谐振频率，值为 $(2\pi\sqrt{LC})^{-1}$；f_p 为并联谐振频率，值为 $f_s\times(\sqrt{1+C/C_0})$。由于 C_0 的值远大于 C，因此，f_s 和 f_p 的值就非常接近。由图可知，石英振荡器仅在 f_s 和 f_p 之间很窄的范围内呈感性，所以在该区域工作时谐振器会呈现非常强的稳频特征。由此，可以通过为石英晶体串联一个电容 C_s 来调整振荡频率 f_s'，$f_s'=f_s\times\sqrt{1+C/(C_0+C_s)}$ 且使得 f_s' 的值位于 f_s 和 f_p 之间。石英振荡器具有很高的品质因数 Q，频率稳定度一般可达 $10^{-6}\sim10^{-8}$，具有很高的回路标准性。

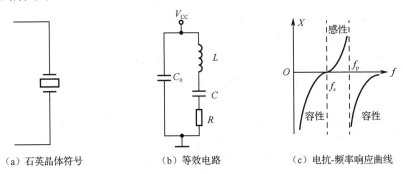

（a）石英晶体符号　　　　（b）等效电路　　　　（c）电抗-频率响应曲线

图 6.26　石英晶体及其等效电路与特性

常见的石英晶体振荡器是具有两个引脚的无极性器件。在使用时，需要为谐振器连接特定激励电平的外部电路，并接入一定的负载电容（约 30pF）以快速地起振和稳定频率。常用的使用方法如图 6.27（a）所示，谐振器 XTAL 的两个引脚连接嵌入式处理器的 XTAL1 和 XTAL2 引脚，并外接 C_1 和 C_2 两个负载电容。实质上，图 6.27（a）最终接成图 6.27（b）所示的时钟电路，虚线框之外的部分便是嵌入式处理器内部的振荡控制电路。另外，多数嵌入式处理器也同时提供了外部时钟源接入机制，允许通过 XTAL 输入引脚，如 8051 的 XTAL2、80C51 的 XTAL1、ARM 微处理器的 OSC_IN 引脚等，输入 TTL/CMOS 电平的时钟信号。图 6.28（a）是 8051 MCU 使用外部时钟时的 XTAL 引脚连接方式，图 6.28（b）和图 6.28（c）分别是 80C51 和 STM32 ARM 微处理器外部时钟引脚的连接方式。对于 STM32 系列处理器而言，如果采用内部 RC 振荡器而不是外部晶振，OSC_IN 和 OSC_OUT 引脚还有不同的连接方式。对于 100 或 144 引脚产品，将 OSC_IN 接地、OSC_OUT 浮空；而对于引脚数小于 100 的芯片，则将 OSC_IN 和 OSC_OUT 分别通过 10kΩ 的电阻接地，或将其分别映射为 PD0 和 PD1。

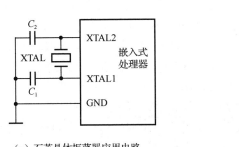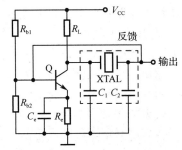

（a）石英晶体振荡器应用电路　　　　　　（b）石英晶体振荡器及附加电路

图 6.27　基于石英晶体振荡器的时钟电路原理

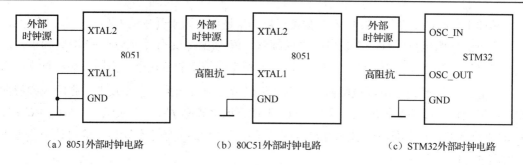

（a）8051外部时钟电路　　　　　（b）80C51外部时钟电路　　　　　（c）STM32外部时钟电路

图 6.28　基于外部时钟源的时钟电路

　　根据石英晶体谐振器的封装结构，可将其分为 HC-49U/49T、HC-49U/S、HC-49U/S-SMD、UM-1、UM-5 及柱状晶体等类型，不同类型适用于不同设备，如 UM 系列产品主要应用于移动通信产品、HC-49U/S-SMD 适用于各类超薄型电子设备等。设计人员可根据系统的结构特点和精度要求等进行选择。

　　采用石英谐振器作为选频网络，经扩展放大电路、整形电路等可进一步设计形成完整的反馈振荡器，称为石英晶体振荡器。石英晶体振荡器一般具有四个引脚：一个电源引脚、一个接地引脚、一个振荡信号输出引脚以及一个空引脚或控制引脚。较晶体谐振器而言，石英晶体振荡器内部增加了振荡控制电路，且因内部集成了有源电子元件而被称为"有源晶振"。石英晶体振荡器在接通电源后就可直接输出频率稳定度和精确度都非常高的振荡信号，使用方式非常简单。根据其工作特性，可以将石英晶体振荡器分为普通型（SPXO）、温度补偿型（TCXO）、恒温型（OCXO）以及电压控制型（VCXO）等。以爱普生 TCO708x 系列的 TCO708x1A 晶体振荡器为例，其采用 SMD 封装、电源电压 3.3V，输出负载最大 15pF，输出频率范围为 1.500～160.000MHz，输出信号的电压范围为最小 V_{CC} 电压的 10%至最大 V_{CC} 电压的 90%，起振时间最大为 10ms。nST 引脚是振荡器控制引脚，高电平时 OUT 引脚按照特定的频率输出信号，低电平时振荡器停止振荡、输出端为高阻态，具体连接电路请参阅器件手册。

　　需要强调的是，不论是采用有源还是无源的振荡电路，振荡频率的选取一定要综合考虑计算机系统不同部件的特性和要求。如果晶振型号选择得不合理，系统中的某些组件可能就无法正常工作。下面结合一个实例来进行说明。

　　例：基于 8051MCU 设计嵌入式控制系统中，串行口要基于定时器 T_1 的方式 2 产生 9600Baud 的波特率，设电源控制寄存器 PCON 中的双倍波特率位 SMOD=0，那么分别采用 f_{OSC}=12MHz、f_{OSC}=11.0592MHz 时 T_1 的初始计数值应为多少？

　　分析：波特率是单位时间内信号波形的变换次数，通常也称为信号码元的传输速率，单位为 Baud，简写为 Bd。波特率 S 与比特率 I（数据传输速率，单位为 bit/s，bps）具有如式（6.2）所示的换算关系。其中，N 为每个码元所能表示数值的数量，这与信号的编码方式密切相关。在数字计算装置中，信号常采用非归零全宽编码（NRZ），要么高电平、要么低电平，那么每个信号能表示的数值共两个，此时比特率与波特率相等。而当一个码元可以表示 8 个值时，意味着每个码元可表示 3 位二进制数据，此时 I 是 S 的 3 倍。特殊地，在具有自同步特性的曼彻斯特编码、差分曼彻斯特编码中，每两个码元才能表示一比特的信息，因此此时比特率 I 是波特率 S 的 50%。对于异步通信系统，收、发两端采用相同的波特率是实现正确通信的必要条件之一。

$$I=S\times \log_2 N \tag{6.2}$$

　　在 8051 MCU 中，定时器 T_1 工作于方式 0 时，溢出所需周期数为 8192−X，X 为 T_1 的初值；

工作于方式 1 时，溢出所需周期数为 65536-X；方式 2 是自动重载入 8 位定时/计数器，装入初值为 X，溢出所需周期数为 256-X，每次溢出产生一个中断信号，方式 2 可以重装入初值，因此作为波特率发生器最为合适。定时器 T_1 工作于方式 2 时，波特率计算公式如式（6.3）所示。进而，定时器 T_1 的初值 X 可由式（6.4）计算。

$$波特率 = \frac{2^{\text{SMOD}} \times f_{\text{OSC}}}{32 \times 12 \times (256 - X)} \tag{6.3}$$

$$X = 256 - \frac{2^{\text{SMOD}} \times f_{\text{OSC}}}{32 \times 12 \times (256 - X)} \tag{6.4}$$

当 f_{OSC}=12MHz 时，可求得 X=252.745。但由于寄存器中只能存放整数值，因此 X 的值只能为 252 或 253。此时，将 X 代入式（6.3）可知，12MHz 时可产生的波特率为 7812.5Bd 或 10416.67Bd。当 f_{OSC}=11.0592MHz 时，可求得 X=253。将该值代入式（6.3）可知，当晶振频率为 11.0592MHz 时，可产生 9600Bd 的波特率。显然，如果串口要使用 9600Bd 的波特率，使用 11.0592MHz 的晶振才能满足这一要求。这也说明，实际系统中所选晶振的频率并非越高越好，选择适合的才最为重要。

6.3.2　多时钟管理

1. 多时钟电路

在计算装置中，除处理器需要高速时钟之外，不同类型的总线、接口、外部组件以及功耗管理等也都需要相对的时钟才能正常工作。而且，随着系统日益复杂、智能化程度不断提高，嵌入式系统内的时钟源、时钟类型、时钟频率也越来越多样化，其功能也从基本的工作时钟向复位控制、电源管理、低功耗模式控制等方面不断延伸。以 STM32 系列的 ARM 微处理器为例，该类处理器本身可以支持 5 个时钟源，包括 8MHz 的高速内部 RC 时钟（HIS），可接外部 4～16MHz 谐振器或时钟源的高速外部时钟（HSE）、40kHz 的低速内部时钟（LSI）、接 32.768kHz 石英晶体谐振器的低速外部时钟（LSE），以及锁相环倍频输出单元 PLL。其中，PLL 的输入源可以为 HIS/2、HSE 或 HSE/2，可编程的倍频系数范围为 2～16，最大输出频率为 72MHz。

虽然单个系统内部的时钟类型、频率丰富多样，但在设计中并不需要为每个时钟输入提供单独的时钟电路，这主要是为了保证所有时钟同相以尽量避免产生干扰。在多时钟系统中，锁相环和分频器（freqDiv）这两个元件是非常关键的。其中，锁相环（PLL）本质上就是一个反馈控制电路，由频率基准、相位检波器（PD）、低通滤波器（LPF）、压控振荡器（VCO）和分频反馈回路（div）组成，其基本组成如图 6.29 所示。通过比较外部信号相位和内部的压控振荡器，PLL 实现内外时钟的相位同步，并利用倍频、分频等频率合成技术生成、输出多频率、高稳定性的振荡信号，常用的锁相环器件有 CD4046 CMOS 锁相环集成电路、NE567 等。如前所述，在 ARM 微处理器系统中也将 PLL 称为倍频器，并允许通过编程设置倍频系数输出更高频率的时钟信号。与之相反，分频器是一种将输入信号以纯分数倍（如 1/2、3/4 等）输出的模拟电路，降低所输出时钟信号的频率。图 6.30 是对输入时钟 clock 进行 2 分频、3 分频之后的振荡信号输出波形。锁相环频率合成器可以利用分频器产生多个与基准参考频率具有相同精度和稳定度的频率信号。

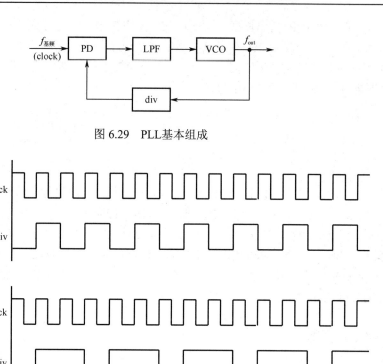

图 6.29　PLL基本组成

图 6.30　时钟分频输出示例

2. 处理器内部的时钟树

在基本时钟的基础上，通过扩展锁相环、分频器等电路就可以将几个输入时钟转换为多种类型和用途的时钟。处理器中的这一套时钟系统通常被称为处理器的时钟树。在处理器参考手册中，我们通常可以查询到相应的时钟树架构。例如，图 6.31 所示是意法半导体超低功耗 ARM Cortex-M3 系列嵌入式处理器 STM32L100xx、STM32L151xx、STTM32LlS2xx、STM32Ll62xx 的时钟树。

在图 6.31 所示的复位与时钟控制逻辑（RCC）中，系统时钟 SYSCLK 可以由 HSI、HSE、PLL 以及多速率内部时钟（MSI）等不同的时钟源驱动。其中，MSI 被用作复位启动、从低功耗待机或停机模式唤醒后的系统时钟源，可被配置为 65.536kHz、131.072kHz、262.144kHz、524.288kHz、1.048MHz、2.097MHz（默认值）或 4.194MHz。若时钟安全系统（CSS）开启，则处理器可以在 HSE 失效时自动切换到 HSI。另外，芯片内部还有两个二级时钟源，其中一个是 37kHz 的低速内部 RC 时钟（LSI RC），用于驱动看门狗、RTC，可以使系统从停机、待机模式自动唤醒；另一个是 32.768kHz 的低速外部时钟 LSE，主要用于驱动实时时钟 RTCCLK。根据优化系统功耗的需要，可以对每一个时钟源进行独立的打开或关闭操作，也可通过一组预分频器（Prescaler）配置先进高性能总线 AHB 的频率以及低速高性能外设总线 APB1 和高速高性能外设总线 APB2 的频率范围。这些频率最大可达 32MHz，与芯片动态电压的关系如表 6.7 所示。

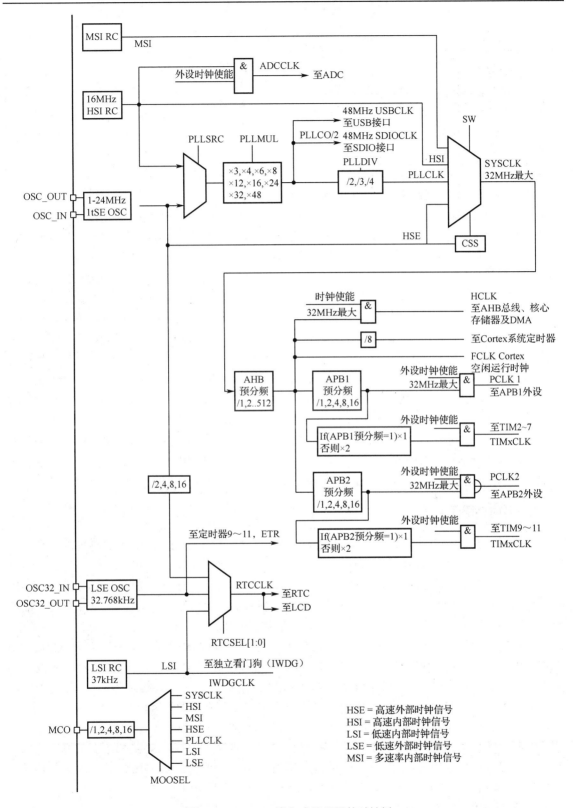

图 6.31 STM32L嵌入式处理器的时钟树

表 6.7　STM32L 的系统时钟源频率

电压区间	时 钟 频 率			
	MSI	HSI	HSE	PLL
区间 1（1.8V）	4.2MHz	16MHz	32MHz 外部时钟或 24MHz 晶振	32MHz（PLLVCO 最大 96MHz）
区间 2（1.5V）	4.2MHz	16MHz	16MHz	16MHz（PLLVCO 最大 48MHz）
区间 3（1.2V）	4.2MHz	—	8MHz	4MHz（PLLVCO 最大 24MHz）

由图 6.31 可知，48MHz 的 USB 时钟和 SDIO 时钟都以 PLLVCO 为时钟源。ADC 时钟以 HSI 时钟为驱动，通过对 HSI 时钟的 1 分频、2 分频或 4 分频等可以提供满足器件操作条件的时钟频率。RTC/LCD 时钟以 LSE、LSI 或 1MHz HSE_RTC 作为时钟源，而 IWDG 时钟常常以 LSI 时钟作为驱动。除此之外，其他所有外设的时钟都以系统时钟 SYSCLK 为基础。

RCC 逻辑向 Cortex 系统时钟（SysTick）提供 8 分频的 AHB 外部时钟（HCLK）。通过配置 STCSR 寄存器，可以设置 SysTick 工作在该时钟频率或者 HCLK 的时钟频率。HCLK 主要为 AHB 总线、存储器以及 DMA 组件提供时钟信号。FCLK 是 Cortex-M3 内核中的"自由运行时钟"，主要功能是采样中断并为调试模块计时。该时钟并不依赖于系统时钟 HCLK，所以在处理器休眠、时钟停止时，FCLK 依然运行以保证对中断和休眠事件的跟踪。PCLK 为高性能外设总线 APB 提供时钟信号。另外，STM32L 具有时钟输出能力，可以通配置 RCC_CFGR 寄存器中的 MCOSEL[2:0]位，从 SYSCLK、HSI、MSI、HSE、PLLCLK、LSI、LSE 这 7 个时钟信号中选择一个输出到微控制器时钟输出（MCO）引脚，即 PA8 引脚。

另外，处理器提供了 TIM9、TIM10、TIM11 共 3 个定时器来间接地测量所有时钟源的频率。将 LSE 连接到输入采样通道 1 之后，TIM9 和 TIM10 可以利用 LSE 精度高的特点精确地测试 HIS 和 MSI 系统时钟。在此基础上，用户可以通过校准位对内部时钟进行补偿。

3．多时钟配置管理

在多时钟的嵌入式处理器内部，一般都提供了可由软件操作的、用于配置时钟的一组寄存器。下面仍结合 STM32L 处理器进行说明。

（1）时钟控制寄存器 RCC_CR：提供了 RTC/LCD 预分频因子 RTCPRE[1:0]、CSSON、锁相环就绪标志 PLLRDY、锁相环使能位 HSEON、MSI 时钟就绪位 MSIRDY、MSI 时钟使能位 MSION、HIS 时钟就绪标志 HSIRDY 和 HIS 使能位 HSION。

（2）内部时钟资源校准寄存器 RCC_ICSCR：提供了 MSI 时钟频率调整寄存器 MSITRIM[7:0]，在不同温度和电压时调整 MSI 频率；MSI 时钟校正参数 MSICAL[7:0]，启动时根据出厂校准值自动初始化；MSI 时钟范围 MSIRANGE[2:0]，指定从 0～65.536kHz 到 0～4.194MHz 的 7 个频率范围；HSITRIM[4:0]和 HSICAL[7:0]分别存放 HSI 时钟的调整值和出厂值。

（3）时钟配置寄存器 RCC_CFGR：定义了处理器时钟预分频因子寄存器 MCOPRE[2:0]，值"000""001""010""011""100"分别为 1、2、4、8、16 分频；MCOSEL[2:0]用于从 7 个时钟中选择一个作为输出；PLL 输出分频寄存器 PLLDIV[1:0]控制 PLLVCO 输出的分频系数，"01""10""11"分别为 2、3、4 分频；PLL 倍频因子寄存器 PLLMUL[3:0]表示从 PLL 时钟产生 PLLVCO 的倍数；PLLSRC 用于指定 PLL 输入时钟源；APB 高速预分频因子（APB2）寄存器 PPRE2[2:0]用于控制 PCLK2 的频率；APB 低速预分频因子（APB1）寄存器 PPRE1[2:0]用于控制 PCLK1 的频率；HPRE[3:0]为 AHB 预分频因子寄存器，系统时钟配置源切换寄存器

SWS[1:0]，00、01、10、11 分别指定 MSI、HIS、HSE、PLL 作为系统时钟，切换后由硬件将该状态写入 SWS[1:0]系统时钟源状态寄存器。

（4）时钟中断寄存器 RCC_CIR：主要包括 LSIRDYF、LSERDYF、HSIRDYF、HSERDYF、PLLRDYF、MSIRDYF、LSECSSF、CSSF 共 8 个时钟就绪中断标志位，相应的 8 个中断使能位以及 8 个就绪中断清除标志位。

（5）AHB 外设复位寄存器 RCC AHBRSTR：设置相应的位可以复位可变静态存储控制器 FSMC、AES 加密模块、DMA1/DMA2 控制器、闪存存储器接口 FLITF、CRC 组件以及 IO 端口 G/F/H/E/D/C/B/A 等。

（6）APB1 外设复位寄存器 RCC_APB1RSTR：可通过某一位来复位比较器 COMP、DAC 接口、电源接口、USB 接口、$I^2C1/2$ 总线、UART2/3 接口、UART4/5 接口 SPI2/3 总线、窗口看门狗 WWDGRST、LCD、TIM2～TIM7 等组件。

（7）APB2 外设复位寄存器 RCC_APB2RSTR：可以通过相应的位来复位 UART1、SPI1、SDIO、ADC1 等接口，以及 TIM9、TIM10、TIM11 定时器和系统配置控制器 SYSCFGRST。

（8）AHB 外设时钟使能寄存器 RCC_AHBENR：定义了 RCC_AHBRSTR 中相应组件的时钟使能位；同样地，还有 APB1 外设时钟使能寄存器 RCC_APB1ENR、APB2 外设时钟使能寄存器 RCC_APB2ENR；在低功耗模式下，同样也定义了对应的三个寄存器 RCC_AHBLPENR、RCC_APB1LPENR、RCC_APB2LPENR。

（9）控制/状态寄存器 RCC_CSR：定义了由硬件自动设置的低功耗复位标志 LPWRRSTF、窗口看门狗复位标志 WWDGRSTF、独立看门狗复位标志 IWDGRSTF、软件复位标志 SFTRSTF、上电复位标志 PORRSTF、引脚复位标志 PINRSTF、选项字节加载标志 OBLRSTF 共 7 个复位及状态标志；软件控制的消除复位标志位 RMVF、RTC 软件复位位 RTCRST、RTC 时钟使能位 RTCEN、RTC/LCD 时钟源选择寄存器 RTCSEL[1:0]、LSE 的失效检测位 LSECSSD、LSE 上的 CSS 使能位 LSECSSON、外部低速时钟旁路位 LESBYP、外部低速时钟就绪位 LSERDY、外部低速时钟使能位 LESON、内部低速时钟就错位 SIRDY 及内部低速时钟使能位 LSION 共 12 个软件控制位和状态位。

在系统启动过程中，要依照特定的次序对上述时钟组件进行设置，基本流程及系统提供的 API 如下：

① 将 RCC 重新设置为默认值，RCC_Init（void）；
② 打开外部高速时钟晶振 HSE，RCC_HSEConfig（RGC_HSE_ON）；
③ 等待外部高速时钟晶振工作，While（ERROR==RCC_WaitForHSEStartUp()）；
④ 设置 AHB 时钟，RCC_HCLKConfig（时钟参数，如 RCC_SYSCLK_Div1）；
⑤ 设置高速 APB 时钟，RCC_PCLK2Config（时钟参数，如只 CC_HCLK_Divl）；
⑥ 设置低速 APB 时钟，RCC_PCLKlConfig 时钟参数，如 RCC_SYSCLK_Div2）；
⑦ 设置 PLL，RCC_PLLConfig（时钟源，如 RQC_PLL_Source_HSE_Divl，倍频系数，如 RCC_PLLMul_9）；
⑧ 打开 PLL，RCC_PLLCmd（ENABLE）；
⑨ 等待 PLL 工作，While（RESET==RCC_GetFlagStatus（RCC_FLAG_PLLRDY））；
⑩ 设置系统时钟，RCC_SYSCLKConfig（时钟源，如 RCC_SYSCLKSource_HIS/HES/PLLCLK）；
⑪ 判断 PLL 是否为系统时钟，while（RCC_GetSYSCLKSource()!=0x08）；
⑫ 打开要使用的外设时钟，RCQ_APB2PeriphClockCmd()；RCC_APB1PeriphClockCmd()。

6.4 电路抖动与消抖

6.4.1 抖动现象与危害

电子设备中开关的断开与接通可能会产生多个信号，或者由于电磁干扰会在信号线上耦合出本不应该出现的毛刺信号，这类现象称为"抖动"。抖动信号的特征是，随机出现且能量极小，其幅值和宽度都远小于正常信号。然而，这些额外产生的极小"假信号"会使系统出现错误的响应或行为，对于电子设备而言是非常有害的。

这里以无线电高度表（Radio Altimeter）为例来说明抖动对电子设备的危害。无线电高度表是飞机、巡航导弹等飞行器的重要组件，可以在线测算飞行器与地面的垂直距离进而实时调整飞行器姿态以匹配地形，系统基本工作原理如图 6.32 所示。图 6.33 给出了脉冲式无线电高度表

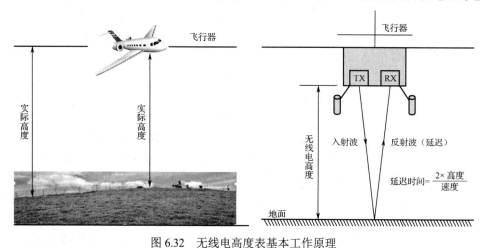

图 6.32　无线电高度表基本工作原理

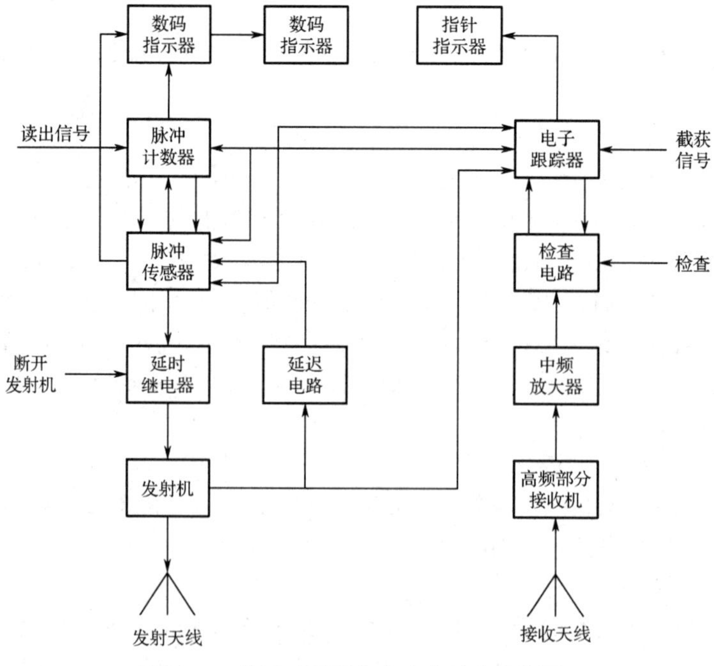

图 6.33　脉冲式无线电高度表的电路框图

的电路框图。该类高度表的测距机制与脉冲雷达相似，接收特定标识的脉冲序列，进而基于电信号传播速度、统计的传输时间来计算到目标的距离。高度表工作过程中，如果外部电磁干扰在脉冲计数引脚产生干扰毛刺信号，那么就可能导致脉冲计数器较实际情况更早地完成计数。这将导致测算的高度与实际高度不符，进而影响飞行器的实际控制与飞行安全。因此，系统软硬件设计中应该增强抗干扰能力，消除这类抖动，以保证系统的可靠性。

6.4.2　优化硬件消除抖动

1. RC 消抖电路

利用电容的滤波特性构建具有抖动消除（消抖）能力的 RC 电路，是一种常见的硬件消抖方式，电路如图 6.34（a）所示。例如，6.2.2 节的手动复位电路就是通过在开关两端并联一个 RC 电路进行抖动消除的。在该电路中电容 C_1 就扮演了对输出信号进行消抖的重要角色。上电后，C_1 经充电后拉至高电平。当开关闭合时，电阻 R_2 的一端接地，C_1 放电一段时间后，输出为低电平。如前所述，这个时间取决于 C_1 和 R_2 的大小，即电路的 RC 常数。如果没有这个 RC 电路，S_m 开关闭合瞬间产生的抖动将会直接反映在输出端，并可能产生如图 6.34（b）所示的输出信号。在增加 RC 消抖电路后，这些前沿抖动、后沿抖动都将得到 RC 电路的补偿和抵消。RC 消抖电路的优点是实现简单且消抖效果较好。该电路的缺点是如果 RC 常数过大，那么用时过长的电容放电过程将对输出信号的改变产生延迟，使得输出变得"迟钝"甚至使宽度小的输入失效，这对要求快速响应的系统而言是不适用的。

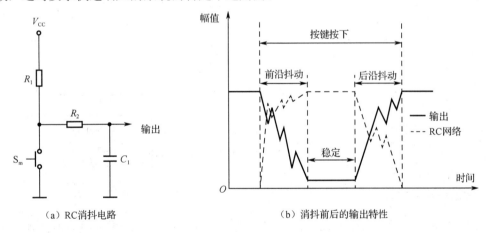

（a）RC 消抖电路　　　　　　　　　　（b）消抖前后的输出特性

图 6.34　消抖电路与消振波形

为了进一步将电平输出转换为真正的"0""1"信号，还需要在输出端串联逻辑门电路。这个类似于图 6.12 中的电路设计。为了进一步提高电容的充电速度，降低开关响应的延迟，可以进一步为 R_2 并联一个二极管。或者，可以像图 6.14 电路一样，在输出端扩展一个施密特触发器，形成一个稳定度更高但存在滞后现象的消抖电路。

2. 基于 RS 双稳态触发器的电路消抖

RS 双稳态触发器是具有 1 位二进制数据记忆能力的逻辑电路，有"0""1"两个稳定的状态，在外部信号触发时可以从一个状态翻转到另一个状态。在采用"双掷"型开关的电路中，采用双稳态触发器可以获得没有抖动的稳定输出，且不存在时间延迟。图 6.35 是基于 RS 双稳态触发器的开关电路。当开关闭合到 a 点时，R 端为高电平 "1"，此时顶部或非的输出 nOUT 为 "0"，而底部或非门的两个输入均为 "0"，因此其输出为 "1"。如果开关不闭合到 b 点，那么 OUT 端的输出状态将保持。显然，底部或非门在第一次接触时输出 "1"，即使在 S_m 闭合到 a 点的过程中产生了抖动，底部或非门通过向顶部或非门输入 "1" 而确保其输出为 "0"。

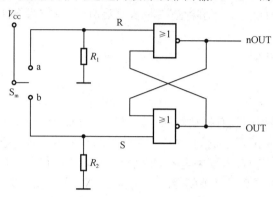

图 6.35　采用 RS 双稳态触发器的开关电路

双稳态触发器开关的电路波形如图 6.36 所示。

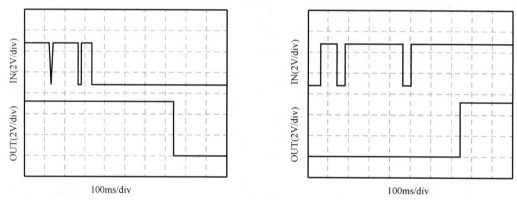

图 6.36　双稳态触发器开关的电路波形

3. 专用消抖器件

除了基于器件搭建具有消抖功能的电路，硬件设计中还可以采用专门的消抖开关集成电路。该类器件内部带有开关消抖以及对闭锁电路的按键通/断控制器，可接收机械开关产生的嘈杂输入，并经过一个延迟时间后产生干净的数字锁存输出。

典型地，MAX6816/6817/6818 系列 CMOS 芯片就是具有单通道（4 引脚）、2 通道（6 引脚）和 8 通道（20 引脚）输出，且具有±15kV ESD 保护的开关消抖器件。在开关通、断期间，只有在对开关输入消抖后的下降沿触发时该器件的输出状态才会改变，而在输入的上升沿输出保持不变，因此器件内部不会产生接触抖动。器件的基本特性包括 2.7～5V 的单电源工作电压，供电电流内置保护电路，输入引脚耐压范围±25V、±15kV ESD 保护；MAX6818 提供直接数据总线接口，三态输出模式允许直接连接微处理器接口等。在电路设计中，设计者可以在电路中直接使用该类器件，而无须进行过多的电路扩展。

图 6.37（a）是基于 MAX6816 单通道消抖开关器件搭建的微处理器复位电路，图 6.37（b）

和图 6.37（c）分别是闭合开关和打开开关时的输入与消抖输出信号。显然，基于 MAX6816 可以输出没有抖动的信号，但是无论是打开还是闭合开关，MAX6816 都存在约 40ms 的延迟。

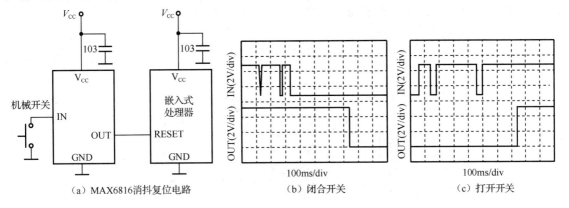

图 6.37   基于 MAX6818 的消抖复位电路及其消抖特性

图 6.38 是基于 MAX6818 搭建的 8 路开关数据采集电路，nEN、nCE 分别是使能引脚和状态改变输出引脚。当 8 路开关的输入状态发生改变时，nCE 引脚输出低电平。显然，如图 6.38 所示，将该引脚连接到微处理器的中断引脚，就足以在 8 路开关数据有改变时以中断的方式通知微处理器。

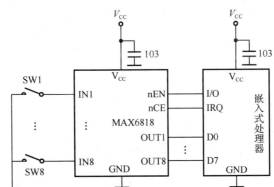

图 6.38   基于 MAX6818 的 8 路开关数据采集电路

6.4.3   软件消抖方式

硬件消抖是解决信号抖动的根本方式，但是这种方式也存在缺点：第一是增加硬件设计的复杂度和成本；第二是当硬件中噪声不可避免时，优化硬件可能无法解决问题，同时硬件的加工、调试会使整个项目周期显著延长。参考数字信号处理中的滤波原理，我们应该可以想到，软件消抖也是一种可行的方式。所谓软件消抖，就是在软件中的信号采集部分加入消抖逻辑，提升信号识别的准确性。在嵌入式系统设计中，软件消抖是增强系统稳定性和可靠性的一种重要方式。

1. 基于采样统计思想的软件消抖

统计消抖方式的主要思想是：当采集到有效输入信号时，软件并不立即将该输入判定为外部事件，而是在延迟 Δt 时间后再次采样；如果第二次仍然采样到有效的输入信号，就可以认为外部事件发生，如图 6.39 所示。这一软件消抖机制利用了抖动信号随机出现且宽度远小于正常信号宽度的特性。也就是说，在两次较大间隔的采样时机，正好出现两次抖动的概率将非常小。因此，这一方法经常用于软件的按键消抖处理，伪代码如下所示。

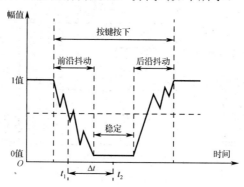

图 6.39　基于二次延迟采样的信号判断

```
void main(){
                                         //其他处理
    Bool Keydown==FALSE                  //按键标志
    While（1）{
                                         //其他处理
    If（GetKeyDown()）{                    //检测按键是否按下
        Delay（Delta_t）;                  //按键按下，延迟 Delta_t ms
        If（GetKeyDown()）{                //再次检测按键是否按下
        Keydown=TRUE;                     //置按键标志
        事件处理
        Keydown=FALSE;                    //清按键标志
            }
        }
            …                            //其他处理
    }
…                                        //其他处理
}
```

　　如果系统处于噪声极高的环境中，那么连续采集到两次噪声的概率将大大增大，依靠两次采集进行输入有效性判断的可靠度就会下降。此时，需要对上述方法进行扩展。例如，我们可以进行 n 个 Δt 周期的输入信号连续采集，当采集到有效输入信号次数 n_V 与无效信号 n_i 的比值 n_V/n_i 大于设定的阈值时，才能认为输入有效。这一方法可以大大提高信号读入的准确性，但缺点是判定信号需要 $n \times \Delta t$ 的时间，效率降低。另外，$n \times \Delta t$ 不能大于输入信号的时间长度。

2．噪声识别消抖

　　如前所述，耦合噪声信号的一个特点就是宽度比较小。当噪声信号的宽度远小于有效信号时，如果能够识别噪声信号，就有可能将其从有效信号中剔除。要实现信号宽度的判定，一般需要用到微处理器中断接口的上升沿（上跳沿）、下降沿触发机制。通常情况下，处理器的外部中断接口具有信号跳沿的触发能力，可以通过配置中断接口模式寄存器实现。在此基础上；当信号上升沿时触发中断，中断程序记录该信号的 t_r 时间，下降沿触发中断时记录该信号的 t_d 时间，即可求得信号的宽度 $\Delta t = t_r - t_d$。一般情况下，有效信号的宽度可达数百微秒（这取决于通信速率），而毛刺信号的宽度一般仅为几微秒或十几微秒。那么，在如图 6.40 所示的接收过程中，中断程序就可以在计算每个信号宽度的基础上检出毛刺信号，并将其丢弃，由此实现软件方式的滤波。这一机制经常用于脉冲计数系统，如脉冲式无线电高度表，是补偿硬件性能不足的一种实用方法。

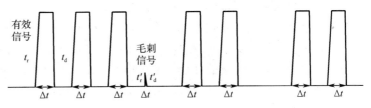

图 6.40 基于二次延迟采样的信号判断

6.5 最小系统举例

本节介绍的最小系统设计是 i.MX 6Solo/6Dual 嵌入式教学科研平台上的几个经典电路：电源电路、时钟振荡器和复位电路。给出了实用的电路图，对电路做了必要的分析和说明。

1. 电源电路

图 6.41 所示的电源电路包括 1 路 AC/DC 和 3 路 DC/DC。i.MX 6Solo/6Dual 嵌入式教学科研平台最小系统需要提供 5V 电源和 3.3V 电源，平台底板需要 12V 电源和 4.2V 电源。部分电源模块的设计使用了级联的方式。本书电源电路级联设计有两个优点：一是省去了交流电源复杂的处理电路，二是提高了低压差直流电源 DC/DC 的效率。

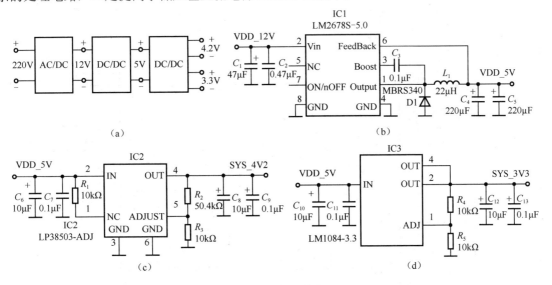

图 6.41 电源电路

总电源的入口是单相 220V 的交流电，电源电路提供了 12V、5V、4.3V 和 3.3V 直流电压。电源设计要充分保证输出电流。12V 电流的载荷应包括后面的三个 DC/DC 模块；5V 电源的载荷应包括后面的两个 DC/DC 模块。

AC/DC 采用开关电源技术，目的是减小变压器和滤波电源的体积，满足宽电压输入的要求，输入电压范围是 100～240V。

IC2、IC3 采用 LDO 模块，目的是得到较为稳定的电压输出，以满足电路中各个单元和芯片对电源的要求。LP38503 和 LM1084-3.3 都是 3A 输出的 LDO 芯片，按数据手册的要求，适配少量的电容和电阻就可以生成所需电源。

是不是有了 5V、4.2V 和 3.3V 电源以后，CPU 和存储器构成的内核电路就可以正常工作了呢？答案是否定的。除了上述电源，内核电路还需要 1.5V、1.8V、2.5V、2.8V、3.0V、3.3V 等电源。如果依然采用分离的 LDO 不仅电路复杂，而且不能满足现代内核电路对电源的要求。这里采用 14 通道可配置电源管理芯片 PF0100 为 i.MX6Solo/6Dual 供电，如图 6.42 所示。

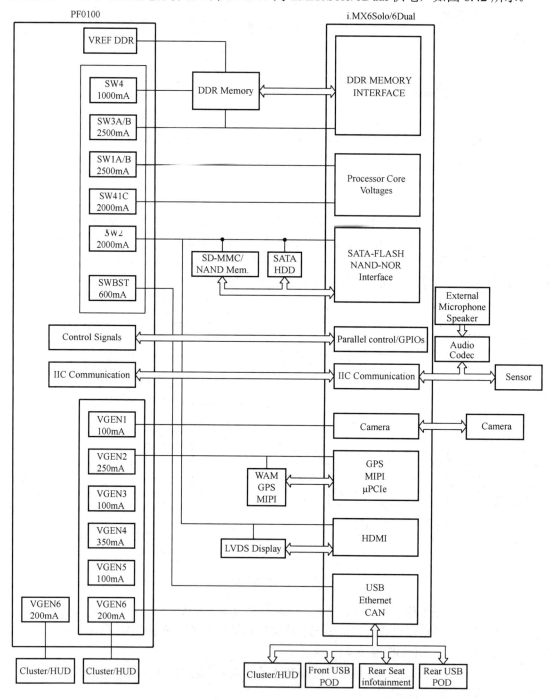

图 6.42　PF0100 和 i.MX6Solo/6Dual 连接图

PF0100 是飞思卡尔 2012 年推出的高集成度可编程/可配置芯片，外围芯片少。PF0100 包括 14 路电源输出：6 路 buck 输出、6 路线性输出、1 路 RTC 电源以及 1 路 coin-cell 充电器。单片 PF0100 可以同时满足 i.MX6X、DDR3SDRAM、SD-EMMC NAND Mem.、SATA HDD 和其他外设对电源的要求。PF0100 具有 OTP memory 以满足存储器对电源的特殊要求。PF0100 特别适用于 i.MX6X 构成的嵌入式系统，是为 i.MX6X 量身打造的电压输出和电源管理芯片，当然也可用于其他的嵌入式系统，其常见的封装是 QFN56，芯片面积为 8mm×8mm，功耗小、效率高、可编程关联电源的启动顺序、和 CPU 之间连接有握手交换接口，同时还能监视电源，是一款不可多得的电源管理芯片。

选择开关电源和线性电源的一个原则是：数字电路用开关电源，模拟电路用线性电源。这个观点到现在依然适用。更多的情况是数字电源干扰模拟电源。因此，电路设计时先设计数字电源，有需要模拟电源的地方，一般通过 LC 滤波和 RC 滤波的方法生成模拟电源，同时数字地和模拟地之间加磁珠做高频隔离。磁珠可选 100MHz、510Ω 等。

2. 时钟振荡器

系统主 CPU i.MX 6Solo/6Dual 需要外部提供两个晶振或者无源晶体。本设计采用两个无源晶体 Y1 和 Y2，适配对应的电阻和电容即可。两个晶体频率分别是 32.768kHz（Y1）和 24MHz（Y2）。时钟振荡器电路如图 6.43 所示。

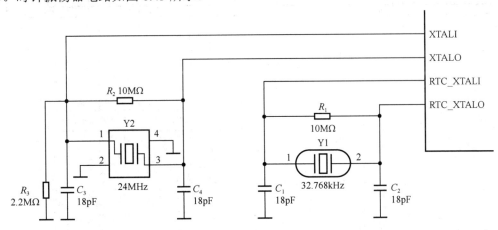

图 6.43　时钟振荡器电路

如果使用有源晶振而不用无源晶体，晶振的输出接 CPU 的 XTALI 而不是 XTALO，此时的 XTALO 悬空。有些 CPU 的 XTALO 可以往外输出倍频后的 CPU 时钟信号。本书中的 Y1 是低频时钟，Y2 是高频时钟，有源晶振经典电路在 Y2 的输出 XTALI 输入之间常常跨接一个几十欧姆的电阻，以滤除时钟信号上的高频干扰。

i.MX6X 时钟管理系统如图 6.44 所示，包含几个功能模块。

（1）晶体振荡器。外部提供的振荡部件，如上面所述。

（2）LVDS IO Ports。有两个 LVDS IO 接口用于时钟生成。这两个低抖动微分 IO 接口提供输入和输出时钟，并将它们提供给 PLL 或其他模块，或者它们可以使用锁相环输出，并在 CPU 之外提供它们作为功能或参考时钟。

（3）PLLs 模块。时钟产生部分包括 8 个锁相环。每个 PLL 都有两个配备了 4 个相位分数分频器（PFDs），以产生更多的频率。这 8 个锁相环分别如下。

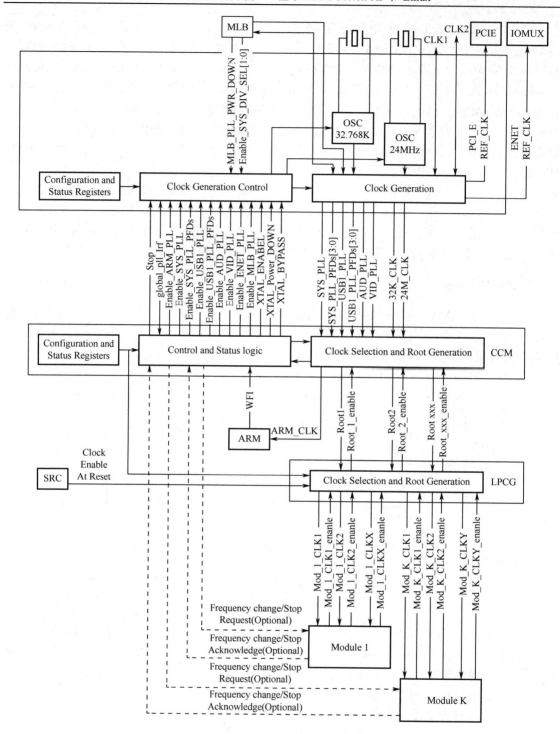

图 6.44　i.MX6Solo16Dual 时钟管理系统

① PLL1（也称为 ARM_PLL），这是用于 ARM 内核的 PLL 时钟，可整数倍频编程，最高输出频率可达 1.3GHz。

② PLL2（也称为 System_PLL 或 528_PLL），使用 24MHz 的 XTALOSC，22 倍频，生成固定频率 528MHz 的主时钟。这个 PLL 还驱动 4 个相位分数分频器 PFDs(528_PFD0、528_PFD1、

528_PFD2 和 528_PFD3)。以上 5 种时钟常常被用作其他时钟的基时钟。通常，这个锁相环是一个内部系统总线的时钟源，包含内部处理逻辑、DDR 接口、NAND/NOR 接口模块等。

③ PLL3(也称为 USB1_PLL 或 480_PLL1)，用于连接第一个实例的 USB PHY(USB0 PHY，也称为 OTG PHY)。这个 PLL 还驱动 4 个 PDFs(480_PFD0、480_PFD1、480_PFD2 和 480_PFD3)。主锁相环输出和它的 PFDs 输出被用作许多需要的根时钟的输入，如 UART、CAN 等串行接口、音频接口等。

④ 480_PLL2 (也称为 USB2_PLL)，这个 PLL 用于 USB2 PHY (也称为 HOST PHY)。

⑤ PLL4 (也称为音频锁相环)，这是一个分数乘法器锁相环，使用用于生成具有标准音频的低抖动和高精度音频时钟频率。锁相环振荡器的频率范围是 650～1300MHz，并且频率分辨率优于 1Hz。这个时钟主要用作时钟串行音频接口和作为外部音频编解码器的参考时钟。它的输出有分频器，可实现 1、2 或 4 分频。

⑥ PLL5 (也称为视频锁相环)，这是一个分数乘法器锁相环，用于标准视频生成低抖动和高精度视频时钟频率。锁相环振荡器的频率范围是 650～1300MHz，并且频率分辨率优于 1Hz。这个时钟主要用作时钟显示和视频界面。它的输出有分频器，可实现 1、2、4、8 或 16 分频。

⑦ PLL6 (也称为 PLL_ENET)，这个 PLL 实现一个固定的 20+(5/6) 倍乘。24MHz 输入时，压控振荡器 VCO 输出频率为 500MHz。该锁相环用于生成：

● 125MHz 用于 PCIe 串行接口和精简版千兆位以太网接口；

● 外部以太网接口为 50MHz 或 25MHz。

⑧ MLB_PLL，这个 PLL 采用媒体链路总线(MLB)接口时钟，乘以它提高 1、2 或 4，并延迟补偿，以便 MLB 数据流可以被捕获。

PLL 配置和控制功能可以通过每个 PLL 和 pfd 以及全局配置和状态寄存器进行访问。每个锁相环可以单独配置为“旁路”“输出禁用”“断电”模式。

当配置在“旁路”锁相环时，直接将其输入参考时钟传递到锁相环输出，绕过锁相环是通过在控制寄存器中设置旁路位来完成的。由于锁相环配备了 PFDs，所以输入基准时钟可以直接在 PFDs 输出，以实现“旁路”。

当配置“输出禁用”模式（ENABLE=0）时，锁相环的输出是完的门控，没有旁路时钟或锁相环产生时钟传播到锁相环的输出端。每个锁相环输出都有一个单独的“输出使能”控制位。PFDs 的使能位位于相关的 PLL 寄存器内。每个 PFD 都有一个相关的可以用来单独关闭它的时钟门控位。

当配置在“断电”模式时，大多数锁相环电路是关闭的。在这种模式下，主锁相环输出和 PFDs 输出都不可用。

(4) CCM 模块。CCM 包括：

① 根时钟生成逻辑，这个子模块提供对大多数二级时钟源进行编程控制的寄存器，包括对两个基本初始时钟源选择和时钟分频器分频系数的选择。根时钟是独立的时钟模块，用于内核、系统总线（AXI、AHB、IPG）和所有其他 SoC 外围设备。外围设备包括串行时钟、波特率时钟和特殊功能时钟。

CCM 与 GPC、PMU、SRC 协同管理 Power 模式，即 RUN、WAIT 和 STOP 模式。

② CCM 频率管理块，ARM 内核时钟，“在运行中”没有时钟中断，在更改分频系数和改变时钟源时时钟不会停止，平滑地改变 DDR 内存控制器时钟。

③ 外设根时钟，通过使用可编程分配器，分频系数可以在不丢失时钟的情况下改变。

(5) LPCG 模块。LPCG 的字面意思是低功耗时钟门控单元，它从 CCM 接收根时钟，并将每个块拆分为时钟分支。时钟分支拥有单独的门控时钟。

这些门的启用可以来自三个来源：

- 来自 CCM 的时钟使能信号，这个信号是由电源模式产生的。对于每种电源模式，都可以在软件中使用 CCM.CGR 位配置；
- 时钟使能信号的另一种出处是基于内部逻辑的块，由块产生的时钟使能信号可以被 CCM.CGR 所覆盖；
- 时钟使能信号也可以来自复位控制器，在复位期间，该信号被使能。

3. 复位电路

图 6.45 是一个上电自动复位+手动复位的复位电路，常用于低成本解决方案和实验系统。器件 NC7SP125P5X 是数据缓冲器，引脚 1 接一个 RC 电路且在电容 C 端并接一个常开的按键开关。自动复位始于系统上电，RC 电路将持续一段时间的低电平，引脚 1 的低电平打开三态门 IC1，将引脚 2 的低电平通过三态门，在 4 端输出低电平。这个持续的低电平将复位包括 i.MX6X 在内的需要低电平复位的器件。随着电容 C 上的电压逐渐升高，三态门使能端将变成无效。三态门输出引脚 4 被高电平和上拉电阻拉高，复位暂态过程结束，电路进入正常工作的模式。此后，在电路系统不掉电的情况下，按下 SW 开关，或者使用 IO 接口线，在网络标号 WDOG_B 的地方输出一定时间的低电平，就可以启动复位的瞬态过程，以达到复位的目的。

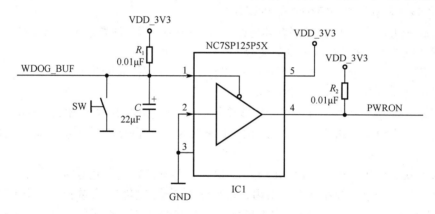

图 6.45　复位电路

这个电路有一个致命的缺点：引脚 1 处容易受到低电平信号的干扰。在一些生命攸关的产品上这一设计是不行的。经典的方法是使用专用的复位芯片，例如，美信的 MAX705、MAX811、MAX812、MAX813 等专用芯片。这个电路还有一个问题，为了保证可靠复位，RC 的参数一般都取值比较大，时间常数可按一阶 RC 来计算。上电复位起始点应保证电容存储尽量少的电荷，要求关机执行上电复位时要关足够长的时间，匆匆关了电源马上就开保证不了上电复位需要的延迟时间。

外围电路构成了嵌入式系统硬件中核心计算、存储、接口组件和各子系统正常工作的辅助条件，不可或缺。只有正确地设计外围电路，这些子系统和组件才可能正常运行和工作。本章围绕最小嵌入式系统的设计，重点结合一组示例分析、讨论了电源电路、复位电路、时钟电路以及消抖电路等的基本原理和设计方法。在此基础上，以循序渐进的方式进行学习和实践，将有助于读者理解和掌握这些电路的原理和设计机制。

当然，最小系统的硬件仅可以实现一个具有独立工作能力的计算系统，但并不具备嵌入式应用所需的接口和功能。如果要设计最终可用的嵌入式系统硬件，设计者还需在最小系统硬件的基础上进行一系列的扩展。

习　题

1. 简述复位的原理和目的，比较上电复位、看门狗复位、软件复位的异同。

2. 分析正弦波振荡电路的基本组成及各组成部分的功能。

3. 分析 STM32 L0 嵌入式处理器的低功耗模式原理、特点以及进入与唤醒方式。

4. 降低处理器功耗的主要方法有哪些？简述各种方式的原理和特点。

5. 分析开关电路抖动产生的原因，以及如题图 6.1 所示电路的消抖过程。说明电阻 R_2 在这个电路中的作用。

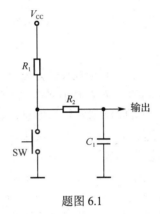

题图 6.1

6. 在题图 6.1 的基础上，设计一个基于施密特触发器的开关消抖电路，阐述其消抖原理及响应特性。

第 7 章　GPIO 口与串行总线

本章讨论嵌入式处理器与外设信息交互的两个模块：GPIO 和 UART。它们都是 CPU i.MX 6Solo/6Dual 的片上外设。i.MX 6Solo/6Dual 的片上外设有 70 多个，丰富的外设资源可以简化、优化嵌入式系统设计。

7.1　GPIO 与 IOMUXC

7.1.1　GPIO

GPIO，顾名思义即通用 IO 口，可以作为输入引脚也可以作为输出引脚。在嵌入式系统早期出现的 MCS51 时代，GPIO 就已存在。在微控制器的各种接口中，GPIO 非常重要，它是控制器和外部世界打交道的通道之一，可以检测外部的信息，如限位开关、主令开关、继电器接触器触点闭合情况、压力报警、超速、欠压；也可以直接输出信息到微控制器的外设，如打开警车蜂鸣器、收起飞机起落架、用发光二极管显示手机电量不足、控制电磁阀控制全自动车床上料。不仅如此，当 GPIO 被配置成输入引脚时，每一个输入引脚都可以产生内核中断，这种技术早在 Intel8098 就开始使用，但不可否认，这是一项十分有效的设计，输入和中断相连，无论对硬件设计、软件处理还是实时性，都是一种提高和进步。

i.MX 6Solo/6Dual 的 GPIO 分为 7 组。这 7 组的组号是 GPIO1～GPIO7，每组一般是 32 个引脚，每个引脚都有一个信号名称，例如 GPIO1_IO31～GPIO1_IO00。但是有几组引脚不满 32 位，例如，GPIO4 只有 27 位，GPIO5 只有 30 位，GPIO7 只有 14 位。因此，i.MX 6Solo/6Dual 共有 199 个引脚，每个引脚都有一个信号名称，例如引脚（有的资料叫 Pad）ENET_MDIO 信号名称是 GPIO1_IO22，引脚 NAND_D0 信号名称是 GPIO2_IO00。如果你愿意，i.MX 6Solo/6Dual 的 199 个引脚可以被配置成 199 个 IO 引脚。可以想象，这是一个特别庞大的数字，和嵌入式系统发展早期动辄使用 82C55、82C43 等中规模集成芯片扩展 IO 引脚相比，无论是硬件设计还是软件设计都简化了不少。当然，没有人会把这些宝贵的资源都去做 IO，由于采用了复用技术，这些 IO 还可以被配置成 NAND Flash 的控制线、可以去接 SD 卡、也可以配置成 I²C 控制线、以太网控制器、SPI 或者是专用的矩阵式键盘控制线。简而言之，资源丰富，这也是其在全球被广泛使用的原因之一。

i.MX 6Solo/6Dual 里有一个 IOMUX 模块，用于处理 i.MX 6Solo/6Dual 的 IO，在后面会专门介绍。GPIO 是 IOMUX 的子模块，IOMUX 原理框图如图 7.1 所示。

1. GPIO 的寄存器

GPIO 共有 7 组，每组有 8 个 32 位寄存器，这些寄存器是：

（1）数据寄存器（GPIOx_DR）。GPIOx_DR 中的 x 可取 1～7（以下同）。

当引脚配置为 GPIO 模式，且 GDIR[n]= "1" 时，为 GPIO 的输出模式，GPIO_DR 的每一位保存着写到端口的"0"或者"1"。写入的数据可通过该寄存器读回。

当引脚配置为 GPIO 模式，且 GDIR[*n*]= "0" 时，为 GPIO 的输入模式，GPIO*x*_DR 的每一位保存着端口输入的外部数据。写入的数据可通过该寄存器读回。

当引脚配置为非 GPIO 模式，且 GDIR[*n*]= "1" 时，可以通过该寄存器读回 DR[*n*]的值。

当引脚配置为非 GPIO 模式，且 GDIR[*n*]= "0" 时，读该寄存器时得到的数据是"0"。

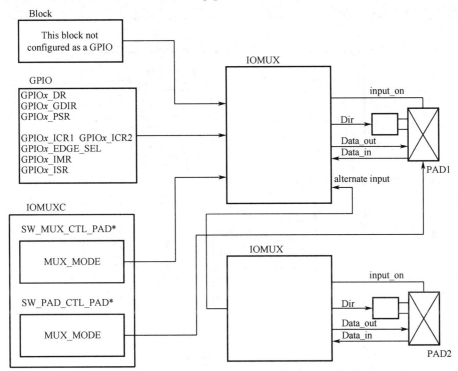

图 7.1　IOMUX原理框图

（2）方向寄存器（GPIO*x*_GDIR），32 位。当 IOMUXC 工作于 GPIO 模式时，控制 199 个 GPIO 引脚的输入/输出方向："1"为输出模式，"0"为输入模式。

（3）引脚状态寄存器（GPIO*x*_PSR），存放输入状态信息。

（4）中断控制寄存器 1（GPIO*x*_ICR1），32 位，用于配置中断。

（5）中断控制寄存器 2（GPIO*x*_ICR2），中断配置寄存器，每个 32 位寄存器中相邻的两位配置一个引脚中断源的触发模式。GPIO*x*_ICR1 和 GPIO*x*_ICR2 共 64 位，最多可配置 32 个中断源触发模式。"00""01""10""11"（高位在前低位在后，例如位 31～30）分别代表低电平触发、高电平触发、上升沿触发和下降沿触发。GPIO*x*_ICR2 配置 31～16，GPIO*x*_ICR1 配置 15～0。

（6）边沿选择寄存器（GPIO*x*_EDGE_SEL），32 位，"1"有效，"0"无效。GPIO*x*_EDGE_SEL 可用于覆盖 GPIO*x*_ICR 寄存器的配置。如果设置 GPIO_EDGE_SEL 位，然后对应上升边或下降边信号产生一个中断。这个寄存器提供向后兼容性。系统复位时，所有位被清除（ICR 不被覆盖）。

（7）中断屏蔽寄存器（GPIO*x*_IMR），32 位，"1"使能该中断源，"0"中断无效。

（8）中断状态寄存器（GPIO*x*_ISR），32 位，"1"表示中断有效，"0"表示中断无效。中断响应后，该位由软件清除，清除的方法是往该位写"1"。

2. GPIO 框图

GPIO 框图如图 7.2 所示，包括 8 个寄存器，能够对 32 个 IO 口实现配置和控制。方向寄存器可以控制端口是输入还是输出，数据寄存器可以写输出口和读输入、输出口，PSR 寄存器可以读取端口信息，中断控制寄存器可以选择每个 GPIO 中断源的触发方式，边沿触发器可以改写（或覆盖）中断控制寄存器，中断屏蔽寄存器可以屏蔽不需要中断的端口，中断状态寄存器可以读取已经触发的中断源。

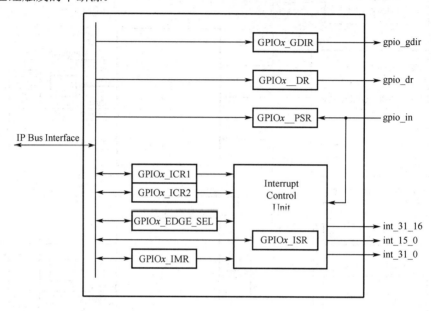

图 7.2　GPIO框图

3. GPIO 特征

GPIO 有两个显著的特征。

（1）通用的输入/输出功能。包括独立配置输入/输出引脚，内核能够写数据到引脚，内核通过寄存器可以读取引脚的状态。

（2）中断功能。支持多达 32 个中断源，能够自动辨识跳变沿，向 SoC 中断控制器产生一个高电平有效的中断。

7.1.2　IOMUXC

IOMUX 控制器（IOMUXC）与 IOMUX 一起，使 IC 的一个引脚有几种可供选择的功能块。这种共享是通过多路复用输入和输出信号最终在引脚（Pad）上来完成的。每个模块需要一个特定的 Pad 设置（如上拉或保持），每个 Pad 有多达 8 个 muxing 选项（称为 ALT 模式）。Pad 设置参数由 IOMUXC 控制。IOMUX 仅有几个基本 IOMUX 组合而成的组合逻辑单元。每个基本的 IOMUX 单元只处理一个 Pad 信号的 muxing。

1. IOMUXC SoC 层框图

该框图有 4 个模块 CPU、IOMUXC、IOMUX 和 IORING，图 7.3 左下角的 ARM PLATFORM+

AHBMAX 是 CPU 所在的位置，控制信息从这里发出。CPU 通过 AIPS 总线连接到 IOMUXC，IOMUXC 模块也叫作 IO 多路复用控制器，里面包括两类寄存器：复用控制寄存器（MUX Control Registers）和 Pad 设定寄存器（Settings Registers）。复用控制寄存器选择控制模式（称 Alt 控制模式），将设置的参数送给 IOMUX 模块的多路选择器；Pad 设定寄存器将信号送给 IORING，设定引脚电气特性。IOMUX 除接受 IOMUXC 控制外，还有多路模块的输入，它们是 IOMUX 的源，和 IOMUXC 信号共同作用，决定给 IORING 的信号。

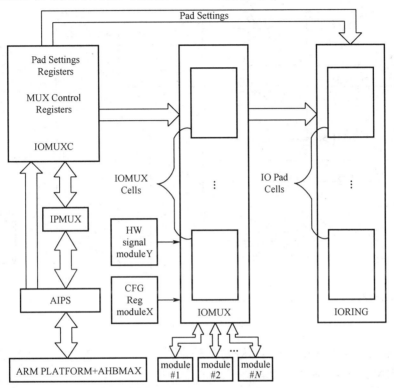

图 7.3　IOMUX SoC层框图

2. IOMUXC 寄存器概述

IOMUX Memory 共包含 584 个 32 位寄存器，这些寄存器被分成 5 组，简单描述如下。

（1）GPR0～GPR13：14 个 32 位通用寄存器。作用是功能定义，比如是否响应中断、128MB 的地址空间由几个片选信号控制选通、CAN 总线的 stop request 信号是否有效、Debug 非入侵式调试使能是否允许、ARM 调试时钟是否使能等。

（2）Pad Mux Register：197 个 32 位引脚复用寄存器，寄存器名的一般格式是 SW_MUX_CTL_PAD*，每个寄存器控制一个引脚（Pad），称为 Alt 控制模式。模式共有 6 种，即模式 0、模式 1、模式 2、模式 3、模式 5、模式 7。某引脚可以是 GPIO，也可以是特殊功能的引脚，这种设计带来的好处是显而易见的，用户可以根据自己实际需求去编程设置这些寄存器，实现 IO 的多种选择。

（3）Pad Control Register：250 个 32 位引脚控制寄存器，寄存器名的一般格式是 SW_PAD_CTL_PAD*，每个寄存器控制一个引脚的电气特性。控制压摆率（Slew Rate）为 SLOW 或者 FAST。IO 速度选择为 50MHz、100MHz 和 200MHz。作为输出引脚可选择是否 OD（Open Drain）或

DSE（Drive Strength Field）。可选择输出电压和输出电阻；为提高驱动能力，可选择使能上拉电阻，且上拉电阻的阻值可选配。作为输入引脚，可选择在输入通道是否加入施密特触发器。引脚功能图如图 7.4 所示。

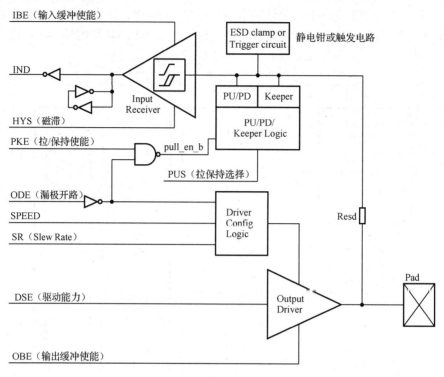

图 7.4　引脚功能图

（4）Pad Group Control Register：这组寄存器共 18 个，每个 32 位，是 DRAM 专用控制寄存器，设置 DRAM 的电气特征，功能同（3）。

（5）Select Input Register：105 个 32 位选择输入寄存器，一个信号可以被定义在不同的引脚上。这组 105 个寄存器负责将这 105 个信号分配到底是哪个引脚上。它和 Pad Mux Register 共同配合决定这 105 个信号到底分配到哪个引脚上。i.MX 6Solo/6Dual 有 197 个可配置引脚，有 94 个引脚仅仅使用 Pad Mux Register 设置即可，但有 105 个引脚必须由这两类寄存器同时起作用才能正常工作。

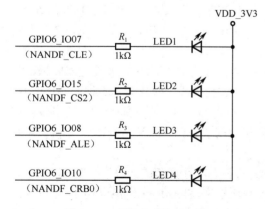

图 7.5　LED灯实验的原理图

3. GPIO 应用举例

例 7.1　LED 灯实验。

LED 灯实验的原理图如图 7.5 所示（使用北京博创智联科技有限公司的 i.MX 6Solo/6Dual 嵌入式科研教学平台）。要求每隔 0.5s，依次点亮一个发光二极管，等 4 个发光二极管全部亮后，再依次灭掉。等全部灭完再开始新的循环，周而复始。

LED 灯是实验箱和开发板的标配，可用于实验或者显示调试信息。控制 GPIO 的端口，按照时序的要求，依次在各端口输出对应的"1"或者"0"。

i.MX 6Solo/6Dual 是恩智浦公司的 ARM 微处理器，官方文档是 i.MX6SDLRM.pdf。

GPIO6_IO07、GPIO6_IO15、GPIO6_IO08、GPIO6_IO10 是 i.MX 6Solo/6Dual 的信号，NANDF_CLE、NANDF_CS2、NANDF_ALE、NANDF_CRB0 是 i.MX 6Solo/6Dual 的 Pad，在 Pad 模式选择时使用 Pad 对应的多路选择寄存器（有些 Pad 可能还会用到输入选择寄存器），信号相关的寄存器体现在对 IOMUXC 的控制。

这 4 个 LED 对应的信号位于 GPIO6，需要使用 GPIO6 的方向寄存器 GPIO6_GDIR 和数据寄存器 GPIO6_DR。设置 GPIO6_GDIR 对应的这 4 位为输出，然后按时间要求控制 GPIO6_DR 对应的位依次为"1"和"0"即可完成 LED 实验。控制 LED 灯的部分代码如下：

```
/*IOMUXC*/
//LED1 GPIO6_IO07
#define IOMUXC_SW_MUX_CTL_PAD_NAND_CLE        *（volatile unsigned long*）0x20E0270
//LED2 GPIO6_IO15
#define IOMUXC_SW_MUX_CTL_PAD_NAND_CS2_B      *（volatile unsigned long*）0x20E027C
//LED3 GPIO6_IO08
#define IOMUXC_SW_MUX_CTL_PAD_NAND_ALE        *（volatile unsigned long*）0x20E026C
//LED4 GPIO6_IO10
#define IOMUXC_SW_MUX_CTL_PAD_NAND_READY_B    *（volatile unsigned long*）0x20E02A4
/*GPIO*/
#define GPIO6_DR          *（volatile unsigned long*）0x20B0000
#define GPIO6_GDIR        *（volatile unsigned long*）0x20B0004
```

下面对引脚复用功能进行设置，5 表示设置为 GPIO 模式。

```
/*IOMUXC GPIO mode*/
IOMUXC_SW_MUX_CTL_PAD_NAND_CLE=5;
IOMUXC_SW_MUX_CTL_PAD_NAND_CS2_B=5;
IOMUXC_SW_MUX_CTL_PAD_NAND_ALE=5;
IOMUXC_SW_MUX_CTL_PAD_NAND_READY_B=5;
```

然后设置 GPIO6 的数据寄存器和方向寄存器。GPIO 引脚方向设置为输出，需要将 GDIR 寄存器中的对应位设置为"1"，4 个 LED 灯对应的信号分别是 GPIO6_IO07、GPIO6_IO15、GPIO6_IO08、GPIO6_IO10，所以寄存器需要设置第 7、15、8、10 位。

DR 寄存器输出的电平，"0"表示低电平，"1"表示高电平。LED 灯为低电平点亮，初始设置 LED 灯灭，所以将对应位设置为高电平：

```
GPIO6_GDIR|=（1<<7|1<<15|1<<8|1<<10）;         //set gpio output
GPIO6_DR|=（1<<7|1<<15|1<<8|1<<10）       ;     //init led off
```

在循环中设置 LED 灯依次点亮和关闭：

```
while（true）
    {GPIO6_DR&=~（1<<7）;        //LED1 on
    hal_delay_μs（500000）;
    GPIO6_DR&=~（1<<15）;       //LED2 on
    hal_delay_μs（500000）;
    GPIO6_DR&=~（1<<8）;        //LED3 on
    hal_delay_μs（500000）;
    GPIO6_DR&=~（1<<10）;       //LED4 on
```

```
hal_delay_μs（500000）；
GPIO6_DR|=（1<<7）；              //LED1 off
hal_delay_μs（500000）；
GPIO6_DR|=（1<<15）；             //LED2 off
hal_delay_μs（500000）；
GPIO6_DR|=（1<<8）；              //LED3 off
hal_delay_μs（500000）；
GPIO6_DR|=（1<<10）；             //LED4 off
hal_delay_μs（500000）；
}
```

图 7.6 是一个 4 按键与 4LED 的电路，这两块电路没有直接的物理连接，分别接在 i.MX 6Solo/6Dual 的 GPIO 口线上，要求 K1 按下后 LED1 亮，K1 抬起 LED1 灭；K5 按下后 LED2 亮，K5 抬起 LED2 灭；K8 按下后 LED3 亮，K8 抬起 LED3 灭；K11 按下后 LED4 亮，K11 抬起 LED4 灭。

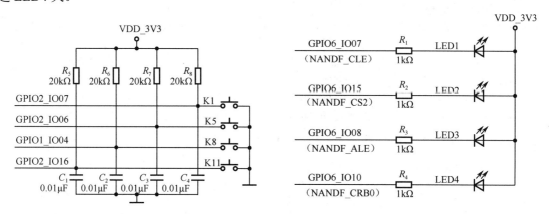

图 7.6　按键与 LED 原理图

显然，按键对应的 GPIO 口应该设置为输入模式，LED 对应的 GPIO 口应该设置为输出模式。代码包括三部分：地址定义、配置寄存器和编写控制程序。检测到按键按下后，得到输入的低电平，控制 LED 输出口输出低电平，LED 指示灯亮。检测到按键抬起后，得到输入的高电平（上拉电阻所致），控制 LED 输出口输出高电平，LED 指示灯灭（LED 阳极接电源 V_{DD}_3V3）。

例 7.2　按键实验。

按键实验部分代码如下：

```
/*IOMUXC*/
//LED1 GPIO6_IO07
#define IOMUXC_SW_MUX_CTL_PAD_NAND_CLE      *（volatile unsigned long*）0x20E0270
//LED2 GPIO6_IO15
#define IOMUXC_SW_MUX_CTL_PAD_NAND_CS2_B    *（volatile unsigned long*）0x20E027C
//LED3 GPIO6_IO08
#define IOMUXC_SW_MUX_CTL_PAD_NAND_ALE      *（volatile unsigned long*）0x20E026C
//LED4 GPIO6_IO10
#define IOMUXC_SW_MUX_CTL_PAD_NAND_READY_B  *（volatile unsigned long*）0x20E02A4
//K1 GPIO2_IO07
#define IOMUXC_SW_MUX_CTL_PAD_NAND_DATA07   *（volatile unsigned long*）0x20E02A0
//K5 GPIO2_IO06
```

```
#define IOMUXC_SW_MUX_CTL_PAD_NAND_DATA06        * （volatile unsigned long*）0x20E029C
//K8 GPIO1_IO04
#define IOMUXC_SW_MUX_CTL_PAD_GPIO04             * （volatile unsigned long*）0x20E022C
//K11 GPIO2_IO16
#define IOMUXC_SW_MUX_CTL_PAD_EIM_ADDR22         * （volatile unsigned long*）0x20E0128
/*GPIO*/
#define GPIO6_DR          * （volatile unsigned long *）0x20B0000
#define GPIO6_GDIR        * （volatile unsigned long *）0x20B0004
#define GPIO2_DR          * （volatile unsigned long *）0x20A0000
#define GPIO2_GDIR        * （volatile unsigned long *）0x20A0004
#define GPIO1_DR          * （volatile unsigned long *）0x209C000
#define GPIO1_GDIR        * （volatile unsigned long *）0x209C004
```

对寄存器进行配置。需要将这些引脚都设置为 GPIO 模式。在设置按键时需要将 GDIR 寄存器的引脚值设置为 0，表示输入模式。按键的 DR 寄存器不需要进行设置。

```
/*IOMUXC GPIO mode*/
IOMUXC_SW_MUX_CTL_PAD_NAND_CLE=5;
IOMUXC_SW_MUX_CTL_PAD_NAND_CS2_B=5;
IOMUXC_SW_MUX_CTL_PAD_NAND_ALE=5;
IOMUXC_SW_MUX_CTL_PAD_NAND_READY_B=5;
IOMUXC_SW_MUX_CTL_PAD_NAND_DATA07=5;
IOMUXC_SW_MUX_CTL_PAD_NAND_DATA06=5;
IOMUXC_SW_MUX_CTL_PAD_GPIO04=5;
IOMUXC_SW_MUX_CTL_PAD_EIM_ADDR22=5;
/*key*/
GPIO2_GDIR&=~（1<<7|1<<6|1<<16）;            //set gpio input
GPIO1_GDIR&=~（1<<4）;                        //set gpio input
```

在循环中，通过读取按键的 DR 寄存器，判断其按键是否按下。根据硬件原理图，按下按键时为低电平，所以当按键按下时 DR 寄存器对应位的值为 0。通过判断语句，设置 LED 灯对应的 DR 寄存器，使之呈现用按键控制 LED 灯的效果。

```
while（true）
    {
    /*K1*/
    If （（（GPIO2_DR>>7）&1）==0) GPIO6_DR&=~（1<<7）;        //LED1 on
    else    GPIO6_DR|=（1<<7）;                            //LED 1 off
    /*K5*/
    If （（（GPIO2_DR>>6）&1）==0) GPIO6_DR&=~（1<<15）;       //LED2 on
    else    GPIO6_DR|=（1<<15）;                           //LED2 off
    /*K8*/
    If （（（GPIO1_DR>>4）&1）==0) GPIO6_DR&=~（1<<8）;        //LED3 on
    else    GPIO6_DR|=（1<<8）;                            // LED3 off
    /*K11*/
    If （（（GPIO2_DR>>16）&1）==0) GPIO6_DR&=~（1<<10）;      //LED4 on
    else    GPIO6_DR|=（1<<10）;                           //LED4 off
    }
```

7.2　UART

7.2.1　UART 简介

　　UART 是 Universal Asynchronous Receiver/Transmitter（通用异步收发器）的简称，异步是指控制电路中不含同步时钟以区别于 SSI（同步串行接口）。UART 常常被称为串口，它是嵌入式系统的经典配置，不同于 GPIO 的输入/输出功能，UART 可以发送和接收一串二进制位流（数据）。

　　i.MX 6Solo/6Dual 的 UART 支持 RS232 模式、9 位 RS485 模式和 IrDA 红外光模式。本书以 RS232 为例，介绍 UART。

　　嵌入式系统通过 UART 可以使用主机的显示器和键盘，此时主机的键盘和显示器被称为超级终端。UART 和外部通信时有一个简单的底层协议，包括波特率、数据长度、停止位、是否采用校验以及奇偶校验等事项。i.MX 6Solo/6Dual 内嵌 UART 控制器，含有多个 UART 控制器，有专用的寄存器支持对 UART 的操作。如果是板内 UART 相连，无须接口芯片，使用标准的 LVTTL/CMOS 接口电平即可直接相连；如果要把 UART 连接到外部（例如接到 PC），需要物理层的接口芯片，把电平转换为 EIA 的标准，常见的 UART 接口芯片有 Maxim 的 MAX3232 等接口芯片，将 LVTTL/CMOS 信号转换为±5.5V 的 EIA/TIA 信号。

　　图 7.7 所示是 RS232 电平转换图，该电路的功能是电平转换器，通过内部电荷泵，生成不低于 5.5V 的 V+正电源和不高于−5.5V 的 V−负电源。C_{11} 是芯片标配压片电容，C_9 和 C_{13} 是电路必不可少的配置电容。这 5 个电容容量都是 104。如果 RS232 传输距离较远，期望输出电压的幅度更大，则可将 C_{12}、C_{14}、C_9、C_{13} 的容量适当加大，当电容容量加大到 105 的时候，V+

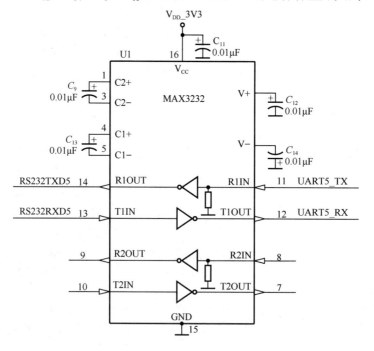

图 7.7　RS232 电平转换图

和 V-的电源电压可达+10V 和-10V。图 7.7 左边的两个信号 RS232TXD5 和 RS232RXD5 是 RS232 的输入信号和输出信号（TX 是输出，RX 是输入）。右边的两个信号 UART5_TX 和 UART5_RX，是 3.3V 的 LVTTL/LVCMOS 信号，同样 TX 是输出，RX 是输入。如果右边的是 5V 的 TTL/CMOS 信号，可将芯片更换成 MAX232，按手册查看引脚，搭建相应电路，即可完成 TTL/CMOS 信号到 EIA 信号的转换。如果希望输出的是 RS485 信号，使用 MAX485 芯片；如果输出的是 RS422 信号，使用 MAX3491 芯片。搭建相应电路。电平转换芯片在嵌入式系统中很常见，物理层的传输对信号提出各种要求，CAN 总线的接口芯片 82C250 以太网的 PHY 芯片 RTL8139C 也包含电平转换的功能。

图 7.7 中有 4 个反相器，在输入/输出的信息传输的过程中对信号取反。原因是 LVTTL/CMOS 采用正逻辑，而 EIA 采用负逻辑。EIA 规定-25～-3V 表示逻辑 1，3～25V 表示逻辑 0。信号从一个处理器传送到另外一个处理器，中间必经过两次电平转换。从两个处理器端看，是正常的数据传送，处理器端是正逻辑。

7.2.2　UART 特征

UART 方框图如图 7.8 所示。左边是和处理器的接口，右边是和接口芯片的接口。各信号介绍如下：

1）UART 的功能模块

① Peripheral Bus：双向的外设总线，为并行总线。

② Interrupts：串口中断。

③ DMA Req：DMA 中断请求。

④ Peripheral Clock：外设时钟。

⑤ Module Clock：模块时钟。

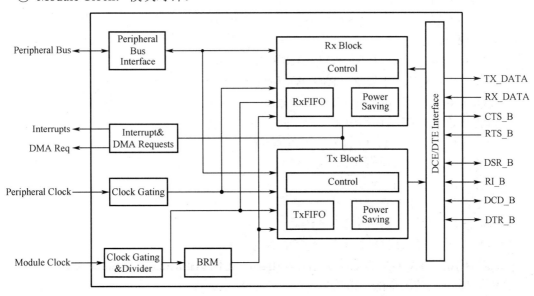

图 7.8　UART方框图

以上 5 类信号用于 UART 模块和 SoC（i.MX 6Solo/6Dual 的 CPU 称为 SoC）相连，包括串口时钟、DMA 中断请求、中断请求和并行总线。

2）UART 引脚信号

① TXD_DATA：串口数据发送。

② RXD_DATA：串口数据接收。

③ CTS_B：清除发送。

④ RTS_B：数据发送请求。

⑤ DSR_B：数据发送就绪，当调制/解调器启动时，在经过自身检测后，用该信号声明已经准备就绪。

⑥ RI_B：振铃指示。

⑦ DCD_B：数据载波检测，接收线信号检出。

⑧ DTR_B：数据终端就绪，表示可以接收数据。

以上 8 个信号是 UART 对外部的接口信号。RS232 有两种经典的接法：DTE-DTE（数据终端设备）和 DTE-DCE（数据通信设备，如调制/解调器）。DTE-DTE 是无连接传输，使用上面的①、②两个信号，再配上地线（GND），连线时 A 设备的 Tx 接 B 设备的 Rx，同时 A 设备的 Rx 接 B 设备的 Tx，实现标准的全双工通信。

③～⑧是 Modem 信号，用于 DTE-DCE，是有连接传输。DTE-DCE 使用上面列出的 8 个信号，同时再加上地线（GND）。图中的 Rx Block 包括接收 FIFO、电源管理、串/并、并/串转换等控制电路。Tx Block 包括发送 FIFO、电源管理、串/并、并/串转换等控制电路。有两种时钟模块可供选择，兼顾高速数据和低速数据的收发。模块内有多种寄存器，用于波特率的设置、申请中断和 DMA 控制等。

3）UART 特征

① 高速 TIA/EIA-232-F 兼容，最高 5.0Mbit/s，串行低速红外接口，兼容 IrDA（高达 115.2kbit/s）。

② 9 位或多路模式 RS485 支持（自动从地址检测）。

③ 7 或 8 位数据位，用于 RS232 字符；或 9 位 RS485 格式。

④ 1 或 2 位停止位。

⑤ 可编程奇偶校验（偶校验、奇校验和无奇偶校验）。

⑥ 硬件流控制支持请求发送（RTS_B）和清除发送（CTS_B）信号。

⑦ RS485 驱动方向控制通过 CTS_B 信号。

⑧ 可选择边缘的 RTS_B 和边缘检测中断。

⑨ 用于各种流控制和 FIFO 状态的状态标志。

⑩ 提高抗噪声的表决逻辑（16×过采样）。

⑪ 发射 FIFO 空中断抑制。

⑫ UART 内部时钟启用/禁用。

⑬ 自动波特率检测（高达 115.2kbit/s）。

⑭ 用于节电模式的接收和发射启用/禁用功能。

⑮ RX_DATA、TX_DATA 电路中包含反相器，便于匹配 RS232/RS485 模式。

⑯ 提供 DCE 通信的全部接口信号。

⑰ 可屏蔽中断。

⑱ 两个 DMA 请求（TxFIFO DMA 请求和 RxFIFO DMA 请求）。

⑲ 转义字符序列检测。

⑳ 软件复位（SRST_B）。

㉑ 两个独立的 32 位 FIFOs，用于发送和接收。

㉒ 外围时钟可以与模块时钟完全异步。该模块时钟决定波特率。这允许外围时钟上的频率伸缩（例如在 DVFS 模式），而保持模块时钟频率和波特率。

可见，UART 功能齐全，使用方便。支持 DTE-DCE 接口，支持 RS232/RS485，支持 IrDA，内含 FIFO，支持 DMA 和中断，支持波特率自动检测，最高 5.0Mbit/s 的通信速率。

7.2.3　UART 的数据收发和帧结构

1．收发模块

简化的 UART 框图如图 7.9 所示，微处理器内部有两个时钟源可供选择，外设时钟和模块时钟。外设时钟直接接到发送模块和接收模块上。模块时钟经过分频后产生时钟信号 ref_clk，这个频率是波特率频率的 32 倍，经过分频后产生 brm_clk 时钟，这个时钟是波特率频率的 16 倍。

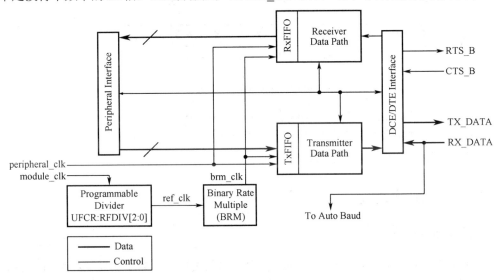

图 7.9　简化的UART框图

2．时钟源

brm_clk 时钟是波特率 16 倍的这种设计，在早期的嵌入系统中就已使用。该设计的好处是显而易见的。第一个好处是可以选择合适的采样点，能够想到，这个采样点尽量靠近这 16 个脉冲的中间，这样能够保证串口输入进来的数据有足够的数据建立时间；第二个好处是可以超采样，就是在数据一位输入的时间内，对输入数据做多次采样，然后通过表决器决定读取数据，以抵抗外界的干扰。如将每个位内 16 个 brm_clk 编号为 1～16，在 7、8、9 三个脉冲的上升沿做三次采样，根据表决，决定从串口读取的数据是 1 还是 0。

3．数据帧的结构

UART 数据帧的结构如图 7.10 所示。对 UART 编程可实现选择数据是 7 位还是 8 位，一般是 8 位。UART 数据帧始于"Start Bit"，常常称之为开始位。是一个从高到低的下跳沿，低电平维持的时间是一位数据的时间。这个下跳沿由发送方发出，是一帧数据的开始点，接收方以此为接收的起点，安排接收时序。下跳沿之前的是帧间距，也称空闲时间。在没有数据发送的时间里，数据线上是逻辑 1，UART 端测量到的是一个 3V 左右的高电平，RS232 端测量到的是一个-5.5V 左右的低电平。开始位之后是数据位位 0，然后是位 1，…，位 7。位 7 后面的这一位是可选奇偶校验位，接下来是高电平的停止位，可编程选择一位长度或者是二位长度。然后是逻辑 1 的空闲状态，也可以在停止位之后进入下一帧的开始位（如图 7.10 所示）。

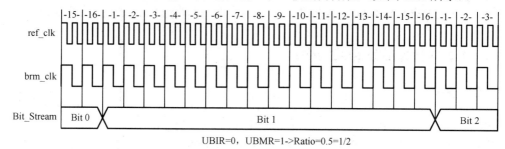

UBIR=0，UBMR=1->Ratio=0.5=1/2

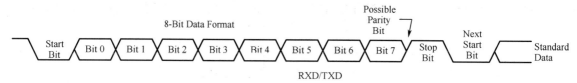

图 7.10　UART 数据帧的结构

和 CAN 总线、Ethernet 相比，UART 的帧更短，硬件也很简单，短帧的好处是帧数据的偏差更小，对通信双方的时钟源没有特别的约束和限制。加上 i.MX 6Solo/6Dual 有 5 个串口，资源丰富，所以，UART 的使用很普遍。

7.2.4　UART 波特率设置

1. 波特率自动检测

一旦使能波特率自动检测功能，UART 将锁定输入波特率。为了实现波特率自动检测，置位 ADBR（即 UCR1[14]=1），写"1"到 ADET（MSR2[15]）以"清零"该位。如表 7.1 所示，当 ADBR=0 时（系统默认设置），为手工波特率设置。当 ADBR=1，且 ADET=0 时，自动检测开始。串口输入线 RX_DATA 检测到下跳沿（起始位）时，波特率检测器打开计数器 UBRC，以 brm_clk 的频率开始计数。串口输入线 RX_DATA 检测到上跳沿时完成本次计数，计数的值 UBRC-1 赋给 UBMR。UBIR 值设置为 0x000F。

表 7.1　波特率自动检测

ADBR	ADET	波特率检测	串 口 中 断
0	×	手工配置	1
1	0	自动检测开始	1
1	1	自动检测完成	0

注意：该表执行的是串口中断，此时应关闭其他中断

于是，在起始位结束的时刻，各寄存器值如下：
UBRC　　=在一位起始位的时间长度内 brm_clk 的计数值。
UBIR　　=0x000F。

UBMR　=UBRC-1。

图 7.11 所示是波特率检测协议图，在外设总线的各种中断中，波特率自动检测具有最高优先级。

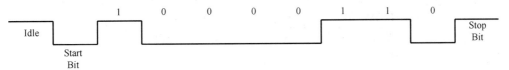

图 7.11　波特率检测协议图

协议通过接收器收到 ASCII 字符"A"或"a"时，表明波特率自动检测正确、可行。当接收器收到字符"A"（0x41）或"a"（0x61）且不发生错误时，检测器将 ADET 置"1"，如果中断使能（ADEN=UCR1[15]=1），interrupt_uart 中断产生。

当没有接收到 ASCII 字符"A"或"a"时（由于位错误或接收另一个字符），自动检测序列重新启动并等待另一个字符从"1"到"0"的下跳沿。

只要 ADET="0"和 ADBR="1"，UART 将继续尝试锁定输入的波特率。一旦检测到 ASCII 字符"A"或"a"，并且 ADET 位为"1"时，接收方忽略 ADBR 位，并使用计算出的 ADBR 波特率进行常规的数据接收。

2．波特率手动设置

除波特率自动检测外，可以通过计算后由手动设置。计算公式如下：

$$\text{Baud Rate} = \frac{\text{RefFreq}}{\left(16 \times \dfrac{\text{UBMR}+1}{\text{UBIR}+1}\right)} \tag{7.1}$$

波特率发生器由二进制率乘法器（BRM）产生。RefFreq 是 ref_clk 的值，是 module_clock 经过分频得到，它的单位是 Hz。ref_clk 是 module_clk 经过 UFCR：RFDIV[2:0]分频得到，该分频器的分频系数是 1～7。brm_clk 是 16 倍波特率，brm_clk 的表达式是：

$$\text{brm\_clk} = \frac{\text{RefFreq}}{\left(\dfrac{\text{UBMR}+1}{\text{UBIR}+1}\right)} \tag{7.2}$$

UART 输出数据使用 brm_clk 时钟发送，输出每一位的"0"或者"1"的宽度都是 16 个 brm_clk 脉冲宽度。UART 按 brm_clk 时钟接收数据，当检测到输入数据线从"1"到"0"的跳变沿后，将 brm_clk 编为 1 号脉冲，然后将下一个 brm_clk 编为 2 号脉冲，依次递增直到第 16 号脉冲。下一个 brm_clk 脉冲再次到来的时候编号为 1 号脉冲，依次循环，直到这一帧数据接收结束。UART 接收数据的时候，会在第 7、8、9 个 brm_clk 的上跳沿对输入数据做三次检测，由表决器（三次采样，两次或以上有效）决定输入数据是"1"还是"0"。

除了分子上的 RefFreq，brm_clk 还决定于分母的 UBMR、UBIR 寄存器。当 UBIR 为固定值 0x000F 时，称为整分。

更新 BRM 寄存器时，寄存器的赋值是有先后顺序的，UBIR 在前，UBMR 在后。如果软件只对一个寄存器赋值，BRM 不更新。

例 7.3　对 ref_clk（19.44MHz）做整分 21 分频。

RefFreq=19.44MHz

UBIR=0x000F

UBMR=0x0014

Baud Rate=925.7kbit/s

例 7.4　ref_clk 频率是 16MHz，设计的波特率是 920kbits/s，求寄存器 UBIR 和 UBMR 的值。

$$\frac{UBMR+1}{UBIR+1}=\frac{RefFreq}{16\times BaudRate}=\frac{16\times10^6}{16\times920\times10^3}=1.087$$

比值 Ratio=1.087=1087/1000

UBIR=999=0x3E7

UBMR=1086=0x43E

例 7.5　ref_clk 频率是 30MHz，设计的波特率是 11.52kbits/s，求寄存器 UBIR 和 UBMR 的值。

比值 Ratio=16.276043=65153/4003

UBIR=4002=0x0FA2

UBMR=65152=0x4FE80

3. 应用举例

例 7.6　使用超级终端，在键盘上输入一个字符，在显示器上能够实时显示。输入 x 时退出程序。

示范代码如下：

```
#define CCM_CCGR5_ADDR          (*（volatile uint32_t*）0x020c407c）
#define CCM_CSCDR1_ADDR         (*（volatile uint32_t*）0x020c4024）
#define UART3_UTS_ADDR          (*（volatile uint32_t*）0x021ec0b4）
#define UART3_UCR1_ADDR         (*（volatile uint32_t*）0x021ec080）
#define UART3_UCR2_ADDR         (*（volatile uint32_t*）0x021ec084）
#define UART3_UCR3_ADDR         (*（volatile uint32_t*）0x021ec088）
#define UART3_UFCR_ADDR         (*（volatile uint32_t*）0x021ec090）
#define UART3_ONEMS_ADDR        (*（volatile uint32_t*）0x021ec0b0）
#define UART3_UBIR_ADDR         (*（volatile uint32_t*）0x021ec0a4）
#define UART3_UBMR_ADDR         (*（volatile uint32_t*）0x021ec0a8）
#define UART3_UTXD_ADDR         (*（volatile uint32_t*）0x021ec040）
```

UART3 初始化函数：

```
void uart3_init（uint32_t baudrate, uint8_t parity, uint8_t stopbits, uint8_t datasize, uint8_t flowcontrol）
    {
    CCM_CCGR5_ADDR|=0xf000000;                        //设置 UART 时钟使能
    while（!（UART3_UTS_ADDR&（0x1<<6）））;            /*没有数据传输时进行配置*/
    UART3_UCR1_ADDR=UART3_UCR1_ADDR&（~0x1）;        /*关闭 UART*/
    UART3_UFCR_ADDR=（0x10|0x200|0x4000）;/*设置收发管道产生中断的阈值，设置参考分频。*/
    /*设置一微秒时钟值*/
    UART3_ONEMS_ADDR=（480000000/6/（（CCM_CSCDR1_ADDR&0x3f）+1）/2/1000）;
    /*设置奇偶校验*/
    if（parity==0）UART3_UCR2_ADDR=UART3_UCR2_ADDR&（~0x180）;
    else if（parity==3）UART3_UCR2_ADDR=UART3_UCR2_ADDR|（0x180）;
    else    {UART3_UCR2_ADDR=UART3_UCR2_ADDR|（0x100）;
        UART3_UCR2_ADDR=UART3_UCR2_ADDR&（~0x80）;
        }
```

```
    /*设置停止位*/
    if（stopbits==0）UART3_UCR2_ADDR=UART3_UCR2_ADDR&（～0x40）；
    else　UART3_UCR2_ADDR=UART3_UCR2_ADDR|（0x40）；
    /*设置数据大小*/
    If（datasize==1）UART3_UCR2_ADDR=UART3_UCR2_ADDR|（0x20）；
    else　UART3_UCR2_ADDR=UART3_UCR2_ADDR&（～0x20）；
    /*设置流控制*/
    if（flowcontrol==1）{
        UART3_UCR2_ADDR=UART3_UCR2_ADDR&（～0x4000）；
        UART3_UCR2_ADDR=UART3_UCR2_ADDR|（0x2000）；}
    else　{
        UART3_UCR2_ADDR=UART3_UCR2_ADDR|（0x4000）；
        UART3_UCR2_ADDR=UART3_UCR2_ADDR&（～0x2000）；
    }
UART3_UCR3_ADDR=UART3_UCR3_ADDR|（0x4）；                /*引脚复用选择串行数据，必须设置*/
UART3_UCR1_ADDR=UART3_UCR1_ADDR|（0x1）；               /*使能 UART*/
UART3_UCR2_ADDR=UART3_UCR2_ADDR|（0x4|0x2|0x1）；      /*发送使能|接收使能|软件重置关闭*/
UART3_UBIR_ADDR=（（baudrate/100）-1）；                  /*设置 BRM 的分子值*/
/*设置 BRM 的分母值*/
UART3_UBMR_ADDR=（（（480000000/6/（（CCM_CSCDR1_ADDR&0x3f）+1）/2）/1600）-1）；
UART3_UTS_ADDR=UART3_UTS_ADDR|（0x800）；                /*不进入调试模式*/
}
```

设置接收管道模式：

```
void set_RX_FIFO_mode()
    {
    /*设置接收管道接收一个字符就发送中断*/
    UART3_UFCR_ADDR=UART3_UFCR_ADDR&（～0x0000003f）；
    UART3_UFCR_ADDR=UART3_UFCR_ADDR|（（1<<0）&0x0000003f）；
    /*设置接收器中断使能*/
    UART3_UCR1_ADDR=UART3_UCR1_ADDR&（～（0x00000200|0x00000100））；
    UART3_UCR1_ADDR=UART3_UCR1_ADDR|0x00000200；
    }
```

获取 UART 接收寄存器的值：

```
uint8_t uart3_getchar（uint32_t instance）
    {
    uint32_t read_data；
    if（!（UART3_MSR2_ADDR&1））return 0xff；        /*如果管道中没有数据返回 0xff*/
    read_data=UART3_URXD_ADDR；                       /*获取接收寄存器中的数据*/
    if（read_data&0x7C00）return 0xff；              /*如果接收寄存器的错误判断位为出错状态返回 0xff*/
    return（uint8_t）read_data；                      /*返回 UART 接收的数据（0～7 位）*/
    }
```

中断处理函数：

```
void uart_interrupt_handler（void）
    {
    uint8_t read_char；
```

```
    read_char=uart3_getchar（uart_loopback_instance）;        /*输出接收的字符*/
    printf（"IRQ subroutine of tested UART-Read char is %c\n",read_char）;
    g_wait_for_irq=0;
    }
```

测试程序:

```
test_return_t uart_test（void）
{
uart3_init（115200, 0, 0, 1, 0）;                        /*初始化 UART3 */
set_RX_FIFO_mode ();                                   /*设置接收管道*/
UART3_UTS_ADDR= UART3_UTS_ADDR|0x00001000;             /*设置回环测试模式*/
int irq_id=60;                                         /*UART3 中断号=60 */
register_interrupt_routine（irq_id, uart_interrupt_handler）;    /*注册中断*/
enable_interrupt（irq_id,CPU_0,0）;                      /*使能中断*/
    do{
    g_wait_for_irq=1;
    printf（"%sPlease type x to exit: \n",indent）;
    do{sel=getchar();}while（sel==（uint8_t）0xFF）;       /*获取输入的字符串*/
    if（sel=='x'）
    {/*如果输入 x 退出*/
    printf（"\n%sTest exit.\n", indent）;
    disable_interrupt（irq_id, CPU_0）;                  /*Disable the interrupts for UART3 */
    break;
    }
while（(UART3_UTS_ADDR>>3）&1）;                        /*等待发送管道为空，发送字符到发送管道*/
    UART3_UTXD_ADDR=sel;
    while（g_wait_for_irq==1）;                          /*等待产生中断  */
    }while（1）;
}
```

第8章 嵌入式 Linux 操作系统

本章首先介绍几种常见的嵌入式 Linux 操作系统；接着针对是否支持 MMU，介绍嵌入式 Linux 的不同的处理方法；然后针对不同的进程调度模式，分别介绍实时操作系统和分时操作系统的进程管理；最后在标准 Linux 文件系统的基础上，介绍嵌入式 Linux 文件系统的种类和特点。

Linux 操作系统的诸多优势，使其完全符合嵌入式系统对操作系统的"高度简练、界面友善、质量可靠、应用广泛、易开发、多任务、价格低"的要求，也为嵌入式操作系统提供了一个极有吸引力的选择。近年来，嵌入式 Linux 操作系统以价格低廉、功能强大又易于移植正在被广泛采用，众多商家纷纷转向嵌入式 Linux 的开发和应用。嵌入式 Linux 已成为嵌入式操作系统领域的新宠。

8.1 嵌入式 Linux 简介

由于嵌入式 Linux 有着广阔的发展前景，国际上和国内的一些研究机构和知名企业都投入了大量的人力和物力，力争在嵌入式 Linux 上有所作为。目前国内外主流的嵌入式 Linux 操作系统主要有以下几种。

1. μCLinux

μCLinux 中的 μ 表示 Micro，小的意思，C 表示 Control，控制的意思，因此 μCLinux 代表 Micro-Control-Linux，字面上的意思是"针对微控制领域而设计的 Linux 系统"。μCLinux 是 LINEO 公司的主打产品，同时也是开放源码的嵌入式 Linux 的典范之作。

μCLinux 秉承了标准 Linux 的优良特性，经过各方面的小型化改造，形成了一个高度优化的、代码紧凑的嵌入式 Linux。虽然它的代码量小，却仍然保留了 Linux 的大多数优点：稳定、良好的移植性、优秀的网络功能、对各种文件系统完备的支持和标准丰富的 API。

最初的 μCLinux 仅支持 Palm 硬件系统，基于 Linux2.0 内核。随着系统的日益改进，支持的内核版本从 2.0、2.2、2.4 直到现在最新的 2.6。编译后目标文件可控制在几百 KB 数量级，并且已经被成功移植到很多平台上。

大部分嵌入式系统为了减少系统复杂程度、降低硬件及开发成本和运行功耗，在硬件设计中取消了内存管理单元（MMU）模块。μCLinux 是专门针对没有 MMU 的处理器而设计的，即 μCLinux 无法使用处理器的虚拟内存管理技术。采用实存储器管理策略，通过地址总线对物理内存进行直接访问，所有程序中访问的地址都是实际的物理地址，所有的进程都在一个运行空间中运行（包括内核进程），这样的运行机制给程序员带来了不小的挑战，在操作系统不提供保护的情况下，必须小心设计程序和数据空间，以免引起应用程序进程甚至是内核的崩溃。

MMU 的省略虽然带来了系统及应用程序开发的限制，但对于成本和体积敏感的嵌入式设备而言，其应用环境和应用需求并不要求复杂和相对昂贵的硬件体系，对于功能简单的专用嵌入式设备，内存的分配和管理完全可以由开发人员考虑。

2．RT-Linux

RT-Linux 是 Real-time Linux 的简写，RT-Linux 是源代码开放的具有硬实时特性的多任务操作系统，它部分支持 POSIX.1b 标准。RT-Linux 是美国新墨西哥大学计算机科学系 Victor Yodaiken 和 Micae Brannanov 开发的嵌入式 Linux 操作系统。

RT-Linux 开发者并没有针对实时操作系统的特性而重写 RT-Linux 的内核，因为这样做的工作量非常大，而且要保证兼容性也非常困难，它是通过底层对 Linux 实施改造的产物。通过在 Linux 内核与硬件中断之间增加一个精巧的可抢先的实时内核，把标准的 Linux 内核作为实时内核的一个进程与用户进程一起调度，标准的 Linux 内核的优先级最低，可以被实时内核进程抢占。正常的 Linux 进程仍可以在 Linux 内核上运行，这样既可以使用标准分时操作系统即 Linux 的各种服务，又能提供最低延迟的实时环境。

到目前为止，RT-Linux 已成功应用于航天飞机的空间数据采集、科学测控和电影特技图像处理等领域。

3．红旗嵌入式 Linux

红旗嵌入式 Linux 由北京中科红旗软件技术有限公司推出，是国内做得较好的一款嵌入式 Linux 操作系统。这款嵌入式 Linux 有以下特点：

- 内核精简，适用了多种常见的嵌入式 CPU；
- 提供完善的嵌入式 GUI 和嵌入式 X-Windows；
- 提供嵌入式浏览器、邮件程序和多媒体播放程序；
- 提供完善的开发工具和平台。

8.2　内存管理

8.2.1　内存管理和 MMU 简介

内存管理包含地址映射、内存空间的分配，有时还包括地址访问的限制（即保护机制）；如果将 IO 也放在内存地址空间中，则还要包括 IO 地址的映射。另外，像代码段、数据段、堆栈段空间的分配等都属于内存管理。对内核来讲，内存管理机制的实现和具体 CPU 以及 MMU 的结构关系非常紧密，所以内存管理特别是地址映射，是操作系统内核中比较复杂的部分。甚至可以说，操作系统内核的复杂性相当程度上来自内存管理，对整个系统的结构有着根本性的而又深远的影响。

MMU，也就是"内存管理单元"，其主要作用有两个方面：一是地址映射；二是对地址访问的保护和限制。简单地说，MMU 就是提供一组寄存器，通过这组寄存器可以实现地址映射和访问保护。MMU 可以做在芯片中，也可以作为协处理器。

由于地址映射是通过 MMU 实现的，因此不采用地址映射就不需要 MMU。但严格地说，内存的管理总是存在的，只是方式和复杂程度不同而已。

8.2.2　标准 Linux 的内存管理

标准 Linux 使用虚拟存储器技术，提供比计算机系统中实际使用的物理内存大得多的内存空间，从而使得编程人员再也不用考虑计算机中的物理内存容量。

为了支持虚拟存储管理器的管理，Linux 系统采用分页（paging）的方式来载入内存。所谓分页即是把实际的存储器分割为相同大小的段，如每个段 1024 字节，这样 1024 字节大小的段便称为一个页面（page）。

虚拟存储器由存储器管理机制及一个大容量的快速硬盘存储器支持。它的实现基于局部性原理，一个程序在运行之前，没有必要全部装入内存，而是将那些当前要运行的部分页面或段装入内存运行（copy-on-write），其余暂时留在硬盘上。程序运行时，如果它所要访问的页（段）已存在，则程序继续运行；如果发现不存在的页（段），操作系统将产生一个页错误（page fault），这个错误会使操作系统把需要运行的部分加载到内存中。必要时操作系统还可以把不需要的内存页（段）交换到磁盘上。利用这样的方式管理存储器，便可把一个进程所需要用到的存储器以化整为零的方式，视需求分批载入，而核心程序则凭借属于每个页面的页码来完成寻址各个存储器区段的工作。

标准 Linux 是针对有内存管理单元的处理器设计的。这种处理器其虚拟地址被送到 MMU，把虚拟地址映射为物理地址。

通过赋予每个任务不同的虚拟/物理地址转换映射，支持不同任务之间的保护。地址转换函数在每个任务中定义，将一个任务中的虚拟地址空间映射到物理内存的一个部分，而将另一个任务的虚拟地址空间映射到物理存储器中的另外区域。计算机的内存管理单元（MMU）一般有一组寄存器来标识当前运行的进程的转换表。在当前进程将 CPU 放弃给另一个进程时（一次上下文切换），内核通过指向新进程地址转换表的指针加载这些寄存器。MMU 寄存器是有特权的，只有在内核态才能访问。这就保证了一个进程只能访问自己用户空间内的地址，而不会访问和修改其他进程的空间。当执行文件被加载时，加载器根据默认的 Id 文件，把程序加载到虚拟内存的一个空间，因为这个原因实际上很多程序的虚拟地址空间是相同的，但由于地址转换函数的不同，实际所处的内存区域也不同。对于多进程管理，当处理器进行进程切换并执行一个新任务时，一个重要部分就是为新任务切换任务转换表。

标准 Linux 操作系统的内存管理至少实现了以下功能：

- 运行比内存还要大的程序；
- 先加载部分程序运行，从而缩短了程序启动的时间；
- 可以使多个程序同时驻留在内存中，提高了 CPU 的利用率；
- 可以运行重定位程序，即程序可以放于内存中的任何一处，且可以在执行过程中移动；
- 编写与机器无关的代码，程序不必事先约定机器的配置情况；
- 减轻程序员分配和管理内存资源的负担；
- 可以进行内存共享；
- 提供内存保护，进程不能以非授权方式访问或修改页面，内核保护单个进程的数据和代码以防止其他进程修改它们。否则，用户程序可能会偶然（或恶意）地破坏内核或其他用户程序。

当然，内存管理需要地址转换表和其他一些数据结构，留给程序的内存减少了；地址转换增加了每一条指令的执行时间，对于有额外内存操作的指令会更严重；当进程访问不在内存的页面时，系统会发生失效；系统处理该失效，并将页面加载到内存中，这需要耗费时间的磁盘 IO 操作；内存管理活动占用了相当部分的 CPU 时间。

8.2.3 μCLinux 的内存管理

在 μCLinux 中，系统为进程分配的内存区域是连续的，代码段、数据段和堆栈段间没任何空隙。为节省内存，进程的私有堆被取消，所有进程共享一个由操作系统管理的堆空间。标准 Linux 和 μCLinux 的内存映射区别如图 8.1 所示。

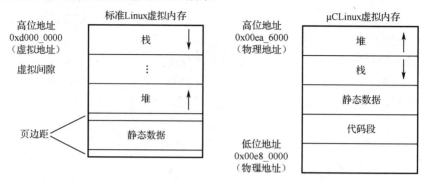

图 8.1 标准Linux和μCLinux的内存映射区别

μCLinux 不能使用处理器的虚拟内存管理技术，它仍然采用存储器的分页管理。系统启动时对存储器分页，加载应用程序时对程序分页进行加载。由于没有 MMU 管理，所以 μCLinux 采用实存储器管理（Real Memory Management）。μCLinux 操作系统对内存的访问是直接的（它对地址的访问不经 MMU，而是直接送到地址线上输出），所有程序访问的地址是物理地址，而那些比物理内存还大的程序将无法执行。μCLinux 将整个物理内存划分成为 4KB 的页面。由数据结构 page 管理，有多少页面就有多少 page 结构，它们又作为元素组成数组 mem map[ ]。物理页面可作为进程代码数据和堆栈的一部分，还可存储装入的文件，也可作缓冲区。与很多嵌入式操作系统一样，μCLinux 操作系统对内存空间没有保护，各个进程没有独立的地址转换表，实际上它们共享一个运行空间。

一个进程在执行前，系统必须为进程分配足够的连续物理地址空间，然后全部载入主存储器的连续空间中。另外，程序加载地址与预期(Id 文件中指出的)的通常都不相同，这样 Relocation 过程就是必需的。此外，磁盘交换空间也是无法使用的，系统执行时如果缺少内存将无法通过磁盘交换来得到改善。

从易用性这一点来说，μCLinux 的内存管理是一种倒退，退回到了 UNIX 早期或 DOS 系统时代。开发人员不得不参与系统的内存管理。从编译内核开始，开发人员必须告诉系统这块开发板到底拥有多少内存，从而系统会在启动的初始化阶段对内存进行分页，并且标记已使用的和未使用的内存。系统将在运行应用时使用这些分页内存。

由于应用程序加载时必须分配连续的地址空间，而针对不同硬件平台的可一次成块（连续地址）分配内存大小限制是不同的，所以开发人员在开发应用程序时必须考虑内存的分配情况并关注应用程序需要的运行空间的大小。另外，由于采用实存储器管理策略，用户程序同内核以及其他用户程序在一个地址空间，程序开发时要保证不侵犯其他程序的地址空间，以使程序不至于破坏系统的正常工作，或导致其他程序的运行异常。

从内存的访问角度来看，开发人员的权利增大了（开发人员在编程时可以访问任意的地址空间），但与此同时，系统的安全性也大为下降。

虽然 μCLinux 的内存管理与标准 Linux 相比功能相差很多，但这是嵌入式设备的选择。在嵌入式设备中，由于成本等敏感因素的影响，许多都采用不带 MMU 的处理器（如 ST 公司的 STM32F4xx 系列），这决定了系统没有足够的硬件支持实现虚拟存储管理技术。从嵌入式设备实现的功能来看，嵌入式设备通常在某一特定的环境下运行，只实现特定的功能，其功能相对简单，内存管理的要求完全可以由开发人员考虑。

8.3　进程管理

8.3.1　进程和进程管理简介

进程是一个运行程序并为其提供执行环境的实体，它包括一个地址空间和至少一个控制点，进程在这个地址空间上执行单一指令序列。进程地址空间包括可以访问或引用的内存单元的集合，进程控制点通过一个被称为程序计数器（Program Counter，PC）的硬件寄存器控制和跟踪进程指令序列。

任务调度主要是协调任务对计算机系统内资源（如内存、IO 设备、CPU）的争夺使用。进程调度又称 CPU 调度，其根本任务是按照某种原则为处于就绪状态的进程分配 CPU 资源。由于嵌入式系统中内存和 IO 设备一般都和 CPU 同时归属于某个进程，因此任务调度和进程调度概念相近，很多场合下两者的概念是一致的，这里统一以进程来进行说明。

下面先来看几个与进程管理相关的概念。

上下文（Cotext）：进程运行的环境。例如，针对特定的 CPU，进程上下文可包括程序计数器、堆栈指针、通用寄存器内容。

上下文切换（Context Switching）：多任务系统中，CPU 的控制权由运行进程转移到另外一个就绪进程时所发生的事件，当前运行进程转为就绪（或者挂起、删除）状态，另一个被选定的就绪进程成为当前进程。上下文切换包括保存当前进程的运行环境，恢复将要运行进程的运行环境。上下文的内容依赖于具体的 CPU。

抢占（Preemptive）：当系统处于核心态运行时，允许进程的重新调度。换句话说，抢占就是指正在执行的进程可以被打断，让另一个进程运行。抢占提高了应用对异步事件的响应能力。操作系统内核可抢占，并不是说任务调度在任何时候都可以发生。例如，当一个任务正在通过一个系统调用访问共享数据时，重新调度和中断都会被禁止。

优先抢占（Preemptive Priority）：每一个进程都有一个优先级，系统核心保证优先级最高的进程运行于 CPU 中。如果有进程的优先级高于当前进程的优先级，则系统会立刻保存当前进程的上下文，并切换到优先级高的进程的上下文。

轮转调度（Round-Robin Scheduling）：使所有相同优先级，状态为就绪的进程公平分享 CPU（分配一定的时间间隔，使每个进程轮流享有 CPU）。

进程调度策略可分为"抢占式调度"和"非抢占式调度"两种。所谓"非抢占式调度"是指一旦某个进程被调度执行，则该进程将一直执行下去直至结束，或由于某种原因自行放弃 CPU 进入等待状态，才将 CPU 重新分配给其他进程。所谓"抢占式调度"，是指一旦就绪状态中出现优先级更高的进程，或者运行的进程已用满了规定的时间片时，便立即抢占当前进程的运行（将其放回就绪状态），把 CPU 分配给其他进程。

8.3.2　RT–Linux 的进程管理

RT-Linux 有两种中断：硬中断和软中断。软中断是常规 Linux 内核中断，它的优点在于可无限制地使用 Linux 内核调用。硬中断是实现实时 Linux 的前提。实时 Linux 下硬中断的延迟少于 15μs，RT-Linux 通过一个高效的、可抢占的实时调度核心来全面接管中断，它把 Linux 作为此实时核心的一个优先级最低的进程运行。当有实时任务需要处理时，RT-Linux 运行实时任务；当无实时任务需要处理时，RT-Linux 运行 Linux 的非实时进程。RT-Linux 的系统结构如图 8.2 所示。

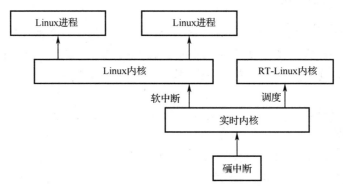

图 8.2　RT-Linux的系统结构

在 Linux 进程和硬中断之间，原本由 Linux 内核完全控制，现在在 Linux 内核和硬中断之间加上了一个 RT-Linux 内核的控制。Linux 的控制信号都要先交给 RT-Linux 内核进行处理。在 RT-Linux 内核中实现了一个虚拟中断机制，Linux 本身永远不能屏蔽中断，它发出的中断屏蔽信号和打开中断信号都修改成向 RT-Linux 发送一个信号。如在 Linux 里面可使用"STI"和"CLI"宏指令，对 RT-Linux 里面的某些标记进行修改。也就是说将所有的中断分成 Linux 中断和实时中断两类。如果 RT-Linux 内核接收到的中断信号是普通 Linux 中断，则设置一个标志位；如果是实时中断，则继续向硬件发出中断。在 RT-Linux 中执行"STI"将中断打开之后，那些设置了标志位的 Linux 中断就继续执行。"CLI"并不能禁止 RT-Linux 内核的运行，却可以用来中断 Linux。Linux 不能中断自己，而 RT-Linux 可以。总之，RT-Linux 将标准 Linux 内核作为实时操作系统里优先级最低的进程来运行，从而避开了 Linux 内核性能的问题。RT-Linux 仿真了 Linux 内核所看到的中断控制器。这样，即使在被 CPU 中断，同时 Linux 内核请求被取消的情况下，关键的实时中断也能够保持激活。

RT-Linux 在默认的情况下采用优先级的调度策略，系统进程调度器根据各个实时任务的优先级来确定执行的先后次序。优先级高的先执行，优先级低的后执行，这样就保证了实时进程的迅速调度。同时，RT-Linux 也支持其他的调度策略，如最短时限最先调度（EDP）、确定周期调度（RM，周期段的实时任务具有高的优先级）。RT-Linux 将任务调度器本身设计成一个可装载的内核模块，用户可以根据自己的实际需要，编写适合自己的调度算法。

为保证 RT-Linux 实时进程与非实时 Linux 进程之间的数据交换，RT-Linux 引入了 RT-FIFO 队列。RT-FIFO 被 Linux 视为字符设备，分别命名为/dev/rtf0、/dev/rtf1 直到/dev/rtf63。最大的 RT-FIFO 数量在系统内核编译时设定，最多可达 150 个。带 RT-FIFO 的 RT-Linux 系统运行图如图 8.3 所示。

RT-Linux 程序运行于用户空间和内核态两个空间。RT-Linux 提供了应用程序接口。借助这些 API 函数,将实时处理部分编写成内核模块,并装载到 RT-Linux 内核中,运行于 RT-Linux 的内核态,而非实时部分的应用程序则在 Linux 下的用户空间中执行,这样可以发挥 Linux 对网络和数据库的强大支持功能。

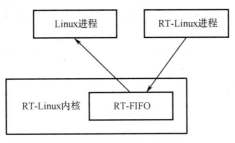

图 8.3　带RT-FIFO的RT-Linux系统运行图

8.3.3　标准 Linux 的进程管理

1. Linux 进程

进程是由进程标识符(PID)表示的。从用户的角度来看,一个 PID 是一个数字值,可唯一标识一个进程。一个 PID 在进程的整个生命周期间不会更改,但 PID 可以在进程销毁后被重新使用。进程的其他重要属性还有:

- 父进程和父进程的 ID(PPID);
- 启动进程的用户 ID(UID)和所归属的组(GID);
- 进程状态分为运行 R、休眠 S、僵尸 Z;
- 进程执行的优先级;
- 进程所连接的终端名;
- 进程资源占用,如占用资源大小(内存、CPU 占用量)。

由于进程为执行程序的环境,因此在执行程序前必须先建立这个能运行程序的环境。Linux 系统提供系统调用复制现行进程的内容,以产生新的进程,调用 fork 的进程称为父进程,而所产生的新进程则称为子进程。子进程会承袭父进程的一切特性,但是它有自己的数据段,也就是说,尽管子进程改变了父进程所属的变量,却不会影响到父进程的变量值。父进程和子进程共享一个程序段,但是各自拥有自己的堆栈段、数据段、用户空间以及进程控制块。

当内核收到 fork 请求时,它首先检查存储器容量是否足够;其次查看进程表是否仍有空缺;最后查看用户是否建立了太多的子进程。如果上述三个条件满足,那么操作系统会给子进程一个进程标识符,并且设定 CPU 时间,接着设定与父进程共享的段,同时将父进程的 inode 复制一份给子进程应用,最终子进程会返回数值 0 以表示它是子进程。至于父进程,它可能等待子进程的执行结束,或与子进程各运行各的。

Linux 进程还可以通过 exec 系统调用产生。exec 系统调用提供了一个进程去执行另一个进程的能力,它是采用覆盖旧进程存储器内容的方式,所以原来程序的堆栈段、数据段与程序段都会被修改,只有用户区维持不变。

由于在使用 fork 时,内核会将父进程复制一份给子进程,但是这样做相当浪费时间,因为大多数情形都是程序在调用 fork 后就立即调用 exec,这样刚复制来的进程区域又立即被新的数据覆盖掉。因此 Linux 系统提供一个系统调用 vfork,假定系统在调用完成 vfork 后会马上执行

exec，因此 vfork 不复制父进程的页面，只是初始化私有的数据结构与准备足够的分页表。这样实际在 vfork 调用完成后，父、子进程事实上共享同一块存储器（在子进程调用 exec 或者 exit 之前），因此子进程可以更改父进程的数据及堆栈信息，在 vfork 系统调用完成后，父进程进入睡眠，直到子进程执行 exec。当子进程执行 exec 时，由于 exec 要使用被执行程序的数据，代码覆盖子进程的存储区域，这样将产生写保护错误（do_wp_page）（这个时候子进程写的实际上是父进程的存储区域），这个错误导致内核为子进程重新分配存储空间。当子进程正确开始执行后，将唤醒父进程，使得父进程继续往后执行。

2．Linux 进程的调度

Linux 操作系统有三种进程调度策略。

（1）分时调度策略（SCHED_OTHER）。SCHED_OTHER 是面向普通进程的时间片轮转策略。采用该策略时，系统为处于 TASK_RUNNING 状态的每个进程分配一个时间片。当时间片用完时，进程调度程序再选择下一个优先级相对较高的进程，并授予 CPU 使用权。

（2）先到先服务的实时调度策略（SCHED_FIFO）。SCHED_FIFO 适用于对响应时间要求比较高，运行所需时间比较短的实时进程。采用该策略时，各实时进程按其进入可运行队列的顺序依次获得 CPU。除了因等待某个事件主动放弃 CPU，或者出现优先级更高的进程而剥夺其 CPU，该进程将一直占用 CPU 运行。

（3）时间片轮转的实时调度策略（SCHED_RR）。SCHED_RR 适用于对响应时间要求比较高，运行所需时间比较长的实时进程。采用该策略时，各实时进程按时间片轮流使用 CPU。当一个运行进程的时间片用完后，进程调度程序停止其运行并将其置于可运行队列的末尾。

实时进程将得到优先调用，实时进程根据实时优先级决定调度权值。分时进程则通过 nice 和 counter 值决定权值，nice 越小，counter 越大，被调度的概率越大，也就是曾经使用 CPU 最少的进程将会得到优先调度。

在 SCHED_OTHER 中，调度器总是选择 priority+counter 值最大的进程来调度执行。从逻辑上分析，SCHED_OTHER 存在调度周期（epoch），在每一个调度周期中，一个进程的 priority 和 counter 值的大小影响了当前时刻应该调度哪一个进程来执行，其中 priority 是一个固定不变的值，在进程创建时就已经确定，它代表了该进程的优先级，也代表着该进程在每一个调度周期中能够得到的时间片的多少；counter 是一个动态变化的值，它反映了一个进程在当前的调度周期中还剩下的时间片。在每一个调度周期的开始，priority 的值被赋给 counter，每次该进程被调度执行时 counter 值都会减少。当 counter 值为零时，该进程用完自己在本调度周期中的时间片，不再参与本调度周期的进程调度。当所有进程的时间片都用完时，一个调度周期结束，然后周而复始。

当采用 SHCED_RR 的进程的时间片用完，系统将重新分配时间片，并置于就绪队列尾。放在队列尾保证了所有具有相同优先级的 RR 任务的调度公平。

SCHED_FIFO 一旦占用 CPU 则一直运行，直到有更高优先级任务到达或自己放弃。如果有相同优先级的实时进程（根据优先级计算的调度权值是一样的）已经准备好，FIFO 时必须等待该进程主动放弃后才可以运行这个优先级相同的任务。而 SHCED_RR 可以让每个任务都执行一段时间。

8.3.4　μCLinux 的进程管理

μCLinux 的进程调度沿用了 Linux 的传统，系统每隔一定时间挂起进程，同时系统产生快速和周期性的时钟计时中断，并通过调度函数（定时器处理函数）决定进程什么时候拥有它的时间片，然后进行相关进程切换。这是通过父进程调用 fork 生成子进程来实现的。在 μCLinux 下，由于 μCLinux 没有 MMU，在实现多个进程时需要进行数据保护，系统虽然支持 fork 调用，但其实质上就是 vfork。μCLinux 系统 fork 调用完成后，要么子进程代替父进程执行，此时父进程已经 sleep 直到子进程调用 exit 退出；要么调用 exec 执行一个新的进程，这个时候产生可执行文件的加载，即使这个进程只是父进程的复制，这个过程也不可避免。当子进程执行 exit 或 exec 后，子进程使用 wakeup 把父进程唤醒，使父进程继续往下执行。

在 μCLinux 下，启动新的应用程序时系统必须为应用程序分配存储空间，并立即把应用程序加载到内存。缺少了 MMU 的内存重映射机制，μCLinux 必须在可执行文件加载阶段对可执行文件 Relocation 处理，以使程序执行时能够直接使用物理内存。

操作系统对内存空间没有保护，各个进程实际上共享一个运行空间。这就需要在实现多进程时进行数据保护，这也导致了用户程序使用的空间可能占用到系统内核空间，这些问题在编程时需要多加注意，否则容易导致系统崩溃。

8.4　线程

8.4.1　线程概述

线程（thread）是操作系统能够进行运算调度的最小单位。它被包含在进程中，是进程中的实际运作单位。线程指进程中一个单一顺序的控制流，一个进程中可以并发多个线程，每个线程并行执行不同的任务。

如果把 CPU 及其系统资源比成一个舞台的话，进程就是上台表演的演员和道具。某一时刻进程的演员和道具独占舞台。这就引出一个问题：进程是占用资源的，如内存，一个进程占用几十 KB 乃至更大的内存块是很常见的事。进程被启用时，会将内存中保留的现场信息复制到 CPU 寄存器及其公用的存储单元；当进程被阻塞时，执行复制的逆过程。读者能够想到，进程切换是需要时间的，过多的进程降低了系统的效率，而且过多的进程会消耗过多的内存单元。一句话，操作系统不可能有特别多的进程，Windows 如此，Linux 如此，ucos 也是如此。但是，一个进程里不能实现多任务，而多任务又是对进程基本的要求。于是，人们发明了线程。使用线程的第二个理由是线程比进程更轻量级，它们比进程更容易创建，也更容易撤销。在许多系统中，创建一个线程比创建一个进程要快 10～100 倍。在有大量线程需要动态和快速修改时，这一特性是很有用的。

同一进程中的多个线程将共享该进程中的全部系统资源，如虚拟地址空间、文件描述符和信号处理等。但同一进程中的多个线程有各自的调用栈（call stack）、自己的寄存器环境（register context）、自己的线程本地存储（thread-local storage）。一个进程可以有很多线程，每个线程并行执行不同的任务。将进程分解为多个线程可以有效利用多核处理器。在没有线程的情况下，增加一个处理器并不能提供一个进程的处理速度。有了线程以后，可以让不同的线程运行在不同的处理器上，从而提高进程的执行速度。例如，在编写程序时，这些线程一个负责显示、一个接收输入、一个定时进行存盘。同时运行的多个线程，让我们感受到键盘的输入和字符的显示在同时进行，不用输入和显示分时进行。

8.4.2　线程管理

线程管理的目的是维持线程的各种信息。存放这些信息的数据结构称为线程控制表或者线程控制块。显然，线程控制块里不需要管理进程资源。

一种线程共享和独享资源的划分如表 8.1 所示。显然，这种划分不是唯一的，划分的标准是：独享资源越少越好，这也是发明线程的动机。若某资源不独享会导致线程运行错误，则该资源就由某个资源独享。按此标准，程序计数器、寄存器、栈、状态字不能共享。

表 8.1　一种线程共享和独享资源的划分

线程共享资源	线程独享资源
地址空间	程序计数器
全局变量	寄存器
打开的文件	栈
子进程	状态字
闹铃	
信号及信号服务	
记账信息	

8.4.3　线程通信

首先，线程和进程之间需要通信。其次，线程间需要通信。线程间进行通信需要使用信号量、共享内存和消息队列等。

1．信号量

信号量是一种程序设计构造。它是一种通信机制，也是一种同步机制。在计算机内，信号量是一个整型数。一个进程在信号变为 0 或者 1 的情况下推进，并且将信号量变为 1 或者 0 阻止别的进程推进。当线程完成任务后，则将信号量再改变为 0 或者 1，从而允许其他进程执行。

2．共享内存

共享内存是为了解决线程间共享大量数据而开辟的一块内存区域。这片内存中的任何内容，各线程均可访问。要使用共享内存进行通信，线程应首先创建一片内存空间专门为通信用，而其他线程则将该片内存映射到自己的虚拟地址空间。这样，读/写自己地址空间中对应共享内存区域时，就是在和其他线程进行通信。

3．消息队列

消息队列是一列具有头和尾的消息排列，如图 8.4 所示。新来的消息称为生产者，放在队列的尾部，取走的消息称为消费者，放在队列的头部。

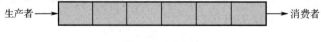

图 8.4　消息队列

除了上述的信号量、共享内存和消息队列，邮箱也是一种线程通信机制。

8.4.4 线程同步

线程同步是指线程使用共享资源时的约束管理机制。线程同步的目的是保证多线程执行下结果的确定性。

1. 锁

锁有两个基本操作：闭锁和开锁。闭锁就是将锁锁上，其他人进不来。开锁就是你的事情做完了，将锁打开，别的人可以进去了。闭锁需要两个步骤：①等待锁处于打开状态；②获得锁并锁上。开锁操作很简单：直接打开锁。显然，闭锁的两个操作应该是原子操作，即不能分开。不然，就会留下穿插的空当，从而造成锁的功能丧失。锁应该具备以下 4 个特征：①锁的初始状态处于打开状态；②进入临界区前必须获得锁；③出临界区前必须打开锁；④如果别人持有锁则必须等待。临界区是操作系统的一个基本概念，读者可查阅相关文献。一种处理临界区特别有效的方法是关中断，禁止任务调度。因此，临界区内的执行时间要尽量快。

2. 睡觉与叫醒：生产者与消费者问题

什么是睡觉与叫醒呢？就是如果锁被对方持有，你不用等待锁变为打开状态，而是去睡觉，锁打开后再来把你叫醒。下面用生产者与消费者问题来说明这个机制。

生产者把产品生产好后，放在超市的货架上，只要货架没有堆满，生产者可以不停地生产下去。消费者从超市货架取商品，只要货架上有商品，消费者就可不停地取货，如图 8.5 所示。

生产者 ——→ ←—— 消费者

图 8.5 生产者与消费者问题

用计算机解决生产者与消费者问题的思路是：一个线程代表生产者，另一个线程代表消费者，一片内存缓冲区代表货架。

一个好的例子是校园的售货机。售货机是缓冲区，负责装货的送货员是生产者，购买商品的学生是消费者。只要售货机不满也不空，送货员和学生就可以进行他们的送货和消费。问题是，如果学生来购买商品，却发现售货机空了，怎么办？学生有两个选择：一是坐在售货机前面等，直到送货员装完货为止；二是回宿舍睡觉，等送货员装完货再买。第一种方法效率低下，而第二种方法要好些，但是睡觉中的同学不可能知道送货员什么时候来装货，因此需要送货员装完货以后叫醒学生。

同样，如果送货员发现售货机满时也有两种应对办法：一是等有人来买走一些东西，然后将售货机填满；二是回家睡觉，等有人买了再来送货。当然，这个时候买者需要将送货员叫醒。用程序来表示生产者与消费者问题的解决方案，如例 8.1 所示。当然，也可以使用环形队列的数据结构，读者可以自行设计。

例 **8.1** 生产者与消费者程序。

```
define      N          100        //缓冲区的大小
int         count      =0;        //缓冲区商品数
void        producer（void）
            {
```

```
        int    item;
        while（TRUE）{
            item=produce_item();
            if（count==N）sleep();
            insert_item（item）;
            count=count+1;
            if（count==1）wakeup（consumer）;
            }
    }

void        consumer（void）
    {
    int    item;
    while（TRUE）{
        if（count==0）sleep();
        item=remove_item();
        count=count-1;
        if（count==N-1）wakeup（producer）;
        consume_item（item）;
        }
    }
```

　　程序中的 sleep（或 sleep()）和 wakeup（或 wakeup()）是操作系统里的睡觉和叫醒原语。一个程序调用 sleep 后将进入休眠状态，其所占用的 CPU 将被释放。一个执行 wakeup 的程序将发送一个信号给指定的接收线程，如 wakeup（consumer）就是发送一个信号给消费者（consumer）。

　　程序定义了缓冲区的大小为 100 和当前缓冲区里的商品数（初始化为 0）。生产者程序运行如下：生产一件商品，检查当前缓冲区的商品数，如果已满，则进入睡眠状态；否则将商品放入缓冲区，计数器加 1。然后判断 count 是否为 1，如果是，则说明在放这件商品前缓冲区为 0，有可能存在消费者来见到空缓冲区而去睡觉的情况，因此需要发送叫醒信号给消费者。

　　消费者程序运行如下：先检查当前商品数，如果是 0，没有商品，就去睡觉。否则，从缓冲区拿走一件商品，同时计数器减 1。然后判断计数器是否为 $N-1$，如果是，则说明在拿这件商品前缓冲区为 N，有可能存在生产者见到缓冲区满而去睡觉的情况，因此需要发送叫醒信号给生产者。

　　上述逻辑看似正确，但是有可能造成死锁问题，问题出在 count 没有被保护。试想，假定 consumer 先来，这个时候 count=0，于是去睡觉，但是在判断 count 等于 0 后在执行 sleep 语句前 CPU 发生了切换，生产者开始运行，它生产一件商品后，给 count 加 1，发现 count 结果为 1，因此发出叫醒消费者的信号。这个时候 consumer 正准备睡觉，所以该信号没有任何效果，浪费了。而生产者一直运行，缓冲区满了后也去睡觉。这个时候 CPU 切换到消费者，而消费者执行的第一个操作就是 sleep，即睡觉。至此，生产者和消费者都进入了睡觉状态，从而无法相互叫醒，系统发生死锁。

　　造成死锁的原因是 count 变量缺少保护。第一种解决方案是在 count 操作前后加上 lock 和 unlock，从而避免生产者和消费者同时操作 count 的情况。第二种解决方法是使用信号量。

3．信号量

　　信号量（semaphore）是通信原语，也是同步原语，同时还能实现锁的功能。信号量本质上是一个计数器，其数值是当前累积的信号数量。它支持加法操作 Up 和减法操作 Down。

减法操作 Down：

- 判断信号量的取值是否大于或等于 1；
- 如果是，将信号量的值减去 1，继续往下执行；
- 否则，在该信号量上等待（线程被挂起）。

加法操作 Up：

- 将信号量的值增加 1（此操作将叫醒一个在该信号量上面等待的线程）；
- 线程继续往下执行。

如果限制信号量的取值只能为 0 和 1 两种情况，则我们获得的就是一把锁，也称二元信号量。

二元信号量减法操作 Down：

- 等待信号量取值变为 1；
- 将信号量的值设为 0；
- 继续往下执行。

二元信号量加法操作 Up：

- 将信号量的值设为 1；
- 叫醒在该信号量上面等待的第一个线程；
- 线程继续往下执行。

使用二元信号量进行互斥的形式如下：

```
Down()
<临界区>
Up()
```

二元信号量可实现锁的功能：Down 就是获得锁，Up 就是释放锁。它和锁的区别是：等信号量的线程不是繁忙等待，而是去睡觉，等另外一个线程执行加法操作 Up 来唤醒。因此，二元信号量从某种意义上说就是锁和睡觉与叫醒两种原语的合成。

有了信号量，就可以实现生产者与消费者的同步问题。先设置三个信号量，分别如下：

- mutex：一个二元信号量，用来防止两个线程同时对缓冲区进行操作，初值为 1。
- full：记录缓冲区里商品的件数，初值为 0。
- empty：记录缓冲区里空置空间的数量，初值为 N（缓冲区大小）。

例 8.2　使用信号量的生产者与消费者程序。

```
#define        N    100        //定义缓冲区大小
typedef int        semaphore;   //定义信号量类型
semaphore mutex=1;              //互斥信号量
semaphore empty=N;             //缓冲区计数信号量，用来记录缓冲区里的空位数量
semaphore full=0;              //缓冲区计数信号量，用来记录缓冲区里的商品数量
void producer（void）           void consumer（void）
    {                              {
    int item;                      int item;
    while（TRUE）{                  while（TRUE）{
        item=produce_item();           down（&full）;
        down（&empty）;                 down（&mutex）;
        down（&mutex）;                 item=remove_item();
        insert_item（item）;             up（&mutex）;
```

```
        up（&mutex）;                      up（&empty）;
        up（&full）;                       consume_item（item）;
        }                                  }
    }                                  }
```

生产者与消费者几乎是对称的代码，insert_item（item）和 remove_item（item）是对共享资源 item 的操作。使用互斥锁 mutex 保护 item 不被同时操作。使用信号量 empty 和 full 为了满足以下控制要求：缓冲区满生产者睡觉，缓冲区只要不满且调度器运行该线程时即可装载。同理，缓冲区空消费者睡觉，缓冲区不空且调度器运行该线程时即可取出数据。看似 empty 和 full 是冗余的信号量，实际上在多线程设计时可以提高效率，因为生产者和消费者等待的信号不同，它们需要挂起在不同的信号上。

从逻辑上说，使用信号量解决了生产者与消费者的问题。但是，如果将生产者的两个减法操作 down 颠倒，同样会产生死锁。当信号量过多时，信号量的管理是设计者必须解决的问题。对于大型程序信号量的管理，人们设计了管程。有兴趣的读者可查阅操作系统有关文献，这里不再赘述。

8.5 文件系统

8.5.1 文件系统定义

文件系统的定义如下：包含在磁盘驱动器或者磁盘分区的目录结构，整个磁盘空间可以给两个或者多个文件系统使用。完成了某个文件系统在某一个挂载点的挂载（Mount）操作后，就可以使用该文件系统了。

8.5.2 Linux 文件系统

Linux 支持许多种文件系统。Linux 初期的基本文件系统是 Minix，但其适用范围和功能都很有限。其文件名最长不能超过 14 个字符且最大的文件不超过 64MB。1992 年开发的 Linux 专用的文件系统 ext（Extended File System），解决了很多问题。但 ext 的功能也并不是非常优秀，因此人们于 1993 年增加了 ext2（Extended File System 2）。Linux 还支持 ext3、JFS2、XFS 和 ReiserFS 等新的日志型文件系统。另外，Linux 支持加密文件系统（如 CFS）和虚拟文件系统（如 "/proc"）。

下面对 ext2 和 ext3 进行简单介绍。

1. ext2

ext2 是 Linux 事实上的标准文件系统，它已经取代了它的前任——ext。ext 支持的文件大小最大为 2GB，支持的最大文件名大小为 256 个字符，且它不支持索引节点（包括数据修改时间标记）。相较于 ext，ext2 具有如下优点：

- 支持达 4TB 的内存；
- 文件名最长为 512 个字符；
- 当创建文件系统时，管理员可以选择逻辑块的大小（通常可选择 1024B、2048B 和 4096B）；

- 可实现快速符号链接，且不需要为此目的而分配数据块，目标名称可直接存储在索引节点（inode）表中，这使性能有所提高，特别是在速度上；
- 因为 ext2 的稳定性、可靠性和健壮性，所以几乎在所有基于 Linux 的系统（包括台式机、服务器和工作站，甚至一些嵌入式设备）上都使用 ext2。

然而，当在嵌入式设备中使用 ext2 时，它有一些缺点：

- ext2 是为像 IDE 设备那样的块设备设计的，这些设备的逻辑块大小是 512B、1KB 等的倍数，这不太适合于扇区太小的闪存设备；
- ext2 没有提供对基于扇区的擦除/写操作的良好管理，为了在一个扇区中擦除单个字节，必须将整个扇区复制到 RAM，然后擦除，再重写入；考虑到闪存设备具有有限的擦除寿命（大约能进行 100 000 次擦除），在此之后就不能使用它们，所以这不是一种特别好的方法；
- 在出现电源故障时，ext2 不是防崩溃的；
- ext2 不支持损耗平衡，因此缩短了扇区/闪存的寿命（损耗平衡确保将外址范围的不同区域轮流用于写/擦除操作以延长闪存设备的寿命）；
- ext2 没有特别完美的扇区管理，这使设计块驱动程序十分困难。

2. ext3

若在 ext2 尚未关闭之前就关机，很可能会造成文件系统的异常，在系统重新开机后，就能检测到内容的不一致性。此时，文件系统需要做检查工作，将不一致和错误的地方进行修复。这个检查和修复工作是比较耗时的，特别是在文件系统容量比较大的时候，不能保证 100%的内容能完全修复。为了克服这个问题，日志文件系统（Journal File System）便应运而生，这种文件系统的做法是：将整个磁盘的写入动作完整记录在磁盘的某个区域上，以便有需要时可以回溯追踪。

ext3 便是一种日志式文件系统，是对 ext2 系统的扩展，它兼容 ext2。在 ext3 中，由于它详细记录了每个细节，故当在某个过程中被中断时，系统可以根据这些记录直接回溯被中断的部分，而不必花时间去检查其他的部分，故重整的工作速度相当快，几乎不需要花时间。

相较于 ext2 而言，ext3 有以下特点：

（1）高可用性。系统使用了 ext3 后，即使在非正常关机后，文件系统的恢复时间只要数十秒钟。

（2）很好的数据完整性。ext3 能够极大地提高文件系统的完整性，避免了意外关机对文件系统的破坏。

（3）访问速度快。使用 ext3 时，有时在存储数据时可能要多次写入，但是 ext3 的日志功能对磁盘的驱动器读/写头进行了优化，因此总体来看，ext3 的性能比 ext2 的性能要好一些。

（4）兼容性好。由于 ext3 兼容 ext2，因此将 ext2 转换成 ext3 非常容易，只要简单地调用一个小工具即可完成整个转换过程，用户不用花时间备份、恢复、格式化分区等。另外，ext3 可以不经任何更改，而直接加载成为 ext2。

（5）多种日志模式。ext3 有多种日志模式，一种工作模式是对所有的文件数据及 metadata 进行日志记录（data=journal 模式）；另一种工作模式则是只对 metadata 记录日志，而不对数据进行日志记录，也即 data=ordered 或者 data=writeback 模式。系统管理人员可以根据系统的实际工作要求，在系统的工作速度与文件数据的一致性之间做出选择。

8.5.3　嵌入式 Linux 文件系统

嵌入式文件系统就是在嵌入式系统中应用的文件系统，是嵌入式系统的一个重要组成部分，随着嵌入式系统硬件设备的广泛使用和价格的不断降低以及嵌入式系统应用范围的不断扩大，嵌入式文件系统的重要性显得更加突出。

由于系统体系结构的不同，嵌入式文件系统在很多方面与桌面文件系统有大区别。例如，在普通桌面操作系统中，文件系统不仅要管理文件，提供文件系统 API，还要管理各种设备，支持对设备和文件操作的一致性（像操作文件一样操作各种 IO 设备）。

嵌入式设备的自身特点决定了它很少使用大容量的 IDE 硬盘等常见的 PC 上的主要存储设备。嵌入式设备往往选用 ROM、Flash Memory 等作为它的主要存储设备。因此，学习嵌入式文件系统的目标就是找到最适合在这些存储设备上运行的文件系统。首先是 Rootfs（根文件系统），嵌入式系统一般从 Flash 启动，最简单的方法是将 Rootfs 装载到 RAM 的 RamDisk，较复杂的是直接从 Flash 读取 Cramfs，更复杂的是在 Flash 上分区，然后构建 JFFS2 等文件系统。下面首先介绍 Flash Memory。

1. Flash Memory

Flash Memory 是近年来发展迅速的内存，属于 Non-Volatile 内存（Non-Volatile 即断电数据也能保存），它具有 EEPROM（Electrically EPROM）电擦除的特点，还具有功耗低、密度高、体积小、可靠性高、可擦除、可重写、可重复编程等优点。Flash Memory 是由 Toshiba（东芝公司）于 1980 年申请专利，并在 1984 年的国际半导体学术会议上首先发表，然后由 Intel 和 SEEQ 大力发展的芯片。目前，Flash Memory 已经成为应用最广的移动微存储介质。实际上，不但在新型数码产品上广泛应用，连传统的 EPROM、EEPROM 等市场也开始被 Flash Memory 取代，像主板上的 BIOS 已经越来越多地采用 Flash Memory 为存储器。

Flash Memory 主要有两种技术：NAND 型和 NOR 型。NAND 型的单元排列是串行的，而 NOR 型则是并行的。在 NAND 型 Flash Memory 中，存储单元被分成页，由页组成块。根据容量的不同，块和页的大小有所不同，而组成块的页的数量也会不同，如 8MB 的模块，页大小为（512+16）B、块大小为 8KB+256B；而 2MB 的模块，页大小为（256+8）B、块大小为（4KB+128B）。NAND 型存储单元的读/写是以块和页为单位来进行的，像硬盘以及内存。实际上，NAND 型的 Flash Memory 可以看作顺序读取的设备，它仅用 8 位的 IO 端口就可以存取按页为单位的数据。正因为这样，它在读和擦文件特别是连续的大文件时，与 NOR 型的 Flash Memory 相比速度快得多。但 NAND 型的不足在于随机存取速度较慢，而且没有办法按字节写。这些方面恰好是 NOR 型的优点所在：NOR 型随机存取速度较快，而且可以随机按字节写。正因为这些特点，所以 NAND 型的 Flash Memory 适合用在大容量的多媒体应用中，而 NOR 型的适合应用在数据/程序存储应用中。

NOR Flash 和 NAND Flash 是现在市场上两种主要的非易失闪存技术。Intel 于 1988 年首先开发出 NOR Flash 技术，彻底改变了原先由 EPROM 和 EEPROM 一统天下的局面。紧接着，1989 年，东芝公司发表 NAND Flash 结构，强调降低每比特的成本，更高的性能，并且像磁盘一样可以通过接口轻松升级。

NOR Flash 的特点是芯片内执行（eXecute In Place，XIP），这样应用程序直接在 Flash 闪存内运行，不必把代码读到系统 RAM 中。NOR Flash 的传输效率很高，在 1～4MB 的小容量时具有很高的成本效益，但是很低的写入和擦除速度大大影响了它的性能。

NAND Flash 结构能提供极高的单元密度，可以达到高存储密度，并且写入和擦除的速度也很快。应用 NAND Flash 的困难在于 Flash 的管理需要特殊的系统接口。

在 NOR Flash 器件上运行代码不需要任何软件支持，在 NAND Flash 上进行同样操作时，通常需要驱动程序，也就是内存技术设备（MTD）驱动程序，NAND Flash 和 NOR Flash 器件在进行写入和擦除操作时都需要 MTD。

使用 NOR Flash 器件时所需要的 MTD 相对少一些，许多厂商都提供用于 NOR Flash 器件的更高级软件，这其中包括 M-System 的 TrueFFS 驱动，该驱动被 Wind River System、Microsoft、QNX Software System、Symbian 和 Intel 等厂商所采用。

驱动还用于对 DiskOnChip 产品进行仿真和对 NAND 闪存进行管理，包括纠错、坏块处理和损耗平衡。

2. 嵌入式文件系统分类

不同的文件系统类型有不同的特点，因而根据存储设备的硬件特性、系统需求等有不同的应用场合。在嵌入式 Linux 应用中，主要的存储设备为 RAM（DRAM，SDRAM）和 ROM（常采用 Flash 存储器），常用的基于存储设备的文件系统类型包括：JFFS2、YAFFS、Cramfs、Romfs、RamDisk、Ramfs/Tmpfs 等。

1）基于 Flash 的文件系统

Flash 作为嵌入式系统的主要存储媒介，有其自身的特性。Flash 的写入操作只能把对应位置的"1"修改为"0"，而不能把"0"修改为"1"（擦除 Flash 就是把对应存储器的内容恢复为"1"）。因此，一般情况下，向 Flash 写入内容时，需要先擦除对应的存储区间，这种擦除是以块（block）为单位进行的。

Flash 存储器的擦写次数是有限的，NAND 闪存还有特殊的硬件接口和读/写时序。因此，必须针对 Flash 的硬件特性设计符合应用要求的文件系统。传统的文件系统如 ext2 等，用作 Flash 的文件系统会有诸多弊端。

在嵌入式 Linux 下，MTD 为底层硬件（闪存）和上层（文件系统）之间提供了一个统一的抽象接口，即 Flash 的文件系统都是基于 MTD 驱动层的。使用 MTD 驱动程序的主要优点在于，它是专门针对各种非易失性存储器（以闪存为主）而设计的。

（1）JFFS2。随着技术的发展，近年来日志文件系统在嵌入式系统上得到了较多的应用，其中以支持 NOR Flash 的 JFFS、JFFS2 和支持 NAND Flash 的 YAFFS 最为流行。这些文件系统都支持掉电文件保护，同时也支持标准的 MTD 驱动。

JFFS（Journalling Flash File System，闪存设备日志型文件系统）是瑞典 Axis 通信公司开发的一种基于 Flash 的日志文件系统，它在设计时充分考虑了 Flash 的读/写特性和用电池供电的嵌入式系统的特点。在这类系统中必须确保在读取文件时，如果系统突然掉电，其文件的可靠性不受到影响。对 RedHat 的 Davie Woodhouse 进行改进后，形成了 JFFS2，其主要改善了存取策略以提高 Flash 的抗疲劳性，同时也优化了碎片整理性能，增加了数据压缩功能。需要注意的是，文件系统已满或接近满时，JFFS2 会大大放慢运行速度，这是因为垃圾收集的问题。

JFFS2 的底层驱动主要完成文件系统对 Flash 芯片进行访问控制，如读、写、擦除等操作。在 Linux 中这部分功能是通过调用 MTD 驱动实现的。相对于常规块设备驱动程序，使用 MTD 驱动程序的主要优点在于 MTD 驱动程序是专门为基于闪存的设备而设计的，所以它们通常有更好的支持、更好的管理和更好的基于扇区的擦除和写操作的接口。MTD 相当于在硬件和上层之间提供了一个抽象的接口，可以把它理解为 Flash 的设备驱动程序，它主要向上提供两个接口：MTD 字符设备和 MTD 块设备。通过这两个接口，就可以像读/写普通文件一样对 Flash 设备进行读/写操作。经过简单的配置后，MTD 在系统启动以后可以自动识别支持 CFI 或 JEDEC 接口的 Flash 芯片，并自动采用适当的命令参数对 Flash 进行读/写或擦除。

（2）YAFFS。YAFFS（Yet Another Flash File System）是一种和 JFFS 类似的闪存文件系统；主要针对 NAND Flash 设计，和 JFFS 相比减少了一些功能，所以速度更快，而且内存的占用比较小。此外 YAFFS 自带 NAND 芯片驱动，并且为嵌入式系统提供了直接访问文件系统的 API，用户可以不使用 Linux 中的 MTD 与 VFS，直接对文件进行操作。在其他嵌入式系统中也可以直接使用这些 API 实现对文件的操作。

YAFFS2 是 YAFFS 的改进版本，在速度、内存使用上，以及对 NAND 设备的支持上都有所改善。YAFFS2 还支持大页面的 NAND 设备，并且对大页面的 NAND 设备做了优化。

（3）Cramfs。Cramfs 是 Linux 的创始人 Linus Torvalds 参与开发的一种只读的压缩文件系统。它也基于 MTD 驱动程序。

在 Cramfs 中，每一页（4KB）被单独压缩，可以随机访问页，其压缩比高达 2∶1，这为嵌入式系统节省了大量的 Flash 存储空间，使系统可通过更低容量的 Flash 存储相同的文件，从而降低系统成本。

Cramfs 以压缩方式存储，在运行时解压缩，所以不支持应用程序以 XIP 方式运行。所有的应用程序要求被复制到 RAM 中去运行，但这并不代表比 Ramfs 需求的 RAM 空间要大，因为 Cramfs 采用分页压缩的方式存放档案。在读取档案时，不会一下子就耗用过多的内存，它只针对目前实际读取的部分分配内存，尚未读取的部分不分配内存，当读取的档案不在内存时，Cramfs 会自动计算压缩后的资料所存的位置，再即时解压缩到 RAM 中。另外，它的速度快、效率高，其只读的特点有利于保护文件系统免受破坏，提高了系统的可靠性。

由于以上特性，Cramfs 在嵌入式系统中应用广泛。但是它的只读属性同时又是它的一大缺陷，使得用户无法对其内容进行扩充。

Cramfs 映像通常存放在 Flash 中，也能存放在别的文件系统里，使用 loopback 设备可以把它安装到别的文件系统里。

（4）Romfs。传统型的 Romfs 是一种简单的、紧凑的、只读的文件系统，不支持动态擦写保存，按顺序存放数据，因而支持应用程序以 XIP 方式运行。在系统运行时，可节省 RAM 空间。μCLinux 系统通常采用 Romfs。

（5）其他文件系统。FAT/FAT32 也可用于嵌入式系统的扩展存储器（如 PDA、Smartphone、数码相机等的 SD 卡），这主要是为了更好地与最流行的 Windows 桌面操作系统相兼容。ext2 也可以作为嵌入式 Linux 的文件系统，不过将它用于 Flash 闪存会有诸多弊端。

2）基于 RAM 的文件系统

（1）RamDisk 文件系统。RamDisk 将部分固定大小的内存当作硬盘一个分区来使用，它将实际的文件系统装入内存，可以作为根文件系统。将一些经常被访问而又不会更改的文件通过 RamDisk 放在内存中，可以明显提高系统的性能。在 Linux 的启动阶段，initrd 提供了一套机制，可以将内核映像和根文件系统一起载入内存。

（2）Rdmfs/Tmpfs。Ramfs 是 Linus Torvalds 开发的一种基于内存的文件系统，工作于虚拟文件系统（VFS）层，不能格式化，可以创建多个，在创建时可以指定其最大能使用的内存大小（实际上 VFS 本质上可看成一种内存文件系统，它统一了文件在内核中的表示方式，并对磁盘文件系统进行缓冲）。由于文件系统把所有的文件都放在 RAM 中，所以读/写操作发生在 RAM

中，可以用 Ramfs/Tmpfs 来存储一些临时性或经常要修改的数据，如/tmp 和/var 目录，这样既避免了对 Flash 存储器的读/写损耗，也提高了数据读/写速度。相对于传统的 RamDisk 的不同之处主要在于：不能格式化，文件系统大小可随所含文件内容大小变化。Tmpfs 的一个缺点是当系统重新引导时会丢失所有数据。

3）网络文件系统（NFS，Network File System）

NFS 由 Sun Microsystems 公司开发，是一种网络操作系统，并且是 UNIX 操作系统的协议。

网络文件系统是 FreeBSD 支持的文件系统中的一种，也被称为 NFS。NFS 允许一个系统在网络上与他人共享目录和文件。通过使用 NFS，用户和程序可以像访问本地文件一样访问远端系统上的文件。

以下是 NFS 最显而易见的优点：

（1）本地工作站使用更少的磁盘空间，因为通常情况下数据可以存放在一台机器上而且可以通过网络访问到。

（2）用户不必在每台计算机里都有一个 Home 目录。Home 目录可以被放在 NFS 服务器上并且在网络上处处可用。

（3）诸如软驱、CDROM 之类的存储设备可以在网络上被别的机器使用，这可以减少整个网络上的可移动介质设备的数量。

NFS 至少有两个主要部分：一台服务器和一台（或者更多）客户机。客户机远程访问存放在服务器上的数据。为了正常工作，一些进程需要被配置并运行。

NFS 有很多实际应用，例如：

（1）多台机器共享一台 CDROM 或者其他设备。这对于在多台机器中安装软件来说更加便宜和方便。

（2）在大型网络中，配置一台中心 NFS 服务器用来放置所有用户的 Home 目录可能会带来便利。这些目录能被输出到网络以便用户不管在哪台工作站上登录，总能得到相同的 Home 目录。

（3）几台机器可以有通用的/usr/ports/distfiles 目录。这样的话，当需要在几台机器上安装 port 时，无须在每台设备上下载，就能快速访问源码。

服务器必须运行以下服务：

● nfsd，为来自 NFS 客户端的请求服务；

● mount，FS 挂载服务，处理 NFS 递交过来的请求；

● rpvbind，此服务允许 NFS 客户程序查询正在被 NFS 服务使用的端口。

8.6　多线程应用程序设计实验

8.6.1　实验内容

设计一个多线程的程序，使用互斥锁和条件变量，实现线程间通信。

生产者与消费者源代码流程图如图 8.6 所示。多线程程序包括三个模块：主程序、生产者线程、消费者线程。主程序包括：初始化结构体 prodcons 中的各个参数，创建生产者与消费者线程，等待线程结束。生产者线程包括：不断向共享数据区写数据，将写入的数据打印在屏幕上，写 1000 个数据后，设置写完标志 OVER，同时生产者线程结束，退出。消费者线程包括：定义读取变量 d，从共享数据区读取数据到变量 d，打印读取的数据，判断是否是 OVER？不是表示数据没有读完，继续读，直到读完所有的共享缓冲区数据，然后退出。

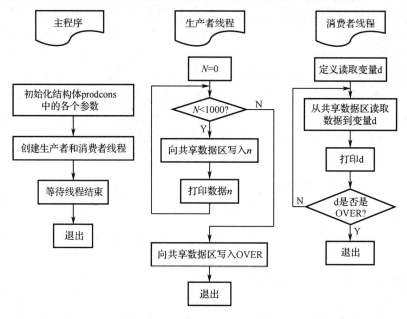

图 8.6　生产者与消费者源代码流程图

生产消费流程图如图 8.7 所示，生产者和消费者共同操作共享数据区，操作中使用了互斥锁，获得互斥锁和释放互斥锁之间的代码被锁保护。获得互斥锁，即为上锁。释放互斥锁，使用该线程通过锁即可获得对共享数据的访问。如果共享数据区特别大，允许程序在临界区内运行较长的时间，使用互斥锁即可解决生产者与消费者问题。但是，上述的两个假设都是多线程设计忌讳的问题。

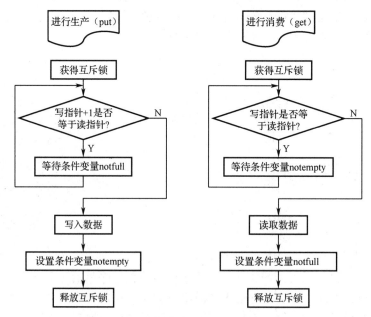

图 8.7　生产消费流程图

第一，不能占用过大的内存，用较小的内存（本文的 BUFFER_SIZE=16）存放、读取 1000
个数据，生产和消费是一个动态的过程，使用环形循环队列解决数据动态的存放和读取。第二，
获得互斥锁和释放互斥锁之间的代码不能运行过长的时间，否则系统的实时性将降低。这段数
据生产的过程还有一个小概率的事件没有交代清楚：生产者准备写共享数据区的时候发现，共
享数据区是满的。逻辑上讲生产者面对数据满的共享缓冲区必须释放锁且挂起该进程。于是，
这里引入了信号量。其代码为：pthread_cond_wait（&b->notfull，&b->lock），它的功能是：释
放互斥锁、挂起生产者线程、唤醒消费者线程。pthread_cond_signal（&b->notempty）是释放信
号量操作，该操作唤醒消费者线程。这是一个高效的解决方案，实验结果也证明了这一点。线
程因使用信号量而被挂起和唤醒是 Linux 操作系统部分的内容，也是操作系统的核心，读者刚
刚接触时理解起来会有一定的困难，不过没有关系，先学会使用它，以后再阅读相关操作系统
的内容。

示例代码中有一个特别重要的数据结构：

```
struct prodcons
        {int buffer[BUFFER_SIZE];           //缓冲区数组
        pthread_mutex_t lock;               //互斥锁
        int readpos, writepos;              //读/写的位置
        pthread_cond_t notempty;            //缓冲区非空信号
        pthread_cond_t notfull;             //缓冲区非满信号
        };
```

它是一个整数的圆形缓冲区，在数据结构中被称为环形队列，是为了正确维护生产者与消
费者使用的共享数据，既不能将生产者的数据丢掉，也不会丢失消费者的数据且两者的数据不
会混乱。大型、复杂的数据结构是软件编程的重要组成部分，读者应认真体会。

8.6.2　多线程程序分析与实验

1. 多线程编程示例源程序

```
/*******************************************************
    *The classic producer-consumer example.
    *Illustrates mutexes and conditions.
    *by ljm@buaa.edu.cn
    *2021-04-24
    *******************************************************/
    #include<stdio.h>
    #include<stdlib.h>
    #include<time.h>
    #include "pthread.h"
    #define OVER (-1)
    struct prodcons buffer;
    #define BUFFER_SIZE 16
    /*设置一个整数的圆形缓冲区*/
struct prodcons
        {int buffer[BUFFER_SIZE];           //缓冲区数组
        pthread_mutex_t lock;               //互斥锁
        int readpos, writepos;              //读/写的位置
```

```
    pthread_cond_t notempty;              //缓冲区非空信号
    pthread_cond_t notfull;               //缓冲区非满信号
    };
/*****************************************************************
    *函数名：init（struct prodcons *b）
    *描述：初始化缓冲区
    *参数：struct prodcons *b，指向环形队列的指针
    *返回值：void
*****************************************************************/
void init（struct prodcons *b）
    {pthread_mutex_init（&b->lock, NULL）;        //lock 赋初值 NULL
    pthread_cond_init（&b->notempty, NULL）;      //notempty 赋初值 NULL
    pthread_cond_init（&b->notfull,NULL）;        //notfull 赋初值 NULL
    b->readpos=0;                                //读指针初始位置 NULL
    b->writepos=0;                               //写指针初始位置 NULL
    }
/*****************************************************************
    *函数名：put（struct prodcons *b, int data）
    *描述：向缓冲区中写入一个整数
    *参数：1.环形队列指针 b   2.int 型数据 data
    *返回值：void
*****************************************************************/
void put（struct prodcons *b, int data）
    {
    pthread_mutex_lock（&b->lock）;                        //申请互斥锁
    /*等待缓冲区非满*/
    while（（b->writepos + 1）% BUFFER_SIZE==b->readpos）    //判断缓冲区是否已满？
        {                                                //缓冲区满的情况
        printf（"wait for not full\n"）;                  //打印"等待非满"提示
        pthread_cond_wait（&b->notfull,&b->lock）;        //释放锁、挂起当前线程、等待唤醒
        }
    b->buffer[b->writepos]=data;                          //缓冲区不满，写数据
    b->writepos++;                                        //指针前移
    if（b->writepos>=BUFFER_SIZE）b->writepos=0;          //调整环形队列的写指针
    pthread_cond_signal（&b->notempty）;                  //设置缓冲区非空信号
    pthread_mutex_unlock（&b->lock）;                     //释放锁
    }
/*****************************************************************
    *函数名：get（struct prodcons *b）
    *描述：从缓冲区中读出一个整数
    *参数：环形队列指针 b
    *返回值：data
*****************************************************************/
int get（struct prodcons *b）
    {
    int data;                                            //定义一个整型变量 data
    pthread_mutex_lock（&b->lock）;                       //申请互斥锁
    while（b->writepos==b->readpos）                      //判断缓冲区是否非空
```

```
        {                                              //缓冲区为空
            printf（"wait for not empty\n"）;           //打印"等待非空"
            pthread_cond_wait（&b->notempty,&b->lock）; //释放锁、挂起当前线程、等待唤醒
        }
    data=b->buffer[b->readpos];                        //读数据
    b->readpos++;                                      //指针前移
    if（b->readpos>=BUFFER_SIZE) b->readpos=0;         //调整环形队列的读指针
    pthread_cond_signal（&b->notfull）;                //设置缓冲区非满信号
    pthread_mutex_unlock（&b->lock）;                  //释放锁
    return data;                                       //返回 data
    }
/****************************************************************
    *函数名：producer（void *data)
    *描述：调用 put()函数，对写数据进行上层封装
    *参数：数据指针，函数中未使用 data，留作扩展用的接口
    *返回值：void *
****************************************************************/
void *producer（void *data)
    {
    int n;                                             //定义一个整型变量
    for（n=0;n<1000; n++）                             //控制写入数据个数
        {
        printf（" put-->%d\n",n）;                     //打印要写入缓冲区数据
        put（&buffer,n）;                              //调用 put 函数，指针指向环形循环队列
        }                                             //括号内语句写入 0～999 这 1000 个数据
    put（&buffer, OVER）;                              //写入 OVER 作为结束符
    printf（"producer stopped!\n"）;                   //打印"producer stopped!"
    return NULL;                                       //返回 NULL
    }
/****************************************************************
    *函数名：consumer（void *data)
    *描述：调用 get()函数，对读数据进行上层封装
    *参数：数据指针，函数中未使用 data，留作扩展用的接口
    *返回值：void *
****************************************************************/
void *consumer（void *data)
    {
    int d;                              //定义一个整型变量 d，用于存放读出的数据
        while（1）{                     //循环体
            d=get（&buffer）;           //从共享数据区读取一整型数
            if（d==OVER) break;         //是结束符，则跳出循环体
            printf（"%d-->get\n",d）;   //打印读出的数据
            }
        printf（"consumer stopped!\n"）; //打印"consumer stopped!"
        return NULL;                    //返回 NULL
    }
/****************************************************************
    *函数名：main（void)
```

```
    *描述：实验主函数，定义线程变量，创建线程，初始化环形循环队列，结束线程
    *参数：void
    *返回值：0
    *********************************************************************/
int main（void）
    {
    pthread_t th_a, th_b;                    //定义两个线程 th_a, th_b
    void *retval;                            //定义指针变量 retval
    init（&buffer）;                         //初始化 buffer
    pthread_create（&th_a,NULL,producer,0）; //创建线程 th_a
    pthread_create（&th_b,NULL,consumer,0）; //创建线程 th_b
    pthread_join（th_a,&retval）;            //线程 th_a 结束
    pthread_join（th_b,&retval）;            //线程 th_b 结束
    return 0;                                //运行时不会到达的地方，退出程序时使用
    }
/*********************************************************************/
```

2. 实验目录

/i.MX6/exp/basic/02_pthread，该目录是以上源程序存放的目录。

3. 编译源程序

（1）进入实验目录：

uptech@uptech-virtual-machine：/$　cd /i.MX6/exp/basic/02_pthread

uptech@uptech-virtual-machine：/i.MX6/exp/basic/02_pthread $ ls

Makefile　pthread　pthread.c　pthread.o

root@uptech-virtual-machine：/i.MX6/exp/02_pthread $

（2）清除中间代码，重新编译：

uptech@uptech-virtual-machine：/i.MX6/exp/basic/02_pthread$ source /opt/poky/1.7/environment-setup- cortexa9hf-vfp-neon-poky-linux-gnueabi

uptech@uptech-virtual-machine：/i.MX6/exp/basic/02_pthread$ make clean

rm -f ../bin/pthread ./pthread *.elf *.gdb *.o

uptech@uptech-virtual-machine：/i.MX6/exp/basic/02_pthread$ make

uptech@uptech-virtual-machine：/i.MX6/exp/basic/02_pthread$ ls

Makefile　pthread　pthread.c　pthread.o

uptech@uptech-virtual-machine：/i.MX6/exp/basic/02_pthread$

当前目录下生成可执行程序 pthread。

（3）NFS 挂载实验目录测试：

启动 i.MX 6Solo/6Dual 嵌入式教学科研平台，连好网线、串口线。通过串口终端挂载宿主机实验目录。

设置开发板 IP：192.168.88.33（默认宿主机 ubuntu 的 IP：192.168.88.22，NFS 共享目录/i.MX6）

root@i.MX6dlsabresd：∽# ifconfig eth0 192.168.88.33

root@i.MX6dlsabresd：∽# mount -t nfs 192.168.88.22：/i.MX6　/mnt/

进入串口终端的 NFS 共享实验目录：

root@i.MX6dlsabresd：∽# cd /mnt/ exp/basic/02_pthread$

root@i.MX6dlsabresd：/mnt/ exp/basic/02_pthread$ ls

Makefile　　pthread　　pthread.c　pthread.o

执行程序 root@i.MX6DLsabresd：/mnt/ exp/basic/02_pthread$ ./pthread。

（4）实验结果：

put-->0	put-->1	put-->2	put-->3	put-->4	put-->5
put-->6	put-->7	put-->8	put-->9	put-->10	put-->11
put-->12	put-->13	put-->14	put-->15		
wait for not full					
0-->get	1-->get	2-->get	3-->get	4-->get	
5-->get	6-->get	7-->get	8-->get	9-->get	
10-->get	11-->get	12-->get	13-->get	14-->get	
wait for not empty	15-->get	wait for not empty		put-->16	16-->get
wait for not empty	put-->17	17-->get	wait for not empty	put-->18	18-->get
wait for not empty	put-->19	19-->get	wait for not empty	put-->20	20-->get
wait for not empty	put-->21	21-->get	wait for not empty	put-->22	22-->get
wait for not empty	put-->23	23-->get	wait for not empty	put-->24	24-->get

8.7　串行端口程序设计实验

8.7.1　实验准备

1）实验环境

硬件：i.MX 6Solo/6Dual 嵌入式教学科研平台，PC 酷睿 i3 以上，硬盘 120GB 以上，内存 2GB 以上。

软件：Vmware Workstation+Yocto 项目。

2）实验内容

学习将多线程编程应用到串口的接收和发送程序设计中，编写应用程序实现对 ARM 设备串口的读和写。

8.7.2　串行端口程序分析

本实验从功能模块上，分为主程序、发送线程和接收线程。实验程序使用了一个 termios 的数据结构，包含串口通信使用的控制标志、输入标志、输出标志、本地标志和控制字符。串口初始化的主要工作是填充这些控制位以达到初始化串口的目的。其中比较复杂的部分是串口初始化部分，它实现的是串口的底层协议。由于篇幅所限，不在此处一一介绍，需要了解这部分内容的读者可以参考 i.MX 6Solo/6Dual 的 datasheet，也可以参考嵌入式教学科研平台的实验指导书。

```
struct termios{
tcflag_t c_cflag        //控制标志
tcflag_t c_iflag;       //输入标志
tcflag_t c_oflag;       //输出标志
```

```
tcflag_t c_lflag;          //本地标志
tcflag_t c_cc[NCCS];       //控制字符
};
```

1. 软件框图

串口程序流程图如图 8.8 所示。

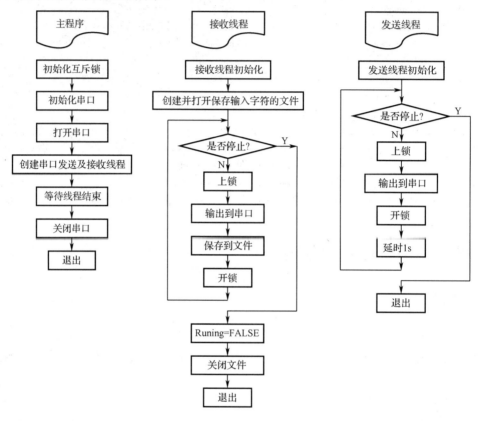

图 8.8　串口程序流程图

主程序包括：初始化互斥锁、初始化串口、打开串口、创建串口发送及接收线程、等待线程结束、关闭串口。该程序是多线程的管理程序。

接收线程包括：初始化、创建并打开文件；若检测到输入"Esc"，则接收线程设置运行标志为假，关闭文件，退出并结束。

发送线程：由于发送线程不会自动关断，因而引入一个静态的全局变量 Runing，当接收线程设置运行标志为假时，发送停止。由于发送进程也使用串口输出，使用互斥锁保护共享资源。延时 1s 的作用是控制超级终端显示字符的时间间隔，读者可以根据自己的喜好改变这一时间间隔。

有读者会问全局变量 Runing 是共享资源吗？答案是："是"。那又问为什么不用互斥锁保护共享资源呢？答案是：只有接收线程对该变量进行写操作，因而不用保护共享资源。

2. 串口收发程序源程序

```
#include<stdio.h>          //项目包含的头文件，以下同
#include<stdlib.h>         //
#include<fcntl.h>          //
```

```
#include<string.h>                                      //
#include<pthread.h>                                     //
#define BAUDRATE      115200               //定义波特率 115200
#define COM           "/dev/ttymxc4"       //串口 4 设备
#define FALSE         0                    //定义宏 FALSE
#define TRUE          1                    //定义宏 TRUE
static    int         fd;                  //定义静态全局变量 fd
#define   ESC         27
static  int           fd_file;
static int Running=TRUE;
pthread_mutex_t mutex=PTHREAD_MUTEX_INITIALIZER;        //互斥锁初始化
/***************************************************************
 *函数名：  com_init（speed_t speed）
 *描述：    初始化串口
 *参数：    speed_t speed，串口波特率
 *返回值：  void
 ***************************************************************/
void com_init（speed_t speed）
    {
    struct termios options;                    //定义一个 options，用于配置串行端口
    fd=open（COM,O_RDWR|O_NOCTTY|O_NDELAY）;   //以读/写方式打开串口
    if（fd<0）    {printf（"open com device failure"）;}   //打印打开失败
    tcgetattr（fd,&options）;                   //获取与终端相关的参数
    cfsetispeed（&options,speed）;              //设置输入波特率
    cfsetospeed（&options,speed）;              //设置输出波特率
    options.c_cflag|=（CLOCAL|CREAD）;          //忽略调制解调器线路状态且使用接收器
    /*禁用软件流控制寄存器中的以下几位，使用串口原始模式*/
    options.c_lflag&=～（ICANON|ECHO|ECHOE|ISIG）;
    options.c_oflag&=～OPOST;                   //禁用串口输出数据的处理
    /*禁用软件流控制输入寄存器中的以下几位*/
    options.c_iflag&=～（BRKINT|ICRNL|INPCK|ISTRIP|IXON）;   //
    tcsetattr（fd,TCSANOW,&options）;           //不等数据传输完毕就立即改变属性
    }
/***************************************************************
 *函数名：receive（void *data）
 *描述：接收数据
 *参数：数据指针，函数中未使用 data
 *返回值：void*
 ***************************************************************/
void *receive（void *data）
    {                        //接收线程
    char Recdata;            //定义一个用于字符读取的字符变量
    char ch[1024];           //定义一个数组，用于串口接收的缓冲器
    int ret;                 //定义一个整型变量
    /*以读/写的方式创建并打开一个文件*/
    fd_file=open（"/mnt/exp/basic/03_tty/example.txt",O_CREAT|O_APPEND|O_RDWR,0666）;
    if（fd_file<0）{perror（"open file error"）;}   //显示文件打开失败
    printf（"read modem\r\n"）;                 //显示读串口
```

```
    while（1）                                    //
        {                                        //接收线程的大循环
        ret=read（fd,ch,sizeof（ch））；            //读串口 4 数据
        Recdata=ch[0];                           //读取数据放入变量中
        if（Recdata==ESC）                        //判断键值是否为"ESC"
            {Running=FALSE;                      //运行变量无效
            break;}                              //退出 while 循环
        else                                     //
            {                                    //处理接收的数据
        if（ret>0）                               //判断是否读到数据
            {                                    //有效数据
            printf（"c=%s\n",ch）;                //在实验箱终端打印输入的字符
            pthread_mutex_lock（&mutex）；         //上锁
            write（fd,ch,strlen（ch））；           //将读到的数据输出到串口 4 上
            write（fd_file,ch,strlen（ch））；      //将读到的数据保存到文件上
                pthread_mutex_unlock（&mutex）；   //开锁
                }                                //数据有效结束
                }                                //
                }                                //while 循环结束
        close（fd_file）；                         //关闭文件
        printt（"\r\n"）；                         //回车换行
        printf（"exit from reading modem\n"）；    //打印退出串口
        return NULL;                             //返回 NULL
        }                                        //
/********************************************************************
    *函数名：send（void *data）
    *描述：   发送数据
    *参数：   数据指针，函数中未使用 data
    *返回值：void*
    ********************************************************************/
void *send（void *data）
    {                                            //发送线程
    int c='0';                                   //发送的串口字符的初值
    printf（"send data\r\n"）；                    //打印"send data"
    while（1）                                    //
    {                                            //发送线程大循环
    if（Running==TRUE）                           //
    {c++;                                         //变量 c 加 1
    if（c>'9'）  {c='0';}                         //自加 1 变量超过 9 清 0
    pthread_mutex_lock（&mutex）；                 //上锁
    write（fd,&c,1）；                            //循环发送字符 0～9 到串口 1 上
    pthread_mutex_unlock（&mutex）；               //开锁
    sleep（1）；                                  //延迟 1000ms
    }                                            //
    else                                         //
        {break;}                                 //
    }                                            //循环结束
    printf（"\r\n"）；                            //回车换行
```

```
        printf（"exit from writing modem\n"）;                //打印退出写串口
        return NULL;                                         //返回 NULL
    }
/****************************************************************
 *函数名: main()
 *描述: 项目主函数
 *参数:  int argc,char**argv，函数中未使用
 *返回值: 0
 ****************************************************************/
int main（int argc,char**argv）
    {
    pthread_t th_a, th_b;                    //定义两个线程 th_a 和 th_b
    void *retval;                            //声明一个指针变量
    pthread_mutex_init（&mutex,NULL）;       //线程互斥锁初始化
    com_init（BAUDRATE）;                    //初始化串口
    pthread_create（&th_a, NULL, receive, 0）; //创建接收线程
    pthread_create（&th_b, NULL, send, 0）;   //创建发送线程
    pthread_join（th_a,&retval）;            //等待子线程结束
    pthread_join（th_b,&retval）;            //等待子线程结束
    close（fd）;                             //关闭串口设备
    exit（0）;                               //退出
    }
/****************************************************************/
```

3. 实验目录

/i.MX6/exp/basic/03_tty，该目录是源代码存放目录。

4. 编译源程序

（1）进入实验目录:

uptech@uptech-virtual-machine：/$ cd /i.MX6/exp/basic/03_tty

uptech@uptech-virtual-machine：/i.MX6/exp/basic/03_tty$ ls

Makefile　term　term.c　term.o

uptech@uptech-virtual-machine：/i.MX6/exp/basic/03_tty $

（2）清除中间代码，重新编译:

uptech@uptech-virtual-machine：/i.MX6/exp/basic/03_tty $ source

/opt/poky/1.7/environment-setup-cortexa9hf-vfp-neon-poky-linux-gnueabi

uptech@uptech-virtual-machine：/i.MX6/exp/basic/03_tty $ make clean

rm -f ../bin/term　./term *.elf *.elf2flt *.gdb *.o

uptech@uptech-virtual-machine：/i.MX6/exp/basic/03_tty $ make

uptech@uptech-virtual-machine：/i.MX6/exp/basic/03_tty $ ls

Makefile　term　term.c　term.o

当前目录下生成可执行程序 term。

5．NFS 挂载实验目录测试

（1）启动 i.MX 6Solo/6Dual 嵌入式教学科研平台，连好网线、串口线。通过串口终端挂载宿主机实验目录。

（2）设置开发板 IP：192.168.88.33（默认宿主机 ubuntu 的 IP：192.168.88.22，NFS 共享目录/i.MX6）

root@i.MX6dlsabresd：∽# ifconfig eth0 192.168.88.33

root@i.MX6dlsabresd：∽# mount -t nfs 192.168.88.22：/i.MX6　/mnt/

（3）进入串口终端的 NFS 共享实验目录：

root@i.MX6DLsabresd：～# cd /mnt/ exp/basic/03_tty/

root@i.MX6DLsabresd：　/mnt/ exp/basic/03_tty# ls

Makefile　term　　term.c　　term.o

root@i.MX6DLsabresd：/mnt/SRC/exp/basic/03_tty#

（4）执行程序 root@i.MX6DLsabresd：　/mnt/ exp/basic/03_tty# ./pthread。

（5）实验结果：

将串口线从 COM1 口换到 COM5 口上，超级终端上会打印 0～9 的字符。同时输入字符时，也会相应输出所输入的字符。按下计算机键盘的"Esc"键，程序将退出。另一种退出程序的方法是：再将串口线接到 COM1 口上，按下 Ctrl+C 终止程序运行。输入的字符将被保存在一个文件上，文件的目录和文件名是/mnt/exp/basic/03_tty/example.txt。超级终端和文件内容显示如下。

```
2345678901234567890123456789012345678901234567890123456789012345678901
2345678901234567890123456789012345678901234567890123456789012345678901
1234567890123456789011234567890123456789012345678901456789012345123456
7890123450123456789012345678901234567890123456789011234567890123456789012123
45678901231234567890as1df2345678901234567a8sdfg9hjkl01234567890123451234567890123012
```

cat　/mnt/exp/basic/03_tty/example.txt

asdfghjkl;qwertyuiopzxcvbnm,./aaaaaaaaaaaaaaaaaaaaa^Cdddddddddddddddddffffffffffffffffffffffqqqqqwwwwweeeeerrrrrqqq^C

结果分析：0～9 循环数据是发送线程每秒一个字符自动输出的。诸如 asdfgh 等字符是键盘上敲的，由于串口是共享资源，这些字符同时被打印在串口上，谁先谁后，由操作系统调度器的调度而定。一般来说，由于发送线程有 1s 的延迟，因此键盘敲击的字符会更快输出在屏幕上。再看看 cat 的结果，在接收进程，文件只保存键盘敲的字符，和那个循环的 0～9 没有关系。这个程序有很多可以改进的地方，文件是每个字符保存一次，从效率上讲，在互斥锁保护的地方花费写文件的时间有些浪费。一种变通的办法是使用存储缓冲区，到一定的长度保存一次文件，读者可以自己设计。^C（Ctrl+C）是系统退出命令，在代码中反映不出来。而"Esc"键的 ASCII 码是 27，也不是能够显示出来的字符。

第9章 设备驱动

设备驱动是嵌入式 Linux 中一个非常复杂和重要的组成部分。Linux 设备驱动程序在 Linux 的内核源代码中占有很大的比例，从 Linux2.0～2.6 版的内核，源代码的长度日益增加，主要是驱动程序的增加。在传统的嵌入式开发环境中，写驱动程序的第一步通常是读硬件的功能手册。而在开放源代码的嵌入式 Linux 中，第一步却是寻找所有可获得的驱动程序，相同或者相似的驱动程序能够用来参考。这是嵌入式 Linux 中设计设备驱动程序的一大特点。

本章主要介绍嵌入式 Linux 系统中设备驱动的概念、框架和结构。大部分的外围物理设备，如键盘、显示器、鼠标、磁盘、串口、并口、网络适配器等，都有一个专用于控制该设备的设备驱动程序。设备驱动是建立在硬件 IO 设备上的一个抽象层，这个抽象层的建立可以允许上面的软件层使用统一的、独立于硬件的方式来访问设备。

嵌入式系统的自身特点决定了设计设备驱动时，必须结合特定的硬件平台来进行开发。设备驱动开发人员主要关心的问题是设备的资源分配问题，这些资源包括 IO 端口、内存和中断。另外，在嵌入式系统中，定义中断处理、内核空间和用户空间之间的安全性，以及安装和删除驱动等问题都是应该考虑的。

现代操作系统具有中断处理、多任务环境、多处理等特征。所以，内核需要提供并发控制机制，对多个进程或线程同时访问的公共资源进行同步控制，确保共享资源的安全访问，本章将会介绍 Linux 操作系统中众多的同步机制。

9.1 Linux 驱动程序简介

Linux 下设备驱动程序的概念和 DOS 或 Windows 环境下的驱动程序有很大的区别。在前面的章节中介绍的系统调用是操作系统内核和应用程序之间的接口，而设备驱动程序则是操作系统内核和机器硬件之间的接口。设备驱动程序为应用程序屏蔽了硬件的细节，这样在应用程序看来，硬件设备只是一个设备文件，应用程序可以像操作普通文件一样对硬件设备进行操作。设备驱动是内核的一部分，它可完成以下功能：

- 对设备的初始化和释放；
- 把数据从内核传送到硬件和从硬件读取数据到内核；
- 读取应用程序传送给设备文件的数据和回送应用程序请求的数据，这需要在用户空间、内核空间、总线以及外设之间传输数据；
- 检测和处理设备出现的错误。

Linux 设备驱动的特点是可以以模块的形式加载各种设备驱动，因此允许驱动开发人员跟随着内核的开发过程，在最新版本的内核上对各种新硬件进行设备驱动编写的实验。这一点对于嵌入式系统非常重要，因为嵌入式设备往往具有独有外设，开发人员需要把更多精力放在设备驱动方面。

9.1.1　设备的分类

Linux 支持三类硬件设备：字符设备、块设备和网络设备。字符设备是指无须缓冲直接读/写的设备，如系统的串口设备/dev/cua0 和/dev/cua1。块设备则只能以块为单位进行读/写，典型的块大小为 512B 或 1024B。块设备的存取是通过读 buffer、cache 来进行的，并且可以随机访问，即不管块位于设备中何处都可以对其进行读/写。块设备可以通过其设备文件进行访问，但更为平常的访问方法是通过文件系统。网络设备可以通过 BSD 套接口访问。本章主要介绍前两种设备。

9.1.2　设备文件

从用户的角度出发，如果在使用不同设备时，需要使用不同的操作方法，这是非常麻烦的。用户希望能用同样的应用程序接口和命令来访问设备和普通文件。Linux 抽象了对硬件的处理，所有的硬件设备都可以作为普通文件一样来看待：它们可以使用和操作文件相同的、标准的系统调用接口来完成打开读/写和控制操作，而驱动程序的主要任务就是要实现这些系统调用函数。Linux 系统中的所有硬件设备都使用一个特殊的设备文件来表示，例如，系统中的第一个 IDE 硬盘使用/dev/hda 来表示。

由于引入了设备文件这一概念，Linux 为文件和设备提供了一致的用户接口。对用户来说，设备文件与普通文件并无区别。用户可以打开和关闭设备文件，可以读数据，也可以写数据。例如，用同一 write()系统调用既可以向普通文件写入数据，也可以通过向/dev/lp0 设备文件中写入数据，从而把数据发送给打印机。

9.1.3　主设备号和次设备号

每个设备文件都对应有两个设备号：一个是主设备号，标识该设备的种类，也标识了该设备所使用的驱动程序；另一个是次设备号，标识使用同一设备驱动程序的不同硬件设备。设备文件的主设备号必须与设备驱动程序在登录该设备时申请的主设备号一致，否则用户进程将无法访问到设备驱动程序。所有已经注册（即已经加载驱动程序）的硬件设备的主设备号可以从/proc/devices 文件中得到，使用 mknod 命令可以创建指定类型的设备文件，同时为其分配相应的主设备号和次设备号。注意：生成设备文件要以 root 权限的用户访问。例如，下面的命令中：

```
mknod/dev/lp0 c 6 0
```

/dev/lp0 是设备名，c 表示字符设备，如果是 b 则表示块设备；6 是主设备号，0 是次设备号，次设备号可以是 0～255 之间的值。当应用程序对某个设备文件进行系统调用时，Linux 内核会根据该设备文件的设备类型和主设备号调用相应的驱动程序，并从用户态进入内核态，再由驱动程序判断该设备的次设备号，最终完成对相应硬件的操作。关于 Linux 系统中对于设备号的分配原则，可以参看 Documentation/Devices.txt 文件。

9.1.4　Linux 设备驱动程序的分布

Linux 内核源码的大多数都是设备驱动程序。所有 Linux 的设备驱动源码都放在 drivers 目录中，分成以下几类。

（1）block。块设备驱动包括 IDE（在 ide.c 中）驱动。块设备包括 IDE 设备与 SCSI 设备。

（2）char。此目录包含字符设备的驱动，如 ttys、串行口以及鼠标。

（3）cdrom。该目录包含了所有 Linux CDROM 代码，在这里可以找到某些特殊的 CDROM 设备（如 Sound Blaster CDROM）。IDE 接口的 CD 驱动位于 drivers/block/ide-cd.c 中，而 SCSICD 驱动位于 drive/scsi/scsi.c 中。

（4）pci。该目录包含了 PCI 伪设备驱动源码，在这里可以找到关于 PCI 子系统映射与初始化的代码。

（5）scsi。在这里可以找到所有的 SCSI 代码以及 Linux 支持的 SCSI 设备的设备驱动。

（6）net。该目录包含了网络驱动源码，如 tulip.c 中的 D5CChip 21040 PCI 以太网驱动。

（7）sound。该目录包含了所有的声卡驱动源码。

9.1.5　Linux 设备驱动程序的特点

Linux 操作系统支持多种设备，这些设备的驱动程序有如下特点。

1）内核代码

设备驱动程序是内核的一部分，一个缺乏优良设计和高质量编码的设备驱动程序，甚至能使系统崩溃并导致文件系统的破坏和数据丢失。

2）内核接口

设备驱动必须为 Linux 内核或者其从属子系统提供一个标准接口，如一个终端驱动程序为内核提供了一个文件 IO 接口，而一个 SCSI 设备驱动程序为 SCSI 子系统提供了一个 SCSI 设备接口，同时 SCSI 子系统也必须为内核提供文件 IO 接口和 buffer、cache 接口。

3）内核机制与服务

设备驱动可以使用标准的内核驱动与服务，如内存分配、中断和等待队列等。

4）可加载

大多数 Linux 设备驱动可以在需要的时候加载到内核，同时在不再使用时被卸载，这样内核就能更有效地利用系统资源。

5）可配置

Linux 设备驱动程序可以集成为内核的一部分。在编译内核的时候，可以选择把那些驱动程序直接集成到内核里面。

6）动态性

当系统启动及设备驱动初始化后，驱动程序将维护其控制的设备。如果一个特有的设备驱动程序所控制的物理设备不存在，不会影响整个系统的运行，此时此设备驱动只占用了少量系统内存，不会对系统造成任何危害。

9.2　设备驱动程序结构

Linux 的设备驱动程序与外界的接口可以分成三部分。

（1）驱动程序与操作系统内核的接口。这是通过 include/linux/fs.h 中的 file_operations 数据结构来完成的，后面将会介绍这个结构。

（2）驱动程序与系统引导的接口。这部分利用驱动程序对设备进行初始化。

（3）驱动程序与设备的接口。这部分描述了驱动程序如何与设备进行交互，这与具体设备密切相关。

根据功能来划分，Linux 设备驱动程序的结构大致可以分为如下几个部分：驱动程序的注册与注销、设备的打开与释放、设备的读/写操作、设备的控制操作、设备的中断和轮询处理。

9.2.1　驱动程序的注册与注销

向系统增加一个驱动程序意味着要赋予它一个主设备号，这可以通过在驱动程序的初始化过程中调用定义在 fs/devices.c 中的 register_chrdev()函数或者 fs/block_dev.c 中的 register_blkdev()函数来完成。而在关闭字符设备或者块设备时，则需要通过调用 unregist_chrdev()或 unregister_blkdev()函数从内核中注销设备，同时释放占用的主设备号。

9.2.2　设备的打开与释放

打开设备是通过调用定义在 include/linux/fs.h 中的 file_operations 数据结构中的 open()函数来完成的，它是驱动程序用来完成初始化准备工作的。先来看一下 file_operations 数据结构的定义：

```
struct file_operations {
    struct module *owner;
    loff_t (*llseek) (struct file *, loff_t, int);
    ssize_t (*read) (struct file *, char _user *, size_t, loff_t *);
    ssize_t (*write) (struct file *, const char _user *, size_t, loff_t *);
    ssize_t (*aio_read) (struct kiocb *, const struct iovec *, unsigned long, loff_t);
    ssize_t (*aio_write) (struct kiocb *, const struct iovec *, unsigned long, loff_t);
    int (*readdir) (struct file *, void*, filldir_t);
    unsigned int ( *poll) (struct file *, struct file*, struct poll_table_struct*);
    int (*ioctl) (struct inode *, struct file *, unsigned int, unsigned long);
    long (*unlocked_ioctl) (struct file *, unsigned int, unsigned long);
    long (*compat_ioctl) (struct file *, unsigned int, unsigned long);
    int (*mmap) (struct file *, struct vm_area_struct *);
    int (*open) (struct inode *, struct file *);
    int (*flush) (struct file *, fl_owner_t id);
    int (*release) (struct inode*, struct file *);
    int (*fsync) (struct file *, struct dentry *, int datasync);
    int (*aio_fsync) (struct kiocb *, int datasync);
    int (*fasync) (int, struct file *, int);
    int (*lock) (struct file *, int, struct file_lock *);
    ssize_t (*sendpage) (struct file *, struct page *, int, size_t, loff_t *, int);
    unsigned long(*get_unmapped_area) (struct file *, unsigned long, unsigned long, unsigned long, unsigned long);
    int (*check_flags) (int);
    int (*flock) (struct file *, in, struct file_lock *);
    ssize_t (*splice_write) (struct pipe_inode_info *, struct file*, loff_t*, size_t, unsigned int);
    ssize_t (*splice_read) (struct file *, loff_t *, struct pipe_inode_info *, size_t, unsigned int);
```

int（*setlease）（struct file *，long，struct file_lock **）;

}

当应用程序对设备文件进行诸如打开 open()、关闭 close()、读 read()、写 write()等操作时，Linux 内核将通过 file_operations 结构访问驱动程序提供的函数。例如，当应用程序对设备文件执行读操作时，内核将调用 file_operations 结构中的 read()函数。

在大部分驱动程序中，open()函数通常需要完成下列工作：检查设备相关错误，如设备尚未准备就绪等；如果设备是第一次打开，则初始化硬件设备；识别次设备号；如果有必要，则更新读/写操作的当前位置指针 f_ops；分配和填写要放在 file→private_data 里的数据，使用计数器增 1。

释放设备是通过调用 file_operations 结构中的 release()函数来完成的，这个设备方法有时也被称为 close()，它的作用与 open()相反，通常要完成下列工作：使用计数器减 1；释放在 file→private_data 中分配的内存；如果是最后一个释放，则关闭设备。

9.2.3 设备的读/写操作

字符设备的读/写操作相对比较简单，直接使用 read()函数和 write()函数即可。但如果是块设备，则需要调用 block_read()函数和 block_write()函数来进行数据的读/写，这两个函数将向设备请求表中增加读/写请求，以便 Linux 内核可以对请求顺序进行优化。由于是对内存缓冲区而不是直接对设备进行操作的，因此能在很大程度上加快读/写速度。如果内存缓冲区中没有所要读入的数据，或者需要执行写操作将数据写入设备，则需要执行真正的数据传输了，这是通过调用数据结构 blk_dev_struct 中的 request_fn()函数来完成的。

9.2.4 设备的控制操作

除读/写操作，应用程序有时还需要对设备进行控制，还可以通过设备驱动程序中的 ioctl()函数来完成，ioctl()函数的用法与具体设备密切关联，因此需要根据设备的实际情况进行具体分析。

9.2.5 设备的轮询和中断处理

设备执行某个命令时，如"将读取磁头移动到软盘的第 42 扇区上"，设备驱动程序可以从轮询方式和中断方式中选择一种以判断设备是否已经完成此命令。

对于不支持中断的硬件设备，读/写时需要轮流查询设备状态，以便决定是否继续进行数据传输。这种方式可以让内核定期对设备的状态进行查询，然后做出相应的处理。不过这种方式会消耗不少的内核资源，因为无论硬件设备正在工作或已经完成工作，轮询总会周期性地重复执行。轮询方式意味着需要经常读取设备的状态，一直到设备状态表明请求已经完成。如果设备驱动程序被连接进入内核，这时使用轮询方式会带来灾难性的后果：内核将在此过程中无所事事，直到设备完成此请求。但是轮询设备驱动可以通过使用系统定时器，使内核周期性调用设备驱动中的某个例程来检查设备状态。定时器过程可以检查命令状态及 Linux 软盘驱动的工作情况。使用定时器是轮询方式中最好的一种，但更有效的方法是使用中断，让硬件在需要的时候再向内核发出信号。如果设备支持中断，则可以按中断方式进行操作。内核负责把硬件产生的中断传递给相应的设备驱动程序。这个过程由设备驱动向内核注册其使用的中断来协助完成，此中断处理例程的地址和中断号都将被记录下来。在/proc/interrupts 文件中可以看到设备驱动程序所对应的中断号及类型：

```
cat/poroc/interrupts
     CPU0      CPU1
  0:   3015762    3029275      IO–APIC–edge   timer
  1:   2578       2115         IO–APIC–edge   i8042
  8:   1          0            IO–APIC–edge   rtc0
  9:   243992     244889       IO–APIC–fasteoi acpi
 12:   121909     121431       IO–APIC–edge   i8042
 16:   1451       1554         IO–APIC–fasteoi uhci_hcd：USB6
 17:   36957      36188        IO–APIC–fasteoi uhci_hcd：USB7，HDA Intel
 18:   0          0            IO–APIC–fasteoi uhci_hcd：USB8
 19:   1          1            IO–APIC–fasteoi uhci_hcd：USB2
 20:   0          0            IO–APIC–fasteoi uhci_hcd：USB3
 21:   0          0            IO–APIC–fasteoi uhci_hcd：USB4
 22:   0          0            IO–APIC–fasteoi uhci_hcd：USB5
 23:   0          0            IO–APIC–fasteoi uhci_hcd：USB1
 24:   0          0            PCI–MSI–edge      pciehp
 25:   0          0            PCI–MSI–edge      pciehp
 26:   0          0            PCI–MSI–edge      pciehp
 27:   31328      29916        PCI–MSI–edge      ahci
 28:   3408       862          PCI–MSI–edge      eth0
 29:   130673     133516       PCI–MSI–edge      i915
 30:   472669     306159       PCI–MSI–edge      iwlagn
MNI:   0          0            Non–maskableinterrupts
LOC:   2932088    1078822      Local timer interrupts
SPU:   0          0            Spurious interrupts
PMI:   0          0            Performance monitoring interrupts
PND:   0          0            Performance pending work
RES:   2603253    2545259      Rescheduling interrupts
CAL:   5135       2431         Function call interrupts
TLB:   15204      4564         TLB shootdowns
TRM:   0          0            Thermal event interrupts
THR:   0          0            Threshold APIC interrupts
MCE:   0          0            Machine check exceptions
MCP:   29         29           Machine check polls
ERR:   1
MIS:   0
```

　　对中断资源的请求在驱动初始化时就已经完成。作为 IBM PC 体系结构的遗产，系统中有些中断已经固定，如软盘控制器总是使用中断 6。其他中断，如 PCI 设备中断，在启动时进行动态分配。设备驱动必须在取得对此中断的所有权之前找到它所控制设备的中断号（IRQ），通过支持标准的 PCI BIOS 回调函数来确定系统中 PCI 设备的中断信息，包括其 IRQ 号。

　　如何将中断发送给 CPU 本身取决于体系结构，但是在多数体系结构中，中断以一种特殊模式发送同时还将阻止系统中其他中断的产生。设备驱动在其中断处理过程中做得越少越好，这样 Linux 内核将能很快地处理完中断并返回中断前的状态。为了在接收中断时完成大量工作，设备驱动必须能够使用内核的底层处理例程或者任务队列来对以后需要调用的那些例程进行排队。

9.3　Linux 内核设备模型

　　内核设备模型是 Linux2.6 之后引进的，是为了适应系统拓扑结构越来越复杂，对电源管理、热插拔支持要求越来越高等情况下开发的全新的设备模型。它采用 sysfs 文件系统，一个类似于/proc 文件系统的特殊文件系统，其作用是将系统中的设备组织成层次结构，然后向用户程序提供内核数据结构信息。

9.3.1　设备模型建立的目的

　　设备模型提供独立的机制表示设备，并表示其在系统中的拓扑结构。这样使系统具有以下优点：代码重复最少；提供如引用计数这样的统一机制；列举系统中所有设备，观察其状态，查看其连接总线；用树的形式将全部设备结构完整、有效地展现，包括所有总线和内部连接；将设备和对应驱动联系起来；将设备按照类型分类；从树的叶子向根的方向依次遍历，确保用正确顺序关闭各个设备的电源。

　　设备模型设计的初衷是节能，且有助于电源管理。通过建立表示系统设备拓扑关系的树结构，能够在内核中实现智能的电源管理。基本原理是，当系统想关闭某个设备节点的电源时，内核必须首先关闭该设备节点以下的设备电源。例如，内核需要在关闭 USB 鼠标之后，才能关闭 USB 控制器，再之后才能关闭 PCI 总线。

9.3.2　sysfs 设备拓扑结构的文件系统表现

　　设备模型是为了方便电源管理而设计的一种设备拓扑结构，其开发者为了方便调试，将设备结构树导出为一个文件系统，即 sysfs。sysfs 帮助用户以一个简单文件系统的方式来查看系统中各种设备的拓扑结构。sysfs 代替的是/proc 下的设备相关文件。所有的 Linux2.6 内核系统都有 sysfs。

　　sysfs 挂载在/sys 目录下，结构如下：

```
/sys
|--block
|--bus
|--class
|--dev
|--devices
|--firmware
|--fs
|--kernel
|--module
|--power
```

可以看到，sysfs 根目录下有 10 个目录，分别是：block，bus，class，dev，devices，firmware，fs，kernel，module 和 power。

（1）block 目录：其下的每个子目录分别对应系统中的一个块设备，每个目录又都包含该块设备的所有分区。

（2）bus 目录：内核设备按总线类型分层放置的目录结构，devices 中的所有设备都是连接于某种总线之下可以找到每一个具体设备的符号链接，它是构成 Linux 统一设备模型的一部分。

（3）class 目录：包含以高层功能逻辑组织起来的系统设备视图。

（4）dev 目录：这个目录下维护一个按字符设备和块设备的主次号码（major，minor）连接到真实设备（/sys/devices 下）的符号链接，在内核 Linux2.6.26 首次引入。

（5）devices 目录：系统设备拓扑结构视图，直接映射出内核中设备结构体的组织层次。

（6）firmware 目录：包含一些如 ACPI、EDD、EFI 等底层子系统的特殊树。

（7）fs 目录：存放的已挂载点，但目前只有 fuse、gfs2 等少数文件系统支持 sysfs 接口，传统的虚拟文件系统（VFS）层次控制参数仍然在 sysctl（/proc/sys/fs）接口中。

（8）kernel 目录：新式的 slab 分配器等几项较新的设计在使用它，其他内核可调整参数仍然位于 sysctl（/proc/sys/kernel）接口中。

（9）module 目录：系统中所有模块的信息，不管这些模块是以内联（inlined）方式编译到内核映像文件（vmlinuz），还是编译到外部模块（ko 文件），都可能会出现在/sys/module 中：编译为外部模块（ko 文件），在加载后会出现对应的/sys/module/<module_name>/，并且在这个目录下会出现一些属性文件和属性目录来标识此外部模块的一些信息，如版本号、加载状态、所提供的驱动程序等；编译为内联方式的模块，只有当它有非 0 属性的模块参数时会出现对应的/sys/module/<module_name>/，这些模块的可用参数才会出现在/sys/module/<modname>/parameters/<param_name>中。

（10）power 目录：包含系统范围的电源管理数据。

在这些目录里面，最重要的是 devices 目录，该目录将设备模型导出到用户空间，因为其目录结构就是系统中实际的设备拓扑结构。

9.3.3 驱动模型和 sysfs

sysfs 的目标是要展现设备驱动模型组件之间的拓扑结构。sysfs 是 Linux 统一设备模型的开发过程中的一项副产品。为了将这些有层次的设备以用户可见的方式表达出来，很自然想到了利用文件系统的目录树结构。

Linux2.6 设备驱动模型的基本元素是总线类型（bus Type）、设备（Device）、设备类型（Device Classes）、设备驱动（Device Drivers）。Linux 统一设备模型的基本结构如表 9.1 所示。

表 9.1　Linux 统一设备模型的基本结构

类　　型	说　　明	对应内核数据结构	对应/sys 项
总线类型（bus Type）	系统中用于连接设备的总线	struct bus_type	/sys/bus/*/
设备（Device）	内核识别的所有设备，以此连接它们的总线进行组织	struct device	/sys/devices/*/*/.../
设备类型（Device Classes）	系统中设备的类型（声卡、网卡、显卡、输入设备等），同一类型中包含的设备可能连接不同的总线	struct class	/sys/class/*/
设备驱动（Device Drivers）	在一个系统中安装多个相同的设备，只需要一份驱动程序的支持	struct device_driver	/sys/bus/pic//drivers/*/

power 与 devices 有关，是 devices 中的一个字段。此外还有 driver 目录，是内核中注册的设备驱动程序，对应的结构体为 struct device_driver{…}。

上面说的 bus、devices、class 和 drivers，在内核中都用相应的结构体来描述，是可以感受到的对象。实际上，如果按照面向对象的思想，需要抽象出一个最基本的对象，即设备模型的核心对象——kobject。

作为 Linux2.6 引入的新的设备管理机制，kobject 在内核中是一个 struct kobject 结构体，其提供基本的对象管理，是构成 Linux2.6 设备驱动模型的核心结构，与 sysfs 紧密关联，每个在内核中注册的 kobject 对象都对应于 sysfs 中的一个目录。同时，kobject 是组成设备模型的基本结构，类似于 C++中的基类，它嵌于更大的对象中，即容器，如上面提到的 bus、class、devices、drivers，这些容器都是描述设备模型的组件。通过这个数据结构，内核中的所有设备在底层都有了统一的接口。

9.3.4 kobject

在介绍 kobject 之前，先回顾一下文件系统中的核心对象：索引节点（inode）和目录项（dentry）。

inode：与文件系统中的一个文件相对应，只有文件被访问，才在内存创建索引节点。

dentry：每个路径中的一个分量，如路径/bin/ls，其中/、bin 和 ls 三个都是目录项，前两个是目录，最后一个是普通文件。换句话说，目录项，或者是子目录或者是一个文件。

由上可知，dentry 的包容性比 inode 的包容性大。下面来说明 kobject 和 dentry 的关系。如果把 dentry 作为 kobject 中的一个字段，就可以方便地将 kobject 映射到一个 dentry 上，也就是说，kobject 和/sys 下的任何一个目录或文件相对应，进一步地，把 kobject 导出形成文件系统就变得如同在内存中构建目录项一样简单了。至此可知，kobject 已经形成一棵树了，驱动模型和sysfs 全然联系起来了。由于 kobject 被映射到目录项，而且对象模型层次结构在内存中也已经形成了树，最终形成了 sysfs。

在这里，既然 kobject 要形成一棵树，其中的字段必然要有父节点，用来表现树的层次关系；同时每个 kobject 都得有名字，按理来说，目录或文件名不会太长，但是 sysfs 为了表示对象之间的复杂关系，需要通过软连接达到，而软连接又会有较长的名字。由以上分析可以得知，kobject 应该包含的字段有：

```
struct kobject{
    const  char*name;              //短名字
    struct  kobject*parent;        //表示对象的层次关系
    struct  sysfs_dirent*sd;       //表示 sysfs 中的一个目录项
}
```

kobject 所包含的字段一目了然。但如果查看 kobjed.h 头文件，可以看到它还包含如下字段：

```
struct kobject{
    struct  kref   kref;
    struct  list_head entry;
    struct  kset   *kset;
    struct  kobj_type *ktype;
}
```

可以看到，四个字段，每一个都是结构体，其中的 struct list_head 是内核中形成双向链表的基本结构，下面介绍其他三个结构体。

1. 结构体 kref

kobject 的主要功能之一是提供一个统一的计数系统。由于 kobject 是"基"对象，其他对象，如 devices、bus、class 等容器都会将其包含，其他对象的引用计数继承或封装 kobject 的引用计数就可以了。**kobject 初始化其引用计数为 1。如果引用计数不为 0，则该对象会继续留在内存中。

任何代码，如果引用该对象，则首先要增加该对象的引用计数；一旦代码结束，则减少它的引用计数。这里有两个操作：增加引用计数称作获得（getting）对象的引用；减少引用计数称作释放（putting）对象的引用。当引用计数减少到 0 时，对象便可以被摧毁，同时，相关内存也会被释放，如表 9.2 所示。

表 9.2　对引用计数的两个操作

函　　数	作　用	说　　明
struct kobject*kobject_get（struct kobject*kobj）	增加引用计数	正常情况下返回一个指向 kobject 的指针；失败则返回 NULL 指针
void kobject_put（struct kobject*kobj）	减少引用计数	如果对应的 kobject 的引用计数减少到 0，则与该 kobject 关联的 ktype 中的析构函数将被调用

深入引用计数系统的内部，可以发现 kobject 的引用计数是通过 kref 结构体实现的，其定义在头文件<linux/kref.h>中：

```
struct kref{
    atomic_t refcount;
};
```

其中唯一的字段用来存放引用计数的原子变量。在使用 kref 前，必须通过 kref_init()函数来初始化它：

```
void kref_init（struct kref*kref）{kref_set（kref，1）}
```

这个操作会将原子变量置 1，所以 kref 一旦被初始化，则其表示的引用计数便固定为 1。

2. 结构体 ktype

kobject 是一个抽象且基本的对象，对于一组具有共同特性的 kobject 要用 ktype 描述。其定义于头文件<linux/kobject.h>中：

```
struct ktype{
    void（*release）（struct kobject*kobj）;
    struct sysfs_ops*sysfs_ops;
    struct attribute**default_attrs;
}
```

对于该结构体中的三个指针说明可参见表 9.3。

表 9.3　结构体 ktype 成员说明

指　　针	指 向 对 象	说　　　　明
release	析构函数	当 kobject 引用计数减至 0 时，调用这个析构函数。作用是释放 kobject 使用的内存和进行相关清理工作
sysfs_ops	sysfs_ops 结构体	sysfs_ops 结构体包含两个函数：对属性进行操作的读/写函数 show()和 store()
default_attrs	attribute 结构体数组	这些结构定义了 kobject 相关的默认属性。属性描述了给定对象的特征；属性对应/sys 树形结构中的叶子节点，就是文件

3．结构体 kset

kset 是 kobject 对象的集合体，可以看作一个容器，把所有相关的 kobject 聚集起来。比如，全部的块设备就是一个 kset。ktype 描述相关类型 kobject 所共有的特性，把 kobject 集中到一个集合中，两者的区别在于：具有相同 ktype 的 kobject 可以被分组到不同的 kset。

kobject 的 kset 指针指向相应的 kset 集合。kset 集合由结构体 kset 表示，定义在头文件 <linux/kobject.h>中：

```
struct kset{
    struct list_head list;
    spinlock_t list_lock;
    struct kobjfect kobj;
    struct kset_uevent_ops *uevent_ops;
    }
```

表 9.4 对结构体 kset 中各个成员做了说明。

表 9.4　结构体 kset 成员说明

成　　员	说　　　　明
list	在该 kset 下的所有 kobject 对象
list_lock	在 kobject 上进行迭代时用到的锁
kobj	其指向的 kobject 对象代表了该集合的基类
uevent_ops	指向一个用于处理集合中 kobject 对象的热插拔结构操作的结构体

内核模型中还需要一个 platform 部件，该部分内容将在下节介绍。

9.4　Linux 字符设备驱动分析

Linux 的设备分为三类：字符设备、块设备和网络设备，于是，就有了三类驱动程序。字符设备指那些必须以串行顺序依次进行访问的设备，如触摸屏、磁带驱动器、鼠标等。块设备可以按任意顺序进行访问，以块为单位进行操作，如磁盘、eMM 等。字符设备和块设备驱动设计有很大的差异，但是对于用户而言，它们都要使用文件系统的操作接口，如 open()、close()、read()、write()等进行访问。在 Linux 系统中，网络设备面向数据包的接收和发送而设计，它并不倾向于对应于文件系统的节点。它们和内核的通信方式完全不同，网络设备主要使用套接字接口。本节主要讨论字符设备驱动。

9.4.1　字符设备驱动的结构

　　字符设备驱动的结构如图 9.1 所示，驱动程序把硬件和软件分离，应用程序访问硬件只有通过操作系统才能进行，驱动程序是操作系统的一部分。对硬件来说，操作系统是不透明的，它通过驱动程序中定义的通信接口（write()、read()、ioctl()）实现对硬件的操作。图右边部分是系统调用，为应用层代码；左边为设备驱动程序，是操作系统的一部分。

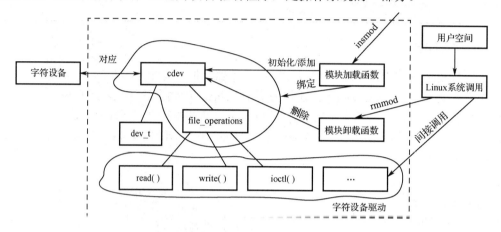

图 9.1　字符设备驱动的结构

　　启用驱动程序的操作称为模块加载，将模块从内存中除去称为模块卸载。模块的加载和卸载可以通过 insmod 和 rmmod 完成。file_operations 是一组函数的重载，其将操作系统函数和系统调用的函数进行一一映射，以实现间接调用的规范化。例如，从应用程序看 IO 控制操作是 ioctl()，而驱动程序可以将函数写成 uptech_gpio_ioctl()。

　　在 Linux 的发展历程中，对设备管理经历了两个阶段：使用 cdev、使用 platform 总线和设备树，它们的目的都是一样的，即将设备注册到内核或者从内核中注销，通过操作系统应用程序可以操作硬件。

9.4.2　使用 cdev 开发字符设备驱动

1. cdev 结构体

字符设备驱动模型如图 9.2 所示。

　　Linux 字符设备驱动包括初始化、设备操作和注销。module_init()实现初始化驱动程序，包含分配、注册和初始化。分配是给 cdev 结构体分配内存，包括静态分配内存和动态分配内存；注册是把设备加入内核的链表中；初始化包括硬件初始化和软件初始化，目的是将设备带到一个合适的位置。上述功能的划分不是绝对的，一个或者几个功能模块可以由一个函数完成。模块加载函数通过 register_chrdev_region()或 alloc_chrdev_region()来静态或者动态获取设备号。通过 cdev_init()建立 cdev 与 file_operations 之间的连接，通过 cdev_add()向系统添加一个 cdev 以完成注册。模块卸载函数通过 cdev_del()来注销 cdev，通过 unregister_chrdev_region()来释放设备号。设备操作的几个模块有逻辑关系，设备的读/写操作必须在设备打开之后才能进行，使用之后要关闭设备。module_exit()实现驱动的注销。

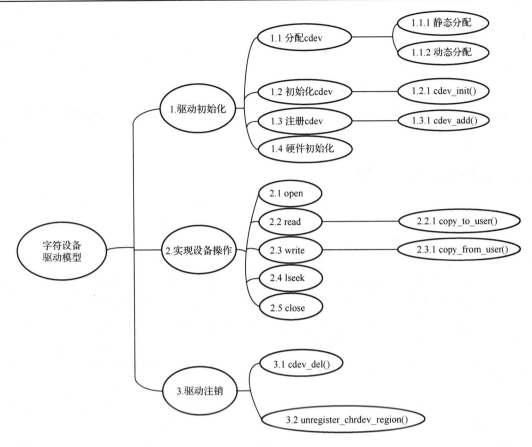

图 9.2 字符设备驱动模型

Linux 内核中，使用 cdev 结构体来描述一个字符设备，cdev 结构体的定义如下：

```
<include/linux/cdev.h>
struct cdev{
    struct kobject kobj;                    //内嵌的内核对象
    struct module*owner;                    //该字符设备所在的内核模块的对象指针
    const struct file_operations*ops;       //该结构描述了字符设备所能实现的方法
    struct list_head list;                  //用来将已经向内核注册的所有字符设备形成链表
    dev_t dev;                              //字符设备的设备号，由主设备号和次设备号构成
    unsigned int count;                     //隶属于同一主设备号的次设备号的个数
};
```

2．dev_t

一个字符设备或块设备都有一个主设备号和一个次设备号。主设备号用来标识与设备文件相连的驱动程序，用来反映设备类型。次设备号被驱动程序用来辨别操作的是哪个设备，用来区分同类型的设备。

Linux 内核中，设备号用 dev_t 来描述，定义如下：typedef u_long dev_t，在 32 位机中是 4 字节，高 12 位表示主设备号，低 20 位表示次设备号。

Linux 内核也为我们提供了几个方便操作的宏实现 dev_t：

1）从设备号中提取 major 和 minor

```
MAJOR（dev_t dev）；
MINOR（dev_t dev）；
```

2）通过 major 和 minor 构建设备号

MKDEV(int major，int minor)。MKDEV 只是构建设备号，并未注册，需要调用 register_chrdev_region()静态申请。

9.4.3　platform 总线与设备树

1. platform

到目前为止，我们将应用程序和驱动程序成功分离，通过接口函数将两者连接起来，上层的 API 程序是应用层程序，驻留在操作系统内的底层程序是驱动程序。对于不太复杂的应用系统，这种程序结构能够满足系统设计的需求。但对于大型的应用系统，驱动程序的升级、更新和兼容性不太理想。既然能够对上层程序和底层程序进行分割，当然也可以对驱动程序继续分割，分割的理由和出发点是驱动程序的一部分和硬件有关，而另一部分与硬件无关。把硬件相关的部分放在一个称为 device 的结构体内，由它们构成一个链表；把软件相关的部分放在一个称为 drv 的结构体内，由它们构成另外一个链表。注册的时候添加链表的节点，注销的时候删除相关的链表节点。同一设备的 device 和 drv 通过相同的 name 进行关联，通过 probe()函数执行相关的操作，这就是 platform 总线的设计思想。Linux 发明了一种虚拟的总线，称为 platform 总线，对应的设备称为 platform_device，而驱动称为 platform_driver。

platform 并不是与字符设备、块设备和网络设备并列的概念，而是 Linux 系统提供的一种手段。例如，我们通常把在 SoC 内部集成的 I^2C、RTC、LCD、看门狗等控制器都归纳为 platform_device，而它们本身就是字符设备。

在 platform 的设备驱动模型中，需关心总线、设备和驱动这 3 个实体，总线将设备和驱动绑定。在系统每注册一个设备的时候，会寻找与之匹配的驱动；相反地，在系统每注册一个驱动的时候，会寻找与之匹配的设备，而匹配由总线完成。

注册一个平台总线驱动使用 platform_driver_register（struct platform_driver*drv）函数；注销一个平台总线驱动使用 platform_driver_unregister（struct platform_driver*drv）函数；也可以使用 module_platform_driver（struct platform_driver*drv）函数，来完成平台设备驱动的加载与注销，参数 struct platform_driver 结构体包括平台驱动的挂载、注销等函数以及 struct device_driver 等结构体，重载这些函数，以及完成对结构体内容的赋值，在函数中实现驱动功能。参数 struct platform_driver 结构体内容如下：

```
struct platform_driver
    {
    int（*probe）（struct platform_device*）；              //加载函数
    int（*remove）（struct platform_device*）；             //注销函数
    void（*shutdown）（struct platform_device*）；          //电源管理函数
    int（*suspend）（struct platform_device*,pm_message_t state）；
    int（*resume）（struct platform_device*）；
    struct device_driver driver;                          //device_driver 实例
    const struct platform_device_id*id_table;
```

```
bool prevent_deferred_probe;
};
```

基本上，我们最关心其中三个成员，写 platform 驱动只需要自己实现这个三个成员变量就可以了。若有特殊需求，再实现其他的成员。

driver 里面有个成员 of_match_table，of_match_table 里面存放着要和设备树节点匹配的信息，就是和 compatible 属性匹配的信息，它是一些名字。什么时候开始匹配呢？这个时间就是加载 driver 的 ko 文件的时候，Linux 会将里面存放的信息和设备树 compatible 属性进行匹配，所以要在它里面设置一个"名字表"。

匹配成功之后，系统会自动调用 probe()函数。那我们要在 probe()函数里做什么呢？显然就是原来 init()函数里面的内容，只不过要替换成一些 platform 自己的 API。而 remove()函数卸载的内容，就是原来 exit()的内容，只需要再进行一些替换。

用户怎么注册 platform_driver？

自己的 platform_driver 实现好了，就要向内核进行注册：

```
int platform_driver_register（struct platform_driver*driver）
```

函数参数和返回值含义如下：driver：要注册的 platform 驱动；返回值：负数，失败；0，成功。还需要在驱动卸载函数中通过 platform_driver_unregister()函数卸载 platform 驱动。void platform_driver_unregister（struct platform_driver*drv）的参数 drv：要卸载的 platform 驱动。这两个函数可以在 init()、exit()中被调用。也就是说，init()、exit()函数只需要分别注册和注销一件事。还有更简单的方法：void module_platform_driver（struct platform_driver*driver）。在实际操作中，只需要写这么一句代码就完成了对设备的注册，相当方便。在哪写呢？原来在哪写 init()、exit()，现在就在哪写。

platform_driver 结构体的描述：

```
/*struct platform_driver 结构体赋值*/
static struct platform_driver gpio_device_driver=
{
probe=gpio_probe_func          //重载 probe()函数
remove=gpio_remove_func        //重载 remove()函数
driver={
    name=DEVICE_NAME           //设备驱动程序的名称
    owner=THIS_MODULE          //设备驱动程序所有者
    of_match_table=of_match_ptr（port_p8_of_match）//驱动程序匹配的设备信息
    }
};
module_platform_driver（gpio_device_driver）;          //驱动程序入口与出口
//实现 probe()函数和 remove()函数
static int gpio_probe_func（struct platform_device*pdev）
{//自己的初始化代码，原来的 init()函数}
static int gpio_remove_func（struct platform_device*pdev）
{//自己的驱动卸载代码，原来的 exit()函数}
/*驱动属性：遵循协议、作者、驱动描述*/
MODULE_LICENSE（"GPL"）;
MODULE_DESCRIPTION（"intr_gpio_test"）;
```

2. 设备树

对设备树的作用最直白的描述是，它取代 platform_device，但它的功能比 platform_device 更为强大，设备树和 platform 总线分离，甚至它们根本就不在一个文件夹内，需要独自编译。由此带来的好处是，当我们只做硬件改动时，只需要维护设备树处的代码。这是软件分层分块带来的最直接的好处。

设备树（Device Tree）是一种描述硬件的数据结构，设备树源文件（以.dts 结尾）就是用来描述开发板硬件信息的。Device Tree 由一系列被命名的节点（node）和属性（property）组成，而节点本身可包含子节点。所谓属性，其实就是成对出现的 name 和 value。在 Device Tree 中，可描述的信息在 Linux3.x 版本后放在文件夹 arch/arm/plat-xxx 和 arch/arm/mach-xxx 中，描述板级细节的代码（如 platform_device、i2c_board_info 等）被大量取消，取而代之的是设备树，其目录位于 arch/arm/boot/dts。

1）ARM i.MX 6Solo/6Dual 设备树

参考硬件结构图如图 9.3 所示。

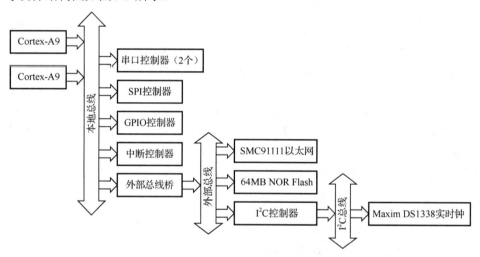

图 9.3   ARM i.MX 6Solo/6Dual设备树参考硬件结构图

ARM i.MX 6Solo/6Dual 有两个 Cortex-A9；本地总线上内存映射区域分布有两个串口控制器（地址是 0x101F1000 和 0x101F2000）、GPIO 控制器（地址是 0x101F3000）、SPI 控制器（地址是 0x10170000）、中断控制器（地址是 0x10140000）和一个外部总线桥；外部总线桥上又连接了 SMC91111 以太网（地址是 0x10100000）、I²C 控制器（地址是 0x10160000）、64MB NOR Flash（地址是 0x30000000）；外部总线桥上连接的 I²C 控制器所对应的 I²C 总线上又连接了 Maxim DS1338 实时钟（I²C 地址是 0x58）。

2）设备树的几个术语

（1）DTS（Device Tree Source）。

设备树源文件的扩展名是.dts，dtsi 是 dts 的库文件，包含 SoC 常见设备树的描述。本书设备树存放的目录是/home/now/fsl-6dl-source/kernel-3.14.28/arch/arm/boot$，设备树的文件名是 imx6qdl-sabresd.dtsi。

图 9.4 是 i.MX6qdl-sabresd.dtsi 的部分代码，描述的是两个按键 KEY_1 和 KEY_2，每个按键有一个 label，按键对应 gpio 唯一的物理地址，compatible 对应唯一的模块名，用于和

platform_drv 的驱动程序关联。

（2）DTC（Device Tree Compiler）。

DTC 是将.dts 文件编译为.dtb 文件的工具。编译器在 Makefile 中指定，Makefile 位于 scripts/dtc/Makefile，指定编译器的代码是"hosprogs-y：=dtc"，其中，hosprogs 是编译目标。当然，DTC 也可以在 Ubuntu 中单独安装，命令如下：

```
sudo apt-get install device-tree-compiler
```

.dts 文件可以编译为.dtb 文件，当然.dtb 文件也可以反编译为.dts 文件，其指令格式为

```
./scripts/dtc/dtc –I dtb-o dts -o xxx.dts arch/arm/boot/dts/xxx.dtb
```

```
103    gpio-keys {
104        compatible = "gpio-keys";
105        pinctrl-names = "default";
106        pinctrl-0 = <&pinctrl_gpio_keys>;
107
108        number1 {
109            label = "Number1 Button";
110            gpios = <&gpio2 7 1>;
111            gpio-key,wakeup;
112            linux,code = <KEY_1>;
113        };
114
115        number2 {
116            label = "Number2 Button";
117            gpios = <&gpio2 2 1>;
118            gpio-key,wakeup;
119            linux,code = <KEY_2>;
120        };
```

图 9.4　i.MX6qdl-sabresd.dtsi的部分代码

（3）DTB（Device Tree Blob）。

.dtb 文件是被 DTC 编译后的二进制格式的设备树描述，由 Linux 内核解析，当然 U-Boot 这样的 BootLoader 也可以识别.dtb。Linux 可以不把.dtb 文件单独存放，而是直接和 zImage 绑定在一起做成一个映像文件。当然内核编译时要使能 CONFIG_ARM_APPENDED_DTB 这个选项，以支持"Use appended device tree blob to zImage"。

（4）绑定（Binding）。

绑定是通过.txt 文件实现的，设备绑定文档的主要内容包括：

- 必要属性（Required Properties）的描述；
- 可选属性（Opertional Properties）的描述。

Linux 内核会运行一个检查，如果在设备树中新添加了 compatible 字符串，而没有添加相应的文档进行解释，系统会发出报警。

（5）根节点兼容性。

可以想象，设备树是树状的数据结构，根节点位于文件开始部分的描述，用{}括起来的一段代码，一般是板级的描述，括号前面使用单个的"/"，兼容属性使用保留字"compatible"，组织形式为："<manufacture>，<model>"。Linux 支持针对多个 SoC、多个电路板的通用 DT 设备，即一个 DT 设备的.dt_compact 包含多个电路板.dts 文件的根节点兼容属性字符串，可以通过 int of_machine_is_compatible（const char *compact）API 判断根节点的兼容性。

（6）设备节点兼容性。

在.dts 的每一个设备节点中，都有一个兼容属性，兼容属性用于驱动和设备的绑定，兼容性是一个字符串的列表，列表中的第一个字符串表征了节点代表的确切设备。形式为"<manufacture>，<model>"，其后的字符串表征了可兼容的其他设备。可以说前面的是特指，后面的则涵盖更广的范围。例如，

```
#include<dt-bindings/input/input.h>
    {
    aliases
        {mxcfb0=&mxcfb1;
        mxcfb1=&mxcfb2;
        mxcfb2=&mxcfb3;
        mxcfb3=&mxcfb4;
        };
    gpio-leds-test
        {
        compatible="fsl,gpio-leds-test";
        pinctrl-names="default";
        pinctrl-0=<&pinctrl_gpio_leds_test>;
        gpio0=<&gpio6 7 0>;
        gpio1=<&gpio6 15 0>;
        gpio2=<&gpio6 8 0>;
        gpio3=<&gpio6 10 0>;
        };
    pinctrl_gpio_leds_test:  gpio_ledsgrp
        {fsl,pins=
            <MX6QDL_PAD_NANDF_CLE__GPIO6_IO07    0x80000000
            MX6QDL_PAD_NANDF_CS2__GPIO6_IO15    0x80000000
            MX6QDL_PAD_NANDF_ALE__GPIO6_IO08    0x80000000
            MX6QDL_PAD_NANDF_RB0__GPIO6_IO10    0x80000000>;
            };
```

其中，gpio-leds-test 挂接在根节点下，compatible= "fsl,gpio-leds-test" 中的 fsl 是设备制造商飞思卡尔，gpio-leds-test 是模块名，这个设备树上的名字在下文中将要和 platform_driver 中的 name 匹配，以找到对应的驱动。

```
gpio0=<&gpio6 7 0>;
gpio1=<&gpio6 15 0>;
gpio2=<&gpio6 8 0>;
gpio3=<&gpio6 10 0>;
```

是使用到的 4 个发光二极管的引脚定义，它们是 gpio6 上连接的 4 个 IO 口。显然，这部分是系统硬件部分的内容。设备树最大的贡献是将硬件部分从设备驱动代码中剥离，使 platform_driver 部分专注于软件层面的工作。当硬件升级或者改动的时候，仅需维护设备树相关的代码。

再看一段设备树描述的代码：

```
flash@0,0000_0000{
compatible="arm，vexpress-Flash", "cfi-Flash";
reg=<0 0x0000_0000 0x0400_0000>,<1 0x0000_0000 0x0400_0000>
```

```
bank-width=<4>
  }
```

使用设备树后，驱动需要与.dts 文件中描述的设备节点进行匹配，从而使驱动的 probe()函数执行。对于 platform_driver 而言，需要添加一个"of"匹配表，代码清单如下所示：

```
static struct of_device_id gpio_leds_of_match[ ]=
    {
        {.compatible="fsl,gpio-leds-test", },
            { },
    }
MODULE_DEVICE_TABLE（of, gpio_leds_of_match）;
static struct platform_driver gpio_leds_device_driver={
    .probe=gpio_leds_probe,              //重载 probe()函数
    .remove=gpio_leds_remove,            //重载 remove()函数
    .driver ={
        .name ="gpio-leds-test",         //设备驱动程序的名称
        .owner=THIS_MODULE,              //设备驱动程序所有者
        .of_match_table=of_match_ptr（gpio_leds_of_match）,
                                         //驱动程序匹配的设备信息
    }
};
```

（7）常见属性的设置与获取。

当修改或编写驱动时，常常需要修改 gpio、时钟、中断等参数，以前都是在 mach-xxx 的 device 中设置的，现在则要在节点里设置，而驱动使用特殊的 API 来获取。属性的获取常常在 probe()函数中进行，但是在获取属性之前，最重要的是确定哪个节点触发了驱动。如果一个驱动对应多个节点，则驱动可以通过 int of_device_is_compatible（const struct device_node *device,const char*name）来判断当前节点是否包含指定的 compatible（兼容性）。

① gpio 的设置与获取。

/*i.MX6dl.dtsi 中 gpio1 控制器的定义节点*/

```
gpio1: gpio@0209c000{
    compatible="fsl,i.MX6q-gpio","fsl,imx35-gpio";
    reg=<0x0209c000 0x4000>;
    interrupts=<0 66 IRQ_TYPE_LEVEL_HIGH>,<0 67 IRQ_TYPE_LEVEL_HIGH>;
    gpio-controller;
    #gpio-cells=<2>;
    interrupt-controller;
    #interrupt-cells=<2>;
    };
/*i.MX6qdl-sabreauto.dtsi 中某个设备节点*/
max7310_reset:    max7310-reset {
    compatible="gpio-reset";
    reset-gpios=<&gpio1 15 1>;
    reset-delay-µS=<1>;
    #reset-cells=<0>;
};
```

一般来说，我们把 gpio 属性的名字起为 xxx-gpios（xxx 可以随便命名），这样驱动才能通过特定 API 识别该属性，并转换成具体的 gpio 号。该设备节点中设置了 reset-gpios=<&gpio1 15 1>；该格式是什么意思呢？&gpio1 15 引用了 gpio1 节点，故此处含义为 gpio1_15 这个引脚；最后一个参数 1 则代表低电平有效，0 为高电平有效。至于 gpio1_15 具体对应哪个引脚，在 i.MX 6Solo/6Dual 的手册上都有详细描述。其实最后一个参数（高低电平有效）不是必需的，因为 gpio1 节点中设置了#gpio-cells=<2>;，所以才有两个参数；某些 SoC 的 gpio 节点中会设置为 #gpio-cells=<1>;，这样就可以不用写最后一个参数。

驱动一般通过以下接口获取上面节点中 gpio 的属性。该函数第一个参数是节点，一般可以在传入 probe()函数的参数中间接获得；第二个参数是 gpio 属性的名字，一定要和节点属性中的 xxx-gpios 相同；最后一个是编号 index，当节点中有 *n* 个同名的 xxx-gpios 时，可以通过它来获取特定的那个 gpio，同一节点中 gpio 同名情况很少存在，所以我们都把 index 设为 0。

gpio=of_get_named_gpio（node, "reset-gpios", index）;

在.dts 和驱动都不关心 gpio 名字的情况下，也可直接通过以下接口来获取 gpio 号，这时编号 index 就显得十分重要了，可以指定获取节点的第 index 个 gpio 属性：

gpio=of_get_gpio（node, index）;

② 中断的设置与获取。

假设某设备节点需要一个 gpio 中断：

interrupt-parent=<&gpio6>;　　/*先确定中断所在的组*/

interrupts=<8 2>;　　/*表示中断，GPIO6 中的第 8 个 IO，2 为触发类型，下降沿触发*/

而在驱动中使用 irq_of_parse_and_map（node, index）函数的返回值来得到中断号。

9.5　Linux 字符设备驱动实验

9.5.1　需求说明

本实验在博创智联开发的 i.MX 6Solo/6Dual 嵌入式教学科研平台上实现，使用了该平台的 4 个按键和 4 个 LED 发光二极管（以下简称 LED）以及一个蜂鸣器。设计要求是：按键按下，对应的发光二极管被点亮，同时蜂鸣器响一声；按键抬起，对应的发光二极管熄灭。

这个程序应该具有如下基本功能。

1）应用层程序

应用层程序包括对 LED 和按键驱动程序的调用,编写一个调用逻辑,使按键和对应的 LED 产生关联，按键按下，LED 电平发生改变。

2）LED 驱动程序

设计 LED 模块的驱动程序，掌握字符驱动设计的一般方法。

3）按键驱动程序

设计按键模块的驱动程序，掌握中断方式下驱动程序设计的方法。

4）模块加载和卸载

介绍两种加载驱动程序的方法。

9.5.2　硬件电路

按键和 LED 硬件电路图如图 9.5 所示，包括 4 个 LED 和 4 个按键。LED 的一端通过上拉电阻接 3.3V 电源，另一端接在 GPIO 口线上。i.MX 6Solo/6Dual 的 GPIO 模块接 3.3V 电源，逻辑高电平时输出的电压近似 3.3V，LED 灭。GPIO 的逻辑低电平输出电压不高于 0.1V，低电平输出时对应的发光二极管亮。

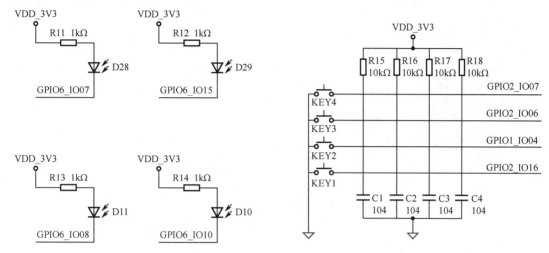

图 9.5　按键和LED硬件电路图

连接的按键是独立式按键，每个按键占用一个 GPIO 口，按键通过 10kΩ 电阻上拉，按键释放时端口读入高电平，实际测量时电压近似 3.3V，读入 CPU 的是逻辑高电平。按键按下时是标准的 0V 电压，读入 CPU 的是逻辑低电平。和按键相连的电容起滤波作用。当按键按下和释放时，读入 CPU 的是低电平和高电平。CPU 对引脚电平的读取有两种方式：扫描巡检方式和中断方式。前者编程简单，但效率低，会占用较多的 CPU 时间；后者效率高，本实验采用中断方式，当按键电平改变的时候，设置对应的中断。特别需要强调，之所以能够采用中断方式读取按键的键值，是因为 i.MX 6Solo/6Dual 的 GPIO 支持中断模式。

无论从教学角度还是从嵌入式系统角度来看，GPIO 都是重要的一个环节，希望读者能够从本实验得到启发，举一反三，去实践、编写 i.MX 6Solo/6Dual 开发平台的其他模块的驱动程序。

9.5.3　LED 驱动程序

LED 驱动程序包含基于设备树的一系列函数：uptech_leds_ioctl()输入输出函数；uptech_leds_fops()将接口函数关联驱动函数；uptech_leds_init()设备初始化函数；gpio_leds_probe()驱动加载函数；uptech_leds_exit()设备删除函数；gpio_leds_remove()驱动卸载函数；gpio_leds_of_match()关联 driver 和设备树 device 的函数；gpio_leds_device_driver()结构体 platform_driver 赋值的函数；gpio-leds-test()根节点的描述函数。

例 9.1　LED 驱动程序。

```
/*******************************************************
    模块名称：ledtest 模块
    描述：驱动 LED 的亮灭
```

```
**********************************************/
#include<linux/fs.h>
#include<linux/cdev.h>
#include<linux/platform_device.h>
#include<linux/of_gpio.h>
MODULE_LICENSE（"GPL"）;
#define DEVICE_NAME      "ledtest"     //设备节点名字
#define DEVICE_MAJOR    231            //主设备号
#define DEVICE_MINOR    0              //从设备号
struct cdev *mycdev;                   //声明设备
struct class *myclass;                 //声明类
dev_t devno;                           //声明设备 ID
static unsigned int led_table[4]={};//
/**********************************************************
    以下为输入输出函数 uptech_leds_ioctl 的描述
    函数名: uptech_gpio_ioctl
    描述: 重载后的 ioctl()函数，根据命令操作模块
    输入参数: struct file *file          文件描述符
             unsigned int cmd          命令操作
             unsigned long arg         传入的参数
    输出参数: 无
    返回值: 成功: 0        出错: -EINVAL
**********************************************************/
static long uptech_leds_ioctl（struct file *file,unsigned int cmd,unsigned long arg）
    {
    switch（cmd）
    {
    case1:
    if（arg<0||arg>3）{return -EINVAL;}        //0～3 为合法参数输入，超限返回-1
    gpio_request（led_table[arg],"ledCtrl"）;   //申请 GPIO 引脚
    gpio_direction_output（led_table[arg],0）;  //LED 亮
    gpio_free（led_table[arg]）;                //释放 GPIO 引脚
    break;
    case0:
    if（arg<0||arg>3）{return -EINVAL;}        //0～3 为合法参数输入，超限返回-1
    gpio_request（led_table[arg],"ledCtrl"）;   //申请 GPIO 引脚
    gpio_direction_output（led_table[arg],1）;  //LED 灭
    gpio_free（led_table[arg]）;                //释放 GPIO 引脚
    break;
    default: return-EINVAL;                    //cmd 参数非法，返回-1
    }
    return 0;
    }
/******************************************************************
    函数名: uptech_leds_fops
    描述: 重载 ioctl()函数，ioctl()是接口函数，
          uptech_leds_ioctl()是驱动函数，
          uptech_leds_fops()函数完成 ioctl()函数的重载，将接口函数关联驱动函数
```

```
*********************************************************************/
static struct file_operations uptech_leds_fops=
    {
    .owner=THIS_MODULE,                         //这是固定格式的书写 THIS_MODULE
    .unlocked_ioctl=uptech_leds_ioctl,          //等号左边是应用程序接口函数,
    };                                          //等号右边是驱动程序输入输出函数名
/********************************************************************
    函数名: int uptech_leds_init
    描述: 设备初始化函数
*********************************************************************/
static int uptech_leds_init（void）
    {
    int err;
    devno=MKDEV（DEVICE_MAJOR, DEVICE_MINOR）;    //计算设备 ID 号
    mycdev=cdev_alloc();                         //设备申请内存
    cdev_init（mycdev,&uptech_leds_fops）;        //设备初始化
    err=cdev_add（mycdev, devno, 1）;            //
    if（err!=0）printk（"i.MX6dl leds device register failed!\n"）;
    myclass=class_create（THIS_MODULE, "ledtest"）;  //创建类
    if（IS_ERR（myclass））                        //判断创建类是否成功
    {printk（"Err:  failed in creating class.\n"）;  //打印创建失败提示
    return -1;                                    //返回-1
    }
device_create（myclass,NULL,MKDEV（DEVICE_MAJOR,DEVICE_MINOR）, NULL,DEVICE_NAME）;
                                                //创建设备
    printk（DEVICE_NAME"leds initialized\n"）;    //打印初始化完成
    return 0;                                     //正常返回
    }
/*****************************************************
    函数名: gpio_leds_probe
    描述: 驱动加载函数, 负责 insmod 后的加载工作
*****************************************************/
static int gpio_leds_probe（struct platform_device *pdev）
    {
    unsigned int i;                              //定义整型变量, 指向多个 LED
    struct device *dev=&pdev->dev;               //挂载设备节点
    struct device_node *of_node;                 //
    of_node=dev->of_node;                        //获取设备节点
    if（!of_node）{return-ENODEV;}                //
    led_table[0]=of_get_named_gpio（of_node,"gpio0",0）;  //获得 GPIO 引脚
    led_table[1]=of_get_named_gpio（of_node,"gpio1",0）;  //获得 GPIO 引脚
    led_table[2]=of_get_named_gpio（of_node,"gpio2",0）;  //获得 GPIO 引脚
    led_table[3]=of_get_named_gpio（of_node,"gpio3",0）;  //获得 GPIO 引脚
    if（!gpio_is_valid（led_table[0]）||!gpio_is_valid（led_table[1]）
    ||!gpio_is_valid（led_table[2]）||!gpio_is_valid（led_table[3]））
    {return -ENODEV;}
    for（i=0;i<4;i++）
        {
```

```
            gpio_request（led_table[i],"ledCtrl"）;              //设置引脚为输出引脚
            gpio_direction_output（led_table[i],1;
            gpio_free（led_table[i]）;                           //释放 GPIO
            }
        printk（"\n\n\nkzkuan___%s\n\n\n",__func__）;           //打印 insmod 加载信息
        uptech_leds_init();
        return 0;
        }
/************************************************************
    函数名: uptech_leds_exit
    描述: 删除设备*/
*************************************************************/
static void uptech_leds_exit（void）
    {
    cdev_del（mycdev）;                                          //删除设备节点
    device_destroy（myclass,devno）;                            //设备注销
    class_destroy（myclass）;                                   //将 myclass 类从链表中释放
    }
/************************************************************
    函数名: gpio_leds_remove
    描述: 驱动卸载函数, 负责 rmmod 后的处理工作*/
*************************************************************/
static int gpio_leds_remove（struct platform_device *pdev）
    {
    uptech_leds_exit();                                        //设备删除
    return 0;
    }
/************************************************************
    函数名: gpio_leds_of_match
    描述: 设备信息, 关联 driver 和设备树的 device, 其中 "fsl,gpio-leds-test"
          在设备树中有对应的字段, 见后面的代码
*************************************************************/
static struct of_device_id gpio_leds_of_match[]=
    {
    {.compatible="fsl,gpio-leds-test",},
    {},
    }
MODULE_DEVICE_TABLE（of,gpio_leds_of_match）;
/************************************************************
    函数名: gpio_leds_device_driver
    描述: 给 struct platform_driver 结构体赋值
*************************************************************/
static struct platform_driver gpio_leds_device_driver=
    {
    .probe=gpio_leds_probe,                                    //重载 probe()函数
    .remove=gpio_leds_remove,                                  //重载 remove()函数
    .driver={
    .name="gpio-leds-test",                                   //设备驱动程序的名称
```

```
    .owner=THIS_MODULE,                                    //设备驱动程序所有者
    .of_match_table=of_match_ptr（gpio_leds_of_match）,}    //驱动程序匹配的设备信息
    };
/*****************************************************
    函数名：gpio_leds_init
    描述：加载设备
*****************************************************/
static int __init gpio_leds_init（void）
    {
    printk（"\n\n\nkzkuan___%s\n\n\n",__func__）;            //打印加载信息
    return platform_driver_register（&gpio_leds_device_driver）; //注册设备
    }
/*****************************************************
    函数名：gpio_leds_exit
    描述：注销设备
*****************************************************/
static void __exit gpio_leds_exit（void）
    {
    printk（"\n\n\nkzkuan___%s\n\n\n",__func__）;            //打印注销信息
    platform_driver_unregister（&gpio_leds_device_driver）;  //注销设备
    }
/*****************************************************
module_init（gpio_leds_init）;    //模块加载 insmod 时使用
module_exit（gpio_leds_exit）;    //模块卸载 rmmod 时使用
/*****************************************************
    设备树对于 GPIO 的 4 个 LED 的描述
    gpio-leds-test 是根节点的描述，gpio_ledsgrp 是引脚属性定义
*****************************************************/
gpio-leds-test
    {compatible="fsl,gpio-leds-test";                      //设备树兼容性定义，包括公司和设备节点
    pinctrl-names="default";                               //内核自己定义的设备状态
    pinctrl-0=<&pinctrl_gpio_leds_test>;                   //GPIO 引脚属性描述
    gpio0=<&gpio6 7 0>;                                    //GPIO6 的 7 引脚，定义为输出
    gpio1=<&gpio6 15 0>;                                   //GPIO6 的 15 引脚，定义为输出
    gpio2=<&gpio6 8 0>;                                    //GPIO6 的 8 引脚，定义为输出
    gpio3=<&gpio6 10 0>;                                   //GPIO6 的 10 引脚，定义为输出
    };
pinctrl_gpio_leds_test:  gpio_ledsgrp
    {
    fsl,pins=<
    MX6QDL_PAD_NANDF_CLE__GPIO6_IO07   0x80000000          //GPIO6_IO07 为通用输入输出
    MX6QDL_PAD_NANDF_CS2__GPIO6_IO15   0x80000000          //GPIO6_IO15 为通用输入输出
    MX6QDL_PAD_NANDF_ALE__GPIO6_IO08   0x80000000          //GPIO6_IO08 为通用输入输出
    MX6QDL_PAD_NANDF_RB0__GPIO6_IO10   0x80000000>;        //GPIO6_IO10 为通用输入输出
    };
/*****************************************************
/*驱动程序中 cdev 的结构体*/
*****************************************************/
```

　　至此，ledtest 模块的代码部分就介绍完了。该模块包括两个文件：设备树文件和驱动程序文件。设备树文件为整个系统所有，位置比较固定。设备树文件包括设备树源文件.../fsl-6dl-source/ kernel-3.14.28/arch/arm/boot/dts/i.MX6dl-sabresd.dts 和该目录下的设备树库文件 i.MX6qdl- sabresd.dtsi，本书修改的是 i.MX6qdl-sabresd.dtsi 头文件，C 语言的源代码。设备树文件可以单独编译，也可以和内核一起编译。编译后的文件为 i.MX6dl-sabresd.dtb。很显然，这是一个编译后的二进制文件。驱动程序文件是一个.c 文件，需要为此编写一个 makefile 文件。驱动程序文件一般放在.../fsl-6dl-source/kernel-3.14.28/drivers/char$目录下。若不在该目录下，insmod 加载.ko 文件的时候要指定绝对路径。编译时编译器会生成.ko 文件而不是普通的.o 目标文件，其字面含义是内核目标文件。驱动程序加载和卸载时操作的文件都是这个.ko 文件。

　　ledtest 模块在嵌入式系统设备驱动程序的教程中特别常见，加上一个简单的应用程序，通过控制台即可完成对 LED 亮灭的控制。因为入门比较简单，该案例常常被各书的作者和网络上的博主作为经典案例。ledtest 模块提供了 Linux 驱动程序，通过接口调用完成对定义的一个或多个 LED 进行操作。从应用程序来看，使用 open()、close()、ioctl()操作控制 LED 的亮灭，测试封装完成后，应用程序无须再关注底层的实现，从而达到了上、下层程序分离的目的。

　　ledtest 模块使用了 platform 总线，目的是使驱动程序分块。platform 总线将驱动程序分成与硬件无关的 platform_driver 以及与硬件相关的 platform_dev。platform_dev 部分由设备树实现，platform_driver 相关的代码如前文所示。这种分割的方法随着设备树的出现在 Linux2.6 内核中就开始使用。ledtest 模块在设备树中的相关代码比较简单，LED 就挂在根节点上。有嵌入式系统开发经验的读者都知道，对于 GPIO 引脚的操作需要完成 3 个操作：①将具有多种功能的引脚配置为 GPIO 模式；②配置为输出模式；③控制引脚输出高、低电平。前两个操作由目录树完成，第三个操作在驱动程序的 ioctl()操作中完成对输入 1、0 的响应。

　　既然是分割，一定会产生一个问题，即 platform_dev 和 platform_driver 对同一设备的描述如何匹配，或者说找到了设备，到哪里去找对应的驱动？答案是名字，在 Linux 中称为兼容性。不出意外的话，我们会在设备树和 platform_driver 中找到相同的名字。上文设备树代码中 compatible=“fsl，gpio-leds-test”，定义了该节点在设备树中唯一的名字。该代码的字面意思是飞思卡尔产品的 GPIO 用作 leds 测试的设备。驱动程序中有一个极为重要的结构体：gpio_leds_device_driver，该结构体内有驱动程序匹配的设备信息描述的语句 of_match_table=of_match_ptr（gpio_leds_of_match），这是一个赋值语句，看括号内的这个字符串“fsl，gpio-leds-test”，再看下面的函数，出现“fsl，gpio-leds-test”。

```
static struct of_device_id    gpio_leds_of_match[]=
    {
        {.compatible="fsl,gpio-leds-test",},
        {},
    }
```

　　上述的过程就是匹配。被分割的两段代码，一段在设备树里，另一段在驱动程序里，通过名字进行关联。

　　ledtest 驱动程序代码执行开始于模块加载 insmod 命令，或者系统调用该驱动程序，执行 module_init（gpio_leds_init）时调用 gpio_leds_init()函数，该初始化函数中的执行语句 platform_driver_register（&gpio_leds_device_driver），platform_driver_register 是内核中著名的函数。它负责注册平台驱动程序，如果在内核中找到了使用驱动程序的设备（上文提到的匹配），则调用 gpio_leds_probe()函数。该函数实现设备注册、内存分配、设置和输入、输出的管理。

gpio_leds_probe()函数里的语句 cdev_init（mycdev,&uptech_leds_fops）调用 uptech_leds_fops()
函数，该函数对.owner 赋值，同时重载 ioctl。

　　rmmod()函数的功能是卸载，执行的函数是 module_exit（gpio_leds_exit），是 insmod 的逆
过程，由 gpio_leds_remove()函数实现。gpio_leds_remove()函数在 gpio_leds_probe()函数里定义。

9.5.4　按键驱动程序

　　以下函数用于按键驱动程序，包括：key_interrupt()中断处理函数；key_open()打开设备函
数，初始化 GPIO，申请中断，注册中断；key_close()释放中断和 GPIO 函数；key_read()从内核
空间读取数据到用户空间的函数；key_initialize()按键驱动程序入口函数；key_exit()驱动程序出
口函数。

　　例 9.2　按键驱动程序。

```
/*************************************************************
    *模块名称  ：KeyModule
    *描述      ：驱动独立按键传感器
    *文件名    ：KeyModule_driver.c
    *作者      ：ljm@buaa.edu.cn
    *时间      ：2021 年 4 月 23 日
    *版本      ：UP-Version1.0
    *************************************************************/
    #include<linux/fs.h>
    #include<linux/delay.h>
    #include<linux/device.h>
    #include<linux/cdev.h>
    #include<linux/uaccess.h>
    #include<linux/interrupt.h>
    #include<linux/gpio.h>
    /*************************************************************/
    /*使用内核宏，找到 GPIO 引脚*/
    #define     IMX_GPIO_NR （bank,nr）（（（bank）-1）*32+（nr））
    #define     FIRST_KEY_GPIO          IMX_GPIO_NR（2,7）
    #define     SECOND_KEY_GPIO         IMX_GPIO_NR（2,6）
    #define     THIRD_KEY_GPIO          IMX_GPIO_NR（1,4）
    #define     FOURTH_KEY_GPIO         IMX_GPIO_NR（2,16）
    #define     DEVICE_NAME             "KeyModule"/*设备名*/
    /*************************************************************/
    static struct cdev key_cdev;        //设备对象
    static struct class *key_class;     //设备类指针
    static dev_t key_devno;             //设备号
    static int sensor_state=0;          //按键号
    static unsigned long KEY_GPIO[4]=
        {
        FIRST_KEY_GPIO,
        SECOND_KEY_GPIO,
        THIRD_KEY_GPIO,
        FOURTH_KEY_GPIO
```

```
        };
/*****************************************************************
    *函数名: key_interrupt
    *描述: 中断处理函数
    *参数: 1.中断号; 2.指针变量 (接收注册中断传递过来的参数)
    *返回值: IRQ_HANDLED (正常); IRQ_NONE (异常)
*****************************************************************/
    static irqreturn_t key_interrupt (int irq, void *dev_id)
        {
        int i;
        for (i=0;i<4;i++)
            {if (irq==gpio_to_irq (KEY_GPIO[i]))
                {udelay (10) ;
                printk ("%s\n",KEY_GPIO[i]) ;
                if (!gpio_get_value (KEY_GPIO[i])) sensor_state=i+1;
                return IRQ_RETVAL (IRQ_HANDLED) ;
                }
            }
            printk ("error interrupt\n") ;
            return IRQ_RETVAL (IRQ_NONE) ;
        }
/*****************************************************************
    *函数名: key_open
    *描述: 打开设备时初始化 GPIO, 申请中断, 注册中断函数
    *参数: 1. inode (需要打开的字符设备); 2. 文件描述符
    *返回值: 0
*****************************************************************/
    static int key_open (struct inode *inode, struct file *file)
        {
        int ret, i;
        for (i=0; i<4; i++)
        {gpio_request (KEY_GPIO[i], "key") ;
        gpio_direction_input (KEY_GPIO[i]) ; //设置 GPIO 输入模式
        ret=request_irq (gpio_to_irq (KEY_GPIO[i]),key_interrupt,
        IRQF_TRIGGER_RISING|IRQF_TRIGGER_FALLING, "key",NULL) ;//双边沿触发
        if (ret) printk ("IRQ not free!\n") ;
        }
        return 0;
        }
/*****************************************************************
    *函数名: key_close
    *描述: 释放中断和 GPIO
    *参数: 1.inode (需要关闭的字符设备); 2.文件描述符
    *返回值: 0
*****************************************************************/
static int key_close (struct inode *inode, struct file *file)
    {int i;
    printk ("key_close\n") ;
```

```
        for（i=0;i<4;i++）
        {if（gpio_to_irq（KEY_GPIO[i]））free_irq（gpio_to_irq（KEY_GPIO[i]）,NULL）;
        gpio_free（KEY_GPIO[i]）;
        }
return 0;
        }
/***********************************************************
    *函数名：key_read
    *描述：从内核空间读取数据到用户空间
    *参数：1.文件指针；2.缓冲区；3.读取字节数大小；4.读位置
    *返回值：0；–EFAULT
***********************************************************/
    static int key_read（struct file *filp, char __user*buff,size_t count, loff_t*offp）
    {
    unsigned long err;
    if（!sensor_state）return 0;
    err=copy_to_user（buff,（const void *）&sensor_state, sizeof（sensor_state））;
    udelay（10）;
    sensor_state=0;
    return err ? -EFAULT ： sizeof（sensor_state）;
    }
    /*定义初始化硬件操作方法对象*/
    static struct file_operations key_fops=
        {
        .owner =THIS_MODULE,
        .read    =key_read,
        .open    =key_open,
        .release=key_close,
        };
/***********************************************************
    *函数名：key_initialize
    *描述：驱动程序入口函数
    *参数：无
    *返回值：0；-1
***********************************************************/
static int __init key_initialize（void）
    {
    int err;
    alloc_chrdev_region（&key_devno, 0, 1, DEVICE_NAME）;        //*申请设备号*
    cdev_init（&key_cdev,&key_fops）;                           //*初始化字符设备对象*
    err=cdev_add（&key_cdev,key_devno,1）;                      //*添加字符设备对象到内核*
    if（err!=0）printk（"i.MX6 key device register failed!\n"）;
    key_class=class_create（THIS_MODULE,"key"）;               //*创建设备类*
    if（IS_ERR（key_class））
        {printk（"Err：failed in creating class.\n"）;
        return-1;
        }
    device_create（key_class,NULL, key_devno, NULL, DEVICE_NAME）;/*创建设备文件*/
```

```
        printk（DEVICE_NAME "initialized\n"）;
        return 0;
        }
/*****************************************************************
    *函数名：key_exit
    *Description：驱动程序出口函数
    *参数：无
    *返回值：无
    *****************************************************************/
    static void __exit key_exit（void）
    {
    cdev_del（&key_cdev）;                    //卸载字符设备对象
    device_destroy（key_class,key_devno）;    //删除设备文件
    class_destroy（key_class）;               //删除设备类
    unregister_chrdev_region（key_devno, 1）; //释放设备号
    }
/*****************************************************************/
    module_init（key_initialize）;            //驱动程序入口
    module_exit（key_exit）;                  //驱动程序出口
    /*作者描述和遵守协议*/
        MODULE_AUTHOR（"ljm@buaa.edu.cn"）;
        MODULE_DESCRIPTION（"KEY Driver"）;
        MODULE_LICENSE（"GPL"）;
/*****************************************************************/
```

　　KeyModule 获取实验箱小键盘上的 4 个按键的键值。与 ledtest 模块 LED 驱动程序相比，该驱动程序的编写有两个不一样的地方：一是在内核编程中使用了中断；二是它没有采用 platform 总线方式，而是使用 device 注册、注销的方法管理设备。

　　1）Linux 内核中进行中断编程需三个函数

　　（1）int request_irq(unsigned int irq, irq_handler_t handler, unsigned long flags, const char *name, void *dev)，中断申请函数。

　　处理器的每一个中断信号线对于 Linux 内核来说，都是一种宝贵的资源，如果驱动将来使用某个中断信号线，首先得向内核申请这个中断硬件资源，申请好以后，还需要向内核注册一个这个硬件中断对应的中断处理函数，一旦将来这个中断触发，那么 Linux 内核将自动调用对应的中断处理函数。

　　参数：

　　irq：要申请的硬件中断对应的中断号，中断号就是硬件中断对应的一个软件编号。

　　handler：要注册的硬件中断的中断处理函数，一旦注册完毕，将来硬件中断触发，内核就会调用此中断处理函数。

　　flags：中断标志，对于内部中断，直接置 0 即可。对于外部中断，需要指定外设中断的有效触发方式，具体如下。

- IRQF_TRIGGER_FALLING：下降沿触发；
- IRQF_TRIGGER_RISING：上升沿触发；
- IRQF_TRIGGER_HIGH：高电平触发；
- IRQF_TRIGGER_LOW：低电平触发；

- IRQF_TRIGGER_FALLING|IRQF_TRIGGER_RISING：双边沿触发。

name：中断名称，即字符串。

dev：给中断处理函数传递的参数。

驱动一旦不再使用某个硬件中断资源，切记一定要释放资源。

（2）irqreturn_t xxxx_isr（int irq，void*dev），中断处理函数。

参数：

irq：中断号。

dev：给中断处理函数传递的参数。

返回值：中断处理函数执行完毕，返回 IRQ_HANDLED；执行失败，返回 IRQ_NONE。

（3）void free_irq（int irq,void*dev），释放中断资源并且删除中断处理函数。

参数：

irq：释放的硬件中断资源对应的中断号。

dev：给中断处理函数传递的参数，此参数一定要和 request_irq 传递的参数保持一致。

2）使用 cdev 管理设备

（1）cdev 结构体。

在 Linux 内核中，使用 cdev 结构体描述一个字符设备，cdev 结构体的定义代码如下：

```
struct cdev
    {
    struct kobject        kobj;                  //内嵌的内核对象
    struct module       *owner;                 //该字符设备所在的内核模块的对象指针
    const struct file_operations    *ops;       //文件操作结构体
    struct list_head      list;                 //用来将已经向内核注册的所有字符设备形成链表
    dev_t   dev;                                //字符设备的设备号，由主设备号和次设备号构成
    unsigned int count;                         //隶属于同一主设备号的次设备号的个数
    };
```

cdev 结构体的 dev_t 成员定义了字符设备的设备号为 32 位，其中 12 位为主设备号，20 位为次设备号。使用下列宏可以从 dev_t 获得主设备号和次设备号。

```
major（dev_t dev）;
minor（dev_t dev）。
```

而使用下列宏则可以通过主设备号和次设备号生成 dev_t：MKDEV（int major, int minor）。

cdev 结构体的另一个重要结构体成员 file_operations 定义了字符设备驱动提供给文件系统的接口函数，file_operations 结构体会在下面介绍。

Linux 内核提供了一组函数用来操作 cdev 结构体：

```
void cdev_init（struct cdev*, struct file_operations *）;
struct cdev *cdev_alloc（void）;
int cdev_add（struct cdev *, dev_t, unsigned）;
void cdev_del（struct cdev *）;
```

cdev_init()函数用于初始化 cdev 的成员，并建立 cdev 和 file_operations 之间的连接，其源代码如下：

```
/**
 *cdev_init()- initialize a cdev structure
 *@cdev： the structure to initialize
 *@fops： the file_operations for this device
 *
 *Initializes @cdev, remembering @fops, making it ready to add to the
 *system with cdev_add().
 */
void cdev_init（struct cdev *cdev, const struct file_operations *fops）
    {
    memset（cdev, 0, sizeof *cdev）；
    INIT_LIST_HEAD（&cdev->list）；
    kobject_init（&cdev->kobj, &ktype_cdev_default）；
    cdev->ops=fops；ᅠᅠ/*将传入的文件操作结构体赋值给 cdev 的 ops*/
    }
```

cdev_alloc()函数用于动态申请一个 cdev 内存，其源代码如下：

```
/**
 *cdev_alloc () - allocate a cdev structure
 *
 *Allocates and returns a cdev structure, or NULL on failure.
 */
struct cdev *cdev_alloc（void）
    {
    struct cdev *p=kzalloc（sizeof（struct cdev）, GFP_KERNEL）；
    if（p）
        {
        INIT_LIST_HEAD（&p->list）；
        kobject_init（&p->kobj,&ktype_cdev_dynamic）；
        }
    return p;
    }
```

cdev_add()函数和 cdev_del()函数分别向系统添加和删除一个 cdev，用于完成字符设备的注册和注销。对 cdev_add()函数的调用通常发生在字符设备驱动模块加载函数中，而对 cdev_del()函数的调用通常发生在字符设备驱动模块卸载函数中。

（2）分配和释放设备号。

在调用 cdev_add()函数向系统注册字符设备之前，应首先调用 register_chrdev_region()函数或 alloc_chrdev_region()函数向系统申请设备号，这两个函数的原型为：

```
int register_chrdev_region（dev_t from, unsigned count,const char *name）；
int alloc_chrdev_region（dev_t *dev, unsigned baseminor, unsigned count, const char *name）；
```

register_chrdev_region()函数用于已知起始设备的设备号的情况，而 alloc_chrdev_region()函数用于设备号未知，向系统动态申请未被占用的设备号的情况，函数调用成功之后，会把得到的设备号放入第一个参数 dcv 中。alloc_chrdev_region()函数相比于 register_chrdev_region 函数的优点在于它会自动避开设备号重复的冲突。

相应地，在调用 cdev_del()函数从系统注销字符设备之后，unregister_chrdev_region()函数应该被调用以释放原先申请的设备号，这个函数的原型为：

```
void unregister_chrdev_region（dev_t from, unsigned count）；
```

（3）file_operations 结构体。

file_operations 结构体中的成员函数是字符设备驱动程序设计的主体内容，这些函数在应用程序进行 Linux 的 open()、write()、read()、close()等系统调用时最终会被内核调用。

9.5.5　按键、指示灯应用程序

应用程序是位于操作系统之上的、面向应用的程序，通过 Shell 可以调用被保护的、位于操作系统之内的程序。Linux 下的应用程序和驱动程序分开存放、分开编译、分开加载，这样既保证了操作系统的安全性，又便于开发人员管理程序。本实验的应用程序是 KeyModule_test.c，相关代码如下所示。

例 9.3　按键、LED 指示灯应用程序。

```
/*****************************************************************
*文件名   ： KeyModule_test.c
*描述     ： 按键、LED 综合应用程序
*作者     ： ljm@buaa.edu.cn
*时间     ： 2021 年 4 月 23 日
*版本     ： UP-Version 1.0
*****************************************************************/
#include<stdio.h>
#include<fcntl.h>
#include<string.h>
int main（int argc,char*argv[]）
    {
    int fd, buf, fd_led;
    static unsigned int LED3_Status=0;
    static unsigned int LED2_Status=0;
    static unsigned int LED1_Status=0;
    static unsigned int LED0_Status=0;
    fd=open（"/dev/KeyModule",O_RDWR）；
    fd_led=open（"/dev/ledtest",0）；
    if（fd<0）   {printf（"打开 key 失败\n"）; return-1;}
    if（fd_led<0){printf（"打开 led 失败\n"）; return-1;}
    ioctl（fd_led,0,0）；
    ioctl（fd_led,0,1）；
    ioctl（fd_led,0,2）；
    ioctl（fd_led,0,3）；
    while（1）
    {
    read（fd,&buf,4）；
    if（buf>0）
    {
    printf（"%d\n",buf）；
    if（buf==1）
```

```
                    {
                    if（LED0_Status==0）{LED0_Status=1;}
                    else {LED0_Status=0;}
                    if（LED0_Status==0）{ioctl（fd_led, 0, 0）;}
                    else{ioctl（fd_led,1,0）;}
                    }
               else if（buf==2）
                    {
                    if（LED1_Status==0）{LED1_Status=1;}
                    else {LED1_Status=0;}
                    if（LED1_Status==0）{ioctl（fd_led, 0, 1）;}
                    else {ioctl（fd_led, 1, 1）;}
                    }
               else if（buf==3）
                    {
                    if（LED2_Status==0）{LED2_Status=1;}
                    else {LED2_Status=0; }
                    if（LED2_Status==0）{ioctl（fd_led,0,2）;}
                    else {ioctl（fd_led,1,2）;}
                    }
               else if（buf==4）
                    {
                    if（LED3_Status==0）{LED3_Status=1;}
                    else{LED3_Status=0;}
                    if（LED3_Status==0）{ioctl（fd_led, 0, 3）;}
                    else{ioctl（fd_led, 1, 3）;}
                    }
                    buf=0;
                    }
               }
          close（fd）;
          close（fd_led）;
          eturn 0;
          }
```

　　这是一个应用程序，用于测试驱动模块 ledtest 和驱动模块 KeyModule。程序使用 4 个按键和 4 个 LED，每当有一个按键按下时，对应的 LED 状态发生一次翻转，在初始状态时熄灭 4 个 LED。由于读取 LED 状态时比较麻烦，该程序设置了一个整型变量去跟踪 LED 的显示状态。本实验是有趣且有意义的，通过应用程序关联平台的输入输出设备，按照控制逻辑使输入控制输出。同时，也是对驱动模块的有效验证。

　　需要强调的是，应用程序把平台的输入输出设备当作文件来处理，使用 open()函数打开两个设备：fd=open（"/dev/KeyModule",O_RDWR）;fd_led=open（"/dev/ledtest",0）;获得句柄后就可以使用 read()和 ioctl()操作这些设备。操作完成以后使用 close()函数关闭相关设备。由于按键使用了中断方式，响应速度大大得到改善，该控制结果甚至满足一般工况对实时性的要求，为实时 Linux 下应用程序的开发提供了有益探索。

9.5.6　模块的加载实验

1．源码编译

1）驱动程序

在介绍代码编译之前，这里先简单介绍一下两个驱动程序和一个应用程序的文件名以及所在的位置。特别声明，它们可以放在所希望的任何文件夹下，但是模块名 KeyModule 和 ledtest 不能进行任何更改，这两个模块名开发平台的供应商已经指定，若需改动，底层的一些代码也需要维护。ledtest 驱动程序 i.MX6-leds.c 在/i.MX6/led_driver\$目录下；KeyModule 驱动程序 KeyModule_driver.c 在/i.MX6/KeyModule/driver\$目录下；应用程序 KeyModule_test.c 在/i.MX6/KeyModule/test\$目录下。以上目录是宿主机目录，源文件的编译一定要在宿主机内进行。/i.MX6 是宿主机根目录，将通过 NFS 的方式映射到实验平台 XShell 的/mnt/目录下。

（1）ledtest 驱动程序编译。

进入指定目录，执行 make 命令。

```
uptech@uptech-virtual-machine：∽$ cd /i.MX6/led_driver
uptech@uptech-virtual-machine：/i.MX6/led_driver$make clean
uptech@uptech-virtual-machine：/i.MX6/led_driver$make
```

编译成功后会在当前目录下生成 i.MX6-leds.ko 驱动文件。

Makefile 的源代码如下：

```
obj-m ： =i.MX6-leds.o
KERNELDIR   ： = /home/now/fsl-6dl-source/kernel-3.14.28/
PWD ： = $（shell pwd）
all： $（MAKE）-C $（KERNELDIR）M=$（PWD）modules
clean： $（MAKE）-C $（KERNELDIR）M=$（PWD）clean
```

注意：需要修改 Makfile 编译规则文件，在其中指定用户自己的内核源文件目录（并保证该内核源码解压后至少编译过一次，才能正确编译内核驱动程序），打开 Makefile 通过修改宏变量 KERNELDIR 来指定内核源码目录：KERNELDIR：=/home/uptech/fsl-6dl-source/kernel-3.14.28/

（2）KeyModule 驱动程序编译。

进入指定目录，执行 make 命令。

```
uptech@uptech-virtual-machine：/home$ cd uptech/
uptech@uptech-virtual-machine：∽$ cd /i.MX6/KeyModule/driver/
uptech@uptech-virtual-machine：/i.MX6/KeyModule/driver$ make
```

编译成功后会在当前目录下生成 KeyModule_driver.ko 驱动文件。

```
obj-m：=KeyModule_driver.o
```

Makefile 的源代码如下：

```
KERNELDIR ： = /home/now/fsl-6dl-source/kernel-3.14.28/
PWD：=$（shell pwd）
all： $（MAKE）-C $（KERNELDIR）M=$（PWD）modules
clean： $（MAKE）-C $（KERNELDIR）M=$（PWD）clean
```

至此，两个驱动程序编译完成。

2）应用层测试程序

先进入测试程序目录中，设置环境变量，再执行 make 命令。

```
uptech@uptech-virtual-machine：  ～# cd /i.MX6/KeyModule/test
uptech@uptech-virtual-machine： /i.MX6/KeyModule/test$
source /opt/poky/1.7/environment-setup-cortexa9hf-vfp-neon-poky-linux-gnueabi
uptech@uptech-virtual-machine： /i.MX6/KeyModule/test$ make clean
uptech@uptech-virtual-machine： /i.MX6/KeyModule/test$ make
```

编译成功后会在当前目录下生成 KeyModule_test 文件。

2．下载测试

1）启动开发平台

连好网线、串口线、12V 电源线，启动开发平台，打开 XShell，输入 root，通过串口终端挂载宿主机实验目录。

设置开发板 IP：192.168.88.33（默认宿主机 Ubuntu 的 IP 是 192.168.88.22，NFS 共享目录 /i.MX6）

```
root@i.MX6dlsabresd：  ～# ifconfig eth0 192.168.88.33
root@i.MX6dlsabresd：  ～# mount -t nfs 192.168.88.22： /i.MX6  /mnt/
```

2）进入串口终端的 NFS 共享实验目录

```
root@i.MX6dlsabresd：  ～# cd /mnt/led_driver
root@i.MX6dlsabresd： /mnt/led_driver#
```

3）加载驱动程序

```
root@i.MX6dlsabresd： /mnt/led_driver#
root@i.MX6dlsabresd： /mnt/led_driver# insmod i.MX6-leds.ko，加载 ledtest 驱动
root@i.MX6dlsabresd： /mnt/led_driver# cd /mnt/KeyModule/driver/
root@i.MX6dlsabresd： /mnt/KeyModule/driver#
root@i.MX6dlsabresd： /mnt/KeyModule/driver# insmod KeyModule_driver.ko 加载按键驱动程序
```

4）执行测试程序

```
uptech@uptech-virtual-machine： /i.MX6/KeyModule/test$ ./KeyModule_test
```

操作实验平台的 K2、K5、K8、K11 按键，观察液晶屏下 4 个 LED 的亮、灭情况。

3．驱动程序的两种加载模式

上文介绍的 insmod 和 rmmod 的方法适用于编程调试阶段，当调试工作量比较大的时候，该方法可以节省时间。但是，当开发完成以后，这种方法不太方便。如对于串口驱动程序，设计者希望它一直驻留在内存，甚至在 BootLoader 阶段就使用这个设备驱动。于是出现了驱动程序加载的第二种方法：烧录驱动程序。

烧录驱动程序的编程、编译的方法与 insmod 和 rmmod 方法是一样的。加载的时候使用 make menuconfig 指令，通过图形界面将要烧录的驱动程序由"M"改为"*"，然后编译内核 zImage，再烧录内核到实验平台。这样，驱动程序就驻留在内核中。这种方法适用于嵌入式产品开发的最后阶段，不是本实验的重点，在实验指导书中有详细的论述，读者按照实验指导书（由博创智联实验箱配套提供）中的步骤即可完成烧录方式的驱动程序加载，这里不再赘述。

第10章　ARM-Linux 软件开发基础

本章讨论嵌入式 ARM-Linux 软件开发的几个共性的问题，内容包括：开发流程、开发模式、环境搭建、Makefile、U-Boot 等。通过本章的学习，可以让读者掌握 ARM-Linux 软件开发的一般方法。不同于桌面系统，设计者在设计嵌入式系统之初就应该考虑诸如内存、硬盘速度等资源问题，还要考虑 ROM format 文件烧录问题。更进一步，需要考虑硬件、软件协调设计问题。本章只讨论软件开发的问题。

10.1　ARM-Linux 软件开发流程

在前面介绍的汇编语言编程中，讲到了汇编语言到二进制代码的生成过程。在嵌入式系统设计中，代码最终要以.bin 或.hex 的格式存储在存储介质中。我们把烧录在开发板上的文件格式称为 ROM format，常用的存储介质一般是 Flash。ARM-Linux 软件开发流程如图 10.1 所示。

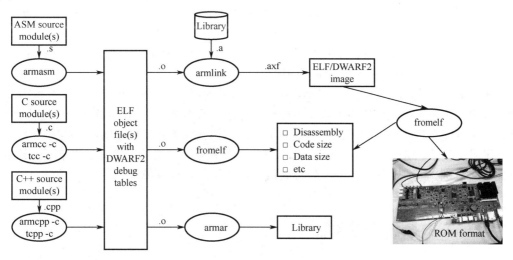

图 10.1　ARM-Linux软件开发流程

下面介绍一下文件的格式。

.s：扩展名为.s 的文件是汇编源文件，是嵌入式系统必不可少的文件。

.c：扩展名为.c 的文件是 C 源文件，是嵌入式系统文件最为常见的形式。

.cpp：扩展名为.cpp 的文件是 C++源文件，是面向对象编程常见的文件形式。

.o：扩展名为.o 的文件是目标文件，目标文件就是源代码编译后但未进行链接的那些中间文件（Windows 的.obj 和 Linux 下的.o）。在 Linux 下，.o 文件也被称为 ELF（Executable Linkable Format）文件。

.axf：扩展名为.axf 的文件是链接器处理后的文件，它是 ARM 芯片使用的文件格式，它除了包含 bin 代码，还包括输出给调试器的调试信息，如每行 C 语言所对应的源文件行号等，也可以提供反汇编（由二进制代码生成汇编语言程序称为反汇编）。

　　.bin（.hex）：ROM format 格式二进制文件的两种形式是.bin 和.hex。这两种文件都可使用，相比较而言.bin 文件更加常用，特别是比较在意存储器大小的场合。.hex 文件包括地址信息，也可直接用于烧写或下载。

　　.a（.lib）：扩展名为.a 的文件在 Linux 系统下是静态链接库文件（Windows 下称为.lib 文件），库文件和目标文件一起生成可执行文件。库是软件的重要组成部分，如常见的函数 printf()、getchar()都由库文件提供，省去了开发者很多时间。当出于商业目的，不想让使用者窥见函数的源码时，可以使用编译工具将提供服务的代码封装成库的形式，图 10.1 中的封装工具为 armar。

　　fromelf 是一个处理工具，它可以处理链接器生成的.axf 文件，将其掐头去尾，转换成适合在 Flash 或者 RAM 中运行的二进制代码，还可生成用于调试的各种信息。fromelf 也可以直接处理.o 文件，生成反汇编和各种调试信息。

　　DWARF2 debug tables 存放的是各种调试信息表。这是因为 ELF 标准没有定义调试信息的表示格式，所以才选择其他的标准来表示调试信息。当 ELF 文件里包含 DWARF2 格式的调试信息时，常常称这个文件为 ELF/DWARF2 格式的文件。

　　上述的源文件一步步编译链接生成可执行的 ROM format 文件。其中使用了两个工具：编译器和链接器。编译的过程就是把预处理完的文件进行一系列的词法分析、语法分析、语义分析及优化后生成相应的汇编代码文件。链接是"组装"，"组装"的"原料"是编译器生成的.o 文件和扩展名为.a 的库文件。之所以会有这么多的.o 文件，完全是因为程序的设计者追求代码的小型化、模块化以及多语言混合编程。链接的过程主要包括地址和空间分配（Address and Storage Allocation）、符号决议（Symbol Resolution）和重定位（Relocation）等步骤。

　　在 Linux 系统中，编译和链接是由 Makefile 文件完成的，Makefile 文件编写的依据是 GNU Make。本章后面将有 Makefile 文件编写的内容。

　　图 10.1 的左半部分是源文件，包括汇编语言、C 语言和 C++，这些代码的录入和修改是编辑器完成的。那么这些代码是否可以在目标机上完成？答案是否定的。同理，上文提到的编译和链接也不可能在目标机上完成。原因很简单，诸如四旋翼飞行器和 PDA 这样的嵌入式系统提供不了用于编辑、编译、链接的资源。那么这些工作在哪里完成的？答案是在桌面计算机（台式机或者笔记本）上完成的。这种开发模式就是宿主机和目标机模式。

10.2　嵌入式系统开发模式

　　由于计算、存储、显示等资源受限，嵌入式系统的开发无法在目标平台上完成。例如，你无法在没有通用计算机的参与下，编译调试手机的代码。解决方法，首先在通用计算机上编写软件，然后通过交叉编译生成目标机上可以运行的二进制代码格式，再下载到目标机上运行。一般来说，本地计算机是 x86 结构的，本地编译器编的代码只能在本地计算机运行，本地计算机常常被称为宿主机（Host），而交叉编译器是针对嵌入式系统的，常常被称为目标机（Target）。很显然，交叉编译器要支持目标机 CPU 芯片，本书特指 ARM 微处理器。开发系统需要建立宿主机和目标机之间的连接，将应用程序下载到目标机进行交叉调试。经过调试和优化，最后将应用程序固化到目标机上运行。

1．宿主机

宿主机是用于开发嵌入式系统的计算机。作为桌面系统，宿主机拥有众多的资源，其主频快，内存、硬盘大。为了便于开发嵌入式系统，宿主机常常安装 Linux 系统，可以是 Linux 单系统，也可以采用 Windows 系统+虚拟机的模式。

宿主机安装编辑、编译、链接、下载软件，完成目标机可执行文件的生成，ARM 常见的可执行文件的格式是.bin 文件和.hex 文件，统称为 ROM format 格式。宿主机还可以安装仿真和调试软件，完成仿真和调试的功能。

2．目标机

目标机就是被开发对象。当固化结束后，它将脱离宿主机独立运行，至此，开发调试过程结束。这种宿主机与目标机的开发模式对目标机是有硬件和软件要求的。首先，目标机和宿主机之间的物理连接通道要畅通，如 JTAG 接口、网口以及串口。其次，目标机上要运行必要的软件，例如，支持 NFS 挂载的通信软件。当仿真调试结束批量生产的时候，上述接口中的某些部分可以被去掉（指重新制版），有些接口可能要永远保留，便于以后设备的维修和维护。

这种宿主机和目标机的结构，大大优化了目标机的设计，是嵌入式系统设计的首选方案。宿主机与目标机的开发模式如图 10.2 所示。

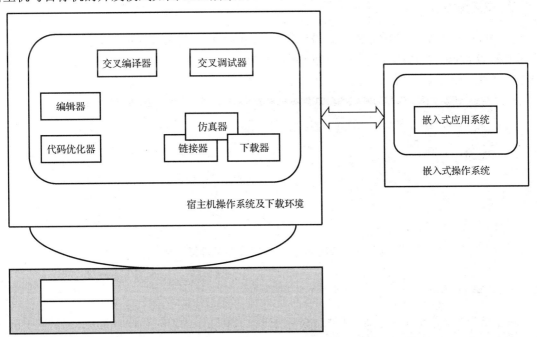

图 10.2　宿主机与目标机的开发模式

3．宿主机与目标机的连接

宿主机与目标机之间必须建立连接，这样就可以将映像文件通过连接从宿主机传输到目标机上运行远程调试，同时目标机向宿主机发送必要的状态信息和运行时的参数和变量。这种连接包括物理连接和逻辑连接两种。

物理连接是物理端口通过物理线路连接在一起，包括以太网、串口和 On Chip Debug 方式

（如 JTAG）等。逻辑连接是建立在物理连接之上的连接，逐步形成一些通信协议的标准。在嵌入式系统开发中，最常用的连接是 IP 网络连接。这种连接可靠、快速、通用，成本还很低。缺点是需要 IP 协议栈的支持。在目标机开发的初期，需要将 IP 协议栈烧录到目标机里。此时，使用的方法是串口烧录、JTAG 烧录或者 SD 卡烧录。特别需要强调的一点是，有些嵌入式操作系统的网络驱动程序不支持宿主机与目标机连接模式，这时只能改用其他方法了。

10.3　开发环境的搭建

开发环境的搭建包括两部分的内容：宿主机端软件的安装和目标机端软件的安装。

宿主机端需要安装的软件包括虚拟机、Ubuntu，然后在 Ubuntu 平台上安装网络文件系统（NFS）、Samba 软件、tftp 软件、交叉编译软件。

目标机方面，需要在宿主机 Windows 平台上安装 Xshell 软件，在开发板上烧录 U-Boot、kernel 和文件系统。

10.3.1　宿主机端软件的安装

1．安装虚拟机

在 Windows 平台安装虚拟机，虚拟机使用 VMware15。使用虚拟机，就可以拥有双系统，既可利用 Windows 资源的便利，又可在 Linux 环境下进行实验和学习。VMware15 安装完毕后的虚拟机界面如图 10.3 所示。

图 10.3　VMware15 安装完毕后的虚拟机界面

2．安装 Ubuntu

有了虚拟机，就可以在上面安装 Linux 系统了，本书选用的 Linux 是 Ubuntu，原因是 Ubuntu 使用广泛、开源且资料齐全。接下来在虚拟机中安装 Ubuntu。安装完 Ubuntu 后的图形界面如图 10.4 所示。

3．安装软件 NFS

网络文件系统（NFS）允许一个系统在网络上与他人共享目录和文件。这个软件解决了宿主机和目标机之间文件共享的问题。例如，宿主机编译、链接后的可执行文件就存放在共享目录里。此时目标机使用超级终端（如 Xshell），通过 NFS 就可以访问到可执行文件。

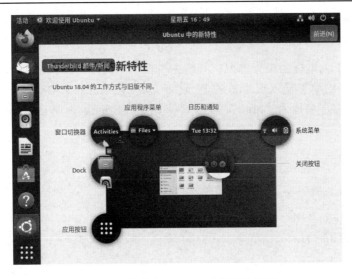

图 10.4　安装完Ubuntu1 后的图形界面

NFS 的安装过程如下，安装指令：

sudo apt-get install nfs-kernel-server

用 vim 指令打开配置文件：/etc/exports，在最后一行添加：

/i.MX6 *（rw，sync，no_root_squash，no_subtree_check）

/i.MX6：与 NFS 服务客户端共享的目录。

*　　：允许所有的网段访问。

rw　 ：挂接此目录的客户端对该共享目录具有读/写权限。

sync ：资料同步写入内存和硬盘。

no_root_squash：客户机用 root 访问该共享文件夹时，不映射 root 用户。

no_subtree_check：不检查父目录的权限。

映射端口和重启服务指令如下。

映射端口：sudo /etc/init.d/rpcbind restart
重启服务：sudo /etc/init.d/nfs-kernel-server restart

4．安装软件 Samba

Samba 在 Linux 和 Windows 系统之间实现文件共享。

安装指令：

sudo apt-get install samba

配置文件：/etc/samba/smb.conf，在最后一行添加以下代码：

```
[print]
comment=print          //共享文件夹在 Windows 下显示 print
path=/home/now         //共享文件夹在 Linux 下的绝对路径是/home/now
browseable=yes         //共享文件夹下的文件可读
writeable=yes          //共享文件夹下的文件可写
public=yes             //是开放给有权限的人存取
```

```
create mask=0777        //创建文件的权限 0777，可读可写可执行
directory mask=0777     //创建目录的权限 0777，可读可写可执行
```

保存后退出。在虚拟机上设置虚拟机和宿主机在同一网段。在 Windows 桌面的左下角，在"搜索程序和文件"的地方输入虚拟机的 IP 地址（如 192.168.198.128），此时在主机上出现可以操作的共享文件夹，名称为"print"。该文件夹用于在 Linux 和 Windows 系统之间进行文件共享。

5. 安装软件 tftp

tftp 是在客户机与服务器之间进行简单文件传输的协议。
安装指令：

```
sudo apt-get install tftpd-hpa
```

配置文件：/etc/default/tftpd-hpa。
添加：

```
# /etc/default/tftpd-hpa
TFTP_MSERNAME="tftp"
TFTP_DIRECTORY="/tftpboot"
TFTP_ADDRESS="0.0.0.0: 69"
TFTP_OPTIONS="--secure"
```

保存后退出。重启服务：

```
sudo service tftpd-hpa restart
```

6. 安装软件 Xshell

Xshell 是在 PC 上安装的软件，供目标机使用，这是一个集成的超级终端，安装完成后，PC 的键盘和显示器可供目标机使用。

10.3.2　目标机端软件的安装

目标机是北京博创智联科技有限公司生产的实验箱——i.MX 6Solo/6Dual 嵌入式教学科研平台，目标机图片如图 10.5 所示。核心部件是 i.MX 6Solo/6Dual 核心板。实验箱左侧有一个 USB 串口，用于下载烧录目标机的可执行代码。到现在为止，目标机里的 Flash 存储器还是空的，我们可通过宿主机把目标机要运行的代码烧录进去，要烧录的程序包括 U-Boot、内核、文件系统等。以下的操作在宿主机的 Linux 上完成。

（1）解压源代码到用户目录下：

```
uptech@uptech: ~$ tar -xzvf /home/now/fsl-6dl-source.tar.gz
uptech@uptech: ~$ ls fsl-6dl-source/
```

在 fsl-6dl-source/目录下出现 4 个文件夹：
① u-boot2014，U-Boot 源代码目录，完成系统引导启动；
② kernel-3.14.28，内核源代码目录，目标机内的操作系统内核源码；
③ rootfs，文件系统目录，也称根文件系统，是操作系统的一部分；
④ sdk，交叉编译器目录，宿主机编译目标机的工具，用于生成目标机运行的可执行代码。

Linux 系统将操作系统和用户代码分开编译，分开下载烧录，以最大限度减少用户代码对操作系统运行安全的影响。

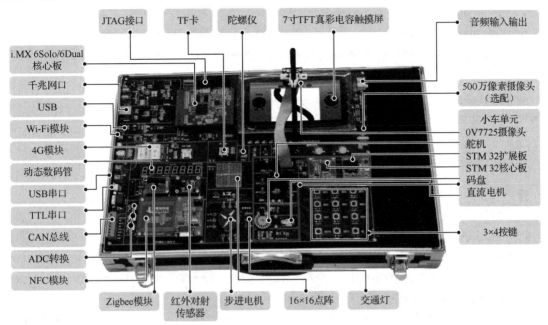

图 10.5　目标机图片

（2）安装交叉编译器：

uptech@uptech：~$ sudo sh fsl-6dl-source/sdk/poky-glibc-x86_64-meta-toolchain-qt5-cortexa9hf-vfp-neon-toolchain-1.7.sh

交叉编译器在宿主机上编译目标机的 i.MX 6Solo/6Dual 芯片，编译后的代码只能在目标机上运行，不可以在宿主机上运行。

（3）单独编译 U-Boot。

进入 U-Boot 目录：

```
uptech@uptech：~$ cd
uptech@uptech：~$ cd fsl-6dl-source/u-boot2014/
uptech@uptech：~/fsl-6dl-source/u-boot2014$　export ARCH=arm
uptech@uptech：~/fsl-6dl-source/u-boot2014$　source /opt/poky/1.7/environment-setup-cortexa9hf-vfp-neon-poky-linux-gnueabi
uptech@uptech：~/fsl-6dl-source/u-boot2014$ make
```

编译完后会有 u-boot.imx。我们把它复制到共享目录 uptech@uptech：~/fsl-6dl-source/u-boot2014$ cpu-boot.imx/home/now/。

（4）单独编译内核。

进入 kernel 目录：

```
uptech@uptech：~/fsl-6dl-source/u-boot2014$ cd
uptech@uptech：~$ cd fsl-6dl-source/kernel-3.14.28/
uptech@uptech：~/fsl-6dl-source/kernel-3.14.28$ export ARCH=arm
uptech@uptech：~/fsl-6dl-source/kernel-3.14.28$ source /opt/poky/1.7/environment-setup-cortexa9hf-vfp-neon-poky-linux-gnueabi
```

编译内核 uptech@uptech：~/fsl-6dl-source/kernel-3.14.28$ make zImage。

文件 zImage 路径在/arch/arm/boot 目录下。

（5）编译 dtb：

uptech@uptech：~/fsl-6dl-source/kernel-3.14.28$ make i.MX6dl-sabresd.dtb

编译完后会有 arch/arm/boot/zImage 和 arch/arm/boot/dts/i.MX6dl-sabresd.dtb。我们把它复制到共享目录：

```
uptech@uptech：~/fsl-6dl-source/kernel-3.14.28$ cp arch/arm/boot/zImage /home/now/
uptech@uptech：~/fsl-6dl-source/kernel-3.14.28$ cp arch/arm/boot/dts/i.MX6dl-sabresd.dtb /home/now/
```

（6）文件系统。

直接复制到共享目录：

```
uptech@uptech：~/fsl-6dl-source/kernel-3.14.28$ cd
uptech@uptech：~$ cp fsl-6dl-source/rootfs/rootfs.tar.bz2 /home/now/
```

（7）烧写系统。

平台拨码开关设置如下：on 表示"1"，off 表示"0"。USB OTG 模式，位[1：8]="00001100"。EMMC 模式，位[1：8]="11010110"。烧写程序时按照 USB OTG 的方式拨动拨码开关。烧写完成之后，改回到运行 EMMC 模式。

将 USB 线的一端插入 PC 的 USB 接口，另一端接到 i.MX 6Solo/6Dual 平台的 USB OTG 接口。

给 i.MX 6Solo/6Dual 嵌入式教学科研平台插上 12V DC（直流）电源，上电开机。

运行 Mfg Tool 软件进行烧写，这是博创智联的一个批处理命令，文件名是 mfgtool2-yocot-mx6-sabresd-emmc，图 10.6 是烧录下载界面。

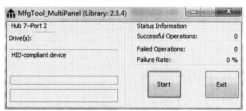

图 10.6　烧录下载界面

烧录的文件包括 u-boot、内核和文件系统。

（8）返回运行模式。

程序烧写完毕，断电关机，按照 EMMC（位[1：8]="11010110"）模式拨动拨码开关，上电即可。

10.4　Makefile

在 ARM-Linux 软件开发中，源代码生成可执行代码使用的工具是 GNU 的 make。使用该工具编写的文件称为 makefile，有时也写为 Makefile。Linux 操作的命令称为 make，其作用是对库和源程序编译、链接。与此相对应的另外一个命令为 make clean，其功能是删除 make 生成的目标文件、可执行文件和其他中间文件。

　　GNU 是一个类 UNIX 操作系统。它是由多个应用程序、系统库、开发工具乃至游戏构成的程序集合。GNU 的开发始于 1984 年 1 月，称为 GNU 工程。GNU 的许多程序在 GNU 工程下发布；我们称之为 GNU 软件包。类 UNIX 操作系统中用于资源分配和硬件管理的程序称为"内核"。GNU 所用的典型内核是 Linux。该组合称为 GNU/Linux 操作系统。GNU/Linux 为几百万用户所使用，然而许多人错误地称之为"Linux"。GNU 自己的内核——The Hurd，开始于 1990年（早于 Linux）。志愿者们仍在继续开发 The Hurd，因为它是一个有趣的技术项目。

　　GNU make 是一个控制计算机程序从代码源文件到可执行文件或其他非源文件生成过程的工具。控制命令通过称为 makefile 的文件传递给 make 工具。makefile 记录了如何生成可执行文件等命令。

10.4.1　Makefile 的规则

　　先看一下 Makefile 代码书写格式：

　　目标（target）... ：依赖关系（prerequisites）...

　　[Tab]命令（command）

　　...

　　...

　　其中，target 是一个目标文件，可以是 Object File，也可以是可执行文件，还可以是一个标签（Label），对于标签这种特性，在后续的"伪目标"章节中会有叙述；prerequisites 是要生成target 所需要的文件或目标的列表；command 是 make 需要执行的命令（任意的 Shell 命令）。

　　特别需要强调的是，在 Makefile 中的命令，必须要以【Tab】键开始。

　　这是一个文件的依赖关系，也就是说，target 这一个或多个的目标文件依赖于 prerequisites中的文件，其生成规则定义在 command 中。prerequisites 中如果有一个及以上的文件新于 target文件，command 所定义的命令就会被执行。这就是 Makefile 的规则，也是 Makefile 中最核心的内容。

　　目标、依赖关系和命令这三个词构成一个规则，即 Makefile 规则。Makefile 要做的工作是编译和链接，以及以何种方式实现编译和链接。

　　例如，如果一个工程有 3 个头文件和 8 个.c 文件，为了完成前面所述的那些规则，Makefile代码如下：

```
edit : main.o kbd.o command.o display.o  insert.o search.o files.o utils.o
    cc -o edit main.o kbd.o command.o display.o  insert.o search.o files.o utils.o

main.o : main.c defs.h                    cc -c main.c
kbd.o : kbd.c defs.h command.h            cc -c kbd.c
command.o : command.c defs.h command.h    cc -c command.c
display.o : display.c defs.h buffer.h     cc -c display.c
insert.o : insert.c defs.h buffer.h       cc -c insert.c
search.o : search.c defs.h buffer.h       cc -c search.c
files.o : files.c defs.h buffer.h command.h   cc -c files.c
utils.o : utils.c defs.h                  cc -c utils.c

clean : rm edit main.o kbd.o command.o display.o  insert.o search.o files.o utils.o
```

　　其中 cc 是 gcc 的简称，由宏定义得到。将上述级联逐级展开，可以得到一个树状的结构，找到每个函数及其衔接关系，我们称之为"依赖关系"。可以把这个内容保存在文件名为"Makefile"或"makefile"的文件中，然后在该目录下直接输入命令"make"就可以生成可执行文件 edit。如果要删除执行文件和所有的中间目标文件，只要简单地执行一下"make clean"就可以了。

在这个 Makefile 中，目标文件（target）包含：可执行文件 edit 和中间目标文件（*.o）。依赖文件（prerequisites）就是冒号后面的那些.c 文件和.h 文件。每一个.o 文件都有一组依赖文件，而这些.o 文件又是可执行文件 edit 的依赖文件。依赖关系的实质说明了目标文件是由哪些文件生成的。

在定义好依赖关系后，后续的那一行定义了如何生成目标文件的操作系统命令，一定要以一个【Tab】键作为开头。记住，make 并不管命令是怎么工作的，它只管执行所定义的命令。make 会比较 target 文件和 prerequisites 文件的修改日期，如果 prerequisites 文件的修改日期比 target 文件的修改日期更新，或者 target 不存在， make 就会执行后续定义的命令。

这里要说明的一点是，clean 不是一个文件，它是一个动作名字，有点像 C 语言中的 lable，其冒号后什么也没有，这样 make 就不会自动寻找文件的依赖，也不会自动执行其后所定义的命令。要执行其后的命令，就要在 make 命令后明显地指出这个 lable 的名字。这样的方法非常有用，我们可以在一个 Makefile 中定义不用的编译或与编译无关的命令，如程序的打包、程序的备份等。

在 Makefile 命令中，一定要包含 gcc 编译器命令，它们之间是什么关系呢？答案是包含关系，一个 Makefile 中，可以多次使用 gcc。

gcc 编译器完全可以满足编译 C 以及 C++程序的需求，那么为什么还需要 Makefile 呢？答案是 Makefile 的作用是将 gcc 编译的过程规则化，包括编译顺序、依赖关系、第二次进行增量编译、编译后的一些相关操作等。

gcc 的选项说明如下。

-E：只对源程序进行预处理，处理的结果会将源程序的注释去掉。

-S：只输出汇编代码，不输出目标代码。

-asm：输出目标文件的同时，也输出相应的汇编代码。

-c：用于把源码文件编译成.o 对象文件，不进行链接过程。

-o：用于链接生成可执行文件，在其后可以指定输出文件的名称。

-g：用于在生成的目标可执行文件中，添加调试信息，可以使用 GDB 进行调试。

-w：关闭所有告警信息。

-o：表示编译优化选项，其后可跟优化等级 0\1\2\3，默认是 0，不优化。

-fPIC：用于生成与位置无关的代码。

-v：显示执行编译阶段的命令，同时显示编译器驱动程序、预处理器、编译器的版本号。

-I< dir>：用于把新目录添加到 include 路径上，可以使用相对路径和绝对路径。

-l：链接库 lpthread。

-L：指定链接库的路径。

-shared：编译成动态链接库。

-Wall：生成常见的所有警告信息，且停止编译，具体是哪些警告信息，可参见 gcc 手册，一般用这个足矣。

头文件（.h）的开头，一般会有各种函数和结构的声明，库文件包括动态链接库与静态链接库，Linux 下分别是.so 和.a。

程序的运行过程是预处理->编译->汇编->链接。对于一个简单文件的流程，gcc 命令如下：

gcc -E hello.c -o	hello.i	//预处理，生成代码 hello.i
gcc -S hello.i -o	hello.s	//编译，生成汇编代码 hello.s
gcc -c hello.s -o	hello.o	//汇编，生成.o 汇编文件 hello.o
gcc hello.o　-o	hello	//链接，生成可执行文件 hello

阅读 Makefile 文件时，时常会遇到以下三个变量：$@，$^，$<，它们所代表的含义分别是：$@——目标文件，$^——所有的依赖文件，$<——第一个依赖文件。

10.4.2　Makefile 的文件名

默认情况下，make 命令会在当前目录下按顺序找寻文件名为"GNUmakefile""makefile""Makefile"的文件，找到了就解释这个文件。在这三个文件名中，最好使用"Makefile"这个文件名，因为这个文件名的第一个字符为大写，这样有醒目的感觉。不建议使用"GNUmakefile"，这个文件是 GNU 的 make 识别的。还有另外一些 make 只对全小写的"makefile"文件名敏感，但是基本上来说，大多数的 make 都支持"makefile"和"Makefile"这两种默认文件名。

当然，还可以使用别的文件名来书写 Makefile，如"Make.Linux""Make.Solaris""Make.AIX"等，如果要指定特定的 Makefile，可以使用 make 的"-f"和"--file"参数，如 make-f Make.Linux 或 make--file Make.AIX。

10.4.3　引用其他的 Makefile

Makefile 使用 include 关键字可以把别的 Makefile 包含进来，类似 C 语言的#include，include 前面可以有一些空字符，但绝不能以[Tab]键开始。include 的语法是：include<filename>filename，可以是当前操作系统 Shell 的文件模式（可以包含路径和通配符）。

例如，有这样几个 Makefile：a.mk、b.mk、c.mk，还有一个文件 foo.make，以及一个变量 $（bar），其包含了 e.mk 和 f.mk，那么，下面的语句：

include foo.make *.mk $（bar）

等价于：

include foo.make a.mk b.mk c.mk e.mk f.mk

make 命令开始时，会找寻 include 所指出的其他 Makefile，并把其内容安置在当前的位置，这就好像 C/C++的#include 指令一样。如果文件都没有指定绝对路径或相对路径，make 会在当前目录下首先寻找，如果当前目录下没有找到，那么，make 还会在下面的几个目录下寻找：

（1）如果 make 执行时，有"-I"或"--include-dir"参数，那么 make 就会在这个参数所指定的目录下去寻找。

（2）如果目录/include（一般是/usr/local/bin 或/usr/include）存在，make 也会在该目录下去寻找。如果有文件没有找到，make 会生成一条警告信息，但不会马上出现致命错误。它会继续载入其他的文件，一旦完成 Makefile 的读取，make 会再重试这些没有找或不能读取的文件，如果还是不行，make 才会生成一条致命信息。如果想让 make 不理会那些无法读取的文件而继续执行，可以在 include 前加一个减号"-"，如-include<filename>，它表示无论 include 过程中出现什么错误，都不要报错而继续执行。和其他版本 make 兼容的相关命令是 sinclude，其作用和这一个是一样的。

10.4.4　使用变量

在 Makefile 中，变量可以使用在"目标""依赖关系""命令"或 Makefile 的其他部分中。变量的名称可以包含字符、数字、下画线（可以是数字开头），但不应包含":""#""="或空字符（空格、回车等）。变量是大小写敏感的，"foo""Foo"和"FOO"是三个不同的变量名。

变量在声明时需要给予初值，而在使用时，需要在变量名前加上"$"符号，但最好用小括号"()"或是大括号"{}"把变量给包括起来，给变量加上括号完全是为了更加安全地使用这个变量。如果要使用真实的"$"字符，需要用"$$"来表示。

在定义变量的值时，我们可以使用其他变量来构造变量的值，在 Makefile 中有两种方式来定义变量的值："="和"：="。先看第一种方式，也就是简单地使用"="，在"="左侧是变量，右侧是变量的值，右侧变量的值可以定义在文件的任何一处，也就是说，右侧中的变量不一定非要是已定义好的值，也可以使用后面定义的值。例如：

```
foo=$（bar）
bar=$（ugh）
ugh=Huh?

all:
echo $（too）
```

我们执行"make all"将会打出变量$（foo）的值是"Huh?"（$（foo）的值是$（bar），$（bar）的值是$（ugh），$（ugh）的值是"Huh?"）。可见，变量是可以使用后面的变量来定义的。

Makefile 中另一种用变量来定义变量的值的方法是使用"：="操作符，例如：

```
x：=foo
y：=$（x）bar
x：=later
```

其等价于：

```
y：=foo bar
x：=later
```

值得一提的是，这种方法，前面的变量不能使用后面的变量，只能使用前面已定义好的变量。如果是这样：

```
y：=$（x）bar
x：=foo
```

那么，y 的值是"bar"，而不是"foo bar"。

还有一个比较有用的操作符是"?="，先看示例：

```
FOO?=bar
```

其含义是，如果 FOO 没有被定义过，那么变量 FOO 的值就是"bar"；如果 FOO 先前被定义过，那么这条语句将什么也不做，其等价于：

```
ifeq（$（origin FOO）,undefined）
FOO=bar
endif
```

10.4.5　伪目标

前文曾提到过一个 "clean" 的目标，这是一个 "伪目标"：

clean：　　rm　*.o　temp

正像前面例子中的 "clean" 一样，既然我们生成了许多编译文件，也应该提供一个清除它们的 "目标" 以备完整地重新编译。"伪目标" 并不是一个文件，只是一个标签，所以 make 无法生成它的依赖关系和决定它是否要执行，只有通过显式地指明这个 "目标" 才能让其生效。当然，"伪目标" 的取名不能和文件名重名，不然就失去了 "伪目标" 的意义了。当然，为了避免和文件名重名的这种情况，可以使用一个特殊的标记 ".PHONY" 来显式地指明一个目标是 "伪目标"，向 make 说明，不管是否有这个文件，这个目标就是 "伪目标"。

这个过程可以这样编写：

.PHONY：　　clean

clean：　　　　rm *.o　temp

Makefile 中的第一个目标会被作为其默认目标。我们声明了一个 "all" 的伪目标，其依赖于其他三个目标。由于伪目标的特性是总是被执行，所以其依赖的那三个目标就总是不如 "all" 这个目标新。

".PHONY：all" 声明了 "all" 这个目标为 "伪目标"。

顺便提一句，从上面的例子我们可以看出，目标也可以成为依赖。所以，伪目标同样也可以成为依赖。

10.4.6　Makefile 的一个例子

下面的例子里使用了两个 Makefile。先看这两个 Makefile 的关系，被调用的 Makefile 文件为 Rules.mak，调用者的文件名为 Makefile。Rules.mak 存放在 Makefile 上一级文件夹里：

TOPDIR =../

include　　$（TOPDIR）Rules.mak

其中，"TOPDIR" 是变量名，"=" 是给变量赋值的保留字，"../" 表示上一级目录。include 那句的意思是被包含的 Makefile 文件在上一级目录存放，文件名为 Rules.mak。不管这两个文件的绝对目录是什么，它们间的这种相对关系表明了文件存放的位置。

```
CROSS=arm-none-Linux-gnu-eabi-
cc=${CROSS}gcc
```

上面两句指出了编译器的名称为 arm-none-Linux-gnu-eabi-gcc。

```
LDFLAG+=-static
EXTRA_LIBS+=        //（追加变量到 LIBS 库里）
EXP_INSTALL=install–m755
INSTALL_DIR=../bin
LDFLAG：          //gcc 等编译器会用到的一些优化参数，也可以在里面指定库文件的位置
LIBS：            //告诉链接器要链接哪些库文件
CFLAGS：          //指定头文件（.h 文件）的路径
EXP_INSTALL=install–m755
INSTALL_DIR=../bin
```

install 命令的作用是安装或升级软件或备份数据，它的使用权限是所有用户。install 命令和 cp 命令类似，都可以将文件/目录复制到指定的地点。但是，install 允许软件开发人员控制目标文件的属性。install 通常用于程序的 makefile，使用它来将程序复制到目标（安装）目录。

综合上述，Rules.mak 文件解决了一些共性问题，指定了编译器、链接器以及库文件的位置，指定了安装目标文件的属性（可读、可写、可运行）以及目标文件安装的位置（命令上级目录的/bin 子目录）。

下面的这段代码是一个完整的 Makefile 文件，描述了库、编译、链接的全过程。

```
Makefile
 ①  TOPDIR      = ../
 ②  include     $(TOPDIR)Rules.mak
 ③  EXEC   = $(INSTALL_DIR)/hello        ./hello
 ④  OBJS   = hello.o
 ⑤  all:        $(EXEC)
 ⑥  @(EXEC): $(OBJS)
 ⑦      $(CC)$(LDFLAGS) –o $@$(OBJS)
 ⑧  install：
         $（EXP_INSTALL）$（EXEC）$（INSTALL_DIR）
 ⑨  clean：
         -rm –f $（EXEC）  *.elf  *.gdb  *.o

Rules.mak
    TOPDIR   =  ..
    CROSS   = arm-none-Linux-gnu-eabi-
    cc   =   ${CROSS}gcc
    LDFLAG+ = -static
    EXTRA_LIBS+=
    EXP_INSTALL = install –m 755
    INSTALL_DIR = ../bin
```

再来看看第一个文件 Makefile 完成了哪些工作？这个文件共 9 句，简单解释如下：

第一句，指定上级目录。

第二句，指定包含文件。

第三句，将/bin 下的文件 hello 复制到当前文件夹。

第四句，指定目标文件是 hello.o。

第五句，all 依赖于 hello。

第六句，hello 依赖于 hello.o。

第七句，指定链接器。

第八句，复制可执行文件到指定目录

第九句，删除目标文件和可执行文件。

Rules.mak 指定包含文件以及指定编译器。

10.5 U-Boot

10.5.1 BootLoader 基础

当前市面上流行的 BootLoader 软件有 U-Boot、Blob 和 vivi 等。本书以 U-Boot 为例说明嵌入式系统的启动和装载的过程。

在嵌入式系统发展的初期，BootLoader 就已存在，只是当时的系统比较简单，软件没有被单独分离出来。甚至在嵌入式操作系统出现之前的前、后台软件也能发现引导启动软件的雏形。MCS51 单片机在开启中断、进入大循环程序之前，要重新调整堆栈指针、初始化串口、清空内存。这些早期的初始化代码实现的就是 Boot 的部分功能。Linux 发展起来以后，BootLoader 和内核软件以及根文件系统分开存放。典型的分区结构如图 10.7 所示。

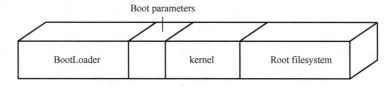

图 10.7　嵌入式Linux系统中典型的分区结构

在 Linux 系统中，"BootLoader""Boot parameters""kernel"和"Root filesystem"在不同的分区，它们分别编译且独立下载，这样便于管理。"Boot parameters"分区中存放一些可设置的参数，如串口波特率、IP 地址、SDRAM 参数、要传递给内核的命令行参数。BootLoader 是一段只执行一次的小型代码，正常启动过程（一般是上电开机）或硬复位，BootLoader 首先运行，完成硬件设备的初始化和建立内存空间映射图，准备好传递给内核的参数，并将系统硬软件带到一个合适的状态，为内核运行做准备。然后是启动内核，内核启动后，它会挂接（mount）根文件系统（Root filesystem），启动文件系统的应用程序。

1. 安装地址和存储介质

ARM 上电复位从地址 0x0000_0000 读取第一条指令。此时 BootLoader 存放的物理地址应该设置在 0x0000_0000 才能保证启动代码被启动。当 MMU 启动以后，需要完成地址重映射，将 0x0000_0000 交给中断向量表使用，那是以后的事了。

可以想到，存储 BootLoader 是非遗失存储器，常常使用 NOR Flash，这部分代码比较小，而且只执行一次，没有对时间特别苛刻的要求。串口是 BootLoader 的标配，串口配置参数通常是 8，1，115200。即 8 位数据位，1 位停止位，无硬件流控制，115200 波特。在引导装载期间，通过观察串口发送的数据，可以了解启动过程。

考虑 CPU 的不同，以及开发板硬件的差异性，几乎没有完全相同的两个 BootLoader，这要求设计者要对 BootLoader 进行不同程度的修改，直到满足要求。

2. BootLoader 的启动加载模式和下载模式

下载模式：该模式常用于第一次安装内核与根文件系统。此时的内核和根文件系统在宿主机上，BootLoader 在完成必要的初始化工作后，从宿主机上读取内核与根文件系统的映像文件，将其烧录到相应的 Linux 分区的同时，将它们复制至 RAM 中运行。宿主机和开发板之间的通信，可以是串口，即使用上文提到的 8，1，115200 串口协议，也可以使用 NFS 和 tftp 的网络协议。

启动加载模式：这是产品发布后 BootLoader 的工作模式。无须人工干预，BootLoader 在完成必要的初始化工作后，将固态存储器的内核和根文件系统加载到 RAM 中运行。

U-Boot 同时支持下载模式和启动加载模式，允许用户在两种模式下切换。例如，U-Boot 在启动时处于正常的启动加载模式，但是它会延长若干秒（可以在宿主机上设置），等待终端用户按下任意键，而将 U-Boot 切换到下载模式。如果在指定时间内没有用户按键，则 U-Boot 继续启动 Linux 内核和根文件系统。当产品发布时，可将设定等待时间改为 0，这样可节省启动时间。

　　按照 BootLoader 实现的功能不同，可将其代码分为两个部分，也称两个阶段。划分的目的是便于维护代码。BootLoader 第一阶段的代码量比较小，一般用汇编语言编写，主要编写和 CPU 相关的代码，完成硬件初始化，为第二阶段准备 RAM 空间，并复制 BootLoader 第二阶段代码到 RAM 空间。BootLoader 第二阶段的工作是：初始化本阶段要使用的设备，检测内存映射，将内核和根文件系统复制到 RAM，为内核设置启动参数，启动内核。

　　图 10.8 给出了 Flash 和 RAM 的地址空间，也给出了 BootLoader 两个阶段（stage1 和 stage2）在存储器中所在的位置。

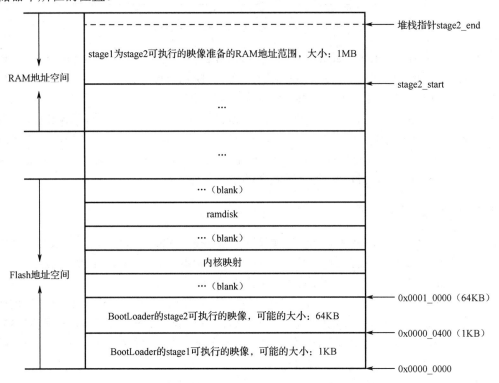

图 10.8　Flash 和 RAM 的地址空间

3．BootLoader 第一阶段

　　（1）基本硬件初始化。包括屏蔽所有中断，关看门狗，设置 CPU 速度和时钟频率，RAM 初始化，点亮对应的 LED 指示灯。

　　（2）为加载第二阶段准备 RAM 空间。

　　（3）复制第二阶段代码到 RAM 中。

　　（4）设置堆栈指针。

　　（5）跳转到第二阶段的入口。

4．BootLoader 第二阶段

　　（1）调入 C 库。第二阶段的代码使用 C 语言编写，首先要调入 C 语言的函数库。

（2）用 C 语言编写初始化阶段要使用的硬件设备。串口打印相应的信息到终端，表明已进入 BootLoader 的第二阶段。

（3）检测系统的内存映射，同时将内存映射的结果打印到串口。

（4）加载内核映像和根文件系统映像。这部分工作要考虑这两个文件的大小，为了避免文件覆盖，一般各取 1MB 的 RAM 分别给内核和根文件系统。

（5）设置内核启动参数。BootLoader 设置的常见启动参数有 ATAG_CORE、ATAG_MEM、ATAG_CMDLINE、ATAG_RAMDISK、ATAG_INITRD 等。

（6）调用内核。这部分内容包括 CPU 寄存器设置、CPU 模式设置、cache 和 MMU 的设置。完成这部分工作后，打印串口，表明 BootLoader 第二阶段工作结束。

10.5.2　U-Boot 代码结构

U-Boot 的全称是 Universal BootLoader，其遵循 GPL 协议，支持 Linux 系统引导，支持 ARM i.MX 6Solo/6Dual　CPU。本书使用的 U-Boot 的版本是 2014.04。

本书在 U-Boot 2014 的基础上进行分析和移植。U-Boot 2014 根目录下共有 20 个子目录，如图 10.9 所示。它可以分为 4 层。

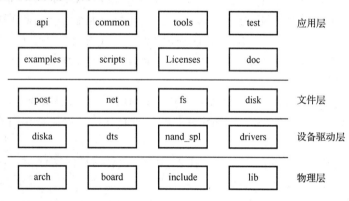

图 10.9　U-Boot 顶层目录的层次结构

（1）物理层，平台相关的或开发板相关的。

（2）设备驱动层，通用的设备驱动程序。

（3）文件层，文件相关。

（4）应用层，U-Boot 工具、示例程序、文档。

下面介绍一下主要的目录结构。

（1）board：开发板相关文件，根据不同开发板定制的代码，主要包含 SDRAM、Flash 驱动。board 目录下是一些和开发板相关的文件，如果采用和开发板完全相同的硬件设计，这部分可以直接使用，若设计有所改动，则设计软件要进行相应的修改。

（2）arch：与体系结构相关的代码全部放在这里，包括 arm、x86、powerpc、mipc 等主流 CPU。i.MX 6Solo/6Dual 相关文件所在目录是\UBoot\u-boot2014\arch\arm\cpu\armv7，说明 i.MX 6Solo/6Dual 是 ARMv7 架构。该目录下主要的几个文件是：cpu.s、interrupt.c、startup.s。startup.s 是 U-Boot 启动的第一个文件，也是系统启动的第一个文件。

（3）include：U-Boot 头文件，尤其在 configs 子目录下与开发板相关的配置头文件是移植过程中经常要修改的文件。

（4）lib：通用库文件。

（5）disk：磁盘分区相关代码。

（6）dts：设备树相关代码。

（7）nand_spl：采用 spl 模式的 nand boot 代码。

（8）drivers：通用设备驱动，如 CFI Flash 驱动（目前对 Intel Flash 支持较好）。

（9）post：上电自检文件目录。

（10）net：与网络功能相关的文件目录，如 bootp，NFS，tftp。

（11）fs：文件系统，支持嵌入式开发板常见的文件系统。

（12）diska：驱动的分区处理代码。

（13）common：独立于处理器体系结构的通用代码，如内存大小探测与故障检测。

（14）doc：U-Boot 的说明文档。

（15）examples：可在 U-Boot 下运行的示例程序，如 hello_world.c、timer.c。

（16）tools：用于创建 U-Boot、S-RECORD 和 BIN 镜像文件的工具。

（17）api：U-Boot 提供给外部应用的 API 函数。

（18）test：U-Boot 测试代码。

（19）Licenses：U-Boot 是自由软件，版权归 Wolfgang Denk 和许多其他贡献了代码的人。可以重新分发 U-Boot 或根据 GNU 条款修改它，由自由软件基金会发布的许可证。

（20）scripts：脚本语言支持。利用 U-Boot 中的 autoscr 命令，可以在 U-Boot 中运行"脚本"。首先在文本文件中输入需要执行的命令，用 tools/mkimage 封装后，再下载到开发板上，用 autoscr 执行就可以了。

更多详细目录信息，可以查看本目录下的 README。主要文件如下：

（1）u-boot-dtb.imx：i.MX 6Solo/6Dual 需要的二进制文件，也就是我们的烧录文件。

（2）u-boot.bin：二进制文件。

（3）Makefile：编译时需要的主文件，在子目录中也有这样的文件。

（4）README：U-Boot 使用说明。

10.5.3　U-Boot 代码分析

1．查找链接配置文件

GNU gcc 编译器对代码进行编译后，由链接器决定目标程序在存储器中将如何存放。链接器的这个文件名是 u-boot.lds，也称链接脚本文件。U-Boot 顶层的 Makefile 在变量名 LDSCRIPT 中指定链接脚本文件。顶层 Makefile 的部分代码如下：

```
VERSION=2014
PATCHLEVEL=04
ifeq（$（wildcard $（LDSCRIPT）），)
    LDSCRIPT：= $（srctree）/board/$（BOARDDIR）/u-boot.lds
endif
```

2．链接器配置文件 u-boot.lds

u-boot.lds 的部分代码如下：

```
OUTPUT_FORMAT（"elf32-littlearm","elf32-littlearm","elf32-littlearm"）
OUTPUT_ARCH（arm）
ENTRY（_start）
SECTIONS
{
    .= 0x00000000;
    .=ALIGN（4）;
    .text :
        {
        *（.__image_copy_start）
        CPUDIR/start.o（.text*）
        *（.text*）
        }
    .=ALIGN（4）;
    .rodata :  { *（SORT_BY_ALIGNMENT（SORT_BY_NAME（.rodata*）））}
    .=ALIGN（4）;
    .data :  {*（.data*）}
}
```

其中，

OUTPUT_FORMAT：指定链接器输出文件是 elf 格式，32 位 ARM 指令，小端存储。

OUTPUT_ARCH：指定输出文件平台是 ARM。

ENTRY（_start）：指定输出文件起始代码段为 start。

.= 0x00000000：程序的入口地址是 0x00000000。

.text：程序段定义，大括号内的三句是程序的目标文件存放顺序，本书的 U-Boot 文件不涉及__image_copy_start。因此，start.o 存放在 0x00000000 位置。

CPUDIR/start.o（.text*）：这个 start.o 是 start.s 编译得到的目标文件，（.text*）是所有程序。

.rodata：只读数据段，如查用的正弦表。

.data：数据段，如栈、堆、变量。

3．start.s 代码分析

```
/*armboot-Startup Code for ARM Cortex CPU-core/OMAP3530    */
.globl _start                          //声明_start
_start:  b reset                       //复位，地址 0x0000_0000
ldr   pc, _undefined_instruction       //未定义指令中断，地址 0x0000_0004
ldr   pc, _software_interrupt          //软件中断，地址 0x0000_0008
ldr   pc, _prefetch_abort              //预取指令终止中断，地址 0x0000_000c
ldr   pc, _data_abort                  //数据操作终止中断，地址 0x0000_0010
ldr   pc, _not_used                    //没有使用中断，地址 0x0000_0014
ldr   pc, _irq                         //IRQ 中断，地址 0x0000_0018
ldr   pc, _fiq                         //FIQ 中断，地址 0x0000_001c
```

上面的代码是异常中断向量表，b 是跳转指令。ldr pc 同样是跳转指令，通过给 PC 寄存器（R15）赋值实现跳转。异常中断向量表共 8 行，每行占 4 字节，共占用存储器起始部分的 32 字节（0x00000000～0x0000001f）。后面的 7 行是 7 个中断源的入口跳转地址。程序的第一行 b reset 是跳转代码，跳转到 reset 标号处。

这个异常中断向量表特别重要，程序会经常进入这些地方。即便是操作系统内核已经接管了 CPU 的控制权，一旦发生异常中断，ARM 微处理器便强制把 PC 指针指向异常中断向量表中对应中断类型的地址值，然后从中断向量表里取出对应的中断服务子程序的地址，并赋给 PC，PC 得到地址，实现跳转，去执行中断程序。

在 U-Boot 的开始阶段，程序只会执行第一句代码，因为其他中断或者异常处理的条件都不具备，如中断堆栈。这部分工作在哪里做呢？在接下来的 reset 开始的代码段。

```
reset:      bl    save_boot_params
mrs         r0, cpsr
and         r1, r0, #0x1f          //mask mode bits
teq         r1, #0x1a              //test for HYP mode
bicne       r0, r0, #0x1f          //clear all mode bits
orrne       r0, r0, #0x13          //set SVC mode
orr         r0, r0, #0xc0          //disable FIQ and IRQ
msr         cpsr, r0
```

上述代码是复位处理常用的形式，由汇编语言书写，主要关看门狗、关 FIQ、关 IRQ、设置 SVC 管理模式。save_boot_params 是个子程序，根据需要可以在该子程序中保存 boot 参数。在这里中断源是必须关闭的，此时中断处理的条件依旧不具备。

```
mrc  p15, 0, r0, c1, c0, 0      //Read CP15 SCTRL Register
bic   r0, #CR_V                 //V=0
mcr  p15, 0, r0, c1, c0, 0      //Write CP15 SCTRL Register
ldr   r0,=_start
mcr  p15, 0, r0, c12, c0, 0     //Set vector address in CP15 VBAR register
bl   cpu_init_cp15
bl   cpu_init_crit
bl   _main
```

以上代码再次修改异常向量表入口地址为 0x0，调用 cpu_init_cp15 和 cpu_init_crit，转到 _main，至此，start.s 代码结束。cpu_init_cp15 代码如下：

```
ENTRY（cpu_init_cp15）
    /*    *Invalidate L1 I/D    */
    mov  r0, #0                     @ set up for MCR
    mcr   p15, 0, r0, c8, c7, 0     @ invalidate TLBs
    mcr   p15, 0, r0, c7, c5, 0     @ invalidate icache
    mcr   p15, 0, r0, c7, c5, 6     @ invalidate BP array
    mcr p15, 0, r0, c7, c10, 4      @ DSB
    mcr   p15, 0, r0, c7, c5, 4     @ ISB
    /*disable MMU stuff and caches     */
    mrc   p15, 0, r0, c1, c0, 0
    bic   r0, r0, #0x00002000       @ clear bits 13（--V-）
    bic   r0, r0, #0x00000007       @ clear bits 2：0（-CAM）
    orr   r0, r0, #0x00000002       @ set bit 1（--A-）Align
    orr   r0, r0, #0x00000800       @ set bit 11（Z---）BTB
#ifdef CONFIG_SYS_ICACHE_OFF
    bic   r0, r0, #0x00001000       @ clear bit 12（I）I-cache
#else
```

```
        orr    r0, r0, #0x00001000    @ set bit 12（I）I-cache
    #endif
    …
    ENDPROC（cpu_init_cp15）
```

cpu_init_cp15 是通过配置 CP15 协处理器的相关寄存器，来设置处理器的 MMU、cache 以及 TLB。如果没有定义 CONFIG_SYS_ICACHE_OFF，则会打开 icache，并关掉 MMU 以及 TLB。具体配置过程可以对照 CP15 寄存器，这里不再详细介绍。

接下来看 cpu_init_crit：

```
ENTRY（cpu_init_crit）
    /*Jump to board specific initialization... The Mask ROM will have already initialized basic memory. Go here to bump up clock rate and handlewake up conditions. */
    b      lowlevel_init              /*go setup pll, mux, memory */
ENDPROC（cpu_init_crit）
lowlevel_init 在 arch\arm\cpu\armv7\ lowlevel_init.s 中定义
ENTRY（lowlevel_init）
    /*       *Setup a temporary stack     */
    ldr    sp,=CONFIG_SYS_INIT_SP_ADDR
    bic    sp, sp, #7                  /*8-byte alignment for ABI compliance */
#ifdef CONFIG_SPL_BUILD
    ldr    r9,=gdata
#else
    sub    sp, sp, #GD_SIZE
    bic    sp, sp, #7
    mov    r9, sp
#endif
    /*Save the old lr（passed in ip）and the current lr to stack */
    Push   {ip, lr}
    /*go setup pll, mux, memory    */
    bl     s_init
    pop    {ip, pc}
ENDPROC（lowlevel_init）
```

cpu_init_circuit 调用的 lowlevel_init 是与特定开发板相关的初始化函数，在这个函数里首先解决堆栈的问题，指定堆栈的地址，为函数的调用做准备。接下来，该函数会做一些 pll 初始化，如果不是从 memory 启动的，则会做 memory 初始化，方便后续将初始化代码复制到 memory 中运行。从 cpu_init_crit 返回后，_start 的工作就完成了，接下来就要调用_main。_main 开始的部分仍然是 BootLoader 代码，是 BootLoader 的第二阶段代码。

总结一下_start 的工作：

（1）初始化异常向量表，设置 svc 模式，关中断。

（2）配置 CP15，初始化 MMU、cache、TLB。

（3）处理堆栈指针，调用 C 库，板级初始化，pll、memory 初始化。

4. _main 部分代码分析

_main 在 arch\arm\lib\crt0.s 中定义，部分代码如下：

```
ENTRY（_main）
/*Set up initial C runtime environment and call board_init_f（0）. */
#if defined（CONFIG_SPL_BUILD）&& defined（CONFIG_SPL_STACK）
    ldr     sp,=（CONFIG_SPL_STACK）
#else
    ldr     sp,=（CONFIG_SYS_INIT_SP_ADDR）
#endif
    bic     sp, sp, #7          /*8-byte alignment for ABI compliance */
    sub     sp, sp, #GD_SIZE    /*allocate one GD above SP */
    bic     sp, sp, #7          /*8-byte alignment for ABI compliance */
    mov     r9, sp             /*GD is above SP */
    mov     r0, #0
    bl      board_init_f
……
ENDPROC（_main）
```

_main 处理 U-Boot 启动过程中需要 C 运行时环境的与目标无关的阶段。主要完成如下工作：

（1）调用 board_init_f() 前的准备工作。设置 GD（全局数据）和 SP（堆栈指针），为 CONSTANT 数据提供地址空间，而 BSS（Block Started by Symbol）则不行。

（2）调用 board_init_f()。由于系统 RAM 可能还不可用，因此 board_init_f() 必须使用当前的 GD 来存储必须传递到后面阶段的任何数据。这些数据包括重新定位目的地、未来的堆栈和未来的 GD 位置。

（3）～（6）用于 non-SPL builds 模式。

（3）设置中间环境。其中堆栈和 GD 是由 board_init_f() 在系统 RAM 中分配的，BSS 和初始化的非常量数据仍然不可用。

（4）调用 relocate_code()。这个函数将 U-Boot 从当前位置重新定位到由 board_init_f() 计算的重新定位目标。

（5）设置调用 board_init_r() 的最终环境。这个环境有 BSS（初始化为 0）、初始化非常量数据（初始化为它们的预期值）systemRAM 中的堆栈。GD 保留了由 board_init_f() 设置的值。此时，一些 CPU 在内存方面还有一些工作要做，因此调用 c_runtime_cpu_setup。

（6）跳转到 board_init_r()。

board_init_r() 函数目录：\u-boot2014\common\board_r.c。在 board_init_r() 函数中调用 initcall_run_list（init_sequence_r），进行初始化序列工作，初始化的最后一个函数是 run_main_loop()，进入死循环阶段。run_main_loop() 函数调用\u-boot2014\common \main.c 的 main_loop() 函数，init_sequence_r 序列中的第二个函数是 initr_reloc()，用于向重定位后的代码中全局变量 gd→flag 设置 gd→flags|=GD_FLG_RELOC|GD_FLG_FULL_MALLOC_INIT 标志位，该标志位指示现处于重定位地址段执行 uboot 函数，这样在每次循环执行函数前都会提示重定位信息。init_sequence_r 序列中的函数主要是板级的初始化函数，与具体的硬件相关。接下来启动 Linux 内核。至此，BootLoader 启动完毕。

第 11 章 Qt 编程及嵌入式 Qt 开发

前面几章介绍了嵌入式 Linux 系统的进程和线程的调度、内存管理、文件系统和设备驱动。从本质上讲它们都属于操作系统的一部分，当然它们也都是操作系统最为重要的组成部分。在嵌入式系统软件中，除了操作系统，还要有用户程序，如显示界面、触屏、交互按钮，它们不是操作系统的一部分。用户程序和操作系统通过用户接口程序相连接，这种设计既保证了操作系统的安全，又实现了应用系统和操作系统信息的互通，是嵌入式系统通用的架构。在嵌入式 Linux 系统中，Qt 是标配，用以解决界面设计、网络编程、多媒体应用，还能提供功能强大的数据库。本章介绍 Qt 编程以及嵌入式 Linux 系统应用程序开发的相关知识和技术。

11.1 Qt 编程基础

11.1.1 Qt 简介及其开发套件

Qt 是跨平台 C++图形用户界面应用程序开发框架，可以安装在 Windows 下，也可以安装在 Linux 下；可以安装在台式机上，也可以安装在各种嵌入式系统设备中。它是一个开发框架，类似于 Windows 的 MFC。Qt 是完全面向对象的，很容易扩展，并且允许真正组件编程。

Qt 是一个功能非常强大的 GUI 系统，实际上，Qt 的功能已经超越了传统图形库的范畴。在 Qt 中不但包括了 GUI 系统的窗口和控件等内容，还包括画布、网络甚至数据库模块。实际上 Qt 提供给应用程序的是一个平台。Qt 编程使用 C++面向对象的所有机制，并且使用 Qt 自身一些基于 C++附加的功能、信号和槽以及相应的宏编译机制。Qt 的强大开发功能，为快速建立嵌入式 GUI 程序提供了很大的方便。

Qt 只是一个类库，无法完成应用软件的开发。对 Qt 开发常见的一个开发工具是 Qt Creator。Qt5.4.0 安装软件包开始带有 Qt Creator。Qt5.8d 带有的 Qt Creator 的版本是 4.11.2。低版本的 Qt，可以去网站下载对应的开发包。Qt Creator 是一个用于 Qt 开发的轻量级跨平台集成开发环境。它有两大优势：提供首个专为支持跨平台开发而设计的集成开发环境（IDE），并确保首次接触 Qt 框架的开发人员能迅速上手和操作。Qt Creator 包含了一套用于创建和测试基于 Qt 应用程序的高效工具，包括一个高级的 C++代码编辑器、上下文感知帮助系统、可视化调试器、源代码管理、项目和构建管理工具。当然，Qt Creator 具有编译器、链接器，它为 Qt 应用程序的开发提供了一整套解决方案。

此外，还有一个开发套件 Qt SDK，它包括 Qt 库、Qt Creator IDE 和 Qt 工具，全部都集成在一个易于安装的文件包里。

11.1.2 Qt 的基本数据类型

Qt 的基本数据类型定义在#include<QtGlobal>中，如表 11.1 所示。

表 11.1　Qt 的基本数据类型

类 型 名 称	说　明	备　注
qint8	signed char	有符号 8 位整数类型
qint16	signed short	有符号 16 位整数类型
qint32	signed short	有符号 32 位整数类型
qptrdiff	qint32 或 qint64	根据系统类型的不同而不同，32 位系统为 qint32，64 位系统为 qint64
qreal	double 或 float	除非配置了-qreal float 选项，否则默认为 double
quint8	unsigned char	无符号 8 位整数类型
quint16	unsigned short	无符号 16 位整数类型
quint32	unsigned int	无符号 32 位整数类型
quint64	unsigned long 或 unsigned_int64	无符号 64 位整数类型，Windows 中定义为 unsigned_int64
uintptr	quint32 或 quint64	根据系统类型的不同而不同，32 位系统为 qint32，64 位系统为 qint64
uulonglong	unsigned long 或 unsigned_int64	Windows 中定义为 unsigned_int64
uchar	unsigned char	无符号字符类型
uint	unsigned int	无符号整数类型
ulong	unsigned long	无符号长整数类型
ushort	unsigned short	无符号短整数类型

11.1.3　字符串（QString）

QString 是 Qt 重要的数据类型，它是 Qt 的一个类，类名为 QString。QString 使用 16 位的 Unicode 进行编码，每个字符占用 2 字节。很显然，QString 支持汉字。ASCII 编码是 Unicode 编码的子集。可以把 QString 类对象看作一个 QChar 的向量，中间可以包含 "\0" 符号，它的 length()函数会返回整个字符串的长度，而不仅仅是从开始字符到 "\0" 字符为止的字符串长度。

QString 类有如下特点：

- 采用 Unicode 编码，所以一个 QString 类对象占用 2 字节；
- 采用隐式共享技术来节省内存和减少不必要的数据备份；
- 跨平台使用，不用考虑字符串的平台兼容性；
- QString 类直接支持字符串和数字之间的相互转换；
- QString 类直接支持字符串之间的大小比较（按照字典顺序）；
- QString 类直接支持不同编码下的字符串转换；
- QString 类直接支持 std：：string 和 std：：wstring 之间的相互转换；
- QString 类直接支持正则表达式的使用。

QString 类常见操作举例如下。

1）数字和 QString 互相转换

使用 static 函数 number()可以把数字转换成字符串。例如：

```
QString str=QString：：number(123.4)；
```

也可以使用非 static 函数 setNum()来实现相同的目的：

```
QString str；
str.setNum（123.4）；
```

下例是将 QString 转为 int：

```
QString str="123";
int d=str.toInt();
```

2）char*和 QString 互相转换

将 char*类型的 C 语言风格的字符串转换成 QString 类的对象也很常见。

```
char *c_str="HelloWords!";              //
QString str（c_str）;                    //char*转换为 QString
```

QString 转换为 char*分为两步，首先调用 toAscii()函数获得一个 QByteArray 类的对象，然后调用它的 data()函数或者 constData()函数。为了方便起见，Qt 提供了一个宏 qPrintable()，等价于 toAscii().constData()。例如：

```
printf（"MSer：%s/n", str.toAscii().data()）;
printf（"MSer：%s/n", qPrintable（str））;
```

3）截断字符串

```
void truncate（int position）;           //从位置 position 处截断，位置从索引值 0 开始
void chop（int position）;               //截掉最后的 n 个字符
```

4）清空

```
void clear();                           //清空 QString 类对象的内容，使之成为空字符串
```

5）字符串的比较

```
int compare（const QString& s1, const QString& s2）;
int a=QString：：compare（"def", "abc"）;      //a>0
int b=QString：：compare（"abc", "def"）;      //b<0
int c=QString：：compare（"abc", "abc"）;      //c=0
```

6）判断是否以某个字符串开头或结尾

startsWith()函数用于判断是否以某个字符串开头，endsWith()函数用于判断是否以某个字符串结束。比如：

```
QString str1="d：\zcbBook\QT5.12Study\qw.cpp";
bool N=str1.endsWith（".cpp", Qt：：CaseInsensitive）; //N=true
N=str1.endsWith（".cpp", Qt：：Casesensitive）;        //N=false
N=s tr1.startsWith（"D"）;                           //N=true，默认为不区分大小写
```

又比如，以下两句话等效：

```
if（ur1.startsWith（"http："）&& ur1.endsWith（".png"）) { }
if（ur1.left（5）=="http："&& ur1.right（4）==".png"）        { }
```

7）判断是否包含某个字符串

```
QString str1="D：\北航云盘\ 07879\教材相关 2020_0602\main.cpp";
N=str1.contains（".CPP", Qt：：Casesensitive）;  //N=false
```

8）判断字符串是否为空

```
QString str1, str2="";
```

```
N=str1.isNull();               //N=true    未赋值字符串变量
N=str2.isNull();               //N=false   只有 "\0" 的字符串也不是 Null
N=str1.isEmpty();              //N=true
N=str2.isEmpty();              //N=true
```

上述例子给出了 isNull()和 isEmpty()的区别。对于 "\0"，isNull()返回假，而 isEmpty()返回真。

9）添加字符串

添加字符串是特别常见的操作，如列一个四则运算的式子，运算对象和运算符都是字符，在程序的处理部分，一部分工作就是字符串添加的过程。添加字符串使用 append()函数和 prepend()函数，前者在原字符串后面添加字符串，后者在原字符串前面添加字符串。例如：

```
QString str1="南"，str2="航";
QString str3= str1;
str1.append（str2 );           //str1="南航"
str3.prepend（str2 );          //str3="航南"
QString str4+= str3+"大厦";     //str3="航南大厦"
```

10）移除字符

成员函数 remove()可以移除字符串中一个或者多个字符，函数原型声明如下：

QString&remove（int position，int n);

其中，参数 position 表示要被移除字符的起始索引位置；n 表示要移除字符的个数。函数返回移除字符后的字符串。

```
QString test="Hi，Beihang！";   //字符串赋初值
QString tmp= test.remove（2,4);  //从索引值为 2 的字符开始，移除 4 个字符
qDebug()<<"test"<<test;         //输出 Hihang
qDebug()<<"tmp"<<tmp;           //输出 Hihang
```

11）字母大小写的转换

使用成员函数 toUpper()和 toLower()，可以将字符串内的字母全部转换为大写形式和小写形式。

```
QString str1="Hi，Beihang"，str2;
str2=str1.toUpper() ;          //str2="HI，BEIHANG"
str2=str1.toLower() ;          //str2="hi，beihang"
```

12）获取长度

三个成员函数 count()、size()、length()都可以返回字符串中字符的个数。

示例如下：

```
QString str1="Hello 北航";
N=str1.count();                //N=7
N=str1.size();                 //N=7
N=str1.length();               //N=7
```

13）复制运算

赋值运算符是=，例如：

```
QString str="abcde";
```

14）访问某个元素

QString 元素的访问共有 4 种方式，两种可读可写方式（ []、data[]）和两种可读方式（at()、constData[]）。

```
QString str="World";        //
int n=str.size();           //n=5
str.data()[0];              //返回 W
str.data()[4];              //返回 d
```

11.2　图形界面设计

界面是嵌入式系统的重要组成部分，其地位和作用也越来越重要。这得益于嵌入式系统硬件的发展和软件技术的发展。虽然能够设计界面的软件有很多种，但 Qt 是嵌入式系统最为常用的图形界面开发软件。即便 Qt 具有网络编程、多媒体应用、数据库编程功能，但是 Qt 最大的作用还是在图形用户界面设计上，它有大量的用于图形设计的类库，便于使用，也易于扩展。

11.2.1　Qt 的窗口类 Widget

QWidget 类是所有用户界面对象的基类，常常被称为基础窗口部件。图 11.1 所示是 Widget 类关系图。QWidget 继承自 QObject 和 QPlaintDevice，QObject 是对象模型的基类，QPlaintDevice 是绘制对象的基类。本书例程中使用的 QMainWindow 是 QWidget 的直接继承子类；QLineEdit 也是 QWidget 的直接继承子类；QLabel 继承于 QFrame，QFrame 是 QWidget 的直接继承子类；QPushButton 继承于 QAbstractButton，QAbstractButton 是 QWidget 的直接继承子类。

Qt 里有个部件，即窗口，窗口又称为顶层部件，Qt 把没有嵌入其他部件的部件称为窗口。很显然，窗口是没有父部件的部件。在 Qt 类库中，就界面而言，QWidget、QMainWindow 和 QDialog 是常见的三种窗口，其中 QWidget 使用最多。

11.2.2　可视化窗口界面设计

Qt 里有一个术语：控件，控件又称部件，有时也称组件，是完成一段特定功能的程序代码，如用于发送信息的 QPushButton 按钮。很显然这些控件被加入某一窗口，以完成更加复杂的工程。这些控件添加到窗口里有几种方法。

界面设计的第一种方法是使用可视化控件。通过拖曳控件，例如，添加按钮。在 Buttons 下面找到 PushButton 按钮，将鼠标放在控件上，单击鼠标左键，就可将按钮拖曳到控件窗口里。这种设计方法简单，Qt 会将对应的头文件#include<QPushButton>添加到工程里，同时，控件可以放在开发人员所希望的任何位置，大小可调，且字体可大可小，控件的 objectName 和 QAbstractButton.text 可以在界面上修改而无须编程。同时，类之间的继承关系也由系统自动完成，甚至按钮和槽函数的关联也可由系统自动完成。对于初学者和小型的项目，建议使用可视化的拖曳控件的方法。UI 的可视化设计是对用户而言的，其实底层都由 C++的代码实现，只是 Qt 进行了相关的处理，让用户省去了很多烦琐的界面设计工作。

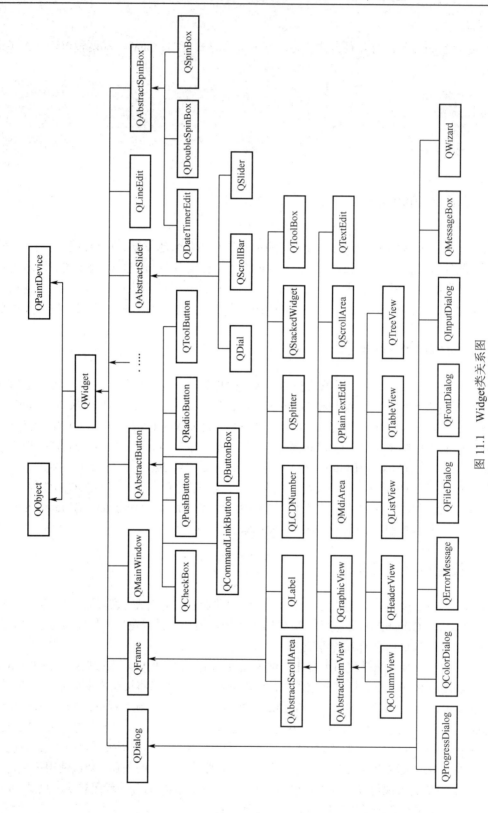

图 11.1 Widget 类关系图

　　第二种方法是代码化设计。界面的底层既然是由 C++实现的，底层实现的功能比可视化设计更加强大和灵活。某些界面效果是可视化界面设计无法完成的。特别复杂的逻辑功能，语言表达的能力远远超过可视化界面。从软件升级的角度来看，语言的可移植性更好。另外，对于习惯用代码描述界面的开发人员会使用代码化设计。先看一段创建界面类的完整描述，再对比上面的可视化设计。

```cpp
//.h 头文件
#include<QDialog>
#include<QCheckBox>
#include<QRadioButton>
#include<QPlainTextEdit>
#include<QPushButton>
class QWDlgManual: public QDialog            //类声明，公共继承 QDialog
{
Q_OBJECT                                     //调用宏定义，可以使用信号与槽
private:
QCheckBox       *chkBoxUnder;                //复选框下画线
QCheckBox       *chkBoxItalic;               //复选框斜体
QCheckBox       *chkBoxBold;                 //复选框粗体
QRadioButton    *rBtnBlack;                  //单选框黑色
QRadioButton    *rBtnRed;                    //单选框红色
QRadioButton    *rBtnBlue;                   //单选框蓝色
QPlainTextEdit  *txtEdit;                    //文本编辑器
QPushButton     *btnOK;                      //确定按钮
QPushButton     *btnCancel;                  //取消按钮
QPushButton     *btnClose;                   //退出按钮
void  iniUI();                               //创建与初始化界面 UI
void  iniSignalSlots();                      //初始化信号与槽的链接
private slots:
void  on_chkBoxUnder（bool checked）;         //下画线的槽函数
void  on_chkBoxItalic（bool checked）;        //斜体字的槽函数
void  on_chkBoxBold（bool checked）;          //粗体字的槽函数
void  setTextFonColor();                     //设置字体颜色
public:
QWDlgManual（QWidget *parent=0）;             //窗体构造函数
~QWDlgManual();                              //窗体析构函数
};
```

　　特别需要强调，在代码设计的界面里，没有指向界面的 ui 指针。
　　类的 private 部分，声明了界面上各个组件的指针变量，这些界面组件都需要在构造函数里创建，并在窗体上手动布局。
　　iniUI()函数用于创建用户界面组件，并完成布局和属性设置，iniSignalSlots()函数用于完成信号与槽的关联。
　　private slots 部分声明了 4 个槽函数，分别响应 QCheckBox 和 QRadioButton 发出的信号。用于初始化的类构造函数如下：

```cpp
QWDlgManual :: QWDlgManual（QWidget *parent=0）: QDialog（parent）
{
    iniUI();                                 //界面的创建与布局
```

```
    inSignalSlots();                            //信号与槽的关联
    setWindowTitle（"Mannually created Form"）;   //设置标题显示
    }
```

构造函数包括 3 个模块：界面处理、信号与槽关联、标题显示。构造函数就是初始化函数，从软件的结构和功能上讲，这些代码都是执行一次，为项目的运行做铺垫。

iniUI()函数创建并初始化所有组件，因其内容比较多，这里只列出部分代码如下：

```
void QWDlgManual ：: iniUI()
    {
    chkBoxUnder=new QCheckBox（tr（"Underline"））;      //创建 Underline
    chkBoxItalic=new QCheckBox（tr（"Italic"））;         //创建 Italic
    chkBoxBold=new QCheckBox（tr（"Bold"））;             //创建 Bold
    QHBoxLayout     *HLay1=new QHBoxLayout;            //水平布局
    HLay1->addWidget（chkBoxUnder）;                    //将 chkBoxUnder 加入其中
    HLay1->addWidget（chkBoxItalic）;                   //将 chkBoxItalic 加入其中
    HLay1->addWidget（chkBoxBold）;                     //将 chkBoxBold 加入其中
    txtEdit=new QPlainTextEdit;                        //创建文本编辑器
    txtEdit->setPlainText（"Hello World\n\n This is my demo"）; //给文本编辑器赋值
    QFont font=txtEdit->font();                        //获取字体
    font.setPointSize（20）;                            //修改字体大小
    txtEdit->setFont（font）;                           //设置字体
    ⋮
    }
```

上述代码所生成的界面如图 11.2 所示。采用这种方法设计的 UI 界面，代码编程工作量大，可视化的设计也没有前者直观。在实际项目设计中，常常采用混合方式设计，即能使用可视化方法设计的尽量使用可视化方法，对于不能用可视化方法设计的控件，例如，工具栏上无法可视化添加 ComboBox 组件，则采用代码化设计。

图 11.2　代码生成的界面

11.2.3　Qt 中常用的控件

Qt 提供了一个完整的内置部件和常用对话框的集合，可以满足界面设计在大多数情况下的需要。常见的组件及其分类如图 11.3 所示。

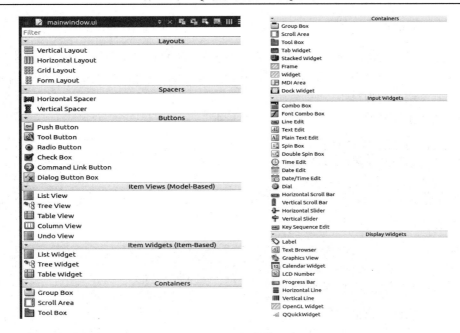

图 11.3 常见的组件及其分类

主窗口控件：QMenuBar、QToolBar 和 QStatusBar。

常见的工具条如图 11.4 所示。

图 11.4 常见的工具条

图 11.4 所示工具条中从左到右分别是：Edit Widget F3、Edit Signals/Slots F4、Edit Buddies、Edit TabOrder、水平布局（H）Ctrl+H 、垂直布局（V）Ctrl+H、使用分裂器水平布局（P）、使用分裂器垂直布局（L）、在窗体布局中布局（F）、栅格布局器（G）Ctrl+G、打破布局（B）、调整大小（S）Ctrl+J。

Qt 5.12.8 常用的控件如下。

（1）与布局相关的控件：QVerticalLayout、QVerticalLayout、QGridLayout、和 QFormLayout。

（2）按钮类控件：QPushButton、QToolButton、QRadioButton、QCheckBox、QCommand LinkButton 和 QDialogButtonBox。

（3）容器类控件：QGroupBox、QScrollArea、QToolBox、QTabWeiget、QStackedWidget、QFrame、QWidget、QMDIArea 和 QDockWidget。

（4）Item Views 和 Items Widgets 列表视图控件：QListView、QTreeView、QTabView、QColumnView、QUndoview、QListWidget、QTreeWidget、QTableWidget。

（5）输入控件：QComboBox、QFontQLineEdit、QLineEdit、QtextEdit、QPlainTextEdit、QSpinEdit、QDoubleSpinBox、QTimeEdit、QDateEdit、QDateTimeEdit、QHorizontalScrollBar、QDial、QVerticalScrollBar、QHorizontalSlider、QVerticalSlider 和 QKeySequenceEdit。

（6）显示控件：QLabel、QTextBrower、QGraphicsView、QCalendarWidget、QLcdNumber、QProgressBar、QHorizontalLine、QVerticalLine、QOpenGLWidget、QQuickWidget。

下面以几个常见的控件为例，说明控件的作用及其简单的使用方法。

1. QPushButton

QPushButton 是 QAbstractButton 类的了类，通常用丁执行命令或触发事件。单击该按钮通常是通知程序进行一个操作，如弹出框、下一步、状态机事件迁移、确认、退出等，大多数对话框程序中几乎都有这种按钮。

（1）按钮的主要属性有：

> name：该控件对应源代码中的名字。
> text：该控件对应图形界面中显示的名字。
> font：设置 text 的字体。
> enable：该控件是否可用。

（2）按钮常用的信号有：

> void pressed()：当按下该按钮时发射信号。
> void clicked()：当单击该按钮时发射信号。
> void released()：当释放按钮时发射信号。

（3）按钮常用的成员函数有：

构造函数 QPushButton()：QPushButton（const QString&text，QWidget *parent，const *name=0)，构造一个名称为 name、父对象为 parent 并且文本为 text 的按钮，如 QPushButton *button=new QPushButton（tr（"确定"），this）；setText()函数：void setText（const QString&），设置该按钮上显示的文本；text()函数：QString text() const，返回该按钮上显示的文本。

2. QLabel

QLabel 是 QFrame 类的子类，用于简单的界面显示。QLabel 共有 66 个属性：6 个继承自 QFrame，59 个继承自 QWidget，1 个继承自 QObject。19 个公共槽函数继承自 QWidget，1 个公共槽函数继承自 QObject。

（1）QLabel 的主要属性有：

> text：QString 文本内容。
> pixmap：加载图片。
> scaledContents：bool 类型，默认为 false，当设为 true 时，自动填满空间。
> openExternalLinks：bool 类型，指定是否使用 QDesktopServices QLabel 自动打开链。
> hasSelectedText：const bool 类型，默认为 false，当有内容被选中时为 true。
> margin：int 类型，边缘的宽度。
> indent：int 类型，缩进，以像素为单位，默认为-1。

（2）Public Slots：

> void clear()；　　　　　　　　　　　　//清空 QLabel
> void setMovie（QMovie *movie)；　　　　//在 QLabel 上播放没有声音的动画
> void setNum（int num)；　　　　　　　　//显示整型数
> void setNum（double num)；　　　　　　//显示 double 型的数
> void setPixmap（const QPixmap&)；　　　//显示图画
> void setText（const QString&)；　　　　//显示字符串

（3）QLabel 常用的信号有：

void linkActivated（const QString&link）;	//当用户单击一个链接时发出这个信号
void linkHovered（const QString&link）;	//当用户将鼠标悬停于一个链接时，发出这个信号。

（4）QLabel 常用的公有函数有：

QString text() const;	//读取文本
QMovie *movie() const;	//返回 movie 的指针，没有则返回 0
void setSelection（int start, int length）;	//设置选中的文本，两个参数为选中文本的开始位和长度
QPixmap *pixmap() const ;	//返回 pixmap 的指针，没有则返回 0
QWidget *buddy() const;	//返回交互的控件指针，即单击一个控件另一个控件也会单击
void setTextFormat（Qt：：TextFormat）;	//设置文本格式

3．QLineEdit

QLineEdit 是 QWidget 类的子类，通常用于简单文本输入，如键盘上输入文本或数据到 QLineEdit。QLineEdit 共有 60 个属性：59 个继承自 QWidget，1 个继承自 QObject。

（1）行编辑框（QLineEdit）的主要属性有：

inputMask	//掩码（默认格式）
text	//文本
maxLength	//最大长度
echoMode	//回响模式（输入的文字的样子）
cursorPosition	//鼠标位置
aligment	//对齐方式
dragEnabled	//拖曳使能
readOnly	//只读
placeHolderText	//提示信息
cursorMoveStyle	//鼠标移动形式
clearButtonEnabled	//清零按钮使能

（2）行编辑框常用的信号有：

void cursorPositionChanged（int old，int new）; //当光标位置改变时，发射信号。old 表示旧位置，new 表示新位置

void editingFinished();	//当编辑完成时按回车键，发射信号
void returnFinished();	//光标在行编辑框内按回车键，发射信号
void selectionChanged();	//选择的文本发生改变时，发射信号

void textChanged（const QString&text）; //当内容改变后，发射信号。通过 text，可以在槽函数中获取编辑框中的内容

void textEdited（const QString&text）; //当文本被编辑时，发射信号。当调用 setText()函数改变文本时，textEdited ()也会发射信号

（3）行编辑框常用的成员函数有：

void setText（QString）;	//设置编辑框内的文本
void setReadOnly（bool）;	//设置编辑框为只读模式，使其无法进行编辑
void setEnabel（bool）;	//设置是否激活行编辑框
bool isModified();	//判断文本是否被修改
void selectAll();	//选中框内所有文本
QString displayText ();	//返回显示的文本

QString selectedText ();	//返回被选中的文本
QString text ()const;	//返回输入框的当前文本
void setMaxLength（int）;	//设置文本的最大允许长度
void setPlaceholderText（QString）;	//设置占位符

void setEchoMode（QLineEdit∷EchoMode）; //设置输入方式，如参数是 QLineEdit∷PassWord 时，则输入的内容以星号表示，即密码输入方式

4．QTimer

QTimer 继承自 QObject，它不是严格意义上的控件，它是 Qt 的类。它是一个定时器，通过设置定时时间，产生溢出，发出信号，并执行对应的周期时间处理函数。

（1）QTimer 的主要属性有：

active:	const bool	//定时器正在运行为 true，其他为 false
singleShot:	bool	//发射一次信号设为 true，定时器只运行一次
interval:	int	//用来设置定时器间隔
remainingTime:	int	//剩余时间，初始化为-1，启动后直到为 0
timerType:	Qt∷TimerType	//定时器准确性设置，默认属性为粗糙定时器（5%的误差）

（2）QTimer 常用的信号：

| void | timeout(), | //定时溢出信号，通过信号和槽的关联，执行相关操作 |

（3）QTimer 的公共槽函数：

void start（int msec）;	//周期性启动，时间间隔的单位是毫秒
void start ();	//定时器启动
void stop ();	//定时器停止

（4）QTimer 公有函数：

| QTimer（QObject *parent=0）; | //构造函数 |
| int timerId() const; | //返回 id，如果定时器正在运行，则返回-1 |

11.3　信号和槽机制

11.3.1　基本概念

信号和槽机制是 Qt 的核心机制。它是 Qt 的核心特性，也是 Qt 区别于其他工作包的重要地方。信号和槽是一种高级接口，应用于对象之间的通信；信号和槽是 Qt 自定义的一种通信机制，独立于标准的 C/C++语言。因此要正确地处理信号和槽，必须借助一个称为 moc（meta object compiler，元对象编译器）的 Qt 工具，该工具是一个 C++预处理程序，它为高层次的事件处理自动生成所需要的附加代码。

从计算机程序的角度来看，对象之间必须进行某种关联。例如，敲击键盘，显示对象必须做出响应。Qt 对它们的描述是信号和槽，敲击键盘会发出信号，信号的本质也是函数，信号可以由 Widget 发出，Widget 所发信号由 Qt 的事件产生。如果使用系统预定义的控件，那么我们关心的是信号；如果使用的是自定义控件，那么我们关心的是事件。

1. 事件

事件是由程序内部或外部产生的事情或某种操作的总称。例如，用户按下键盘或者单击鼠标，就会产生一个键盘事件或者鼠标事件（显然，这是程序外部产生的事件）。当窗口第一次显示时，会产生一个绘图事件，以通知窗口需要重新绘制自身，从而使窗口可见（这是由程序内部产生的事件）。事件有两个来源：程序内部和程序外部。对于外部事件，如敲击键盘和单击鼠标，操作系统的驱动程序首先会感知外部事件的动作，然后将操作相关信息数据放入 Qt 的消息队列，Qt 将其转换为 QEvent 类。使用事件类 QEvent 或其子类的指针对象参数，能够解析出操作的信息。如键盘按下的是哪一个键，鼠标按下的是左键、右键或者是滚轮滑动及其滑动的位移量。对于内部事件，如 QTimer 定时器，Qt 将事件转化为事件类，然后分发、处理。

Qt 常见的事件有定时器事件（QTimerEvent）、滚动事件（QScrollEvent）、窗口尺寸改变事件（QResizeEvent）、键盘事件（QKeyEvent）、鼠标事件（QMouseEvent）等。

Qt 中的事件循环是由 QApplication.exec()开始的。当该语句执行后，应用程序便建立了一个事件循环机制，该机制不断地从系统的消息队列中获取与应用程序有关的消息，并根据事件携带的信息将事件对应到目的窗口或控件。Qt 中窗口或控件都继承自 QObject 类，QObject 通过调用 event()函数获取事件，或者将事件交给父类处理。

我们不需要知道 Qt 是怎样把事件转换为 QEvent 类对象或其子类对象的，只需要处理这些事件或者事件函数中发出的信号即可。如对于鼠标按下的事件，不需要知道 Qt 是怎样把事件转化为 QMouseEvent 类对象的（QMouseEvent 类是用来描述鼠标事件的类），只需要知道从 QMouseEvent 类对象的变量中获取具体的事件即可。在处理鼠标按下的事件的函数中，它的参数就是一个 QMouseEvent 类型的指针变量，可以通过该变量判断按下的是鼠标的右键还是左键，代码如下：

```
void Mainwindow：：mousePressEvent（QMouseEvent  *e）
    {
    if（e->button()==Qt：：LeftButton）         QMessageBox：：information（this, "note", "left key"）;
    else if（e->button()==Qt：：RightButton）QMessageBox：：information（this, "note", "right key"）;
    }
```

2. 信号（signals）

signals 是 Qt 的概念，它的引入是为了方便事件的处理。signals 封装了一些事件操作的标准预处理，使得用户不必去关心底层事件，只需要处理封装好的信号就可以了。signals 的本质也是函数，该函数是 void 类型，没有函数体；可以没有参数，也可以有一个或者多个参数。Qt 定义了很多预处理信号，且在某些事件处理函数中会发送预定义的信号。例如，QPushButton 类的按钮按下的时候可以发送 clicked()信号，从用户的角度来看，clicked()信号可以直接拿来关联槽函数，编写相关的响应槽函数即可。至于 clicked()信号的生成过程是由 Qt 自动完成的，用户无须关心。除了 Qt 封装的标准预处理信号，用户可以定义自己的 signals，信号的声明在头文件里生成，其保留字是 signals，这是一个和 public、private、protected 并行的区域。声明的信号一般统一存放。当然也可以分开声明信号量，每一段信号量声明的开始都需要使用"signals:"。对于用户自定义的信号，必须执行 emit 函数，才能将信号发出。发出的信号和哪一个槽函数或者哪些槽函数关联是 connect()函数的事。只有当所有的槽返回以后发射函数（emit）才返回，如果存在多个槽与某个信号相关联，那么，当这个信号被发射时，这些槽将会一个接一个地执行，但是它们执行的顺序将会是随机的、不确定的，不能人为地指定哪个先执行、哪个后执行。

在头文件中声明信号如下：

```
signals:
    void getText ();
    void getText（const QString &string1）;
    void getText（const QString &string1, const QString &string2）;
```

上述的三个信号量同名，第一个信号量不带参数，第二个信号量带一个参数，第三个信号量带两个参数。从形式上讲信号的声明与普通的 C++函数是一样的，但是信号没有函数体定义。另外，信号的返回类型都是 void，不要指望能从信号返回什么有用信息。

3．槽

槽的本质是类的成员函数，可以是 public、private、protected 中的任意一种。一个信号可以关联一个槽，一个信号也可以关联多个槽，多个信号也可以关联同一个槽，一个信号甚至能够和另一个信号相关联。

槽函数功能的定义相当灵活，可大可小。对多个信号的处理，当然可以在多个槽函数中进行，也可以在一个槽函数中进行。例如，计算器使用的十个数字键（0～9），完全可以使用十个槽函数，也可以使用一个槽函数。很显然用一个槽函数比十个槽函数更好管理。槽函数是否合并取决于对象操作信号的相关性，由用户自己管理。也并不是说槽函数越少越好，要看信号间的逻辑关系。特别需要强调的是，关联在同一个槽函数的信号应该具有相同的参数形式。关联的信号和槽函数一般需要有相同的形参，如果形参不一样，槽函数的形参应该是信号形参的真子集。

槽也能够声明为虚函数，这也是非常有用的。槽的声明也是在头文件中进行的。例如，下面声明了两个槽：

```
private slots:
void Qlabel_response ();
void WriteTextToLabel（const QString   &string）;
```

private slots：在这个区内声明的槽意味着只有类自己可以将信号与之相连接。这适用于联系非常紧密的类。

protected slots：在这个区内声明的槽意味着当前类及其子类可以将信号与之相连接。这适用于那些槽，它们是类实现的一部分，但是其界面接口面向外部。

public slots：在这个区内声明的槽意味着任何对象都可将信号与其相连接。这对于组件编程非常有用，用户可以创建彼此互不了解的对象，将它们的信号与槽进行连接以便信息能够正确地传递。

4．元对象编译器

元对象编译器（moc）是 Qt 对 C++的发展，元对象包含全部信号和槽的名字以及指向这些函数的指针。当用户需要使用 moc 的时候，要在类声明时调用宏 Q_OBJECT。调用了 Q_OBJECT 就能够使用 Qt 的信号与槽机制。moc 并不扩展#include 或者#define 宏定义，它只是简单地跳过所遇到的任何预处理指令，所以宏定义不能用在信号与槽的参数中。

11.3.2　信号和槽机制的原理

1．信号和槽机制

信号和槽是 Qt 为解决对象间通信问题的解决方案。信号和槽只能在 QObject 和 QObject 派生类中使用。自定义的类，如果基类不是 QObject 和 QObject 派生类，就不能使用信号和槽机制。

信号和槽是 Qt 框架的重要特性，它摒弃了传统回调函数机制，采用简洁而灵活的连接方式，可以携带任意数量和任意参数的数据，是可视化编程界面在发展历程中的一大成就。当对象改变其状态时，信号就由该对象发射（emit）出去，信号的发送对象并不知道谁在关联这个信号。这就给信号发送的设计提供了极大的便利。这是真正的信息封装，确保对象被当作一个真正的软件组件来使用。图 11.5 是信号与槽关联方式结构示意图。图中信号和槽关联方式多样：一个信号和一个槽关联，一个信号和多个槽关联，多个信号和一个槽关联。信号和槽机制隐藏着复杂的底层实现。

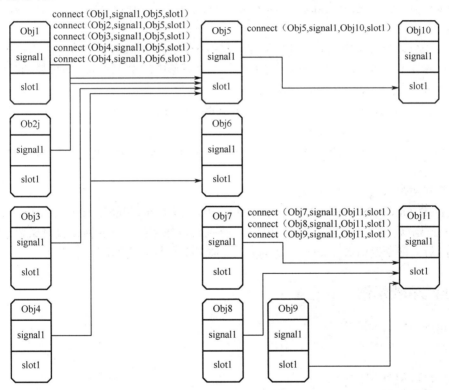

图 11.5　信号与槽关联方式结构示意图

2．信号和槽的关联

函数的定义如下：

bool QObject∷ connect（const QOject *sender，const char *signal，const QObject *receiver，const char *member）[static]

这个函数的作用就是将 sender 对象中的信号 signal 与接收者 receiver 中的 member 槽函数

联系起来。当指定信号 signal 时，必须使用 Qt 的宏 SIGNAL()；当指定槽函数时，必须使用宏
SLOT()。如果发射者与接收者属于同一个对象，那么在 connect 调用中接收者参数可以省略。

例如，下面定义了两个对象：标签对象 label 和滚动条对象 scroll，并将 valueChanged()信
号与标签对象的 setNum()相关联。另外，信号还携带一个整型参数，这样标签总是显示滚动条
所处位置的值。

QLabel *label　　　=　　new QLabel；

QScrollBar *scroll= new QScrollBar；

QObject：：connect（scroll，SIGNAL（valueChanged（int）），label，　SLOT（setNum（int）））；

3．信号和槽的断开

当信号与槽没有必要继续保持关联时，可以使用 disconnect()函数来断开连接。其定义如下：

bool QObject：：disconnect（const QObject *sender，const char *signal，const Object *receiver，
const char *member）[static]

这个函数断开发射者中的信号与接收者中的槽函数之间的关联。取消一个连接不是很常
用，因为 Qt 会在一个对象被删除后自动取消这个对象所包含的所有连接。有三种情况必须使用
disconnect()函数。

（1）断开与某个对象相关联的任何对象。这似乎有点不可理解，事实上，当在某个对象中
定义了一个或者多个信号时，这些信号与另外若干个对象中的槽相关联，如果要切断这些关联，
就可以利用这个方法，非常简洁。示例代码如下：

disconnect（myObject，0，0，0）；或者 myObject→disconnect()；

（2）断开与某个特定信号的任何关联。

disconnect（myObject，SIGNAL（mySignal()），0，0）；或者 myObject→disconnect（SIGNAL
（mySignal()））；

（3）断开两个对象之间的关联。

disconnect（myObject,SIGNAL0,myReceiver(),0）；或者 myObject→disconnectmyReceiver()；
在 disconnect()函数中 0 可以用作一个通配符，分别表示任何信号、任何接收对象和接收对象中
的任何槽函数。但是发射者 sender 不能为 0，其他三个参数的值都可以等于 0。

11.3.3　信号和槽示例

信号和槽示例如下：

头文件（.h）

```
#ifndef MAINWINDOW_H
#define MAINWINDOW_H
#include<QMainWindow>
namespace Ui {class MainWindow;}
class MainWindow ： public QMainWindow
    {
Q_OBJECT
    public:
    MainWindow（QWidget *parent=nullptr）；
    ~MainWindow();
```

```
        void doEverything ();
        private:            Ui：MainWindow *ui;
        signals:            void my_signal();              //信号
        private slots:       void my_slot();                //槽函数
        };
        #endif // MAINWINDOW_H
```

源文件（.cpp）

```
#include "mainwindow.h"
#include "ui_mainwindow.h"
#include<QDebug>
MainWindow：MainWindow（QWidget *parent）：  QMainWindow（parent），ui（new Ui：MainWindow）
        {
ui->setupUi（this）；
connect（this,SIGNAL（test_signal()），this,SLOT（test_slot()））；
        //最常见的形式，发送者，发送信号，接收者，接收信号的槽函数
        connect（this,&MainWindow：test_signal,this,&MainWindow：test_slot）；
        //指针的形式
        connect（this,&MainWindow：test_signal,[&](){ doEverything();}）；
        //lambda 表达式形式的匿名函数
        }
MainWindow：~MainWindow()  {delete ui;}
void MainWindow：doit()               {qDebug()<<"doit ";}
void MainWindow：my_slot()             {qDebug()<<"test_slot";}
```

该示例给出了完整的头文件和源文件。文件中定义了一个信号量和一个槽函数，对信号和槽进行了关联，槽函数在调试区打印了一句话。信号和槽的声明在头文件里进行，头文件的开始部分加上 **Q_OBJECT** 宏定义语句，告诉编译器在编译之前必须要应用 moc 工具进行扩展，否则无法使用信号与槽。关键字 signals 指出了随后开始信号的声明，不存在单数形式的 signal，属性没有 public、private 和 protected。信号量的本质是函数，它的声明左边是 void 类型（必须是 void 类型），右边是括号，括号内可以有一个或多个参数，也可以不带参数，如文中的 signals：void my_signal()。信号也可以使用 C++中虚函数的形式进行声明，即同名参数不同。

关键字 slots 指出随后开始槽的声明，和普通的成员函数一样，槽函数可以是 public、private 和 protected 中的一种。槽函数不同于普通成员函数有两点：一是它必须是 void 类型的，没有返回值；二是它可以关联信号。signals 和 slots 是 Qt 的关键字，不是 C++的关键字。断开信号和槽连接时可以使用 disconnect()函数，读者可以参考有关文献。有时，disconnect()函数不是显性表示出来的，它可以在析构类的时候被调用。

示例使用三条 connect 语句。connect（this,SIGNAL（test_signal()），this，SLOT（test_slot()））是使用最多的形式，SIGNAL、SLOT 形式的信号和槽能够清楚表达参数的个数和类型，因此支持同名不同参数的信号（如信号没有参数或者有一个参数或者有多个参数）。connect（this,&MainWindow：test_signal,this,&MainWindow：test_slot）是指针形式，信号和槽都由指针指向。需要注意，两者相比，指针指向信号和槽的时候要加上类名。connect（ this，&MainWindow：test_signal，[&](){ doEverything ();}）；这是 lambda 表达式形式的匿名函数，也经常出现在各种设计中。对以上几种 connect()函数进行对比学习，以体会各种设计的优缺点。

11.3.4　信号和槽小结

1．信号和槽机制的优点

信号和槽的机制是类型安全的。一个信号的签名必须与它的接收槽的签名相匹配（实际上一个槽的签名可以比它接收的信号的签名少，因为它可以忽略额外的签名）。因为签名是一致的，编译器就可以帮助用户检测类型不匹配问题。

信号和槽是宽松地联系在一起的。一个发射信号的类不用知道也不用注意哪个槽要接收这个信号，Qt 的信号和槽的机制可以保证如果把一个信号和一个槽连接起来，槽会在正确的时间使用信号的参数而被调用，信号和槽可以使用任何数量和任何类型的参数。它们是完全类型安全的，不会再有回调核心转储（core dump）。

2．信号和槽使用时的注意事项

信号与槽机制是比较灵活的，但有些局限性必须了解，这样在实际的使用过程中可以做到有的放矢，避免产生一些错误。下面就介绍一下这方面的情况。

（1）信号与槽的效率是非常高的，但是与真正的回调函数比较起来，由于增加了灵活性，因此在速度上还是有所损失，当然这种损失相对来说是比较小的，通过在一台 i586 -133 的机器上测试完成一个信号传输的时间是 10μs（运行 Linux），可见这种机制所提供的简洁性、灵活性还是值得的，但如果要追求高效率的话，如在实时系统中就要尽量少用这种机制。

（2）信号与槽机制与普通函数的调用一样，如果使用不当，在程序执行时也有可能产生死循环。因此，在定义槽函数时一定要注意避免间接形成无限循环，即在槽中再次发射所接收到的同样信号。例如，在前面给出的例子中，如果在 my_slot()槽函数中加上语句 emit my_signal() 就会形成死循环。

（3）如果一个信号与多个槽相联系，那么，当这个信号被发射时，与之相关的槽被激活的顺序将是随机的。

（4）宏定义不能用在 signal 和 slot 的参数中。

3．信号和槽的 4 种实现方法

信号和槽是 Qt 连接信号和槽函数的枢纽，connect 只是连接信号和槽的一种方法。

（1）以 QPushButton 按钮为例，在左侧的工具栏里拖曳一个按钮，对象名改为"PushButton"，鼠标放在按钮上，单击右键，选择"转到槽..."，在转到槽选择面板上，选择需要进行的操作，如单击 clicked()。

（2）操作同上，将按钮拖曳到.ui 页面，选择菜单"编辑"→Edit Signals/Slots（或者按快捷键 F4），或者在工具栏里找到 Edit Signals/Slots，然后拖曳按钮并释放，弹出配置连接。QPushButton（QPushButton）下选 clicked（bool），Mainwindow（QMainwindow）下选 setAnimated（bool）。

（3）自定义方式。这种方式编程时比较自由，特别是当程序很大或者信号和槽间的连接关系特别复杂的时候，常常采用 connect()函数连接的方式。在头文件的私有槽函数（privated slots）中添加：void on_button1_clicked()；在 cpp 文件下面的构造函数里添加 connect（ui->PushButton，SIGNAL（clicked()，this, SLOT（on_button1_clicked()））；接着实现槽函数即可。

（4）不用写 connect。Qt 信号和槽的命名是有规则的。槽函数名的组成为：on_对象名_信号，以按钮为例，如果对象名为 PushButton，则在写槽函数时按此规则，在头文件中添加：private slots：void on_PushButton_clicked()，在 cpp 文件里就不要写构造函数了。不难看出，方法（4）和方法（1）有异曲同工之妙，从信号与槽关联效果上看，两种方法完全同效。方法（1）简单，是系统自动完成的；方法（4）有点复杂，是程序员手工完成的。

11.4　Qt 程序综合实验——电子钟设计

11.4.1　需求说明

本实验大部分工作在台式机上完成。虚拟机的版本是 VMware Workstation 15pro，Ubuntu 的版本是 18.04，Qt 的版本是 5.12.8。本实验通过设计一个图形化的用户界面实现电子钟，来说明 Qt 程序设计与实现的过程。这个应用程序应该具有如下基本功能。

（1）设计电子钟的用户界面。界面包括显示时间的时、分、秒、毫秒，毫秒显示的单位是 10ms，便于直观显示。

（2）具有启动/停止、暂停、复位功能。通过启动/停止按钮，实现电子钟的启停，暂停后可以继续计时，复位按钮可实现清零。

（3）可手动设置电子钟的时间。可通过界面的功能键（或称功能按钮），在计时状态和设置状态之间切换，并用一个 QLabel 显示电子钟的工作状态。

11.4.2　界面设计

创建 GUI 程序的第一步就是设计用户界面。在本节中，目标是设置电子钟的显示屏和对电子钟设置的按钮，主界面如图 11.6 所示。

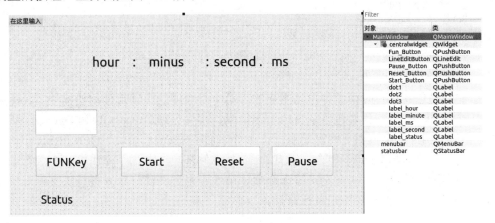

图 11.6　电子钟主界面

界面使用 8 个 QLabel。该类对象包括 dot1～dot3，分别是"时""分""秒"之间的"："以及"秒"与"毫秒"之间的"."；label_hour、label_minute、label_second、label_ms，用于显示电子钟的"时""分""秒""毫秒"；label_status 是电子钟的功能显示，用于指示电子钟（包括秒表）的工作状态以及时间调整状态。这 8 个 QLabel 的.text 属性，即编程界面显示的字符分别是 hour：minus：second.ms、Status。类对象（objectName）用于编程，.text 用于静态显示。

　　界面使用 4 个 QPushButton。该类对象包括 Start_Button、Reset_Button、Pause_Button、Fun_Button，对应的.text 分别是 Start、Reset、Pause 和 FUNKey。Fun_Button 共有 4 种模态，每按下一次，由 Status 显示，依次切换"电子钟状态""设置时""设置分""设置秒"。"电子钟状态"可启停、暂停、复位电子钟。设置时间时对应的指示对象在闪烁。Fun_Button 开机默认值是"电子钟状态"。

　　界面使用一个 QLineEdit。类对象是 LineEditButton，用于 QString 类型数据的输入。将鼠标放在该控件上，即可由键盘输入"时""分""秒"数据，相关代码将进行对应的限幅处理，即"时"的最大值是 23，"分""秒"的最大值是 59。输入的数据由键盘上的【Enter】键结束。同时【Enter】键清空 LineEditButton，便于下一次数据的输入。

　　界面使用了控件 QLabel、QPushButton 和 QLineEdit，同时在程序里使用了 QTimer 定时器，通过编写对应的程序，完成电子钟运行时的各种操作。

11.4.3　功能实现

　　电子钟是通过一个项目来完成的，这个项目是 ClockWatch.pro，项目内的文件结构如图 11.7 所示。除了这个.pro 文件，还包括一个.h 的头文件、两个.cpp 的源文件和一个.ui 的界面文件。

图 11.7　项目内的文件结构

1．项目文件——ClockWatch.pro

```
1    QT+=core gui
2    greaterThan（QT_MAJOR_VERSION,4）：QT+= widgets
3    CONFIG+=c++11
4    DEFINES+=QT_DEPRECATED_WARNINGS
5    SOURCES+=main.cpp    mainwindow.cpp
6    HEADERS+=mainwindow.h
7    FORMS+=mainwindow.ui
8    qnx：target.path=/tmp/$${TARGET}/bin
9    else：unix：!android：target.path=/opt/$${TARGET}/bin
10   !isEmpty（target.path）：INSTALLS+=target
```

　　这个文件是创建项目时由软件自动生成的。第 1 行表明这个项目使用的模块。core 模块包含了 Qt 的核心模块，gui 模块包含了窗口系统集成、事件处理、OpenGL 和 OpenGL ES 集成、2D 图形、基本图像、字体和文本等功能。第 2 行添加了 widgets 模块，Qt widgets 模块提供了经典的桌面用户界面的 Ui 元素集合，所有 Qt 界面部件都应该在这个模块中。第 3 行表明使用 C++11 的标准进行编译。第 4 行定义编译选项。第 5 行是源文件。第 6 行是头文件。第 7 行是界面文件。第 8 行～第 10 行指定目标路径。

2．头文件——mainwindow.h

　　文件名是 mainwindow.h，具体代码如下。

```
#ifndef MAINWINDOW_H
#define MAINWINDOW_H
#include<QMainWindow>
```

```cpp
#include<QTimer>
#include<QDebug>
QT_BEGIN_NAMESPACE
namespace Ui {class MainWindow;}
QT_END_NAMESPACE
const      int ModifyingHour        =1;      //常量定义
const      int ModifyingMinute      =2;      //常量定义
const      int ModifyingSecond      =3;      //常量定义
const      int RunningStatus        =0;      //常量定义
const      int MODEL                =4;      //常量定义
const      int Interval             =10;     //宏定义 10，单位是 ms
const      bool FALSE               =0;      //常量定义
const      bool TRUE                =1;      //常量定义
const      int STOP                 =0;      //常量定义
const      int RUN                  =1;      //常量定义
const      int PAUSE                =2;      //常量定义


class MainWindow:   public QMainWindow
    {
    Q_OBJECT
    public:
    MainWindow（QWidget *parent=nullptr）;
    ~MainWindow();
    private slots:
        void  KeysManagement();                      //键处理槽函数
        void  Qlabel_response();                     //电子钟定时器槽函数、闪烁定时器槽函数
        void  WriteTextToLabel（const QString&string）; //向 QLabel 里添加文本
        void  SettingHMS();                          //状态显示函数
    private:
        void InitSignalSlots();
        void ResetDisplay();
    private:
        Ui：: MainWindow   *ui;
        QTimer    *Flashtimer;               //闪烁定时器
        QTimer    *clocktimer;               //时钟定时器
        int       FunctionStatus;            //
        QString   S_hourSetting;             //手动设定时间：小时
        QString   S_minuteSetting;           //手动设定时间：分
        QString   S_secondSetting;           //手动设定时间：秒
        QString   S_desecondSetting;         //手动设定时间：秒
        QString   S_hourTotal;               //总时间：小时
        QString   S_minuteTotal;             //总时间：分
        QString   S_secondTotal;             //总时间：秒
        QString   S_desecondTotal;           //总时间：毫秒
        int       total;                     //加权和，单位是 10ms
        int       total_hour;                //小时的整数形式
        int       total_minute;              //分的整数形式
        int       total_second;              //秒的整数形式
```

```
    int         total_desecond;              //毫秒的整数形式
    bool        FlashFlag;                   //布尔变量，为 false 时消隐
    int         state;                       //表示当前电子钟状态
    signals: void getText（const QString&string）;
    //新建信号，用于在按下回车键时，将行编辑器中的内容发射出去
    };
#endif // MAINWINDOW_H
```

这个头文件名字和头文件的框架可以在新建项目时自动生成，上述代码非注释部分语句均为创建项目时自动生成。常量、变量、槽函数以及信号量为用户自己定义。

```
class MainWindow: public QMainWindow        //表示 MainWindow 是创建的子类, 公共继承类是 QMainWindow
QT_BEGIN_NAMESPACE
namespace Ui{class MainWindow;}
QT_END_NAMESPACE
```

namespace 是 C++保留字，是一个由程序设计者命名的内存区域。为避免产生命名冲突，将 Ui 的 MainWindow 实体放在命名空间里，从而与其他全局实体分割开来。

例如，ui->label_ms->setText（"00"），该行代码中的 label_ms 是 QLabel 的类对象，前面加上的 "ui->" 称为被限定名（qualified name）。细心的读者会发现这个 ui 不是上文中的 Ui。是的，它们之间的关系是：Ui 是类，ui 是它的对象指针，指向 Ui 的成员函数 MainWindow。本例中，所有拖曳的控件都可由 ui 指针指向。例如，复位按键，它在程序中出现的表示方法是 ui->Reset_Button。

#include <QMainWindow>是包含 QMainWindow 类的头文件。#include <QTimer>添加了控件 QTimer 的头文件。#include <QDebug>包含 QDebug 头文件，QDebug 功能可以打印调试信息。Q_OBJECT 是宏定义，程序需要使用信号和槽的时候，必须有这个宏定义，否则程序不支持信号与槽机制。

头文件定义了四个槽函数和两个私有成员函数，并用 signals 定义了一个信号量。特别需要说明，signals 不属于 public、private 和 protected 中的任何一种，它们之间是平行关系。

3. main.cpp

```
#include "mainwindow.h"
#include<QApplication>
int main（int argc, char *argv []）
    {
    QApplication   a（argc, argv）;
    MainWindow w;
    w. show ();
    return a. exec ();
    }
```

main()函数包含两个头文件。main()函数开始的部分执行 QApplication a（argc, argv[]），argc 是命令行变量的数量，argv 是命令行变量的数组，当该语句执行后，应用程序便建立了一个事件循环机制，该机制不断地从系统的消息队列中获取与应用程序有关的消息，并根据事件携带的信息将事件发送到目的窗口或控件。main 程序里定义了一个窗口控件 w，并引用了 w 的显示函数，显示电子钟的时间和操作的控件。通过调用 a.exec ()启动事件主循环。

4．mainwindow.cpp

```
#include "mainwindow.h"
#include "ui_mainwindow.h"
MainWindow：：MainWindow（QWidget *parent）：QMainWindow（parent），ui（new Ui：：MainWindow）
{
ui->setupUi（this）;                       //初始化 ui
this->setWindowTitle（"可设置电子钟"）;      //界面标题为"可设置电子钟"
Flashtimer=new    QTimer;                 //创建闪烁定时器 Flashtimer
clocktimer=new    QTimer;                 //创建电子钟定时器 clocktimer
ui->label_status->setText（"电子钟状态：可执行启停、暂停、复位"）;
S_hourSetting        ="00";              //电子钟赋初值
S_minuteSetting      ="00";
S_secondSetting      ="00";
S_desecondSetting    ="00";
ui->label_hour   ->setText（S_hourSetting）;    //初始化"小时"
ui->label_minute->setText（S_minuteSetting）;   //初始化"分"
ui->label_second->setText（S_secondSetting）;   //初始化"秒"
ui->label_ms     ->setText（"00"）;            //初始化"ms"
Flashtimer->setInterval（500）;               //定时时间 500ms
clocktimer->setInterval（Interval）;          //定时时间 10ms
FlashFlag=FALSE;                           //闪烁用变量初始化
FunctionStatus=0;                          //界面功能初始值设定
InitSignalSlots();                         //槽函数初始化
this->state=STOP;                          //界面功能初始值设定
}
/****************************************************************************/
```

　　MainWindow 的构造函数，用于项目的初始化。ui->setupUi(this)用于初始化界面。this->setWindowTitle（"可设置电子钟"）用于设置窗口的标题栏。Flashtimer=new   QTimer 是创建的闪烁定时器，这种动态创建定时器的方法要明显好于静态定义 QTimer Flashtimer，因为动态创建的定时器在执行析构函数的时候资源就释放了。

　　ui->label_status->setText（"…"）用于设置电子钟工作状态的初始值。电子钟可工作在运行状态和参数修改状态（参数修改状态分为修改时、修改分、修改秒），运行状态分为启动（停止）、暂停和复位状态。程序运行后初始处于暂停状态。相关的初始变量和辅助变量清零，电子钟显示状态清零。Flashtimer->setInterval（500），闪烁定时器的定时时间设为 500ms。每 500ms 定时器产生一次溢出，溢出信号触发关联的槽函数，槽函数里闪烁被修改参数。clocktimer->setInterval（Interval）设定为定时时间，最小定时时间可设为 1ms；最大是 4 字节整型数乘以 1ms 的整数倍，认为是无穷大。Interval 被设定为 10，意味着显示器每 0.01s 刷新一次。

　　InitSignalSlots()是槽函数初始化，包括 5 个 connect()函数。对信号和槽关联的处理是本实验的一大特色，包括多个信号对应一个槽函数以及信号传送参数给槽函数等，本书将结合相关的程序代码进行详细论述。

　　MainWindow：　～MainWindow()
　　{delete ui;}
　　本例的析构函数，即～MainWindow()执行以后，会释放相关资源。实际上，析构函数还可以用来执行"用户希望的最后一次使用对象之后所执行的任何操作"。

1）void MainWindow：InitSignalSlots ()

```
    {
1.connect（Flashtimer,&QTimer：：timeout, this,&MainWindow：：Qlabel_response）;
//定时 0.5s，闪烁被更改时间  on_timerFlash_timeout
2.connect（clocktimer,&QTimer：：timeout, this,&MainWindow：：Qlabel_response）;
//定时 10ms，电子钟时间基准
3.connect（ui->LineEditButton,QLineEdit：：returnPressed,this,&MainWindow：：Qlabel_response）;
//将行编辑器的按下回车键信号与发送文本槽相关联
4.connect（this, SIGNAL（getText（QString））, this, SLOT（WriteTextToLabel（QString）））;
//发送文本，关联 QLabel
5.connect（ui->Fun_Button,&QPushButton：：clicked,this,&MainWindow：：SettingHMS）;
//关联功能键到状态显示的槽函数
6.connect（ui->Start_Button, SIGNAL（clicked()）, this,SLOT（KeysManagement()））;
//关联启动键到键处理槽函数
7.conncct（ui->Reset_Button, SIGNAL（clicked()）, this,SLOT（KeysManagement()））;
//关联复位键到键处理槽函数
8.connect（ui->Pause_Button, SIGNAL（clicked()）, this,SLOT（KeysManagement()））;
//关联暂停键到键处理槽函数
    }
```

InitSignalSlots()不是槽函数，是为槽函数服务的初始化函数，包括 5 个 connect 函数。1～8 的编号是为了叙述问题的方便，实际的代码不存在上述标号。将编号 1～3 放在一组，三个信号关联到同一个槽函数。原因是这三个信号都和电子钟的时间（"时""分""秒"）数据有关，这样便于显示器 QLabel 进行数据处理。写成三个槽函数也可以，但代码的维护和可读性不好。Flashtimer 信号触发 QLabel 显示器数据显示，clocktimer 是电子钟时间计数器的计时基准，而 ui->LineEditButton 设置数据以及要接收信号的触发动作。这三个信号关联同一个槽看似是一个很好的解决方案。这里面还有一个问题，触发信号的参数应该有统一的形式。不用说，前两个信号无须传递参数，不仅如此 timeout()也是 Qt 定义好的，也没有参数。但是，LineEditButton 不能不传递参数，因为它是数据输入控件，就是为了传送数据的。为了解决这个问题，将 LineEditButton 数据传输动作分解成两步。第一步，将对象 ui->LineEditButton 的 returnPressed 信号和槽函数 Qlabel_response 关联，LineEditButton 在数据输入后按回车键发送 returnPressed 信号，触发槽函数 Qlabel_response。第二步，在槽函数 Qlabel_response 里发送信号 getText（QString）。再编写一个 connect()函数（上述编号 4 的函数），将这个带参数的信号发送出去，在相关的槽函数里接收带参数的数据。至此，LineEditButton 发送数据这件事就完成了。编号 6～8 的 connect()函数处理不同信号对应同一槽函数的连接。这个槽函数是处理启动（停止）、暂停和复位按钮的，对这三个按钮的处理放在同一个槽函数里合情合理。编号为 5 的 connect()函数关联 ui->Fun_Button 信号到 SettingHMS()函数。Fun_Button 是功能按钮，槽函数 SettingHMS() 控制功能状态机的状态。

2）void MainWindow：：SettingHMS()

```
    {                                    //设置时、分、秒
FunctionStatus++;                        //控制计数器加 1
if（FunctionStatus>=MODEL）              //控制计数器为模 4 的循环计数器
FunctionStatus=RunningStatus;            //功能键状态为运行态
```

```
if（FunctionStatus%MODEL==ModifyingHour）
    {                                                //设置"小时"状态
    Flashtimer->start();                             //启动闪烁定时器
    clocktimer->stop();                              //停止电子钟定时器
    ui->label_status->setText（"设置 时"）;            //设置"小时"
    state=STOP;                                       //电子钟的状态为停止态
    ui->Start_Button->setText（"Start"）;             //启动按钮显示"Start"
    }
else if（FunctionStatus%MODEL==ModifyingMinute）      //设置"分"状态
    ui->label_status->setText（"设置 分"）;            //设置分钟
else if（FunctionStatus%MODEL==ModifyingSecond）      //设置"秒"状态
    ui->label_status->setText（"设置 秒"）;            //设置"秒"
else if（FunctionStatus%MODEL==RunningStatus）        //运行状态
    {
    Flashtimer->stop();                              //停止闪烁定时器
    ui->label_second->setText（S_secondSetting）;     //防止状态切换过来的时候"秒"消隐
    ui->label_status->setText（"秒表状态：可执行启停、暂停、复位"）;   //电子钟状态
    }
else   ui->label_status->setText（"RunningStatus"）;  //默认"运行状态"
}
```

这是一个槽函数，单击 Fun_Button 按钮，该函数立即执行。FunctionStatus 是一个模 4 的循环计数器，用于控制电子钟的模态。Qlabel_status 用于显示电子钟模态，在模态切换中，启、停相关的定时器。FunctionStatus 是类 MainWindow 的私有变量，在 MainWindow 类内，FunctionStatus 都可以被使用。纵观整个程序，其余的成员函数和槽函数都在读取这个变量，唯独 SettingHMS()槽函数在更改 FunctionStatus 的值。究其原因，该槽函数的唯一触发信号 Fun_Button 功能键的 clicked()是电子钟模态改变的源，每单击一次 Fun_Button，电子钟的模态改变一次。

3）void MainWindow∷WriteTextToLabel（const QString&string）

```
{                                                //将行编辑器的内容写入 QLabel
if（FunctionStatus%MODEL==ModifyingHour）
    {                                            //设置小时
    if（string.toInt()>=23）                      //设定小时最大值为 23
        {ui->label_hour->setText（"23"）;         //小时输入超限，最大值 23 限幅，显示 23
        S_hourSetting="23";
        }                                        //小时输入超限，变量赋值"23"
    else
        {ui->label_hour->setText（string）;       //小时输入不超限，显示输入的小时值
        S_hourSetting=string;
        }                                        //变量赋值
    }
else if（FunctionStatus%MODEL==ModifyingMinute）
    {                                            //设置分钟
    if（string.toInt()>=59）                      //分钟输入超限，最大值 59 限幅
        {ui->label_minute->setText（"59"）;       //分钟输入超限，最大值限 59，显示 59
        S_minuteSetting="59";
        }                                        //分钟输入超限，变量赋值 59
```

```
        else
            {ui->label_minute->setText（string）;        //分钟输入不超限，显示输入的分钟值
            S_minuteSetting=string;
            }                                           //变量赋值
        }
    else if（FunctionStatus%MODEL==ModifyingSecond）
        {                                               //设置秒
        if（string.toInt()>=59）
            {ui->label_second->setText（"59"）;          //输入秒超限，最大值 59 限幅，显示 59
            S_secondSetting="59";
            }                                           //输入秒超限，变量赋值"59"
        else
            {ui->label_second->setText（string）;         //输入秒不超限，显示输入的秒值
            S_secondSetting=string;
            }                                           //变量赋值
        }
    else
        {
        }
    }
```

　　电子钟设置时间写入槽函数。程序中用到了电子钟模态变量，用以区分是对时、分、秒哪一个对象进行操作的。LineEditButton 回车键发出的数据信号，进入 Qlabel_response 槽函数后发送 getText（QString）信号，触发 WriteTextToLabel（const QString&string）槽函数。函数参数是 QString&string。string.toInt()函数是将 QString 类型的字符串转换成整型数，进行限幅处理。该槽函数负责对相关变量的修改和状态显示的更新。

　　4）void MainWindow∷Qlabel_response()

```
        {                                                                //QLabel 响应槽函数
        if（QTimer *SignalSource=qobject_cast<QTimer *>（sender()））       //判断是否为 QTimer 类
            {                                                            //是 QTimer 类
            if（SignalSource==clocktimer）                                //判断信号是否为 clocktimer 发出
                {                                                        //是 clocktimer 发出
                total=S_hourSetting.toInt()*（3600*100）+S_minuteSetting.toInt()*（60*100）+\
                S_secondSetting.toInt()*100+S_desecondSetting.toInt()+1 ;
            if（total>=（24*3600*100））                                    //计算整型总的时间，单位是 10ms
            total-=（24*3600*100）;                                       //达到 1 天回 0
            total_hour=total/（3600*100）;                                //计算整型的小时、分、秒、毫秒
            total_minute=（total-total_hour*（3600*100））/（60*100）;
            total_second=（total-total_hour*（3600*100）-total_minute*（60*100））/100;
            total_desecond=（total-total_hour*（3600*100）-total_minute*（60*100）-total_second*100）;
            S_hourTotal=QString∷number（total_hour）;                     //将整型变量转换后赋值给字符型变量
            S_minuteTotal=QString∷number（total_minute）;
            S_secondTotal=QString∷number（total_second）;
            S_desecondTotal=QString∷number（total_desecond）;
            ui->label_hour->setText（S_hourTotal）;                       //将字符型变量送给 QLabel 显示
            ui->label_minute->setText（S_minuteTotal）;
            ui->label_second->setText（S_secondTotal）;
```

```
            ui->label_ms->setText（S_desecondTotal）;
            S_hourSetting=S_hourTotal;                          //保存字符型变量为设置变量
            S_minuteSetting=S_minuteTotal;
            S_secondSetting=S_secondTotal;
            S_desecondSetting=S_desecondTotal;
        }
    else if（SignalSource==Flashtimer）    //判断信号是否为 Flashtimer 发出的
        {                                  //是 Flashtimer 发出的
        FlashFlag=（! FlashFlag）;          //闪烁时间到，对 FlashFlag 进行乒乓操作
        if（FunctionStatus%MODEL==ModifyingHour）  //是否是修改小时？
            {                                       //是修改小时
            ui->label_minute->setText（S_minuteSetting）; //显示分
            ui->label_second->setText（S_secondSetting）; //显示秒
            if（FlashFlag）                          //闪烁标志位为 1 吗？
            ui->label_hour->setText（S_hourSetting）; //标志位是 1，显示小时
            else ui->label_hour->setText（""）;       //标志位是 0，小时消隐
            }
        else if（FunctionStatus%MODEL==ModifyingMinute）  //是否是修改分钟？
            {                                       //是修改分钟
            ui->label_hour->setText（S_hourSetting）;  //显示小时
            ui->label_second->setText（S_secondSetting）; //显示秒
            if（FlashFlag）                          //闪烁标志位为 1 吗？
            ui->label_minute->setText（S_minuteSetting）; //标志位是 1，显示分钟
            else    ui->label_minute->setText（""）;  //标志位为 0，分钟消隐
            }
        else if（FunctionStatus%MODEL==ModifyingSecond）  //是否是修改秒？
            {                                       //是修改秒
            ui->label_hour->setText（S_hourSetting）;  //显示小时
            ui->label_minute->setText（S_minuteSetting）; //显示分
            if（FlashFlag）                          //闪烁标志位为 1 吗？
            ui->label_second->setText（S_secondSetting）; //标志位是 1，显示秒
            else    ui->label_second->setText（""）;  //标志位为 0，秒消隐
            }                                       //秒修改结束
        else                                        //Flashtimer 发出，非时分秒
            { }      //无操作
        }
    else            //QTimer 类，但非 Flashtimer、clocktimer
        { }         //无操作
    }               //QTimer 类结束
else if（QLineEdit *LineEdit=qobject_cast<QLineEdit *>（sender()）） //是 QLineEdit 类吗？
    {           //是 QLineEdit 类
    if（ui->LineEditButton==LineEdit）
        {           //是 LineEditButton 对象
        emit getText（ui->LineEditButton->text()）; //发射信号，将行编辑器中的内容发射出
        ui->LineEditButton->clear();               //清空行编辑器中的内容
        }
    }               //QLineEdit 类结束
}
```

　　槽函数 Qlabel_response()是电子钟核心模块，也是电子钟最难的部分。槽函数首先要区分信号源从哪里来，使用 QTimer *SignalSource=qobject_cast<QTimer*>（sender()）对发送信号进行类型转换，使用 QTimer *指针指向它。接着判断是不是 QTimer 类，若是，再判断是哪个定时器发出来的。确定了信号源后再进行相应的处理。如若不是定时器发出来的信号，那就执行 QLineEdit *LineEdit=qobject_cast<QLineEdit *>（sender()），将指针指向 QLineEdit，并判断信号是否由对象 LineEditButton 发出。槽函数解决了对相同类型的不同对象以及不同类型控制的甄别，在实际的项目使用中具有应用价值。

　　对 10ms 定时器的代码分析如下。每进一次槽函数，执行一次+1 的操作，10ms 是电子钟定时器的最小计数单位。"时""分""秒"和"10ms"各自都有自己的权，+1 的操作是整型数的行为，显示的数据是 QSring 类型。于是，在运算环节，运算量统统转换为整数，显示时间和保存变量时再转换到 QString 类型。函数 QString∷number(total_minute)和函数 S_minuteSetting.toInt()完成整型数到字符串以及字符串到整型数的转换。总之，相关代码用于完成计时操作以及数据类型的转换。

　　对 500ms 定时器的代码分析如下。定时时间到切换闪烁 FlashFlag 的标志位，这是一个布尔量，取反即可。标志位为 1 时，显示数据；标志位为 0 时，关显示（也称消隐）。利用定时器周期性改变标志位，就可见被修改数据在闪烁。变量 FunctionStatus 控制到底是时、分还是秒被修改，前文已述。用于显示时、分、秒的几个 QLabel 类对象分别是 label_hour、label_second 和 label_minute。setText（…）括号内的值，要么是双引号内的字符串，要么是 QString 变量。需要强调的是，QString 使用 unicoder 编码，支持汉字输入，譬如 setText（"显示秒"）。

　　QLineEdit 代码主要是发射带 QString 类型的参数的信号，清空 LineEditButton 对话框内的数值。

　　5）void MainWindow∷KeysManagement()

```
{                                                    //电子钟操作槽函数
if（QPushButton *button=qobject_cast<QPushButton *>（sender()))
    {                                                //是 QPushButton 类
        if（button==ui->Start_Button）                //判断是否是启动按钮对象
        {if（FunctionStatus%MODEL==RunningStatus）     //是否工作在电子钟状态?
            {if（state==STOP）                         //启动按钮按下前是 STOP 状态吗?
            { clocktimer->start();                   //停止状态下对启动键的响应,启动电子钟定时器
            state=RUN;                               //状态设置为"RUN"
            ui->Start_Button->setText（"Stop"）; }     //按钮上的文本显示"Stop"
            else                                     //运行的状态下对启动键的响应
                {clocktimer->stop();                 //关闭电子钟定时器
                state=STOP;                          //状态设置为"STOP"
                ui->Start_Button->setText（"Start"）;  //按钮上的文本显示"Start"
                ResetDisplay(); }                    //显示清零、计数清零
                }                                    //
                }                                    //启动按钮结束
        else if（button==ui->Reset_Button）           //判断是否是复位按钮对象
        {                                            //是复位按钮对象
        if（FunctionStatus%MODEL==RunningStatus）      //是否工作在电子钟状态?
            {clocktimer->stop();                     //关闭电子钟定时器
            state=STOP;                              //状态设置为"STOP"
            ResetDisplay();                          //显示清零、计数清零
```

```
        ui->Start_Button->setText（"Start"）;              //启动按钮上的文本显示"Start"
        ui->Pause_Button->setText（"Pause"）; }           //暂停按钮上的文本显示"Pause"
        }                                                  //复位按钮结束
    else if（button==ui->Pause_Button）                    //判断是否是暂停按钮对象
    {                                                      //是暂停按钮对象
    if（FunctionStatus%MODEL==RunningStatus）              //是否工作在电子钟状态?
        {                                                  //是
        if（state==RUN）                                   //暂停按钮按下前是 RUN 状态吗? //是 RUN 状态
            {clocktimer->stop();                           //关闭电子钟定时器
            state=PAUSE;                                    //状态设置为"PAUSE"
            ui->Pause_Button->setText（"Continue"）; //暂停按钮上显示"Continue"
            }
        else if（state==Pause）                            //暂停按钮按下前是 Pause 状态吗?
            {clocktimer->start();                          //启动电子钟定时器
            state=RUN;                                      //状态设置为"RUN"
            ui->Pause_Button->setText（"Pause"）; }  //暂停按钮上的文本显示"Pause"
            }                                               //
        }                                                  //暂停按钮结束
    else {    }                                            //关联信号是 QPushButton，但不是启动、复位和暂停
        }                                                  //
    else   {    }                                          //关联信号不是 QPushButton
    }                                                      //槽函数结束
```

这是一个槽函数，关联了三个 QPushButton 类的三个按钮：启动（停止）、复位、暂停。槽函数用于响应三个按钮。设计这三个信号和同一个槽关联，原因是它们是相关联操作，由这些操作决定在电子钟运行的模态下是运行、停止、暂停，还是复位状态。

头文件中定义了三个 const int 的常量 STOP、RUN 和 PAUSE，一个 int 型的变量 state 用来表示电子钟在非参数设定模态下的子状态。启动按钮是启动、停止操作，启动态时按启动按钮执行停止操作，停止态时按启动按钮执行启动操作。启动态开始计时，停止态时间自动清零。暂停按钮在停止态不起作用，在启动态使电子钟暂停，暂停时保持数据不变。在暂停态再按暂停按钮，电子钟继续计数。不管在何种状态，复位按钮使电子钟进入停止态，同时电子钟的计时时间清零。

文中出现了对定时器的启动、停止操作。QTimer 是 Qt 的类，在控制类代码中定时器是必不可少的控件。前文讲过，使用 new QTimer 创建定时器，本例使用两个定时器。在构造函数中使用诸如 clocktimer->setInterval（Interval）设置定时器溢出时间，溢出时产生的信号是 QTimer：：timeout()，常常用 connect() 函数将溢出信号关联一个槽函数，在槽函数里处理溢出时间。这是 Qt 的一大贡献，通过 connect，关联信号和槽函数。QTimer 还有两个重要的函数：start() 和 stop()，作用是启动和关闭定时器。例如，clocktimer->start() 启动电子钟定时器。QTimer 类是电子钟的心脏，是时钟节拍，是不可或缺的控件。

6）void MainWindow：ResetDisplay()

```
{
S_hourSetting      ="00";                    //QString 设置变量"时"清零
S_minuteSetting    ="00";                    //QString 设置变量"分"清零
S_secondSetting    ="00";                    //QString 设置变量"秒"清零
S_desecondSetting ="00";                     //QString 设置变量"毫秒"清零
```

```
    ui->label_hour      ->setText（S_hourSetting）;          //QLabel 显示变量 "时" 清零
    ui->label_minute    ->setText（S_minuteSetting）;        //QLabel 显示变量 "分" 清零
    ui->label_second    ->setText（S_secondSetting）;        //QLabel 显示变量 "秒" 清零
    ui->label_ms        ->setText（S_desecondSetting）;      //QLabel 显示变量 "毫秒" 清零
}
```

为了叙述项目的完整，展示上述代码。这是一个成员函数，目的是复位 QLabel 显示器，包括变量清零以及 setText()函数的赋值。

至此，电子钟工程的全部程序介绍完毕。电子钟启动后运行的结果如图 11.8 所示。

图 11.8　电子钟运行结果

本实验看起来并不像一个成熟的现代 GUI 应用程序，但它使用多种用于更复杂应用程序的基本技术，包括 GTimer 类、信号和槽、QPushButton、QLabel 和 QLineEdit。本实验对刚入门的初学者和以后从事更为复杂的图形用户界面应用程序开发的开发人员都有一定帮助。

11.5　Qt 开发环境的搭建

随着嵌入式技术的发展，Qt 的使用越来越多。对 Qt 较为常见的描述是，它是跨平台 C++图形用户界面应用程序开发框架。Qt 可用于 Windows 桌面系统，可被嵌入在 Visual Studio 开发环境里。Qt 可用于台式机的桌面 Linux，也可以用于嵌入式的 Linux。用于 Linux 开发的环境常常使用 Qt Creator，这是一个轻量级的 Qt IDE。针对桌面 Linux 和嵌入式 Linux，Qt Creator 使用编译器和交叉编译器分别对它们进行编译。本书桌面 Linux 是宿主机，虚拟机的版本是 VMware Workstation Pro 的 15.x，虚拟机使用的 Linux 是 Ubuntu18.04，安装的 Qt 版本是 5.12.8，Qt Creator 的版本是 4.11.2。i. MX 6Solo/6DuaL 嵌入式教学科研平台（以下简称平台）为北京博创智联科技有限公司设计制造。平台内预装的 Qt 版本是 5.3.2，Qt 被封装在 Qt Creator 内，Qt Creator 的版本是 4.11.2。可以看到，宿主机和平台使用的 Qt Creator 是同一软件，这样在调试的时候可以任意切换在宿主机上操作或是在平台上操作。Qt Creator 的 IDE 是一个编程、配置、调试的集成桌面环境。整个开发的流程大多在可视化界面下进行，还有一些命令行操作，但不是太多。

11.5.1　设置交叉编译环境

打开 VMware Workstation Pro，在开启虚拟机之前，在设备一栏，单击网络适配器，出现图 11.9 所示界面，选择桥接模式（B）：直接连接物理网络。

同时，选中复制物理网络连接状态。

手动输入 IP 地址如图 11.10 所示。开启此虚拟机，虚拟机的右上角有几个图标，单击三角符号→有线连接→有线设置→IPv4 选手动，将 IP 地址设为 192.168.88.22，子网掩码设为 255.255.255.0，网关为空，DNS 为空，路由为空。

图 11.9　桥接和NAT模式选择　　　　　　　　图 11.10　手动输入IP地址

在终端执行 ifconfig 命令，查看虚拟机 IP 地址。可见，IP 地址为 192.168.88.22。

在计算机的开始运行部分输入\\192.168.88.22，进入 Samba 共享文件夹。将资料 SRC 目录下面的 fsl-6dl-source.tar.bz2 压缩包复制到 Samba 共享目录下面，如图 11.11 所示。

图 11.11　光盘复制虚拟机的文件

然后在 Ubuntu 虚拟系统的终端内解压 fsl-6dl-source.tar.bz2 压缩包到/home/now/文件夹下面。
解压命令为：tar –zxvf fsl-6dl-source.tar.gz –C /home/now/
解压完成之后进入该目录下面：

```
uptech@uptech-virtual-machine:/home/now/fsl-6dl-source$ ls
kernel-3.14.28  qt-opensource-linux-x64-5.12.8.run  rootfs  sdk  u-boot2014
uptech@uptech-virtual-machine:/home/now/fsl-6dl-source$
```

sdk 文件夹内是需要安装的交叉编译器，进入 sdk 文件夹内，安装交叉编译器，如图 1.14

所示。uptech@uptech-virtual-machine：/home/now/fsl-6dl-source/sdk$　　sudo sh poky-glibc-x86_64-meta-toolchain-qt5-cortexa9hf-vfp-neon-toolchain-1.7.sh

```
uptech@uptech-virtual-machine:/home/now/fsl-6dl-source/sdk$ ls
poky-glibc-x86_64-meta-toolchain-qt5-cortexa9hf-vfp-neon-toolchain-1.7.sh
uptech@uptech-virtual-machine:/home/now/fsl-6dl-source/sdk$ sudo sh poky-glibc-x86_64-meta-toolchain-qt5-cortexa9hf-vfp-neon-toolchain-1.7.sh
[sudo] uptech 的密码：
Enter target directory for SDK (default: /opt/poky/1.7):
```

根据提示输入"y"，回车，即可完成安装。交叉编译工具链安装在/opt/poky/1.7 目录下。此时，可以根据以下命令查询安装是否成功。

uptech@uptech-virtual-machine：/$ cd /home/uptech/

uptech@uptech-virtual-machine：　~$ ls /opt/poky/1.7/environment-setup-cortexa9hf-vfp-neon-poky-linux-gnueabi

/opt/poky/1.7/environment-setup-cortexa9hf-vfp-neon-poky-linux-gnueabi

```
uptech@uptech-virtual-machine:/$ cd /home/uptech/
uptech@uptech-virtual-machine:~$ ls /opt/poky/1.7/environment-setup-cortexa9hf-vfp-neon-poky-linux-gnueabi
/opt/poky/1.7/environment-setup-cortexa9hf-vfp-neon-poky-linux-gnueabi
uptech@uptech-virtual-machine:~$
```

交叉编译工具链并未添加到系统的环境变量里。在使用的时候，在终端输入：source/opt/poky/1.7/environment-setup-cortexa9hf-vfp-neon-poky-linux-gnueabi，此时，交叉编译工具链即可正常使用，输入"arm"然后按下【Tab】键（uptech@uptech-virtual-machine：~$ arm）显示如下候选项：

arm2hpdl	arm-none-eabi-gcc-ar
arm-none-eabi-ranlib	arm-poky-linux-gnueabi-g++
arm-poky-linux-gnueabi-objcopy	arm-none-eabi-addr2line
arm-none-eabi-gcc-nm	arm-none-eabi-readelf
arm-poky-linux-gnueabi-gcc	arm-poky-linux-gnueabi-objdump
arm-none-eabi-ar	arm-none-eabi-gcc-ranlib
arm-none-eabi-size	arm-poky-linux-gnueabi-gcc-ar
arm-poky-linux-gnueabi-ranlib	arm-none-eabi-as
arm-none-eabi-gcov	arm-none-eabi-strings
arm-poky-linux-gnueabi-gcc-nm	arm-poky-linux-gnueabi-readelf
arm-none-eabi-c++	arm-none-eabi-gdb
arm-none-eabi-strip	arm-poky-linux-gnueabi-gcc-ranlib
arm-poky-linux-gnueabi-size	arm-none-eabi-c++filt
arm-none-eabi-gprof	arm-poky-linux-gnueabi-addr2line
arm-poky-linux-gnueabi-gcov	arm-poky-linux-gnueabi-strings
arm-none-eabi-cpp	arm-none-eabi-ld
arm-poky-linux-gnueabi-ar	arm-poky-linux-gnueabi-gdb
arm-poky-linux-gnueabi-strip	arm-none-eabi-elfedit
arm-none-eabi-ld.bfd	arm-poky-linux-gnueabi-as
arm-poky-linux-gnueabi-gprof	arm-none-eabi-g++
arm-none-eabi-nm	arm-poky-linux-gnueabi-c++filt
arm-poky-linux-gnueabi-ld	arm-none-eabi-gcc
arm-none-eabi-objcopy	arm-poky-linux-gnueabi-cpp
arm-poky-linux-gnueabi-ld.bfd	arm-none-eabi-gcc-4.8.4
arm-none-eabi-objdump	arm-poky-linux-gnueabi-elfedit
arm-poky-linux-gnueabi-nm	

以上显示表明，交叉工具链可正常使用。

11.5.2　安装 Qt Creator

将 Tools 目录下的 qt-creator-opensource-linux-64-5.12.8.run 文件复制到/home/now 目录，
uptech@uptech-virtual-machine：/home/now$ sudo chmod a+x qt-opensource-linux-x64-5.12.8.run

[sudo] uptech 的密码：

uptech@uptech-virtual-machine：/home/now$ ./qt-opensource-linux-x64-5.12.8.run。

之后一路单击 Next 按钮，直到安装完成，如图 11.12 所示。

图 11.12　Qt安装完成的界面

需要记住，Qt 的执行文件是 qtcreator.sh，因为该版本的 Qt 安装以后并不在桌面显示图标。
如果不记得Qt的安装目录，可以在终端执行find操作，现将路径退回到根目录，再执行sudo find–
name qtcreator.sh，显示：./home/uptech/Qt5.12.8/Tools/QtCreator/bin/ qtcreator.sh，如下截屏所示。

```
uptech@uptech-virtual-machine:/home/now$ cd /
uptech@uptech-virtual-machine:/$ pwd
/
uptech@uptech-virtual-machine:/$ sudo find -name qtcreator.sh
find: './run/user/1000/gvfs': 权限不够
./home/uptech/Qt5.12.8/Tools/QtCreator/bin/qtcreator.sh
uptech@uptech-virtual-machine:/$
```

如果不解决 Qt 图标问题，上述的命令是每次启动 Qt 时的操作。读者可以在网上查找相关
资料，将 Qt 的图标拖曳到 Linux 主界面左边的收藏夹内，以后双击图标即可启动 Qt。Qt 第一
次启动需要进行一些简单的配置，单击 Qt 界面的工具栏，选择工具（T）→选项（O）→设备。
名称（N）：i.MX6 Linux Device，验证类型：Default，用户名：root，用户密码：uptech123，主
机名称（H）：192.168.88.33，这个 IP 地址是实验平台的 IP 地址。再次强调，实验平台、虚拟
机和台式机必须位于同一个网段，本书用到的网段是：192.168.88。设置所谓的"主机名称"是
实验平台；设置的目标是虚拟机。对 Qt 的编译执行的结果通过网络传送到实验平台。现在，我
们先设置虚拟机到实验平台的网络。执行界面右边的 Test 按钮，如果网络连通，则会显示"Device
test finished successfully."，如若不然，则需要设置开发平台的 IP 地址。

首先开启 i.MX 6Solo/6Dual 开发平台，平台出厂系统里面没有设置密码，需要为平台设置
root 密码。打开 i.MX 6Solo/6Dual 开发平台，首次登录，用户名是 root，密码为空，在串口控
制台输入如下指令：

i.MX6dlsabresd login：　root

root@i.MX6dlsabresd：　~#passwd

New password：uptech123

Re-enter new password： ptech123

passwd：passwd changed

root@i.MX6dlsabresd： ~#ifconfig

显示"passwd Changed"，则说明设置密码成功。

查看 eth0 的 IP 地址，将使用的 i.MX 6Solo/6Dual 平台的 IP 地址设置为 192.168.88.33。

```
root@imx6dlsabresd:~# ifconfig eth0 192.168.88.33
root@imx6dlsabresd:~# ifconfig
eth0      Link encap:Ethernet   HWaddr 22:0C:A1:BB:C4:E9
          inet addr:192.168.88.33  Bcast:192.168.88.255  Mask:255.255.255.0
          inet6 addr: fe80::200c:a1ff:febb:c4e9/64 Scope:Link
          UP BROADCAST RUNNING MULTICAST  MTU:1500  Metric:1
          RX packets:1437 errors:0 dropped:0 overruns:0 frame:0
          TX packets:957 errors:0 dropped:0 overruns:0 carrier:0
          collisions:0 txqueuelen:1000
          RX bytes:157084 (153.4 KiB)  TX bytes:273954 (267.5 KiB)

lo        Link encap:Local Loopback
          inet addr:127.0.0.1  Mask:255.0.0.0
          inet6 addr: ::1/128 Scope:Host
          UP LOOPBACK RUNNING  MTU:65536  Metric:1
          RX packets:10 errors:0 dropped:0 overruns:0 frame:0
          TX packets:10 errors:0 dropped:0 overruns:0 carrier:0
          collisions:0 txqueuelen:0
          RX bytes:700 (700.0 B)  TX bytes:700 (700.0 B)

root@imx6dlsabresd:~#
```

测试平台和虚拟机是否连通，ping 192.168.88.22 回车，显示截屏所示联通信息。

```
root@imx6dlsabresd:~# ping 192.168.88.22
PING 192.168.88.22 (192.168.88.22): 56 data bytes
64 bytes from 192.168.88.22: seq=0 ttl=64 time=0.996 ms
64 bytes from 192.168.88.22: seq=1 ttl=64 time=0.927 ms
64 bytes from 192.168.88.22: seq=2 ttl=64 time=0.676 ms
64 bytes from 192.168.88.22: seq=3 ttl=64 time=0.624 ms
64 bytes from 192.168.88.22: seq=4 ttl=64 time=0.691 ms
64 bytes from 192.168.88.22: seq=5 ttl=64 time=0.673 ms
^C
```

按 Ctrl + C 组合键结束。

在 Qt Creator 中，单击工具→选项→设备，进入该界面之后，进行 Test，单击图 11.13 中左图右侧 Test 按键，进行测试，测试结果如图 11.13 所示。

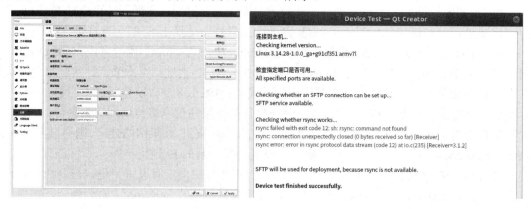

图 11.13　Qt测试界面

实验结果在开发平台运行，还要设置命令行参数，如图 11.14 所示。在 Qt 界面上，单击项目→Build&Run→Qt5.3.2 in PATH（qt5）→Run，在"Command line arguments："输入 "-platform eglfs -plugin evdevtouch：/dev/input/event0"。若不输入参数，应用程序输出报错。

图 11.14　设置命令行参数

```
10:46:50: Starting /opt/ClockWatch/bin/ClockWatch ...
This application failed to start because it could not find or load the Qt platform plugin "xcb".

Available platform plugins are: eglfs, minimal, minimalegl, offscreen, wayland-egl, wayland.

Reinstalling the application may fix this problem.
10:46:50: Remote process crashed.
```

添加命令行参数，如图 11.15 所示。

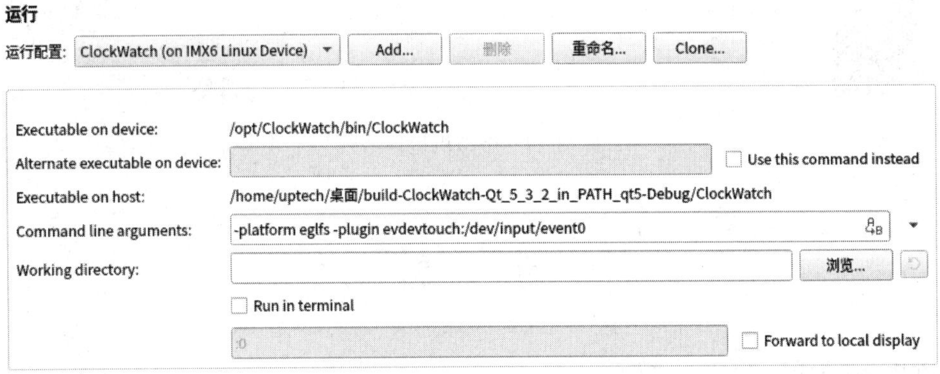

图 11.15　添加命令行界面

输出如下：

```
10:30:17: Starting /opt/ClockWatch/bin/ClockWatch –platform eglfs –plugin evdevtouch:/dev/input/event0...
QEglFSImx6Hooks will set environment variable FB_MULTI_BUFFER=2 to enable double buffering and vsync.
 If this is not desired, you can override this via: export QT_EGLFS_IMX6_NO_FB_MULTI_BUFFER=1
```

添加的命令行参数如下：

| Command line arguments: | -platform eglfs -plugin evdevtouch:/dev/input/event0 |

开发平台运行结果如图 11.16 所示。

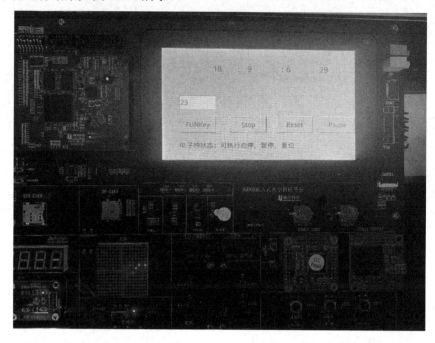

图 11.16　开发平台运行结果

此时，若希望切换到虚拟机上运行，单击"项目"，切换编译器即可，如图 11.17 所示。

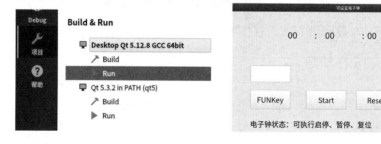

图 11.17　虚拟机运行结果

习　　题

1. Qt 作为嵌入式 GUI 有何优点？
2. 什么是信号和槽机制？与回调函数比较有何优缺点？
3. Qt 中常用的控件有哪些？
4. QTimer 有哪些常用的函数？

参考文献

[1] Marwedel P. Embedded System Design——Embedded Systems, Foundations of Cyber-Physical Systems, and the Internet of Things[M]. Gewerbestrasse：Springer International Publishing AG, 2018.

[2] Valvano J M. Embedded Microcomputer Systems：Real Time Interfacing[M]. Third Edition. MSA：Global Engineering, 2010.

[3] 安德鲁 S. 塔嫩鲍姆，等. 现代操作系统[M]. 北京：机械工业出版社，2017.

[4] 哈利南. 嵌入式 Linux 基础教程[M]. 北京：人民邮电出版社，2016.

[5] 玛丽琳·沃尔夫. 嵌入式计算系统设计原理[M]. 北京：机械工业出版社，2018.

[6] 塔米·诺尔加德. 嵌入式系统：硬件、软件及软硬件协同[M]. 北京：机械工业出版社，2018.

[7] 文全刚. 嵌入式 Linux 操作系统原理与应用[M]. 北京：北京航空航天大学出版社，2011.

[8] 徐英慧，马忠梅，王磊，等. ARM9 嵌入式系统设计——基于 S3C2410 与 Linux[M]. 北京：北京航空航天大学出版社，2007.

[9] 任哲. 嵌入式实时操作系统 μC/OS-Ⅱ 原理及应用[M]. 2 版. 北京：北京航空航天大学出版社，2009.

[10] 刘淼. 嵌入式系统接口设计与 Linux 驱动程序开发[M]. 北京：北京航空航天大学出版社，2006.

[11] 缪杰. Linux 设备驱动开发详解：基于最新的 Linux4.0 内核[M]. 北京：机械工业出版社，2015.

[12] 符意德，徐江. 嵌入式系统原理及接口技术[M]. 北京：清华大学出版社，2013.

[13] 周明德. 微型计算机系统原理及应用[M]. 北京：清华大学出版社，2002.

[14] 朱华生，吕莉，熊志文，等. 嵌入式系统原理与应用[M]：基于 ARM 微处理器和 Linux 操作系统[M]. 北京：清华大学出版社，2018.

[15] 韦东山. 嵌入式 Linux 应用开发完全手册[M]. 北京：人民邮电出版社，2008.

[16] 王人骅，唐梓荣. 软件技术基础[M]. 北京：北京航空航天大学出版社，1994.

[17] 刘洪涛，秦山虎. ARM 嵌入式体系结构与接口技术：Cortex-A9 版：微课版[M]. 北京：人民邮电出版社，2017.

[18] 刘金鹏，等. Linux 入门很简单[M]. 北京：清华大学出版社，2012.

[19] 杜春雷. ARM 体系结构与编程[M]. 北京：清华大学出版社，2015.

[20] 王田苗，魏洪兴. 嵌入式系统设计与实例开发——基于 ARM 微处理器与 μC/OS-Ⅱ 实时操作系统[M]. 北京：清华大学出版社，2008.

[21] 张石. ARM Cortex-A9 嵌入式技术教程[M]. 北京：机械工业出版社，2017.

[22] 郭书君. ARM Cortex-A9 系统设计与实现——STM32 基础篇[M]. 北京：电子工业出版社，2018.

[23] 卢有亮. 基于 STM32 的嵌入式系统原理与设计[M]. 北京：机械工业出版社，2013.

[24] 胡伟武，等. 计算机体系结构[M]. 北京：清华大学出版社，2017.

[25] 陈文智，王总辉. 嵌入式系统原理与设计[M]. 北京：清华大学出版社，2011.

[26] 符意德，等. 嵌入式系统设计原理及应用[M]. 北京：清华大学出版社，2010.

[27] 周明德. 微型计算机硬件、软件及其应用[M]. 北京：清华大学出版社，1982.

[28] 张凯龙. 嵌入式系统体系、原理与设计[M]. 北京：清华大学出版社，2017.

[29] 廖义奎. Cortex-A9 多核嵌入式系统设计[M]. 北京：中国电力出版社，2014.

[30] 朱晨冰，李建英. Qt 5.12 实战[M]. 北京：清华大学出版社，2020.

[31] 邹恒明. 计算机的心智：操作系统之哲学原理[M]. 北京：机械工业出版社，2009.

[32] 王宇行. ARM 程序分析与设计[M]. 北京：北京航空航天大学出版社，2008.

[33] 缪杰. STM32 库开发实战指南：基于 STM32F103[M]. 北京：机械工业出版社，2017.

[34] 吴秀清，周荷芹. 微机原理与接口技术[M]. 合肥：中国科学技术大学出版社，1992.

[35] 李继灿. 新编 16/32 微型计算机原理及应用[M]. 北京：清华大学出版社，2004.

[36] 庞丽萍. 操作系统原理[M]. 武汉：华中科技大学出版社，2008.

[37] 霍亚飞. Qt Creator 快速入门[M]. 北京：北京航空航天大学出版社，2017.

[38] 王维波，栗宝鹃，侯春望. Qt 5.9 C++开发指南[M]. 北京：人民邮电出版社，2018.

[39] 马忠梅，徐英慧. ARM 嵌入式处理器结构与应用基础[M]. 北京：北京航空航天大学出版社，2007.

[40] 赵炯. Linux 内核完全注释[M]. 北京：机械工业出版社，2004.

[41] 鸟哥. 鸟哥的 Linux 私房菜——基础学习篇[M]. 北京：人民邮电出版社，2010.

[42] 刘乐善，欧阳星明，刘学清. 微型计算机接口技术及应用[M]. 武汉：华中科技大学出版社，2000.

[43] 胡明庆，高巍，钟梅. 操作系统教程与实验[M]. 北京：清华大学出版社，2007.

[44] 杨素行. 微型计算机系统原理及应用[M]. 北京：清华大学出版社，2004.

[45] 斯托林斯. 操作系统：精髓与设计原理[M]. 北京：电子工业出版社，2006.